高等职业教育计算机类课程
新形态一体化教材

网络互联技术

主　编　刘　易
副主编　郭　丽　王建国

WANGLUO
HULIAN JISHU

中国教育出版传媒集团
高等教育出版社·北京

内容简介

本书是高等职业教育计算机类课程新形态一体化教材。

本书以华为网络设备为基础介绍网络互联技术原理与配置，并完整呈现了园区网络的实现过程，是一本项目化教学方式的网络设备配置零基础教材。

全书分为 13 个实训项目，内容包括网络规划与设计、网络设备初识、VLAN 技术、VLAN 间路由技术、管理交换网络中的冗余链路（STP）、配置和管理路由（静态路由、RIP 路由技术、OSPF 路由技术）、配置广域网协议（PPP 协议及认证机制）、配置访问控制列表（基本 ACL 和高级 ACL）、配置 NAT（静态 NAT 和动态 NAT）。本书深入浅出，符合高等职业院校学生的认知规律。本书在夯实理论基础的同时，把技术点通过多个小项目，逐层细化，将知识点充分融入到实训中，循序渐进，梯度明晰、序化适当。

本书配有微课视频、授课用 PPT、案例素材、综合拓展等丰富的数字化学习资源。与本书配套的数字课程“网络互联技术”在“智慧职教”平台（www.icve.com.cn）上线，学习者可以登录平台进行在线学习及资源下载，授课教师可以调用该课程构建符合自身教学特色的 SPOC 课程，详见“智慧职教”服务指南。教师也可发邮件至编辑邮箱 1548103297@qq.com 获取相关资源。

本书可作为高等职业院校计算机网络技术专业、计算机应用技术专业、信息安全技术专业、通信技术专业、物联网专业及其他计算机类专业的理论与实践一体化教材，也可作为网络工程师和网络管理员的自学指导书或培训教材。

图书在版编目（CIP）数据

网络互联技术 / 刘易主编. --北京：高等教育出版社，2022.9

ISBN 978-7-04-058644-2

Ⅰ. ①网… Ⅱ. ①刘… Ⅲ. ①互联网络-高等职业教育-教材 Ⅳ. ①TP393.4

中国版本图书馆 CIP 数据核字（2022）第 079807 号

Wangluo Hulian Jishu

策划编辑 许兴瑜　责任编辑 许兴瑜　封面设计 赵 阳　版式设计 于 婕
责任绘图 杨伟露　责任校对 张 薇　责任印制 刘思涵

出版发行 高等教育出版社
社　　址 北京市西城区德外大街 4 号
邮政编码 100120
印　　刷 唐山市润丰印务有限公司
开　　本 787 mm × 1092 mm 1/16
印　　张 17.75
字　　数 580 千字
购书热线 010-58581118
咨询电话 400-810-0598
网　　址 http://www.hep.edu.cn
　　　　 http://www.hep.com.cn
网上订购 http://www.hepmall.com.cn
　　　　 http://www.hepmall.com
　　　　 http://www.hepmall.cn
版　　次 2022 年 9 月第 1 版
印　　次 2022 年 9 月第 1 次印刷
定　　价 49.50 元

物 料 号 58644-00

“智慧职教”服务指南

“智慧职教”（www.icve.com.cn）是由高等教育出版社建设和运营的职业教育数字教学资源共建共享平台和在线课程教学服务平台，与教材配套课程相关的部分包括资源库平台、职教云平台和 App 等。用户通过平台注册，登录即可使用该平台。

- 资源库平台：为学习者提供本教材配套课程及资源的浏览服务。

登录“智慧职教”平台，在首页搜索框中搜索“网络互联技术”，找到对应作者主持的课程，加入课程参加学习，即可浏览课程资源。

- 职教云平台：帮助任课教师对本教材配套课程进行引用、修改，再发布为个性化课程（SPOC）。

1. 登录职教云平台，在首页单击“新增课程”按钮，根据提示设置要构建的个性化课程的基本信息。

2. 进入课程编辑页面设置教学班级后，在“教学管理”的“教学设计”中“导入”教材配套课程，可根据教学需要进行修改，再发布为个性化课程。

- App：帮助任课教师和学生基于新构建的个性化课程开展线上线下混合式、智能化教与学。

1. 在应用市场搜索“智慧职教 icve”App，下载安装。

2. 登录 App，任课教师指导学生加入个性化课程，并利用 App 提供的各类功能，开展课前、课中、课后的教学互动，构建智慧课堂。

“智慧职教”使用帮助及常见问题解答请访问 help.icve.com.cn。

前言

近年来，信息技术爆炸性发展，人类社会正在进入以信息技术为代表的信息时代，其中网络互联技术是社会发展的重要基础设施之一，是移动互联网、物联网、智能制造、人工智能等新兴前沿高科技产业的重要支撑载体，是信息化技术中创新速度最快、通用性最广、渗透性最强的科技领域之一。随着我国“网络强国”“一带一路”“中国制造 2025”以及“互联网+”行动计划等的提出，网络互联技术既是人们社会交往的技术纽带，更是事关国家经济、政治、文化、国防、网络意识形态等全方位安全与现代化的核心基础。习近平总书记多次强调，关键科学技术是国之重器，应努力推动移动通信、核心芯片、操作系统、服务器等科技制造领域的自主研发与应用。网络互联技术软件与硬件的自主化为经济转型提供关键支撑，推动我国经济、文化等多个领域实现信息化、智能化、安全化具有重要意义。

当前我国正处于新技术替代旧技术，外延增长型向内涵增长型的新旧动能转换的关键时刻，国产替代加速将为自主可控领域的成长提供强劲动力。在网络通信方面，华为公司硬件产品已经成为了网络互联主流设备。本书紧密结合当前不少学校“网络互联技术”课程的教学内容已经转换为以华为设备配置为主的趋势，基于华为设备配置为主要内容的教材。本教材符合职业教育特点，以“工作过程导向”的知识结构来设计组织，把理论知识和实践技能组合在一起，侧重实践，在教材编写中引入工作过程系统化的理念，将产学结合、校企合作的模式真正引入教材之中。本书充分对接职业标准和岗位能力要求，根据高等职业教育学生的特点，以“项目教学，任务驱动”为教材编写体系。以一个真实完整的典型企业网络为核心，围绕该网络的实现来展开教材内容的组织工作，包括网络设计、实施及测试。

为方便教学与学习，本书以编写组在国家教学资源库的“计算机应用技术专业”子项目“网络互联技术”课程为基础，并拥有课程视频、PPT 资源等整套课程资源，资源类型涵盖微课、视频、演示文稿、动画、图像、文本等。还建设了针对每个章节内容的华为技能题库，该技能题库模拟工作环境的逻辑拓扑搭建、网络设备的物理连线等，并能模拟实际设备配置，实现真实工作项目的大型拓扑。基于 eNSP 的技能题库突破了设备数量和种类的限制，避免了传统教学中，只能分组教学和小型实验，大多数学生无法进行设备操作的难题，使个性化企业实际案例教学成为可能。

本书编写组成员具有丰富的高校信息技术教学经验与深厚的理论研究功底，在信息技术尤其是网络互联技术教育教学方面有独到的见解，相信本教材的出版，可以为信息技术相关工科学生开展系统性学习及实践，提供有效的教材支持。纪兆华教授、徐振华副教授参与了本书的编写。另外，谭璐副教授进行了课程思政融入指导，在此一并感谢。

本书在项目规划环节设置了引导问题和规划表格，运用相关知识点的内容能够顺利完成。建议读者在学习过程中先完成项目规划，再进行项目的实施和测试。建议完成书中的项目后，独立完成巩固训练以加强理解。

尽管我们尽了最大努力，但书中难免会有不妥之处，欢迎广大读者提出宝贵意见，我们将不胜感激。您在阅读本书时，如发现任何问题或有不认同之处，可以通过电子邮件与我们联系。编者邮箱：22656069@qq.com。

编　者

2022 年 6 月

目录

项目 1

网络规划与设计

学习目标

- 应用 IP 地址、子网掩码、网关的相关知识，遵循唯一性、可扩展性、连续性、实用性 4 个原则，合理规划 IP 地址。
- 运用网络的体系结构和网络规划的方法，进行网络规划与设计。
- 熟练使用 eNSP 模拟器，能够识读网络拓扑图，并在 eNSP 模拟器上完成拓扑设计。

【项目背景】

阳光纸业公司主要制造纸张和包装产品。公司在国内拥有3个站点，其中总部设在北京，分公司设置在上海、广州。公司员工约1500人，客户遍布全球。为了实现公司网络的组建，现对阳光纸业公司的网络进行规划和设计。

【项目内容】

请参照图 1-1 中公司总部 3 个部门的组织结构图，进行 IP 地址规划和网络拓扑设计，要求每台设备都有一个 IP 地址。

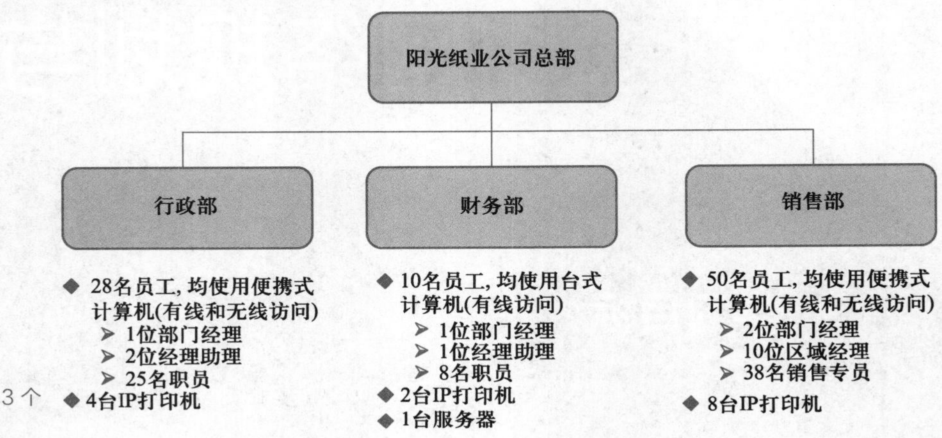

图 1-1
阳光纸业公司总部 3 个部门的组织结构图

1.1　相关知识：网络规划与设计

微课 1-1
网络互联概述

1.1.1　网络互联概述

1．网络互联概念

随着广域网和局域网的发展，网络与网络之间要求更大范围内的信息共享，通过网络互联进行数据交换势在必行。为了改善网络性能和提高网络的安全性，可以将一个局域网划分成多个子网，再使用网络通信设备将其连接起来。

网络互联是指将多个网络通过一种或多种网络通信设备相互连接起来，以构成更大规模的网络系统。这些互联网络可以是同类型的网络，也可以是不同类型的网络，在这些网络上可以运行相同或不同的网络协议。网络互联的目的是实现不同网络用户的互相通信、信息共享等。

2．网络互联的类型

微课 1-2
网络互联的类型

计算机网络从覆盖地域范围上可以分为广域网、城域网与局域网，因此网络互联的主要类型有如下几种。

（1）局域网与局域网（LAN-LAN）互联

在局域网与局域网的互联中，根据局域网的传输性质和通信协议不同，又分为同构网互联和异构网互联两种形式。

- 同构网互联：具有相同传输性质和相同通信协议的局域网互联。
- 异构网互联：两种完全不同传输性质或不同通信协议的局域网互联。

目前，不同类型网络之间的互联大多是异构网互联，异构网的互联较复杂，常用的连接设备是路由器。LAN-LAN 互联结构如图 1-2 所示。

（2）局域网与广域网（LAN-WAN）互联

这是目前常见的互联方法，局域网经过路由器和广域网连接即是一个局域网与广域网互联的实例。LAN-WAN 互联可以使各个单位或机构的 LAN 连入更大范围的网络体系中。LAN-WAN 互联结构如图 1-3 所示。

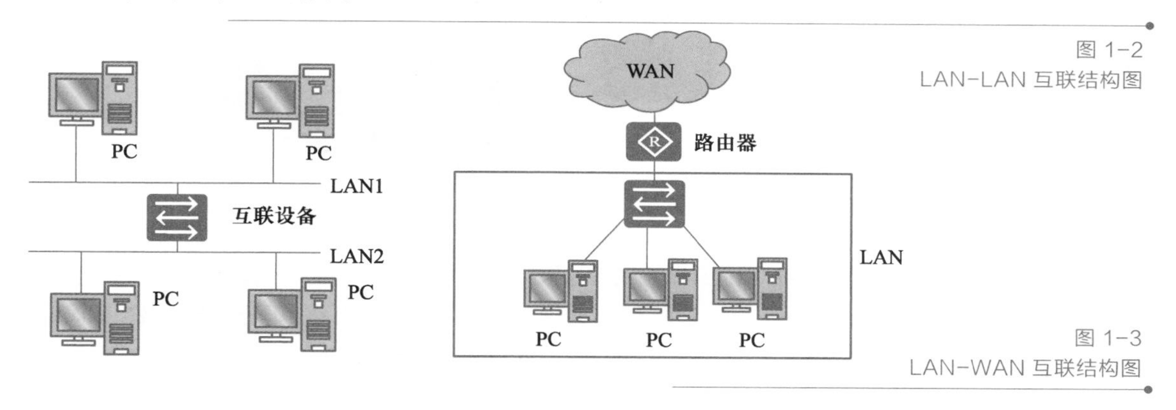

图 1-2
LAN-LAN 互联结构图

图 1-3
LAN-WAN 互联结构图

（3）广域网与广域网（WAN-WAN）互联

WAN-WAN 互联一般在网络运营商之间或国际组织之间进行，将不同地区的网络互联，以构成更大规模的网络。WAN-WAN 互联主要使用路由器或网关来实现。WAN-WAN 互联结构如图 1-4 所示。

图 1-4
WAN-WAN 互联结构图

（4）局域网-广域网-局域网（LAN-WAN-LAN）互联

当两个局域网相距甚远，如分布在不同城市，它们需要通过广域网实现互联。局域网连接到广域网上要使用路由器或网关。LAN-WAN-LAN 互联结构如图 1-5 所示。

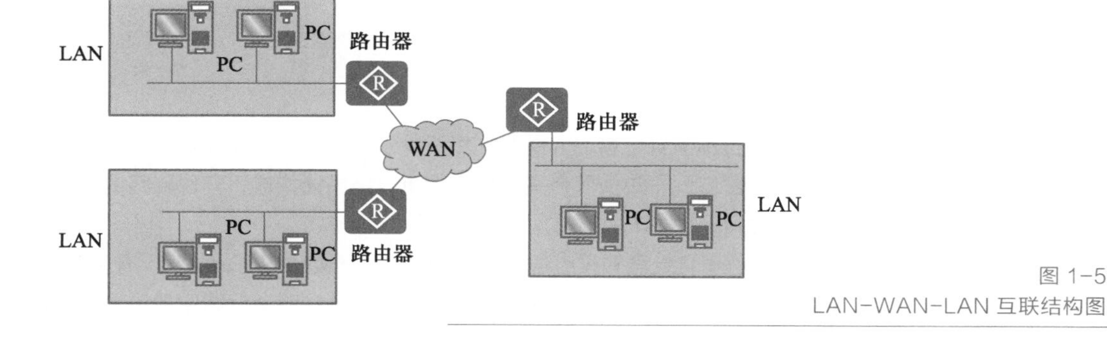

图 1-5
LAN-WAN-LAN 互联结构图

1.1.2　网络拓扑结构设计

1. 三层网络架构

微课 1-3
三层网络架构

目前，大型骨干网的设计普遍采用三层结构模型，如图 1-6 所示。三层网络架构将骨干网的逻辑结构划分为 3 个层次，即核心层、汇聚层和接入层，每个层次都有其特定的功能。

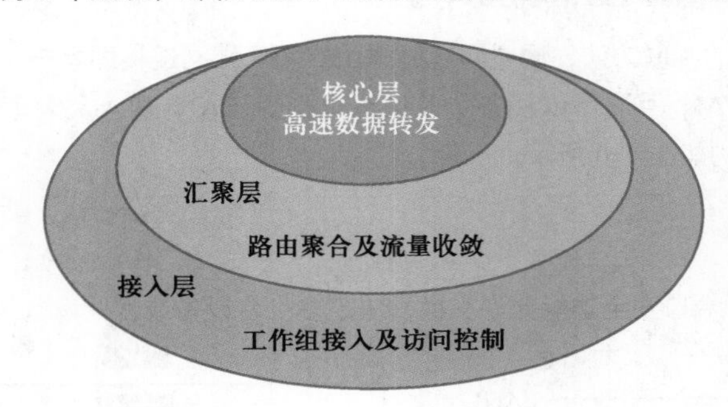

图 1-6
三层网络架构

为获得最大的效能、完成特殊的目的，每个网络组件都被分配在不同的层次中。路由器、交换机等网络设备在选择路由及传输数据和报文信息方面都扮演着特定的角色。在层次化设计中，每一层都有不同的用途，并且通过与其他层次协调工作带来最高的网络性能。如今大多数网络都使用层次化网络拓扑设计，或是部分采用分层设计。每个层级的交换机均采用星状结构与下一层级的交换机建立连接，如图 1-7 所示。

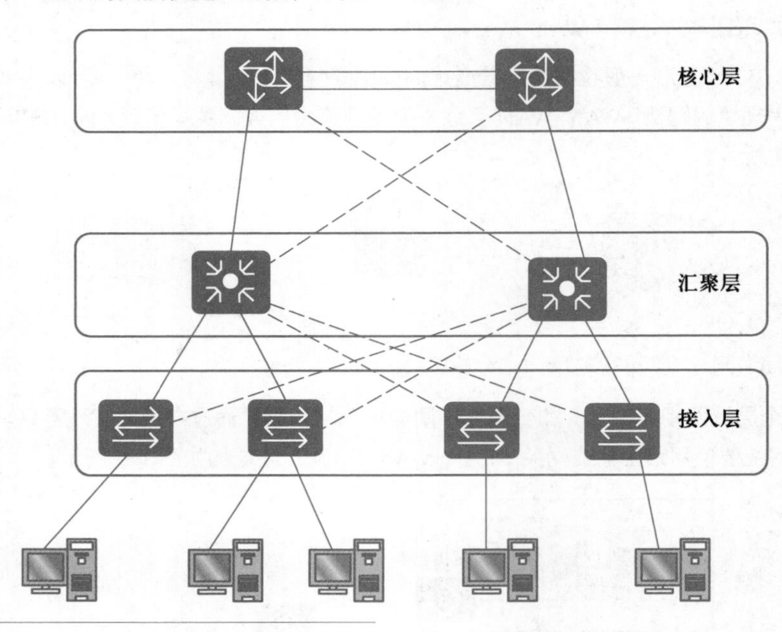

图 1-7
企业园区网层次化结构设计示例

- 核心层：也称为骨干层，为网络提供了骨干组件或高速交换组件，是网络中所有流量的最终汇聚点，通常由两台高性能交换机或路由器构成，实现网络的可靠性、稳定性和高速传输。
- 汇聚层：位于接入层和核心层之间，从汇聚层所处位置可以看出，有承上启下的作用。汇聚层是接入层交换机的汇聚点，通过流量控制策略对网络中的流量进行优化转发。

近年来，核心层交换机的处理能力越来越强，为更高效地监控网络状况，通常不再设置汇聚层，而是由接入层直接连接核心层，形成大二层网络结构。

- 接入层：允许终端用户直接接入网络，接入层交换机具有低成本和高端口密度的特征。

网络三层结构的特点如下。

（1）接入层

接入层为用户提供本地网段的访问。在一般规模的网络系统中，人们经常采用多个并行的 GE 或 10GE 交换机堆叠的方式来扩展端口密度。由一台交换机使用光端口通过光纤向上级连接，将汇聚层与接入层连接在一起。

接入层的功能如下。

① VLAN。VLAN 是融合网络的重要组成部分。接入层交换机允许为终端结点设备设置 VLAN。

② 端口安全。端口安全功能允许交换机决定多少台设备或哪些设备连接到交换机。

③ 快速以太网/千兆以太网。

④ 以太网供电（PoE）。PoE 是一种有线以太网供电技术。PoE 供电是指通过以太网线缆，为其他基于 IP 的终端提供传输数据与直流供电的技术。以太网供电的可靠供电距离最长可达 100 m。通过这种方式，可以有效地解决 IP 电话、无线 AP（Access Point）、便携设备充电器、刷卡机、摄像头、数据采集等终端的集中式电源供电。对于这些终端而言，不再需要考虑室内电源系统布线的问题，在接入网络的同时就可以实现对设备的供电。

⑤ 链路聚合。将多个物理端口聚合在一起，形成一个逻辑端口，实现各成员端口的负载分担。

⑥ 服务质量（QoS）。在支持语音、视频和数据网络流量的融合网络中，需要在接入层交换机上启用 QoS，以便让 IP 电话语音流量的优先级高于数据流量。

（2）汇聚层

汇聚层用于将分布在不同位置的子网连接到核心层网络，实现路由汇聚。汇聚层是接入层和核心层之间的分界点。

汇聚层的功能如下。

① 第 3 层支持。第 3 层支持，即 VLAN 间路由功能，可以实现两个不同 VLAN 之间的通信。

② 很高的转发速率。

③ 千兆以太网/万兆以太网。

④ 冗余组件。建议汇聚层交换机支持多个可热插拔的电源、风扇等。

⑤ 安全策略/访问控制。

⑥ 链路聚合。

⑦ 服务质量（QoS）。需要支持 QoS，维护实施了 QoS 的接入层交换机的流量优先级。

（3）核心层

核心层是整个网络系统的主干部分，是设计与建设的重点。统计表明，核心层一般要承担整个网络流量的 40%～60%。目前应用于核心层的主要技术标准是 GE 或 10GE，核心设备是高性能交换路由器。核心层使用光纤连接核心路由器，并且需要设计冗余链路以提高可靠性。核心层是网络的高速交换主干，对协调通信至关重要。

核心层的功能如下。

笔 记

笔 记

① 第三层支持。

② 极高的转发速率。

③ 冗余链路。包括冗余组件。

④ 链路聚合。

⑤ 服务质量。

层次化网络设计模型具有以下优点。

① 可扩展性。由于分层设计的网络采用层次化设计，路由器、交换机和其他网络互连设备能在需要时方便地加到网络组件中。

② 高可用性。冗余、备用路径、优化、协调、过滤和其他网络处理，使得层次化具有高可用性。

③ 低延时性。由于隔离了广播域，同时存在多个交换和路由选择路径，因此数据流能快速传送，只有非常低的时延。

④ 故障隔离。使用层次化设计易于实现故障隔离。层次化设计能通过合理的组件分离方法，加快故障的排除。

⑤ 高投资回报。通过系统优化及改变数据交换路径和路由路径，可在分层网络中提高带宽利用率。

⑥ 高效的网络管理。如果建立的网络高效而完善，将会更易于管理，能大大节省员工雇佣和人员培训的费用。

层次化结构设计也有一些缺点，例如，出于对冗余功能的考虑需要采用特殊的交换设备，层次化网络的初次投资要明显高于平面型网络建设的费用。

2．扁平化网络架构

传统的三层网络架构复杂，配置的复杂造成了管理的复杂，网络管理员需要熟知整个网络的状况以及每台设备的配置情况，才能对网络问题做出及时的定位和处理。因此，部分网络架构设计正从复杂多层架构向扁平化架构方向发展。

扁平化大二层网络架构是指将传统的接入、汇聚、核心三层网络架构进行简化。将汇聚层与接入层设备保留接入和二层通信功能，仅提供基本的二层 VLAN 隔离。核心层使用宽带接入服务器（Broadband Remote Access Server，BRAS），集中提供 ARP 管理、路由管理、认证、安全策略等功能，实现以 BRAS 为核心的网络扁平化、一体化和精细化的管理与控制。扁平化网络的大二层网络架构具有易管理、易部署、易维护等优点。传统三层网络与扁平大二层网络的比较如图 1-8 所示。

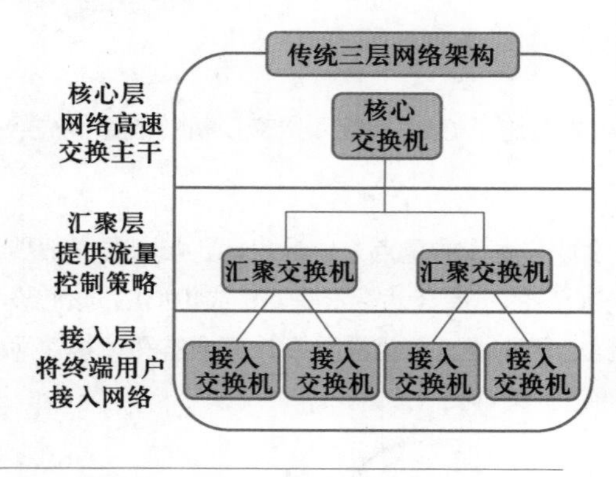

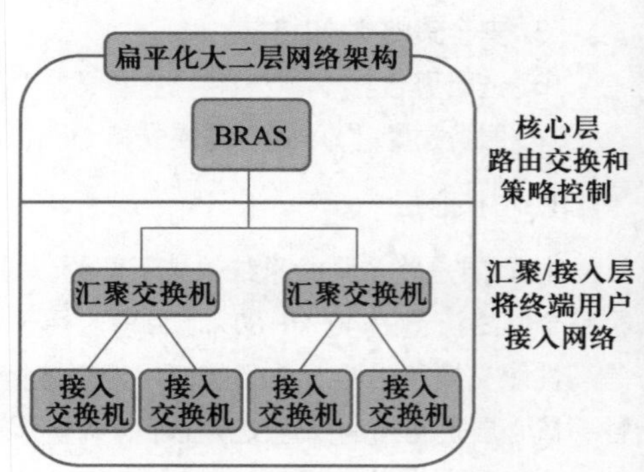

图 1-8
传统三层网络与扁平大二层网络的比较

1.1.3 网络规划的原则

微课 1-4
交换机与 LAN
功能

网络建设的一般原则如下。

- 统一规划，分步实施。
- 性能先进，满足需求。
- 适度超前，量力而行。
- 留有冗余，保障扩充。

网络方案设计在追求性能优越、经济实用的前提下，本着严谨、慎重的态度，从系统结构、技术措施、设备选择、系统应用、技术服务和实施过程等方面进行系统的总体设计。在系统的设计和实现中，应遵循以下原则。

（1）先进性

系统所有的组成要素均应充分考虑其先进性。不能一味地追求实用而忽略先进，只有将当今最先进的计算机技术、通信技术和网络技术与实际应用需要紧密结合，才能获得最大的系统性能和效益。

（2）可靠性

在确保系统网络环境中单独设备稳定、可靠运行的前提下，还需要考虑网络整体的容错能力、安全性及稳定性，使系统出现问题和故障时能迅速地修复。这表现在两个方面，一是采用成熟的技术和高质量的网络设备；二是对网络的关键设备（如服务器、交换机、通信线路等）考虑适当的冗余。

（3）扩展性

网络的拓扑结构应具有可扩展性，即网络连接必须在系统结构、系统容量与处理能力、物理连接、产品支持等方面具有扩充与升级换代的可能，采用的产品要遵循通用的工业标准，以便不同类型的设备能方便灵活地连接入网络并满足系统规模扩充的要求。系统设计要采用模块化设计，便于扩展，以适应未来发展的需求。

（4）安全性

网络的安全是至关重要的，在某些情况下，宁可牺牲系统的部分功能也必须保证系统的安全。采用各种有效的安全措施，如防火墙、加密、认证、数据备份和镜像，确保网络系统的安全性。

1.1.4 IPv4 地址基础

1. IPv4 地址的概念和组成

微课 1-5
什么是 IP 地址
和 IP 地址结构

主机在基于 TCP/IP 协议进行 Internet 通信时，需要一个唯一的地址来进行标识，该地址称为 IP 地址。IP 地址由 32 位二进制数组成，如 IP 地址 10000001000010100000101000000001。为了记忆方便，通常将 32 位二进制数分为 4 组，每组 8 位，每 8 位用一个十进制数来表示，每组之间用“.”隔开，这种表示方式叫点分十进制。例如，上述 IP 地址用点分十进制可表示为 129. 10 . 10 .1，如图 1-9 所示。

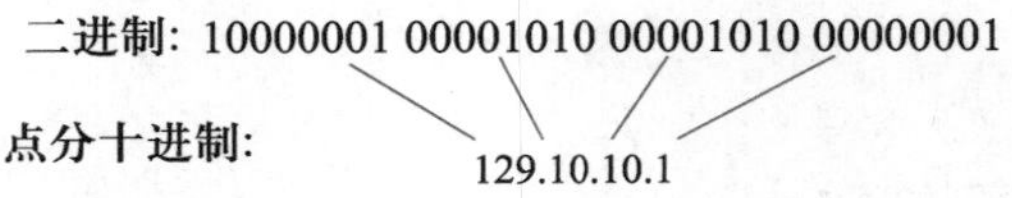

二进制：10000001 00001010 00001010 00000001

点分十进制：　129.10.10.1

图 1-9
IP 地址的点分十进制表示

IP 地址由两部分构成，分别是网络部分和主机部分。网络部分用于唯一标识一个物理或逻辑链路，而主机部分用于唯一标识该链路上的一台设备。类似于电话号码，分为区号和电话号码，如 010-12345678，区号是 010，代表北京市，号码 12345678 代表的是位于北京市的某一电话号码。IP 地址 129.10.10.1 的网络部分是 129.10，代表该 IP 地址所在的网络是 129.10，而主机部分是 10.1，代表位于 129.10 网络下的某台主机，如图 1-10 所示。

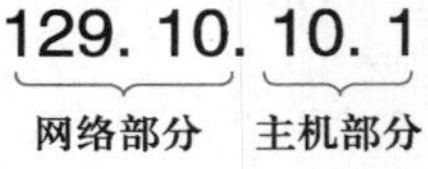

129. 10. 10. 1

网络部分　主机部分

图 1-10
IP 地址的组成

2. IPv4 地址的分类

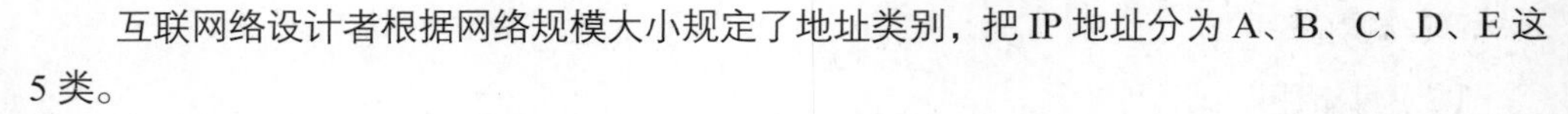

微课 1-6
IP 地址分类和私有 IP 地址

互联网络设计者根据网络规模大小规定了地址类别，把 IP 地址分为 A、B、C、D、E 这 5 类。

（1）A 类地址

A 类地址使用 IP 地址中第 1 个 8 位（bit）表示网络部分，剩下的 24 位表示主机部分，网络部分的第 1 位规定为“0”，有效位数为 7 位，如图 1-11 所示。因此，A 类地址的第 1 个字节为 1～126（0 一般不用，127 留作测试），如 10.1.1.1 为 A 类地址。IPv4 地址中共有 126 个 A 类网络，每个 A 类网络有 $2^{24}-2$ 个 A 类 IP 地址，整个 A 类地址范围为 1.0.0.0～126.255.255.255。

0	网络(7位)	主机(24位)

图 1-11
A 类 IP 地址

（2）B 类地址

B 类地址使用 IP 地址中前两个 8 位表示网络部分，剩下的 16 位表示主机部分，网络部分的第 1 位规定为“1”，第 2 位规定为“0”，有效位数为 14 位，如图 1-12 所示。因此，B 类地址的第 1 个字节为 128～191，如 130.1.1.1 为 B 类地址。IPv4 地址中共有 2^{14} 个 B 类网络，每个 B 类网络有 $2^{16}-2$ 个 B 类 IP 地址，整个 B 类地址范围为 128.0.0.0～191.255.255.255。

10	网络(14位)	主机(16位)

图 1-12
B 类 IP 地址

（3）C 类地址

C 类地址使用 IP 地址中前 3 个 8 位表示网络部分，剩下的 8 位表示主机部分，网络部分的第 1 位规定为“1”，第 2 位规定为“1”，第 3 位规定为“0”，有效位数为 21 位，如图 1-13 所示。 因此，C 类地址的第 1 个字节为 192～223，如 198.1.1.1 为 C 类地址。IPv4 地址中共有 2^{21} 个 C 类网络，每个 C 类网络有 $2^{8}-2$ 个 C 类 IP 地址，整个 C 类地址范围为 192.0.0.0～223.255.255.255。

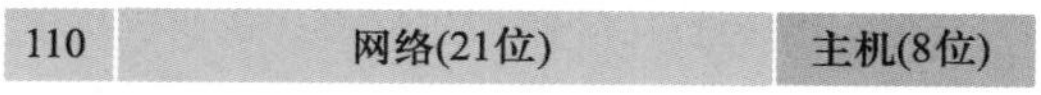

110	网络(21位)	主机(8位)

图 1-13
C 类 IP 地址

（4）D 类地址

D 类地址通常作为组播地址。D 类地址第 1 个字节前 3 位为“111”，第 4 位为“0”，剩下的代表组播地址，如图 1-14 所示。因此，D 类地址的第 1 个字节为 224～239，整个 D 类地址范围为 224.0.0.0～239.255.255.255。

1110	组播地址(20位)

图 1-14
D 类 IP 地址

（5）E 类地址

E 类地址保留用于科学研究。E 类地址第 1 个字节前 4 位为“1111”，如图 1-15 所示。因此，E 类地址的第 1 个字节为 240～255，整个 E 类地址范围为 240.0.0.0～255.255.255.255。

1111	保留(20位)

图 1-15
E 类 IP 地址

3．特殊 IP 地址

（1）网络地址

主机部分全 0 的地址为网络地址，该地址用于标识网络，不能分配给某个主机。例如，A 类 IP 地址 10.1.1.1 所在的网络地址为 10.0.0.0，B 类 IP 地址 130.1.1.1 所在的网络地址为 130.1.0.0。

（2）广播地址

主机部分全 1 的地址为广播地址，用于向某网段的所有主机发送报文。例如，A 类 IP 地址 10.1.1.1 所在网络的广播地址为 10.255.255.255，B 类 IP 地址 130.1.1.1 所在网络的广播地址为 130.1.255.255。

（3）环回地址

环回地址用于网络软件测试以及本机进程之间通信的特殊地址。习惯上采用 127.0.0.1 作为环回地址。

（4）私有地址

由于 IPv4 地址的有限性，在进行 IP 地址规划时，通常在局域网使用私有 IP 地址。私有 IP 地址是预留给各个企业内部网络自由支配的 IP 地址。它可以在不同局域网中重复使用，但也要保证在局域网中的唯一性。Internet 不能识别私有地址，所以私有地址只能供内部使用。当主机访问 Internet 时，需要利用地址转换技术，把私有 IP 地址转换为 Internet 可识别的公有 IP 地址。

在 A 类、B 类和 C 类地址中，分别有一部分是私有地址。

- A 类 IP 地址中私有地址的范围为 10.0.0.0～10.255.255.255。
- B 类 IP 地址中私有地址的范围为 172.16.0.0～172.31.255.255。
- C 类 IP 地址中私有地址为 192.168.0.0～192.168.255.255。

微课 1-7
子网掩码

4. 子网掩码

在计算机中，通过子网掩码来确定一个 IP 地址中的网络部分和主机部分。子网掩码中用“1”来对应 IP 地址的网络部分，用“0”来对应 IP 地址的主机部分。例如，A 类 IP 地址的前 8 位标识网络部分，后 24 位标识主机部分，所以 A 类地址的子网掩码为 11111111.00000000.00000000.00000000，转换成点分十进制即 255.0.0.0。

同理，B 类地址的子网掩码为 255.255.0.0，C 类 IP 地址的子网掩码为 255.255.255.0。通过对 IP 地址和子网掩码进行“与”运算得出网络地址。例如，129.10.10.1 与 255.255.0.0 相“与”得到网络地址为 129.10.0.0，如图 1-16 所示。

```
129.      10.       10.       1
10000001 00001010 00001010 00000001
11111111 11111111 00000000 00000000
-----------------------------------
10000001 00001010 00000000 00000000
                ⬇
129. 10. 0. 0
```

图 1-16
IP 地址与子网掩码计算网络地址

子网掩码还可以采用前缀法表示，例如 IP 地址为 129.10.10.1，对应的子网掩码为 255.255.0.0，还可以表示为 129.10.10.1/16，16 表示的就是子网掩码中前 16 位为 1，也就是网络位有 16 位。

5. 子网划分

一个 A 类网络中可以容纳 $2^{24}-2$ 台主机（减 2 是去掉网络地址和广播地址），一个 B 类网络中可以容纳 $2^{16}-2$ 台主机，一个 C 类网络可以容纳 $2^{8}-2$ 台主机。为了有效利用 IP 地址，可以将一个大的网络划分成若干小网络，这就称为子网划分，这些划分成的小网络称为子网。

子网划分通过将主机位借位给网络位，从而形成新的网络位和新的主机位来实现。如图 1-17 所示，一个 C 类网络有 24 位网络位、8 位主机位，从主机位的高位开始借 2 位给网络位，那么网络位就变成了 26 位，主机位变成了 6 位，用借的 2 位主机位来表示不同的子网。

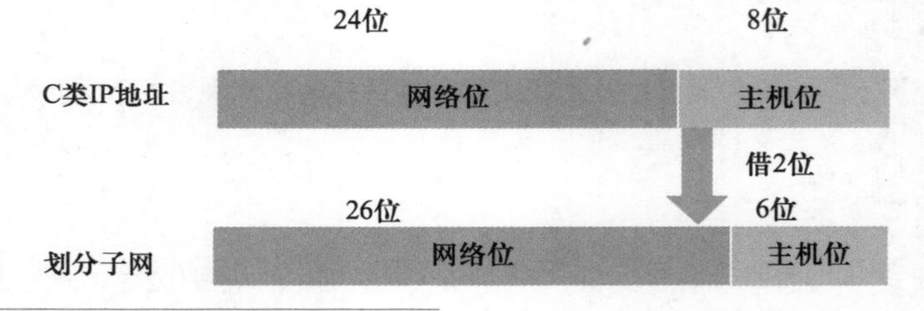

图 1-17
子网划分示意图

以 192.168.1.0/24 网络为例，进行子网划分。如果向主机位借 1 位，这一位可以表示成“0”或“1”，所以可以划分成 2 个子网，如果向主机位借 2 位，那么这两位可以表示成“00”，“01”“10”“11”，可以划分成 4 个子网，同理，借 3 位可以划分成 8 个子网，借 4 位可以划分成 16 个子网……以此类推，借 n 位可以划分成 2^n 个子网。

以借 2 位为例，划分成的子网分别如下。

① 子网 1：网络地址为 192.168.1.00000000/26，即 192.168.1.0/26，如图 1-18 所示。广播地址为 192.168.1.00111111/26，即 192.168.1.63/26，在该子网内可用的 IP 地址范围为 192.168.1.1～192.168.1.62，该子网对应的子网掩码为 255.255.255.11000000，即 255.255.255.192。

26位
网络位

6位
主机位

点分十进制	192. 168. 1. 0	
二进制	11000000.10101000.00000001.00 000000 ➡ 192. 168. 1.0/26	网络地址
	11000000.10101000.00000001.00 111111 ➡ 192. 168. 1.63/26	广播地址
	11000000.10101000.00000001.00 000001 ➡ 192. 168. 1.1/26	最小主机地址
	11000000.10101000.00000001.00 111110 ➡ 192. 168. 1.62/26	最大主机地址

图 1-18 子网划分子网 1 示例

② 子网 2：网络地址为 192.168.1.01000000/26，即 192.168.1.64/26，如图 1-19 所示。广播地址为 192.168.1.01111111/26，即 192.168.1.127/26，在该子网内可用的 IP 地址范围为 192.168.1.65 ～ 192.168.1.126，该子网对应的子网掩码为 255.255.255.11000000，即 255.255.255.192。

26位
网络位

6位
主机位

点分十进制	192. 168. 1. 0	
二进制	11000000.10101000.00000001. 01 000000 ➡ 192.168.1.64/26	网络地址
	11000000.10101000.00000001. 01 111111 ➡ 192.168.1.127/26	广播地址
	11000000.10101000.00000001. 01 000001 ➡ 192.168.1.65/26	最小主机地址
	11000000.10101000.00000001. 01 111110 ➡ 192.168.1.126/26	最大主机地址

图 1-19 子网划分子网 2 示例

③ 子网 3：网络地址为 192.168.1.10000000/26，即 192.168.1.128/26，如图 1-20 所示。广播地址为 192.168.1.10111111/26，即 192.168.1.191/26，在该子网内可用的 IP 地址范围为 192.168.1.129～192.168.1.190，该子网对应的子网掩码为 255.255.255.11000000，即 255.255.255.192。

26位
网络位

6位
主机位

点分十进制	192. 168. 1. 0	
二进制	11000000.10101000.00000001.10 000000 ➡ 192. 168. 1. 128/26	网络地址
	11000000.10101000.00000001.10 111111 ➡ 192. 168. 1. 191/26	广播地址
	11000000.10101000.00000001.10 000001 ➡ 192. 168. 1. 129/26	最小主机地址
	11000000.10101000.00000001.10 111110 ➡ 192. 168. 1. 190/26	最大主机地址

图 1-20 子网划分子网 3 示例

④ 子网 4：网络地址为 192.168.1.11000000/26，即 192.168.1.192/26，如图 1-21 所示。广播地址为 192.168.1.11111111/26，即 192.168.1.255/26，在该子网内可用的 IP 地址范围为 192.168.1.193～192.168.1.254，该子网对应的子网掩码为 255.255.255.11000000，即 255.255.255.192。

26位
网络位

6位
主机位

点分十进制	192. 168. 1. 0	
二进制	11000000. 10101000. 00000001.11 000000 ➡ 192. 168. 1. 192/26	网络地址
	11000000. 10101000. 00000001.11 111111 ➡ 192. 168. 1. 255/26	广播地址
	11000000. 10101000. 00000001.11 000001 ➡ 192. 168. 1. 193/26	最小主机地址
	11000000. 10101000. 00000001.11 111110 ➡ 192. 168. 1. 254/26	最大主机地址

图 1-21 子网划分子网 4 示例

6. 子网划分实例

一个小型企业申请了一个 C 类网络 190.10.10.0/24，企业内有 4 个部门，部门的主机数量分别为 30、28、28、15。要求将现有 IP 地址进行子网划分，分配给 4 个部门使用。

（1）按照网络数量进行划分。

要划分成 4 个子网，向主机位借 2 位即可，主机位剩 6 位，可以容纳 2^6-2 即 62 台主机，满足企业需求。

子网划分后的网络地址、广播地址、可用主机范围和子网掩码见表 1-1。

表 1-1　按照网络数量进行子网划分

网络地址	广播地址	可用主机范围	子网掩码
190.10.10.0	190.10.10.63	190.10.10.1～190.10.10.62	255.255.255.192
190.10.10.64	190.10.10.127	190.10.10.65～190.10.10.126	255.255.255.192
190.10.10.128	190.10.10.191	190.10.10.129～190.10.10.190	255.255.255.192
190.10.10.192	190.10.10.255	190.10.10.193～190.10.10.254	255.255.255.192

（2）按照主机数量进行划分

由于最大的主机数量为 30 个，主机位留 5 位即可，所以主机位可以借 3 位给网络位，可以将网络划分成 8 个子网，满足企业需求，只用其中 4 个子网即可，剩下的网络可以用于扩展。子网划分后的网络地址、广播地址、可用主机范围和子网掩码见表 1-2。

表 1-2　按照主机数量进行子网划分

网络地址	广播地址	可用主机范围	子网掩码
190.10.10.0	190.10.10.31	190.10.10.1～190.10.10.30	255.255.255.224
190.10.10.32	190.10.10.63	190.10.10.33～190.10.10.62	255.255.255.224
190.10.10.64	190.10.10.95	190.10.10.65～190.10.10.94	255.255.255.224
190.10.10.96	190.10.10.127	190.10.10.97～190.10.10.126	255.255.255.224

1.1.5　eNSP 模拟器

微课 1-8
ENSP 模拟器介绍

eNSP 是华为公司的图形化网络仿真平台。该平台通过对真实网络设备的仿真模拟，帮助广大 ICT 从业者和客户快速熟悉华为数通系列产品，了解并掌握相关产品的操作和配置、提升对企业 ICT 网络的规划、建设、运维能力，从而帮助企业构建更高效、更优化的网络。本书实验都可在 eNSP 模拟器上实现。

1. 主界面

eNSP 的主界面主要包括主工具栏、设备类型库、特定设备库和工作区 4 部分，如图 1-22 所示。工作区用于新建和显示拓扑图。

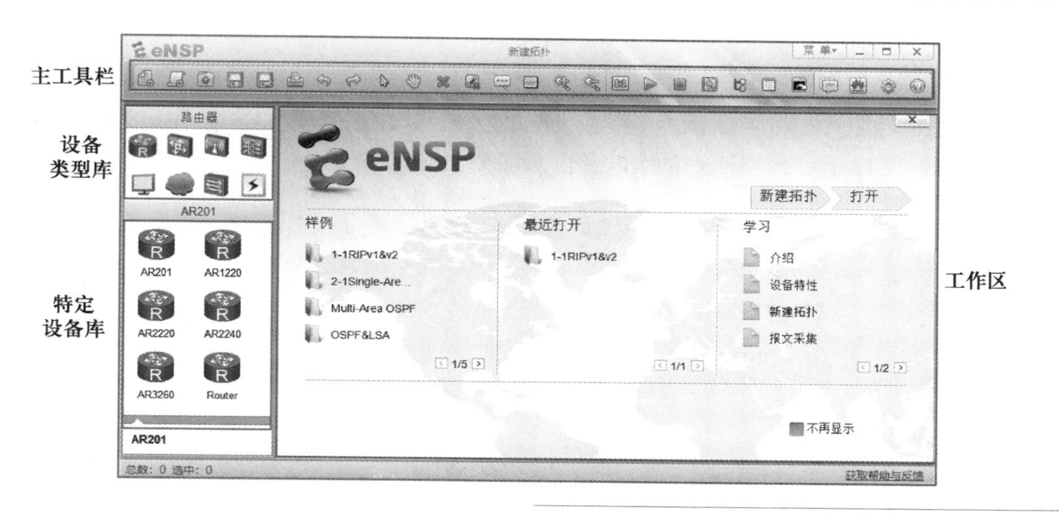

图 1-22
eNSP 主界面

2. 主工具栏

主工具栏提供常用的工具，如新建拓扑、打开拓扑、保存拓扑、拓扑另存为、打印、撤销、恢复、恢复鼠标、拖动、删除、删除所有连线、文本、调色板等工具，及论坛、官网等超链接，如图 1-23 所示。

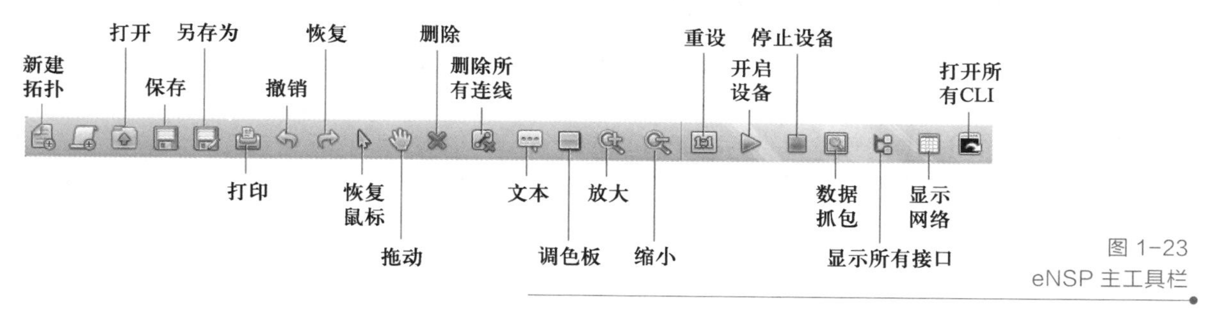

图 1-23
eNSP 主工具栏

3. 设备类型库

设备类型库提供设备和设备连线，可以选择并在工作区使用，如图 1-24 所示。设备包括路由器、交换机、无线局域网设备、防火墙、终端设备、其他设备和自定义设备等。

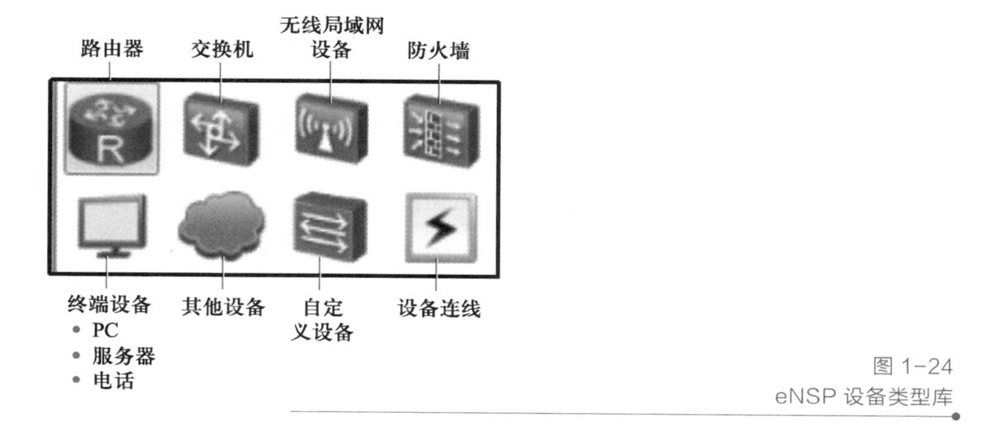

图 1-24
eNSP 设备类型库

4．线缆类型

eNSP 线缆库提供的线缆类型包括以太接口连线、串口线、POS 口连线、E1 线缆、ATM 接口连线、CTL（用于连接 PC 的串口线），如图 1-25 所示。

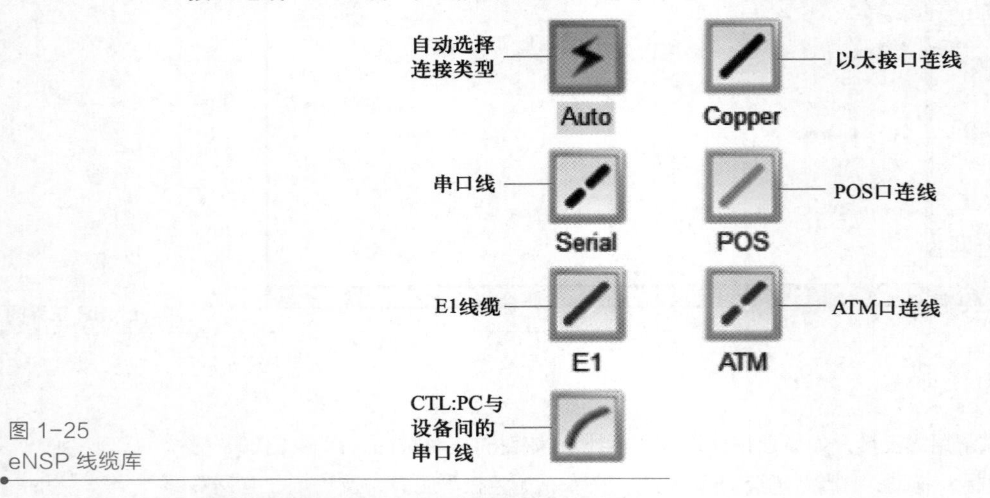

图 1-25
eNSP 线缆库

1.2　项目准备：IP 地址规划

【引导问题 1-1】 IP 地址的作用是什么？IP 地址中哪些地址只在局域网内部使用？

【引导问题 1-2】 子网掩码的作用是什么？

【引导问题 1-3】 网关在配置时是否是必不可少的？为什么？

【引导问题 1-4】 请按照图 1-1 中的公司总部组织结构进行 IP 地址设计，每台设备都需要一个 IP 地址。请将 IP 地址规划内容填写到表 1-3 中。

表 1-3　用户 IP 地址规划表

总部及分公司位置	部门	类别（职位）	主机数量	冗余主机数	网络地址	最小主机 IP 地址	最大主机 IP 地址	掩码
北京	行政部	部门经理						
		经理助理						
		职员						
		IP 打印机						
	财务部	部门经理						
		经理助理						
		职员						
		服务器						
		IP 打印机						
	销售部	部门经理						
		区域经理						
		销售专员						
		IP 打印机						

【引导问题 1-5】 判断下面 3 种结点数所需要使用的层次结构。

① 如果结点数为 250～5000 个，可以用______________________________。

② 如果结点数为 100～500 个，可以用______________________________。

③ 如果结点数为 5～250 个，可以用______________________________。

1.3 项目实施：拓扑图设计

设备命名规则将采用字母与数字结合的方法，具体规则为：

字段 1_字段 2*nn*

各字段的含义见表 1-4，如北京的第一台接入层交换机，命名为 BJ_AS01。

表 1-4 字段含义规范表

字段名称	字段含义
字段 1	字段 1 用于标识设备安装地点，设计原则为： 城市 如： ● 北京：BJ ● 上海：SH ● 广州：GZ
字段 2	字段 2 用于标识设备功能，定义为： ● 核心层交换机：CS ● 分布层交换机：DS ● 接入层交换机：AS ● 接入层路由器：AR ● 核心路由器：CR ● 防火墙：FW
nn	*nn* 用于标识网络设备编号，范围为 01～99

【引导问题 1-6】 进行网络拓扑设计时有哪些注意事项?

【引导问题 1-7】 画出公司的拓扑图，多台 PC 可以用省略号代替，并在华为模拟器 eNSP 中实现，设备命名请遵照表 1-4。

1.4 项目评价

项目完成后，请填写自评表，见表 1-5。

表 1–5　学生自评表

项　　目	完成情况记录
项目是否按计划时间完成	
相关理论是否掌握	
技能训练情况	
项目完成情况	
项目创新情况	
材料上交情况	
收获	

项目 2 网络设备初识

学习目标

- 了解常见的路由器和交换机。
- 了解 VRP 的版本与结构，熟悉 CLI。
- 掌握网络设备基本配置。
- 掌握网络设备的管理方式。

【项目背景】

阳光纸业公司网络规划方案中采用了华为路由器和交换机，网络管理员从设备供应商收到设备后，需要了解相关性能指标，进行设备验收，并完成网络设备的连接、基本配置以及网络设备远程登录等工作。

【项目内容】

交换机初始配置通过 Console 线缆进行，后续配置采用 Telnet 远程方式（Telnet 或 SSH）进行管理。拓扑如图 2-1 所示。

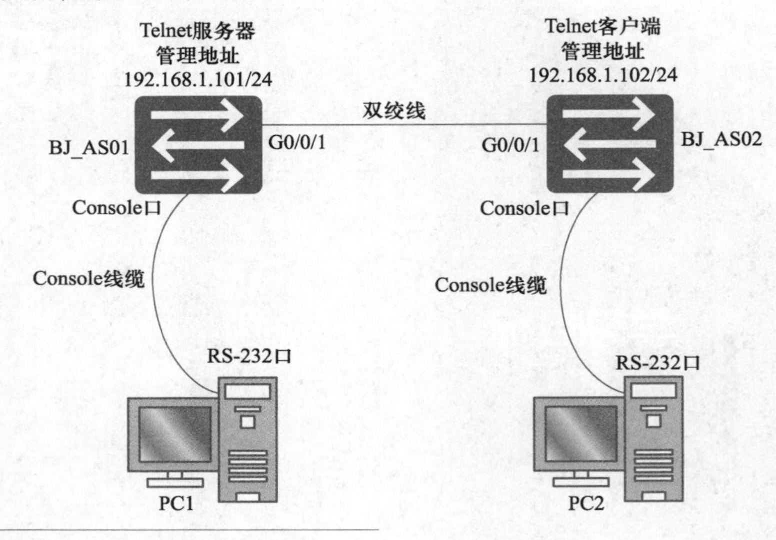

图 2-1
网络设备初识项目拓扑图

注意

由于本项目采用 eNSP 模拟器实施，eNSP 模拟器中的 PC 不支持 Telnet 命令，但华为 VRP 系统既支持 Telnet 客户端功能，也支持 Telnet 服务器功能，所以由交换机 BJ_AS01 模拟 Telnet 服务器，BJ_AS02 模拟 Telnet 客户端来完成本项目。

2.1　相关知识：网络设备基础

2.1.1　网络设备

微课 2-1
交换机关键参数 1

目前市面上主流的网络设备厂商包括华为、H3C、Cisco、Juniper、中兴和锐捷等。华为作为全球领先的信息与通信技术（ICT）解决方案供应商之一，产品覆盖电信运营商、企业及终端消费者，可在电信网络、终端和云计算等领域提供端到端的解决方案。下面主要介绍华为的交换机和路由器等网络设备。

1. 交换机

交换机（Switch）是一种用于电（光）信号转发的网络设备，是一种基于 MAC 地址

（网卡的硬件标志）识别，能够在通信系统中完成信息交换功能的设备。最常见的交换机是以太网交换机，此外还有电话语音交换机、光纤交换机等，这里的交换机是指以太网交换机。

微课 2-2
交换机关键参数 2

交换机的种类繁多，不同的设备厂商有不同的设备系列，外形结构也不同。交换机按网络构成方式可分为接入层交换机、汇聚层交换机和核心层交换机；按照 TCP/IP 模型的层次可分为二层交换机和三层交换机；按照交换机的外观可分为盒式交换机和框式交换机。华为交换机的种类非常齐全，包括各种层次和类型的交换机。例如，华为 CloudEngine S5731-S 系列交换机属于盒式交换机，如图 2-2 所示；华为 CloudEngine S12700E 系列交换机属于框式交换机，如图 2-3 所示。

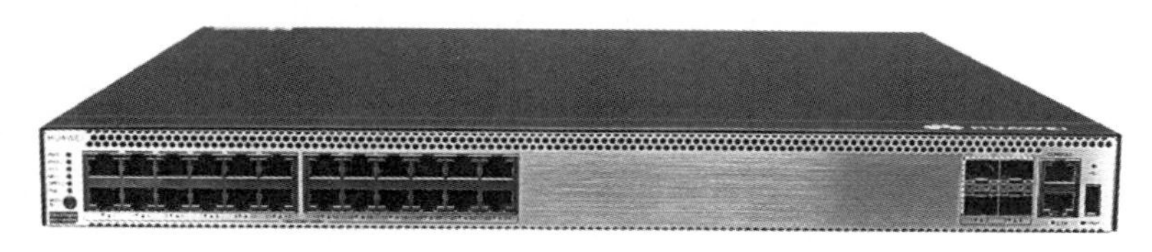

图 2-2
盒式交换机

图 2-3
框式交换机

交换机通过数据帧中的目的 MAC 地址进行寻址，并学习数据帧中的源 MAC 地址来构建自己的 MAC 地址表。当数据帧进入交换机后，交换机会检查该帧的源 MAC 地址，将该源 MAC 地址与该帧进入交换机的端口进行映射，并将这个映射关系存放到 MAC 地址表。该表也称为 CAM（Content Addressable Memory）表，存放 MAC 地址与交换机端口的映射关系表。

微课 2-3
交换式的基本概念

交换机对帧的转发操作共有 3 种，分别是泛洪（Flooding）、转发（Forwarding）、丢弃（Discarding），如图 2-4 所示。

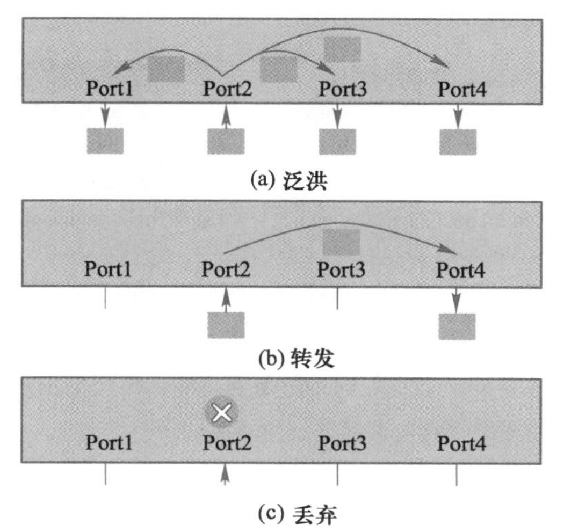

图 2-4
交换机对帧的转发操作

笔 记

- 泛洪：交换机将从某一端口进来的帧从接收端口以外的其他端口转发出去，泛洪是点到多点的转发行为。
- 转发：交换机将从某一端口进来的帧从另一个端口转发出去，转发是点到点的转发行为。
- 丢弃：交换机将从某一端口进来的帧直接丢弃，丢弃其实就是不进行转发。

交换机转发数据帧的过程概括地描述如下。

① 如果进入交换机某个端口的是一个单播帧，则交换机会在 MAC 地址表中查找该帧的目的 MAC 地址。

- 如果查不到这个 MAC 地址，则交换机对该帧执行泛洪操作。
- 如果查到了这个 MAC 地址，则比较该 MAC 地址所对应的端口是不是该帧进入交换机的端口。如果不是，则交换机对该帧执行转发操作；如果是，则交换机对该帧执行丢弃操作。

② 如果进入交换机某个端口的是一个广播帧，则交换机不会去查 MAC 地址表，而是直接对该广播帧执行泛洪操作。

③ 如果进入交换机某个端口的是一个组播帧，则交换机的处理行为比较复杂，超出本书的知识范围，略去不讲。

2. 路由器

路由器（Router）是连接两个或多个网络的硬件设备。路由器是网络的核心设备，具有判断网络地址和选择 IP 路径的作用，可以在多网络环境中构建灵活的连接系统，通过不同的数据分组以及介质访问方式对各个子网进行连接。

作为不同网络之间互相连接的枢纽，路由器系统构成了基于 TCP/IP 的国际互联网络 Internet 的主体脉络，也可以说，路由器构成了 Internet 的骨架。它的处理速度是网络通信的主要瓶颈之一，它的可靠性则直接影响网络互联的质量。路由器工作在 OSI 参考模型的第 3 层（即网络层），所以路由器属于网络层的一种互连设备。

路由器种类繁多，不同的设备厂商有不同的设备系列，外形结构也不同，如图 2-5 所示。路由器按功能可划分为骨干级、企业级和接入级路由器；按结构可划分为模块化和非模块化路由器；按所处网络位置可划分为边界路由器和中间结点路由器。

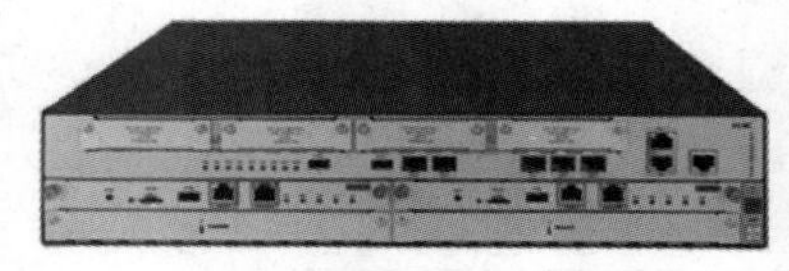

(a) H3C MSR 5600路由器

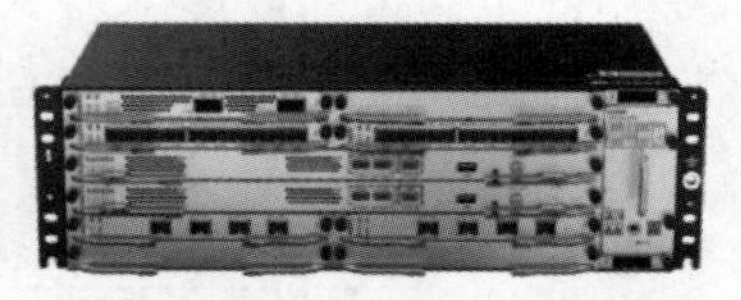

(b) 华为NetEngine 8000系列路由器

图 2-5
各厂商路由器示例

如图 2-6 所示，数据包在网络中的传输就像体育运动中的接力一样，每台路由器只负责将数据包在本站通过最优的路径转发，通过多台路由器一站一站地接力，将数据包通过最优路径转发到目的地。路由器对于数据包的传递是逐跳的，每台路由器按照一定的规则将收到的数据包发送出去，而对于数据包的后续发送则不关心。

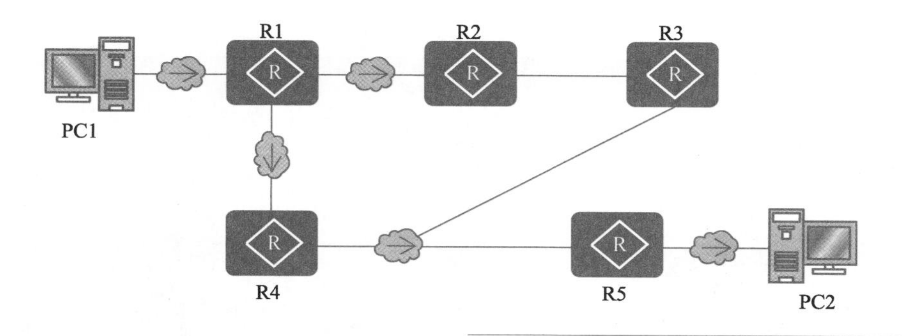

图 2-6
数据包在网络中的传输

2.1.2 网络设备登录管理

与普通 PC、手机等终端不同，交换机、路由器等网络设备没有输入/输出（I/O）设备，为了对网络设备进行配置，需借助计算机的 I/O 设备，即键盘、鼠标和显示器等对网络设备进行操作管理与维护。用户可通过 Console 口、Mini USB 口或 Telnet 等方式登录网络设备，使用设备提供的命令行对其进行管理和配置。如图 2-7 所示，华为 AR2200 企业路由器中配备了 Console 口和 Mini USB 口两个控制端口。

同一时刻，Console 口和 Mini USB 口只能使用一个，因为它们使用的是同一线路。

图 2-7
华为 AR2200 企业路由器控制接口

1. 通过 Console 口登录网络设备

微课 2-4
通过 console 登录网络设备

通过 Console 口登录网络设备是设备登录的基本方式之一，用户使用专门的 Console 线缆（串口线）连接设备的 Console 口。如图 2-8 所示，Console 线缆的一段是 RS-232 DB-9 接头，用来连接计算机的串行接口（COM）；另一端是 RJ-45 接头，用来连接网络设备的 Console 口。

图 2-8
Console 线缆

注意

目前，配备 RS-232 串行接口的 PC 或便携式计算机已经相当罕见。可使用 USB 转 Console 线缆（如图 2-9 所示），或 USB 转 RS-232 线缆（如图 2-10 所示）和 Console 线缆结合进行连接登录。

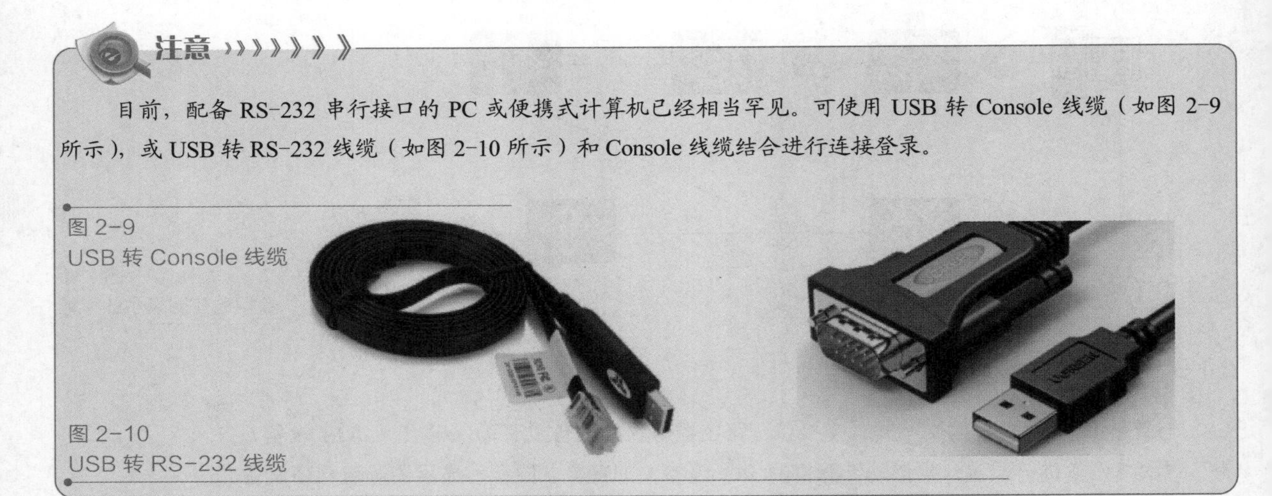

图 2-9
USB 转 Console 线缆

图 2-10
USB 转 RS-232 线缆

通过 Console 口进行设备本地登录，通常在以下场景下使用。

- 当对设备进行第一次配置时，可通过 Console 口登录设备进行配置。
- 当用户无法远程登录设备时，可通过 Console 口进行本地登录。

通过 Console 口登录网络设备的步骤如下。

① 线缆连接。

如图 2-11 所示，通过 Console 线缆将计算机和需要管理的网络设备连接起来。

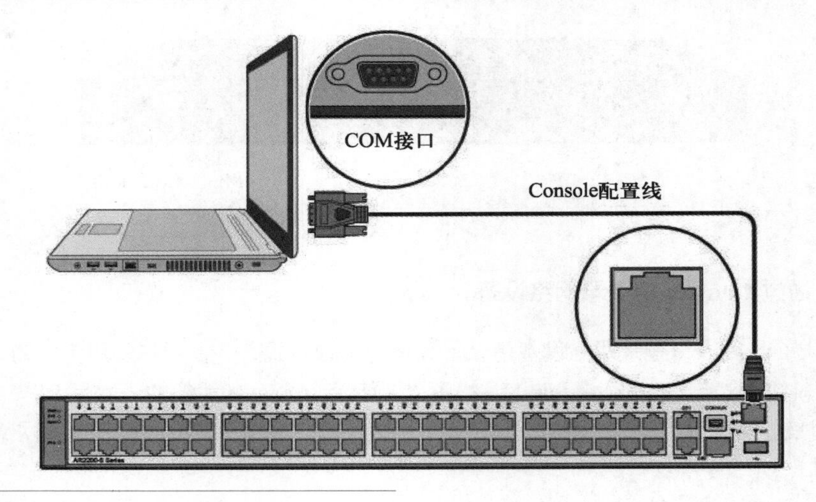

图 2-11
用 Console 线缆连接 PC 和网络设备

② 新建连接。

注意

超级终端曾是 Windows 系统自带的一个串口调试工具，被广泛使用于串口设备的初级调试上，但 Windows 7 以上版本的系统默认不再自带超级终端，需要借助第三方工具来完成。无论使用哪种超级终端模拟程序向网络设备发出管理访问，接下来的设置都基本类似。比较常用的终端模拟程序除超级终端外，还有 SecureCRT、Putty 等，本书采用 SecureCRT 作为终端模拟程序。

安装完成 SecureCRT 之后，单击如图 2-12 所示的“Quick Connect”按钮（快速连接）。

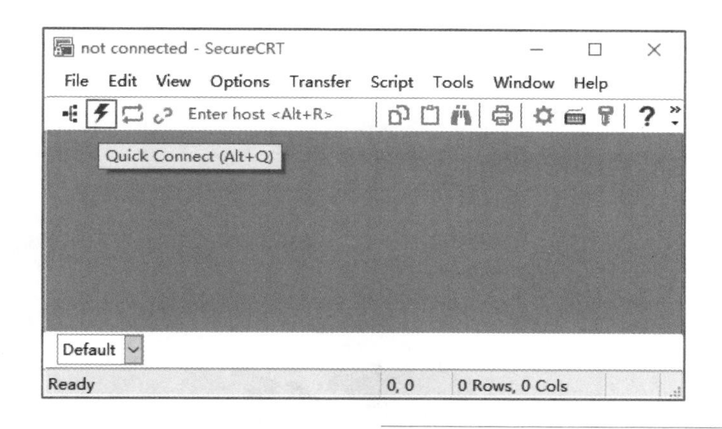

图 2-12
使用 SecureCRT 建立快速连接

③ 设置通信参数。

如图 2-13 所示，设置 PC 串口的通信参数（注意：PC 端与设备端的参数保持一致才能进行通信）。Console 线缆连接的是计算机的 RS-232 串行接口，因此协议（Protocol）选择 Serial。

网络设备端默认参数值：Baud rate（波特率）为 9600 bit/s，Data bits（数据位）为 8 位，Parity（奇偶校验位）为 None，Stop bits（停止位）为 1，Flow Control（数据流控制方式）为 None。

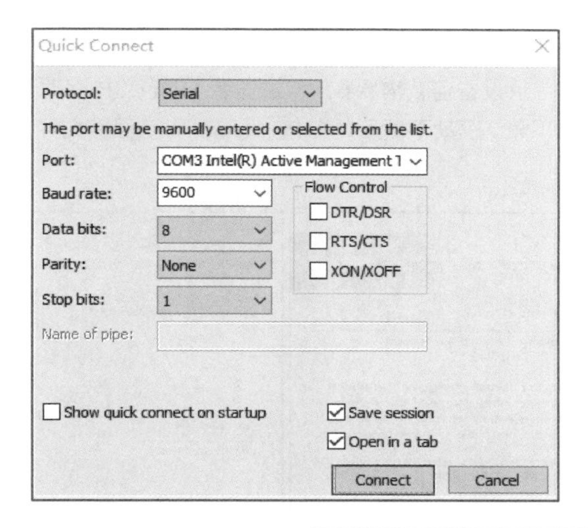

图 2-13
端口通信参数设置

④ 进入命令行界面。

完成上述设置后，单击图 2-13 中的“Connect”（连接）按钮，进入设备的命令行界面。

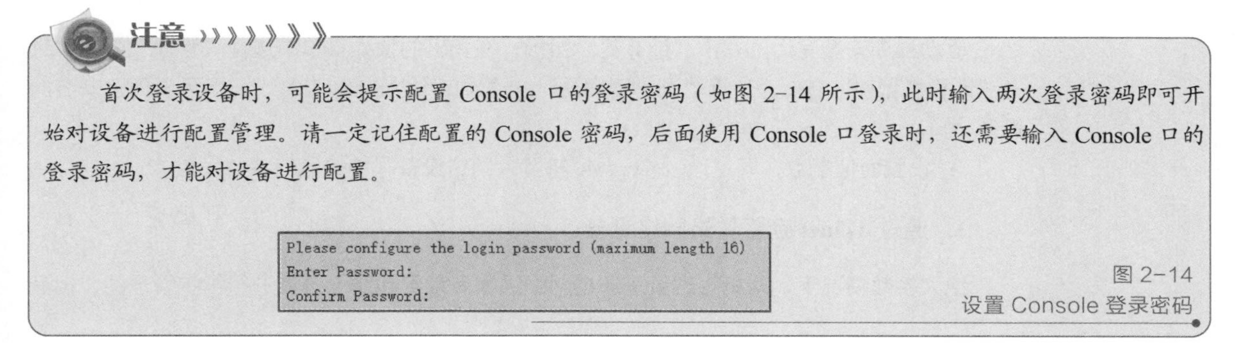

注意

首次登录设备时，可能会提示配置 Console 口的登录密码（如图 2-14 所示），此时输入两次登录密码即可开始对设备进行配置管理。请一定记住配置的 Console 密码，后面使用 Console 口登录时，还需要输入 Console 口的登录密码，才能对设备进行配置。

```
Please configure the login password (maximum length 16)
Enter Password:
Confirm Password:
```

图 2-14
设置 Console 登录密码

2. 通过 Mini USB 口登录网络设备

通过 Mini USB 口登录网络设备的步骤如下。

① 线缆连接。

通过 Mini USB 线缆（如图 2-15 所示）将计算机和需要管理的网络设备连接起来，如图 2-16 所示。

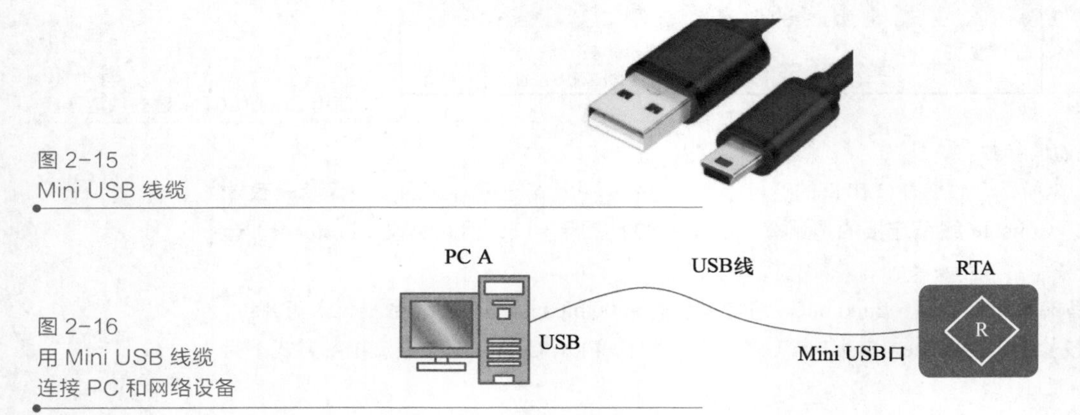

图 2-15
Mini USB 线缆

图 2-16
用 Mini USB 线缆
连接 PC 和网络设备

② Mini USB 驱动程序安装。

使用 Mini USB 口登录设备前，需要在 PC 端安装 Mini USB 驱动程序，该驱动程序可从华为企业官方支持网站下载。驱动下载后，在 PC 端双击驱动程序文件，按照软件提示安装即可，如图 2-17 所示。

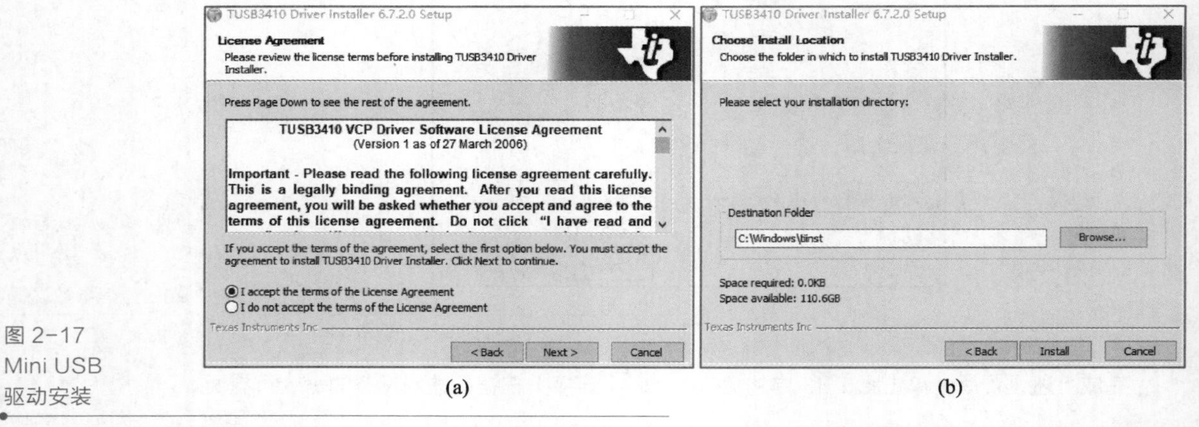

图 2-17
Mini USB
驱动安装

驱动程序安装完后，右击“计算机”图标，在弹出的快捷菜单中选择“管理”命令，打开“计算机管理”窗口，选择“设备管理器”→“端口（COM 和 LPT）”，即可看到已安装的设备端口。

③ 设置通信参数，同“通过 Console 口登录网络设备”中的通信参数设置。

3. 通过 Telnet 远程登录网络设备

绝大多数情况下，网络管理员是通过网络远程登录到网络设备上进行维护管理的，但登录前需对网络设备设置管理 IP 地址和登录密码等参数。

Telnet 通常用在远程登录设备中，可以使用其远程登录到支持 Telnet 服务的任何网络设备，从而实现远程配置、维护等工作，节省网络管理维护成本。华为 VRP 系统既支持 Telnet 客户端功能，也支持 Telnet 服务器功能。利用 VRP 系统，可以先登录到某台设备，然后将这台设备作为 Telnet 客户端，再通过 Telnet 方式远程登录到网络中的其他设备，从而实现对网络设备的远程管理维护。为了保障设备安全，在没有给网络设备设置 VTY 认证方式的情况下，VRP 系统不会允许客户端连接该设备。

2.1.3 华为 VRP 及 CLI

1. VRP

（1）VRP 概述

VRP（Versatile Routing Platform，通用路由平台）是华为公司具有完全自主知识产权的网络操作系统，如同微软公司的 Windows 操作系统之于 PC。VRP 以 IP 业务为核心，实现组件化的体系结构。

VRP 作为华为公司从低端到核心的全系列路由器、以太网交换机、业务网关等产品的软件核心引擎，实现统一的用户界面和管理界面；实现控制平面功能，并定义转发平面接口规范，实现各产品转发平面与 VRP 控制平面之间的交互；实现网络接口层，屏蔽各产品链路层对于网络层的差异。

（2）VRP 的演进

随着网络技术的迅速发展，VRP 在处理机制、业务能力、产品支持等方面也在持续演进。VRP 的版本演进如图 2-18 所示，主要有 VRP 1.X、VRP 3.X、VRP 5.X、VRP 8.X 等。

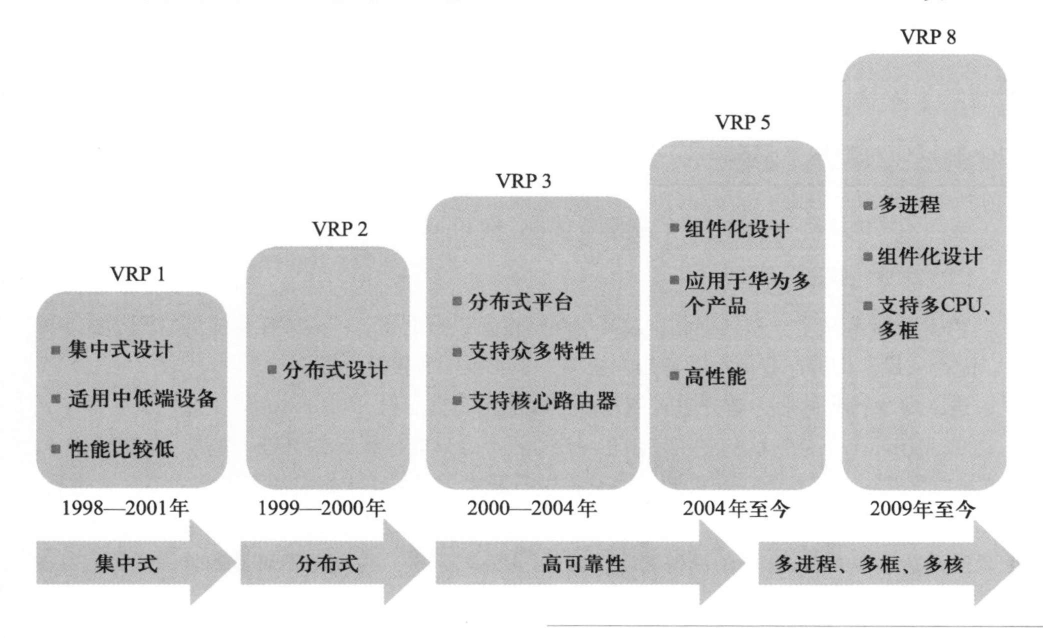

图 2-18 VRP 版本演进

华为 VRP 系统软件版本分为“核心版本”（或者“内核版本”）和“发行版本”两种。其中，核心版本是用来开发具体交换机 VRP 系统的基础版本，即 VRP 1.X、VRP 2.X、VRP 3.X、

VRP 5.X 和 VRP 8.X；发行版本则是在核心版本基础上针对具体的产品系列（如有 S 系列交换机系列、AR/NE 系列路由器系列等）而发布的 VRP 系统版本。

VRP 系统的核心版本由一个小数来表示，小数点前面的数字表示主版本号，仅当发生比较全面的功能或者体系结构修改时才会发布新的主版本号；小数点后面第 1 位数字表示次版本号，仅当发生重大或者较多功能修改时才会发布新的次版本号；小数点后面第 2 位和第 3 位数字为修订版本号，只要发生修改都会发布新的修订版本号。例如，VRP 5.120 表示该系统主版本号为 5，次版本号为 1，修订版本号为 20。

微课 2-5
华为 VRP 命令基础

2．认识及使用 CLI

（1）VRP 命令行的基本结构

华为网络设备的配置是通过 VRP 命令行完成的，每条 VRP 命令行都具有特定的格式或语法，并在相应的提示符下执行。常规命令行语法为命令后接相应的关键字和参数，如图 2-19 所示。

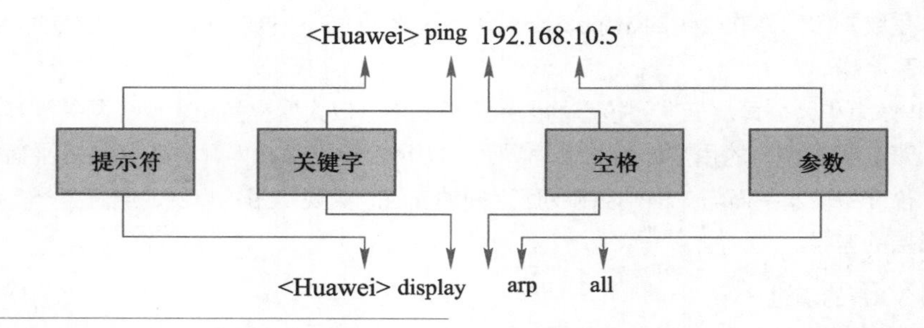

图 2-19
VRP 命令行的基本结构

- <Huawei>是提示符，默认的主机名是 Huawei。可以通过提示符了解当前所处的视图。
- 关键字是一组与命令行功能相关的单词和词组，通过关键字唯一确定一条命令行。
- 参数是为了完善命令行的格式或指示命令的作用对象而指定的相关单词和数字等。

注意

提示符和关键字后跟一个空格，然后是参数。

输入包括关键字和参数在内的完整命令后，按 Enter 键将该命令提交给命令解释程序。

（2）命令行视图

VRP 系统定义了一系列视图，如需对网络设备进行配置，则必须在相应的视图模式下才可以进行。最常用的命令行视图有用户视图、系统视图和接口视图。

进入命令行界面后，首先进入的是用户视图。在提示符“<Huawei>”中，“<>”表示用户视图，“Huawei”是默认的主机名。在用户视图下，只能执行文件管理、查看、调试等命令，不能进行网络设备的配置。如需对网络设备进行配置，则必须在相应的视图模式下才能进行。

在用户视图下使用 system-view 命令，便可进入系统视图，此时提示符中使用了方括号“[ ]”，方括号中 Huawei 仍为设备名称，如图 2-20 所示。系统视图下可使用绝大部分的基础功能配置命令，并且由此视图可进入其他功能配置视图。

```
<Huawei>system-view
Enter system view, return user view with Ctrl+Z.
[Huawei]
```

图 2-20
系统视图

在系统视图下使用 quit 命令可以切换到用户视图。VRP 视图切换命令见表 2-1。

表 2-1　VRP 视图切换命令

操　　作	命　　令
从用户视图进入系统视图	system-view
从系统视图返回到用户视图	quit
从任意的非用户视图返回到用户视图	return 或 Ctrl+Z 组合键

各视图之间的切换如图 2-21 所示。

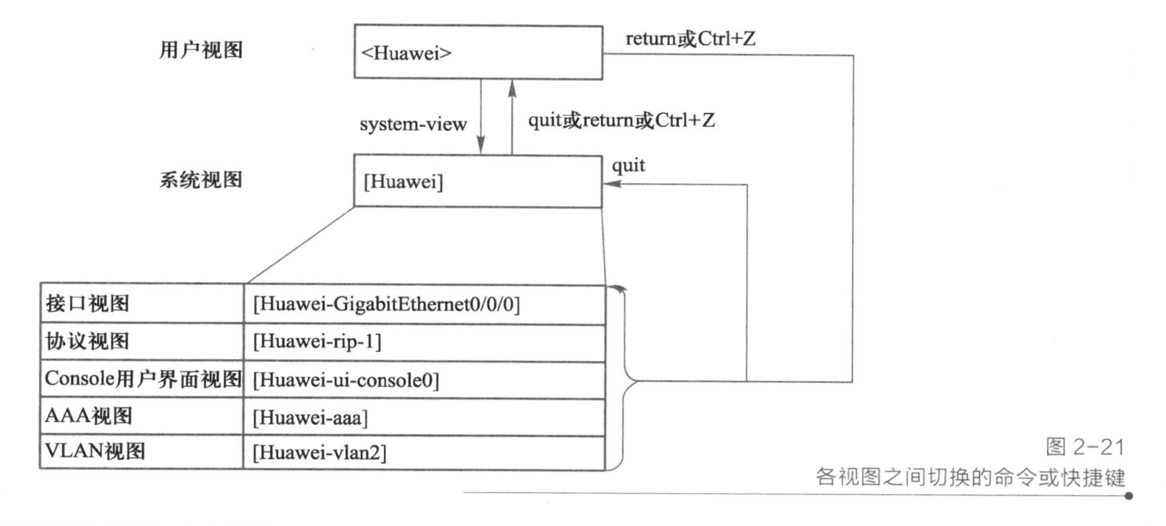

图 2-21
各视图之间切换的命令或快捷键

（3）用户级别与命令级别

VRP 系统对命令进行分级管理，以增加设备的安全性，默认情况下命令级别分为 0～3 级。为了限制不同用户对设备的访问权限，系统对用户也进行了分级管理，默认情况下用户级别分为 0～15 级。用户级别与命令级别相对应，不同级别的用户登录后，只能使用等于或低于自己级别的命令。用户级别、命令级别及其对应关系见表 2-2。

表 2-2　用户级别、命令级别及对应关系

用户级别	命令级别	级别名称	说　　明
0	0	访问级	包括网络诊断相关命令（如 ping、tracert），从本设备访问外部设备的命令（如 telnet）和部分 display 命令等
1	0，1	监控级	用于系统维护、业务故障诊断的命令
2	0，1，2	配置级	包括路由、各个网络层次的命令等
3～15	0，1，2，3	管理级	用于系统基本运行的命令，包括文件系统、FTP、配置文件切换命令、用户管理命令、用户级别设置命令以及系统内部参数设置等

此外，系统还支持自定义命令级别，根据实际需要，对低级别用户授权使用高级别命令。

（4）命令行编辑

VRP 系统提供了基本的命令行编辑功能，支持多行输入，每条命令最大长度为 510 个字符，命令关键字不区分大小写，同时支持不完整关键字输入，并提供了 Tab 键补全功能。常用命令行编辑功能键见表 2-3。

表 2-3　VRP 命令行编辑功能键

功 能 键	功　能
Backspace	删除光标位置的前一个字符
←或 Ctrl+B	光标向左移动一个字符的位置
→或 Ctrl+F	光标向右移动一个字符的位置
↑或 Ctrl+P	显示上一条历史命令，可重复使用该功能键
↓或 Ctrl+N	显示下一条历史命令，可重复使用该功能键
Tab	输入一个不完整的命令并按 Tab 键，就可以补全该命令
Ctrl+A	把光标移动到当前命令行的开头
Ctrl+E	把光标移动到当前命令行的末尾

（5）在线帮助

如果用户忘记命令参数或关键字，可使用在线帮助功能获取实时帮助，从而无须记忆大量、复杂的命令。CLI 在线帮助分为完全帮助和部分帮助。

1）完全帮助

使用命令行的完全帮助可获取全部关键字或参数的简单描述。

【示例 2-1】 在任一命令视图下，输入“？”获取该命令视图下所有的命令及其简单描述，如图 2-22 所示。

```
<Huawei>?
User view commands:
  cd               Change current directory
  check            Check information
  clear            Clear information
  clock            Specify the system clock
  cluster          Run cluster command
  cluster-ftp      FTP command of cluster
```

图 2-22
“？”获取该视图下所有的命令

【示例 2-2】 输入一条命令关键字，后接以空格分隔的“？”，如果该位置为关键字，则列出全部关键字及其描述，如图 2-23 所示。

```
<Huawei>display ?
  aaa                                  AAA
  access-user                          User access
  accounting-scheme                    Accounting scheme
  acl                                  Acl status and configuration information
  alarm                                Alarm
  anti-attack                          Specify anti-attack configurations
  arp                                  Display ARP entries
```

图 2-23
“？”获取关键字或参数

2）部分帮助

输入命令时，如只记得命令关键字开头一个或几个字符，则可以使用 CLI 的部分帮助，获取以该字符串开头的所有关键字的提示。

【示例 2-3】 输入某命令的前几个字符，其后紧接“？”，则列出以这几个字符开头的所有相关命令，如图 2-24 所示。

```
<Huawei>d?
  debugging                                     delete
  dir                                           display
```

图 2-24
“？”获取部分帮助

（6）CLI 错误提示信息

使用 CLI 时，如果用户输入的命令 VRP 无法识别，系统会向用户报告错误信息，提示用户输入的命令有误。常见的错误信息见表 2-4。

表 2-4　CLI 常见错误

英文错误信息提示	错误原因
Error: Unrecognized command found at '^' position	命令不正确
Error:Incomplete command found at '^' position	命令不完整
Error:Ambiguous command found at '^' position	命令不明确
Error: Wrong parameter found at '^' position	参数错误

（7）使用 undo 命令

在命令前加 undo 关键字，即为 undo 命令行，undo 命令行一般用来恢复默认情况、禁用某个功能或删除某项配置。

【配置示例 2-1】

删除接口的 IP 地址。

```
<Huawei>system-view                          //进入系统视图
 [Huawei]interface vlanif 1                  //进入 VLANIF 接口视图
[Huawei-Vlanif1]ip address 192.168.1.100 24  //配置接口 IP 地址
[Huawei-Vlanif1]undo ip address              //删除接口 IP 地址
```

2.1.4　网络设备基本配置

1. 配置设备名称

为便于日后的运行与维护，所有的网络设备都应有统一的命名规范，便于管理员对这些设备进行统一管理。作为设备基本配置的一部分，应该为每台设备配置一个独有的主机名。一般而言，网络设备的主机名建议包括所在机房、机架、设备功能、设备层次、设备型号和设备编号等，具体的命名规范通常在建立编址方案的同时进行约定。

如果未明确配置主机名，则华为网络设备会使用出厂时默认的主机名“Huawei”，这样将会在网络配置和维护时造成很大混乱。

在系统视图下，配置设备的主机名。

```
[Huawei] sysname host-name
```

【参数】

host-name：指定网络设备的主机名，主机名支持空格，区分大小写，长度范围是 1～246。

【配置示例 2-2】

将设备名称设置为 BJ_AR01。

```
<Huawei>system-view
Enter system view, return user view with Ctrl+Z.
[Huawei]sysname BJ_AR01
[BJ_AR01]
```

undo sysname 命令用来恢复设备的主机名到默认情况。

2．配置系统时钟

系统时钟是设备上的系统时间戳，为了保证与其他设备协调工作，用户必须正确设置系统时钟以确保与其他设备保持同步。华为设备出厂时默认采用了通用协调时间（UTC），但未配置时区，所以在配置设备系统时钟前，应先了解本地区所在的时区，再设置系统时钟。

在用户视图下，配置系统时钟，包括时区设置、当前时间设置和夏令时设置，相关参数见表 2-5。

表 2-5　系统时钟设置相关参数

参　数	功　能
clock timezone	设置所在时区
clock datetime	设置当前时间和日期
clock daylight-saving-time	设置采用夏时制
display clock	查看系统当前日期和时钟

（1）设置本地时区

```
<Huawei>clock timezone time-zone-name {add | minus } offset
```

【参数】

time-zone-name：指定时区名称。

add：与通用协调时间 UTC 相比，time-zone-name 增加的时间偏移量。即在系统默认的 UTC 时区的基础上，加上 offset，就可以得到 time-zone-name 所标识的时区时间。

minus：与通用协调时间 UTC 相比，time-zone-name 减少的时间偏移量。即在系统默认的 UTC 时区的基础上，减去 offset，就可以得到 time-zone-name 所标识的时区时间。

offset：指定与 UTC 的时间差，格式是 HH:MM:SS。

（2）设置设备当前日期和时间

```
<Huawei> clock datetime HH:MM:SS  YYYY-MM-DD
```

【参数】

HH:MM:SS：指定设备的当前时间。

YYYY-MM-DD：指定设备的当前日期。

【配置示例 2-3】

设置当前时区为东 8 区，名称为“BJ”，并设置当前日期和时间。

```
<Huawei>clock timezone BJ  add  08:00:00
<Huawei>clock datetime 20:00:00 2022-02-08
<Huawei>display clock             //查看当前日期和时间
2022-02-08 20:00:23+08:00
Tuesday
Time Zone(BJ) : UTC+08:00
```

3. 配置接口描述

为了方便管理和维护设备，保证接口的规范性和后续的良好管控，需要对接口进行描述，如接口所属的设备、接口类型和对端网络设备等信息。设备互连接口描述规范为“to 设备名称-设备接口编号”，如“当前设备连接到设备 DeviceB 的 GE0/0/1 接口”可以描述为 to DeviceB-GE0/0/1。

在接口视图下，设置接口描述信息。

```
<Huawei> description  description
```

【参数】

description：接口的描述信息，字符串形式，支持空格，区分大小写，字符串长度范围为 1～242。

默认情况下，接口的描述信息为空。

【配置示例 2-4】

RTA 设备 G0/0/0 接口与 RTB 设备的 G0/0/1 接口互连。

RTA 设备上的配置如下。

```
[RTA]interface GigabitEthernet 0/0/0      //进入接口 G0/0/0
[RTA-GigabitEthernet0/0/0]description  to RTB-G0/0/1 //配置接口描述
```

RTB 设备上的配置如下。

```
[RTB]interface GigabitEthernet 0/0/1
[RTB-GigabitEthernet0/0/1]description  to RTA-G0/0/0 //配置接口描述
```

4. 配置设备 IP 地址

IP 地址是实现网络连接的基础，为了使接口运行 IP 业务，需要为接口配置 IP 地址。一个三层接口可直接配置 IP 地址，对于没有三层接口的网络设备来说，如需运行 IP 业务，则需要创建 VLAN 虚拟接口（VLANIF），并在虚拟接口中配置 IP 地址。

在接口视图下，设置 IP 地址。

```
<Huawei> system-view                                          //进入系统视图
[Huawei] interface interface-type  interface-number           //进入接口视图
[Huawei-interface-type] ip address ip-address { mask | mask-length }   //配置接口 IP 地址
```

【参数】

interface-type：接口类型，可以是 ethernet（快速以太网）、gigabitethernet（千兆以太网）等。

interface-number：指定接口编号。

ip-address：指定接口的 IP 地址。点分十进制形式。

mask | mask-length：配置时 mask 和 mask-length 二选一。

mask：指定子网掩码。点分十进制形式。

mask-length：指定掩码长度。整数形式，取值范围为 0～32。

【配置示例 2-5】

将 RTA 设备 G0/0/0 接口的 IP 地址设置为 10.0.12.1/24。

```
[Huawei]interface gigabitethernet 0/0/0
[Huawei-GigabitEthernet0/0/0]ip address 10.0.12.1  24
```

5. 保存配置

用户视图下，保存当前配置信息到系统默认的存储路径中，系统默认的存储路径及文件名为 vrpcfg.zip。

```
<Huawei> save [all]  [configuration-file]
```

【参数】

all：保存所有的配置，包括不在位的板卡配置。

configuration-file：配置文件的文件名。字符串形式，绝对路径的长度范围为 5～64。

注意

① 当完成一组配置，并且已经达到预定功能，则应将当前配置文件保存到存储设备中。

② 配置文件必须以“cfg”或“zip”作为扩展名，而且系统启动的配置文件必须存放在存储设备的根目录下。

③ 输入“save”后，会提示“The current configuration will be written to the device.
Are you sure to continue?[Y/N]”，需要输入 Y，表示确定保存配置。

微课 2-6
配置交换机密码

6. 配置交换机的密码

（1）进入用户界面视图

系统视图下，user-interface 命令用来进入单一用户界面视图或多个用户界面视图。

```
[Huawei]user-interface ui-type first-ui-number [ last-ui-number]
```

【参数】

ui-type：用户界面（User-interface）的类型名称。可以是 Console 和 VTY。如果指定用户界面类型，表示使用相对编号，如果不指定用户界面类型，则表示使用绝对编号。

first-ui-number：准备配置的第一个用户界面。

last-ui-number：准备配置的最后一个用户界面。last-ui-number 的取值要比 first-ui-number 取值大。

【配置示例 2-6】

进入 user-interface vty 视图，对 vty 0～vty 4 进行配置。

```
[Huawei] user-interface vty 0 4
[Huawei-ui-vty0-4]
```

（2）设置用户界面的验证方式

用户界面视图下，设置用户界面的验证方式，必须配置验证方式。

```
[Huawei-ui-vty0-4]authentication-mode { password | aaa | none}
```

【参数】

password：指定采用密码验证方式。只有输入密码，密码验证通过后，即可登录设备。缺省情况下，设备使用的是 Password 验证方式。

aaa：指定采用 AAA 验证方式。需要输入用户名和密码，用户名和密码均验证通过后，才可登录设备。使用 Telnet 登录时，一般采用 AAA 验证方式。

none：指定不进行验证。无须任何验证，即可直接登录设备。

① 缺省情况下，VTY 类型用户界面验证方式为 Password，其他类型用户界面验证方式为不验证。

② 用户界面视图下，undo authentication-mode 命令用来恢复用户界面的缺省验证方式。

（3）采用密码验证方式下的本地验证密码

用户界面视图下，设置本地验证密码，在验证方式为 Password 时，需要设置。

```
[Huawei-ui-vty0-4] set authentication password { simple | cipher} password
```

【参数】

simple | cipher：

simple：配置明文密码。

cipher：配置密文密码。

password：指定密码。配置时必须指定是 simple 还是 cipher，如果指定 simple 形式，则配置文件中保存的是明文密码，显示为明文；如果指定 cipher 形式，则无论输入的是 1～16 字节的明文密码还是 24 位的密文密码，都一律显示为密文。不论配置的是明文密码还是密文

密码，验证时必须输入明文形式的密码。

（4）配置用户从当前用户界面登录的用户所能访问的命令级别。

用户界面视图下，设置从当前用户界面登录的用户所能访问的命令级别。

```
[Huawei-ui-vty0-4] user privilege level  level
```

【参数】

level：指定命令级别。整数形式，取值范围为 0～15。若用户界面下配置的命令级别访问权限与用户名本身对应的操作权限冲突，以用户名本身对应的级别为准。例如，用户 user1 本身对应权限为能访问 3 级命令，而用户界面 VTY 0 配置的命令级别访问权限为 2，则用户 user1 从 VTY0 登录系统时，能访问 3 级及以下的命令。

（5）配置 Console 密码

VRP 控制台端口具有特别权限。作为最低限度的安全措施，必须为所有交换机的控制台端口配置强口令。这可降低未经授权的人员将电缆插入实际设备来访问设备的风险。

在系统视图下，使用下列命令来为控制台设置口令。该方式登录后的默认权限为 3，管理权限。

① 进入 Console 用户界面。

```
[Huawei] user-interface console 0
```

② 设置登录 Console 用户界面的验证方式（必须配置验证方式）。

```
[Huawei-ui-console0]authentication-mode {password | aaa | none}
```

③ 设置采用密码验证方式下的本地验证密码。

```
[Huawei-ui-console0]set authentication password {simple | cipher}  password
```

注意

进入 Console 用户界面，参数 0 用来指定 Console 口的编号。0 用于代表路由器的第 1 个（而且在大多数情况下是唯一的 1 个），控制台接口只能是 0。

（6）配置 VTY 密码

微课 2-7
Telnet 配置示例

虚拟类型终端（Virtual Type Terminal，VTY），是一种逻辑终端接口。使用 Telnet 或 SSH 通过 VTY 连接到设备上。可以通过 user-interface vty ？命令查询 VTY 虚拟接口的编号及数量，其中每个虚拟接口都可以为一位用户提供远程连接，管理员可以根据实际需要，决定设置多少个 VTY 虚拟接口。

在系统视图下，使用下列命令来为 VTY 设置口令。该方式登录后的默认权限为 0，最低的访问级别仅具有浏览权限，因此一般需要配置 VTY 用户界面的命令级别，实现对不同用户的访问权限限制，提高交换机管理的安全性。

① 进入指定的 VTY 用户界面。命令中的参数 0 表示准备配置的第 1 个 VTY 用户界面，参数 4 表示准备配置的最大用户界面编号。

```
[Huawei] user-interface vty 0 4
```

② 设置登录 VTY 用户界面的验证方式。必须配置验证方式。

```
[Huawei-ui-vty0-4]authentication-mode {password | aaa | none}
```

③ 设置采用密码验证方式下的本地验证密码。

```
[Huawei-ui-vty0-4]set authentication password {simple | cipher} password
```

④ 设置登录用户的命令级别。

```
[Huawei-ui-vty0-4] user privilege level level
```

2.2 项目准备：规划 Telnet 远程登录

【引导问题 2-1】 根据图 2-1 网络设备初识项目拓扑图，完成表 2-6。

表 2-6 Telnet 参数规划表

设 备	IP 地址	Telnet 角色	VTY 线路	密码
BJ_AS01		服务器		
BJ_AS02		客户端	—	—

2.3 项目实施：Telnet 远程登录

2.3.1 配置通过 Console 口登录交换机

微课 2-8
项目实施：Telnet
远程登录

网络设备支持 Console 口登录、Telnet 登录、SSH 登录及 Web 登录等多种登录管理方式，但通过 Console 口登录是最基本的配置方式，是其他几种登录管理方式的基础。

通过 Console 口登录的用户一般为网络管理员，采用 Password 验证方式，需要最高级别的权限。

1. 配置交换机 BJ_AS01

北京总部接入交换机 BJ_AS01 的配置步骤如下。

第 1 步：设置 PC1 通信参数，通过串口连接交换机 BJ_AS01。

第 2 步：修改设备名称。

第 3 步：配置 Console 密码。

第 4 步：配置交换机的管理地址。

具体配置命令如下。

① 设置 PC1 通信参数，如图 2-25 所示。

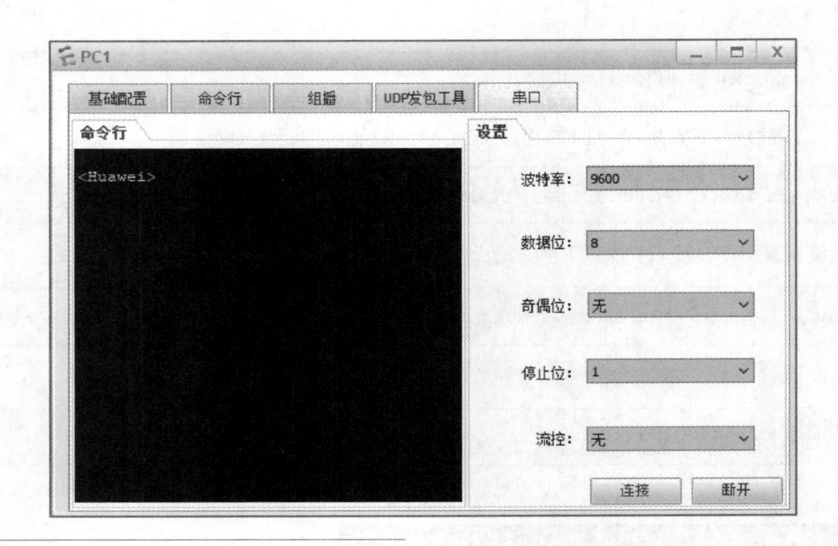

图 2-25
设置 PC1 的通信参数

② 修改设备名称。

```
<Huawei>system-view                                          //进入系统视图
[Huawei]sysname BJ_AS01                                      //配置设备名称
```

③ 配置 Console 密码。

```
[BJ_AS01]user-interface console 0                            //进入 Console 用户界面
[BJ_AS01-ui-console0]authentication-mode password            //配置验证方式为 Password
[BJ_AS01-ui-console0]set authentication password cipher admin@123 //配置密文密码
[BJ_AS01-ui-console0]quit                                    //退出 Console 用户界面
```

④ 配置交换机的管理地址。

```
[BJ_AS01]interface Vlanif 1                                  //创建 VLANIF 虚拟接口
[BJ_AS01-Vlanif1]ip address 192.168.1.101 24                 //配置虚拟接口的 IP 地址
[BJ_AS01-Vlanif1]quit                                        //退出 VLANIF 视图
[BJ_AS01]quit                                                //返回用户视图
```

⑤ 保存配置。

```
<BJ_AS01>save                                                //保存配置
```

2．配置交换机 BJ_AS02

北京总部接入交换机 BJ_AS02 的配置步骤如下。

第 1 步：设置 PC2 通信参数，通过串口连接交换机 BJ_AS02。

第 2 步：修改设备名称。

第 3 步：配置 Console 密码。

第 4 步：配置交换机的管理地址。

具体配置命令如下。

① 设置 PC2 通信参数，如图 2-26 所示。

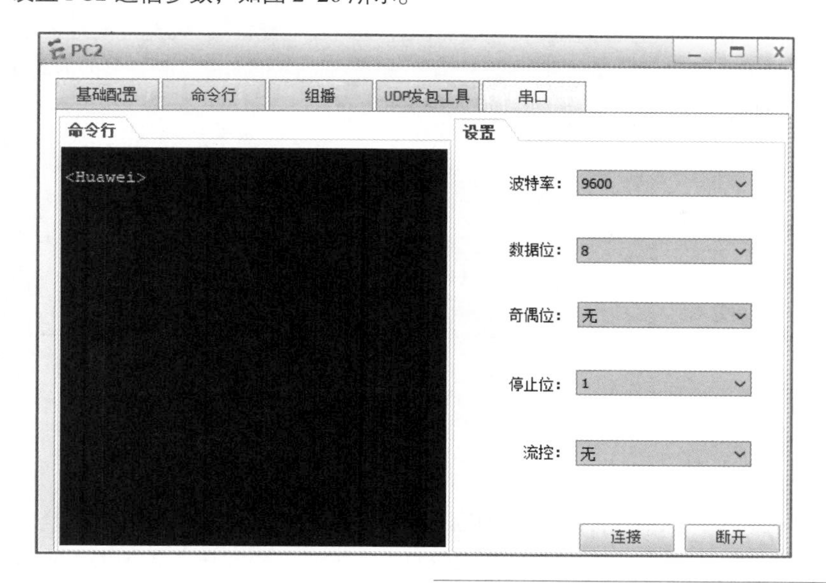

图 2-26
设置 PC2 的通信参数

② 修改设备名称。

```
<Huawei>system-view                                          //进入系统视图
[Huawei]sysname BJ_AS02                                      //配置设备名称
```

③ 配置 Console 密码。

```
[BJ_AS02]user-interface console 0                            //进入 Console 用户界面
[BJ_AS02-ui-console0]authentication-mode password            //配置验证方式为 Password
[BJ_AS02-ui-console0]set authentication password cipher admin@123 //配置密文密码
[BJ_AS02-ui-console0]quit                                    //退出 Console 用户界面
```

④ 配置交换机的管理地址。

```
[BJ_AS02]interface Vlanif 1                                  //创建 VLANIF 虚拟接口
[BJ_AS02-Vlanif1]ip address 192.168.1.102 24                 //配置虚拟接口的 IP 地址
[BJ_AS02-Vlanif1]quit                                        //退出 VLANIF 虚拟接口视图
[BJ_AS02]quit                                                //返回用户视图
```

⑤ 保存配置。

```
<BJ_AS02>save                                                //保存配置
```

2.3.2　配置 Telnet 服务器

交换机 BJ_AS01 作为 Telnet 服务器（登录验证方式为 Password）、交换机 BJ_AS02 作为 Telnet 客户端。

Telnet 服务器 BJ_AS01 配置的步骤如下。

```
[BJ_AS01]user-interface vty 0 4                        //进入 VTY 用户界面视图
[BJ_AS01-ui-vty0-4]authentication-mode password        //配置用户验证方式为 Password
[BJ_AS01-ui-vty0-4]set authentication password cipher admin@123 //设置采用本地验证密
                                                         码，采用密文方式
[BJ_AS01-ui-vty0-4]user privilege level 1              //设置从当前用户界面登录的用户所能访
                                                         问的命令级别为 3
[BJ_AS01-ui-vty0-4]quit                                //退出用户界面视图
[BJ_AS01]quit                                          //返回用户视图
<BJ_AS01>save                                          //保存配置
```

2.3.3　测试

1. 测试连通性

测试交换机 BJ_AS01 和 BJ_AS02 的连通性。

BJ_AS01 ping BJ_AS02 的 VLANIF1 接口的 IP 地址。从测试中，能够看到 5 个包成功发送，5 个包成功接收，0%丢失，如图 2-27 所示，因此判断 BJ_AS01 能够 ping 通 BJ_AS02。

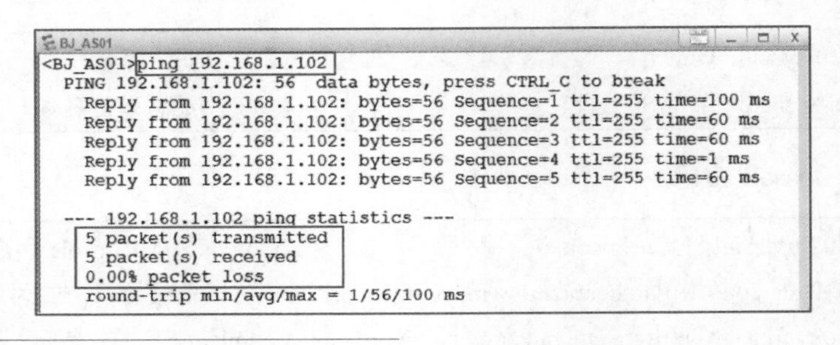

图 2-27
BJ_AS01 能 ping 通 BJ_AS02

2. Telnet 登录设备

在 Telnet 客户端（BJ_AS02）的用户视图下输入 telnet 命令，出现登录认证，用户输入密码即可登录到 Telnet 服务器（BJ_AS01），提示符变成了<BJ_AS01>，如图 2-28 所示。

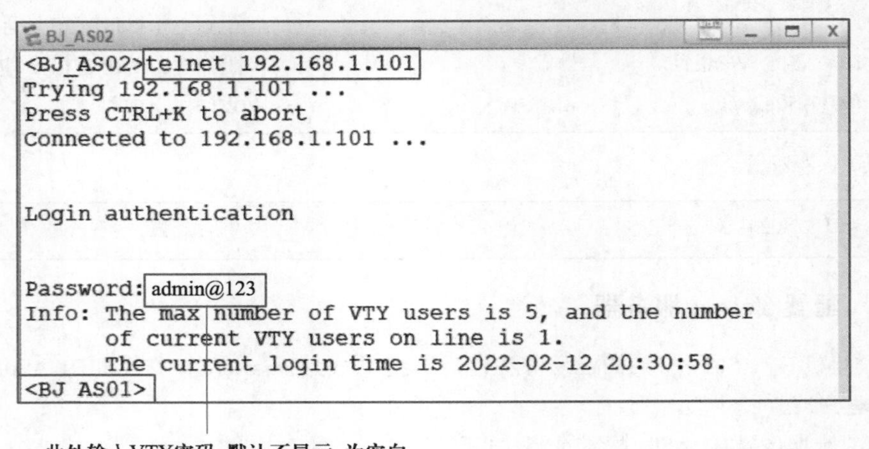

图 2-28
从 BJ_AS02 登录到 BJ_AS01

查看登录权限，输入 system 命令，提示错误“Error: Unrecognized command found at '^' position.”，如图 2-29 所示，说明命令级别 1，无法登录到 BJ_AS01 的系统视图进行配置。

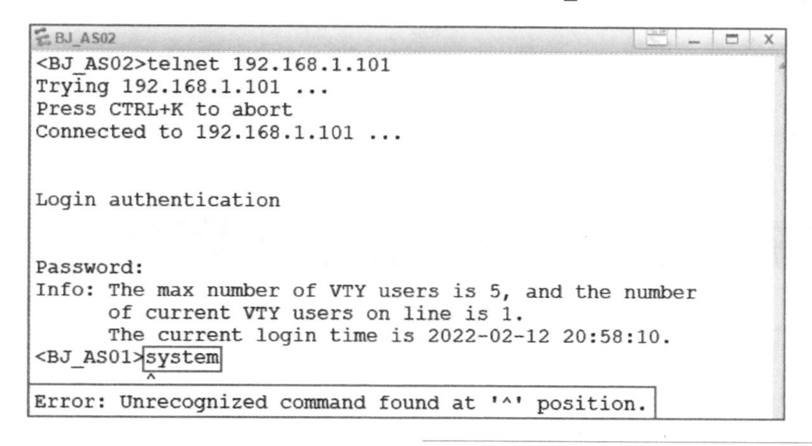

图 2-29
在 BJ_AS02 上测试
VTY 线路的用户权限

修改 BJ_AS01 的 VTY 线路的用户权限为 15。

```
[BJ_AS01]user-interface vty 0 4                //进入 VTY 用户界面视图
[BJ_AS01-ui-vty0-4]user privilege level 15     //设置从当前用户界面登录的用户所能访问的
                                                 命令级别为 15
[BJ_AS01-ui-vty0-4]quit                        //退出用户界面视图
[BJ_AS01]quit                                  //返回用户视图
<BJ_AS01>save                                  //保存配置
```

在 BJ_AS02 交换机上，重新使用 telnet 命令登录到 BJ_AS01。再次输入 system 命令，发现能够成功登录到系统视图，提示符变为了[BJ_AS01]，如图 2-30 所示，说明命令级别 15，可以登录到 BJ_AS01 的系统视图，并进行配置。

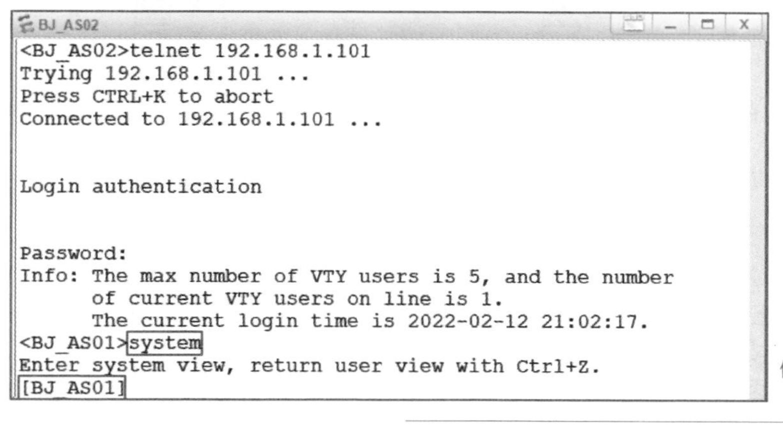

图 2-30
修改权限后，在 BJ_AS02 上
测试 VTY 线路的用户权限

3．在 Telnet 服务器（BJ_AS01）查看登录用户

Telnet 服务器（BJ_AS01）管理员可以在用户视图下通过 display users 命令查看当前连接到 BJ_AS01 的用户，如图 2-31 所示。

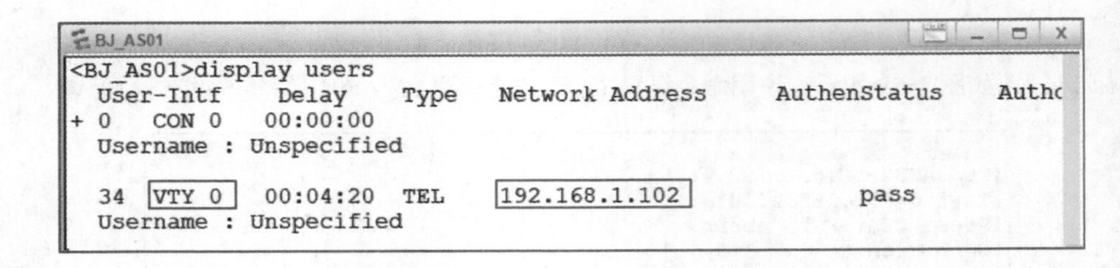
```
<BJ_AS01>display users
  User-Intf    Delay    Type   Network Address    AuthenStatus    Autho
+ 0   CON 0    00:00:00
  Username : Unspecified

  34  VTY 0    00:04:20  TEL   192.168.1.102            pass
  Username : Unspecified
```

图 2-31
查看 BJ_AS01 的登录用户

巩固训练：向阳印制公司交换机的基本配置与远程管理

1. 实训目的

- 掌握 Telnet 登录的配置步骤和命令。
- 掌握 Console 口使用密码登录的配置步骤和命令。

2. 实训拓扑

实训拓扑如图 2-32 所示。

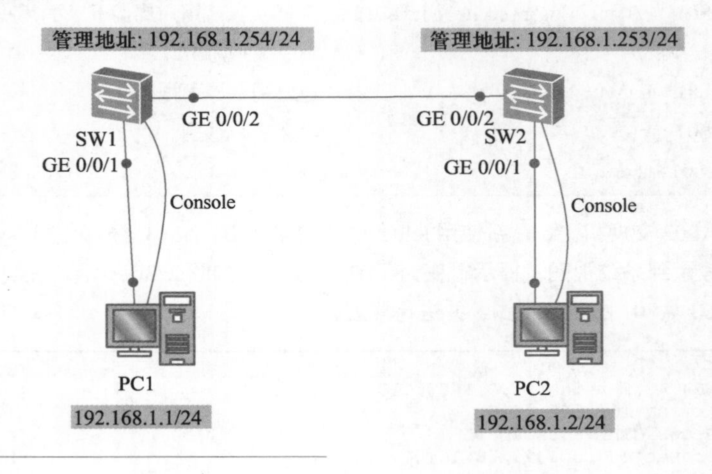

图 2-32
Telnet 远程管理实训拓扑图

3. 实训内容

① 设置 PC1、PC2 的 IP 地址。

② 通过 PC 的串口界面配置交换机。

③ 设置交换机 SW1 和 SW2 的名称。

④ 配置交换机 SW1 和 SW2 的管理 IP 地址。

⑤ 配置交换机 SW1 和 SW2 的密码，参数如下。

a. Console 密码为明文：Sun@123。

b. VTY 密码为明文：Sun@123。

- 总共开启 5 条 VTY 线路，编号为 0～4。
- 从交换机 SW1 可以 telnet 到 SW2 上，命令级别为 0。
- 从交换机 SW2 可以 telnet 到 SW1 上，命令级别为 15。

⑥ 测试连通性。

- 在 PC1 ping SW1 的管理地址，能够 ping 通，从 PC1 的命令行进行测试，ping 192.168.1.254。
- 在 PC2 ping SW2 的管理地址，能够 ping 通，从 PC2 的命令行进行测试，ping 192.168.1.253。
- 在 PC1 ping PC2，能够 ping 通，从 PC1 的命令行进行测试，ping 192.168.1.2。

⑦ Telnet 登录。

- 在 SW1 telnet 远程登录到 SW2，查看是否能进入系统视图，并分析原因。
- 在 SW2 telnet 远程登录到 SW1，查看是否能进入系统视图，并分析原因。

⑧ 保存配置。

项目 3 VLAN 技术

学习目标

- 理解 VLAN 技术的工作原理和使用场景。
- 应用 VLAN 的基本配置命令。
- 根据不同场景进行 VLAN 的设计和部署。

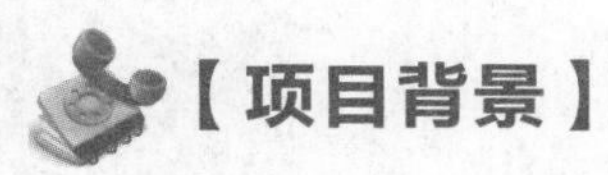

【项目背景】

阳光纸业公司总部有多个部门，由于人员扩充，原行政部和财务部在 1 号楼的 2 层工作，两个部门连接到一台二层交换机 BJ_AS01；新扩充的行政部和财务部人员在 1 号楼的 5 层工作，连接到另一台二层交换机 BJ_AS02。为了保证数据的安全性，两个部门员工的广播流量不能互通，但是两个楼层相同部门的人员有互通的需求。

【项目内容】

实现 PC1、PC2、PC3、PC4 成功访问公司内部网络，实现同一部门（同一 VLAN 内）的 PC 能够相互访问，不同部门（不同 VLAN）不能够访问。拓扑图如图 3-1 所示。

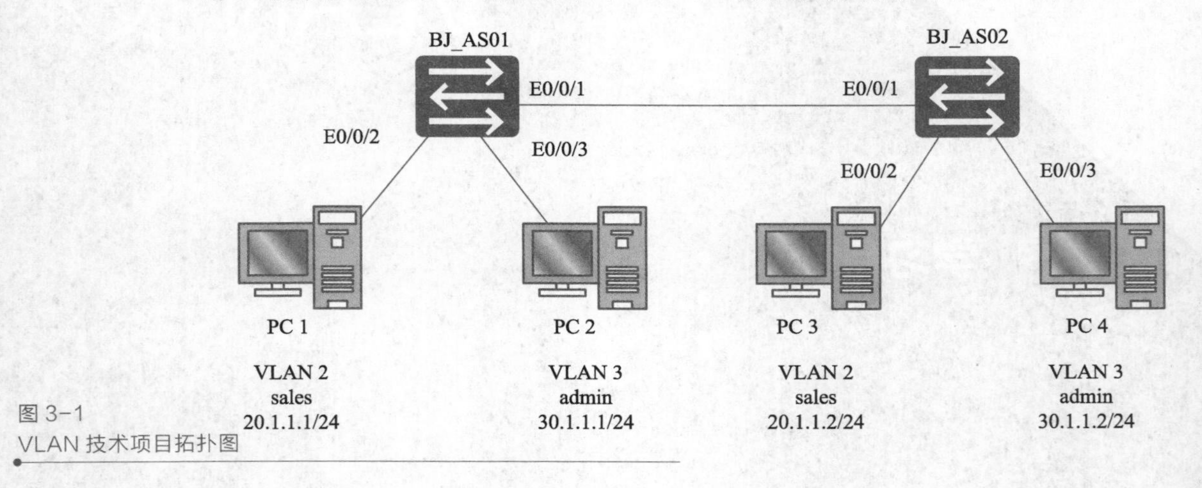

图 3-1
VLAN 技术项目拓扑图

3.1　相关知识：VLAN 基础

微课 3-1
VLAN 的概念

3.1.1　VLAN 的概念

1. VLAN 产生的原因

广播域是指网络中能接收相同广播消息的设备范围。如图 3-2 所示，所有设备都处于一个广播域。在以太网的通信中，如果 PC A 需要与 PC B 通信，在数据包中必须有源 MAC 地址、目的 MAC 地址、源 IP 地址和目的 IP 地址才能正常发送数据包。PC A 需要在网络中广播“ARP 请求信息”，来获取 PC B 的 MAC 地址，也就是目的 MAC 地址。

交换机 S1 收到 PC A 发出的广播帧（ARP 请求）后，会将它转发给除接收端口外的其他所有端口，也就是泛洪。交换机 S2 收到 S1 转发的广播帧后，也会泛洪。同理，交换机 S3、S4、S5 收到广播帧后，同样会泛洪。最终 ARP 广播请求会被转发到同一网络中的所有计算机上，如图 3-3 所示。

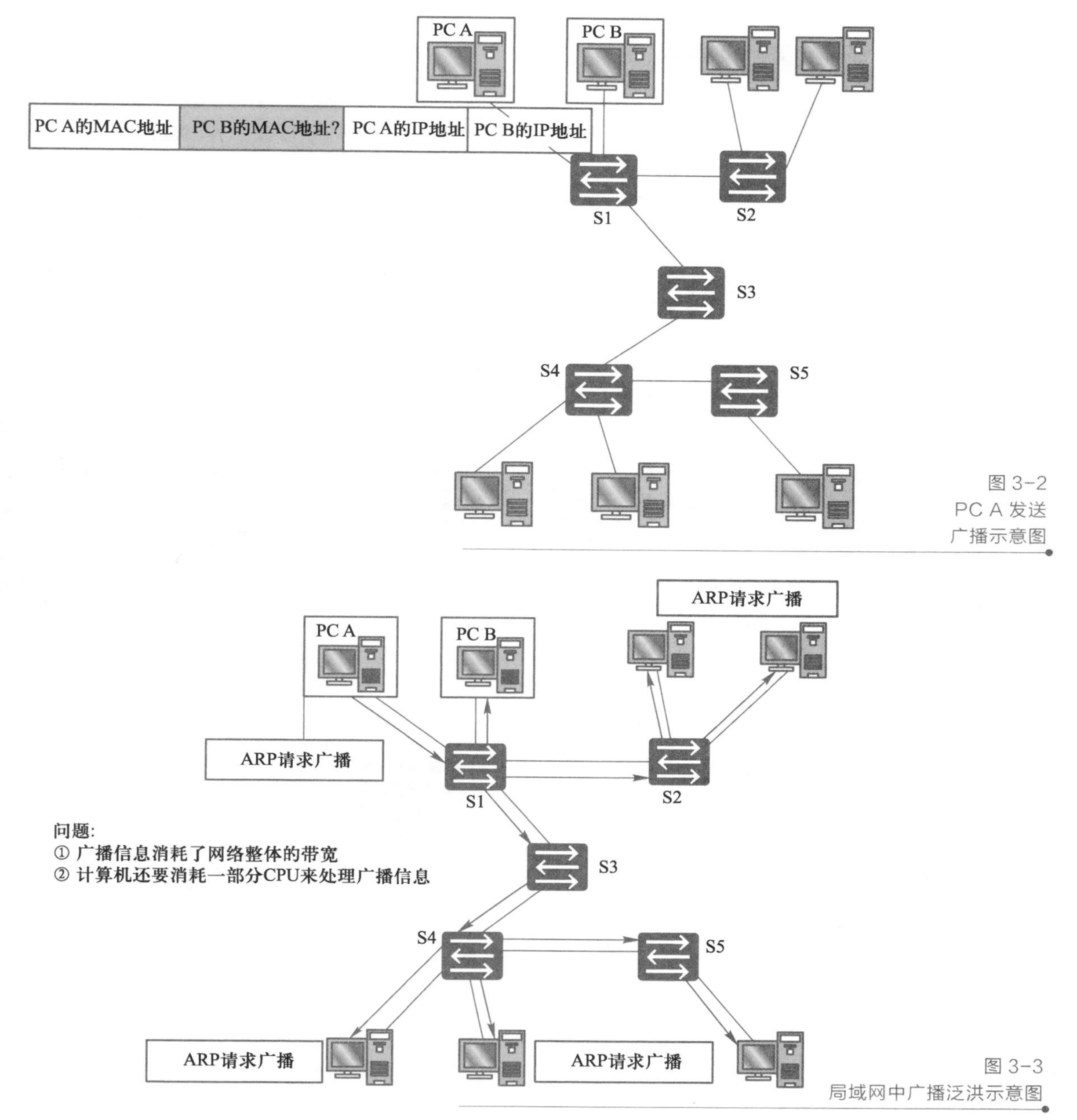

图 3-2 PC A 发送广播示意图

图 3-3 局域网中广播泛洪示意图

PC A 要获取 PC B 的 MAC 地址，ARP 请求只要 PC B 能收到即可。事实上，数据帧却传遍整个网络，导致所有计算机都收到了 ARP 请求广播。上述情况，会带来两个问题：① 广播信息消耗了网络整体带宽；② 收到广播信息的计算机还要消耗一部分 CPU 时间来对报文进行处理。这造成了网络带宽和 CPU 运算能力的大量消耗。

在网络中，如果仅有一个广播域，会影响到网络的整体传输性能。而广播帧在网络中会非常频繁地出现。例如，利用 TCP/IP 协议栈通信时，除了 ARP 广播外，还有 DHCP、RIP 等多种其他类型的广播信息。为了能够自由地分割广播域，缩小广播域的范围，需要使用 VLAN 技术。

2. VLAN 的概念

虚拟局域网（Virtual Local Area Network，VLAN）是指将一个物理的局域网在逻辑上划分成多个逻辑广播域的技术。VLAN 能够将网络分割成多个广播域，一个 VLAN 就是一个广播域。

例如，销售部人员在不同楼层办公，分别连接到了不同的交换机，可以通过 VLAN 技术，把分属不同交换机的端口，划分到一个 VLAN，形成一个逻辑分组，如图 3-4 所示。

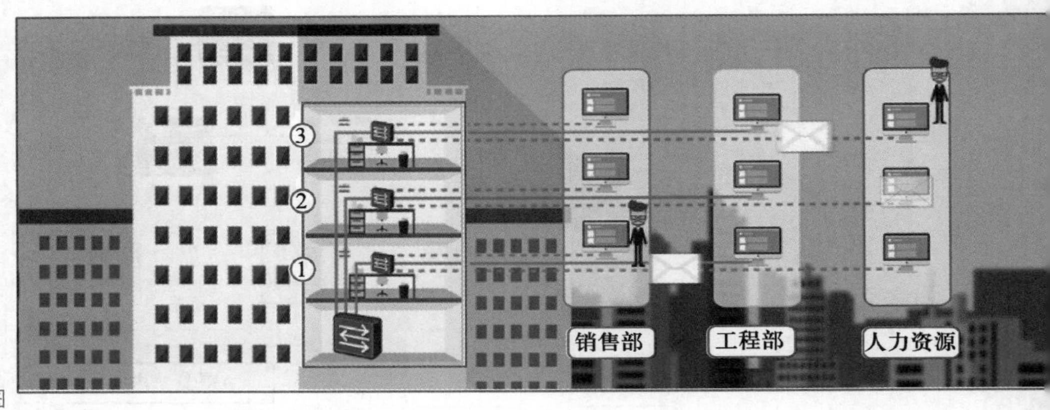

图 3-4
VLAN 概念示意图

未设置 VLAN 时，在一台二层交换机上，任何广播帧都会被转发给除接收端口外的所有其他端口（泛洪）。如图 3-5 所示，交换机收到 PC D 发送的广播帧后，会转发给除接收端口 4 以外的所有端口，即端口 1、端口 2 和端口 3。

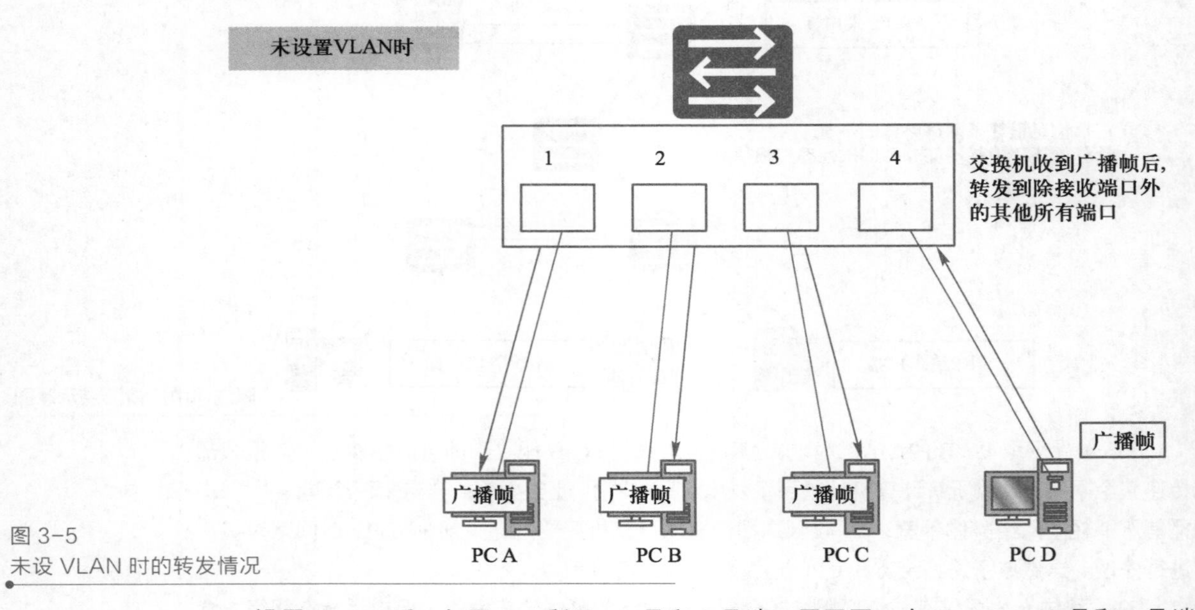

图 3-5
未设 VLAN 时的转发情况

设置 VLAN 后，如图 3-6 所示，1 号和 2 号端口属于同一个 VLAN 2，3 号和 4 号端口属于同一个 VLAN 3。当再次从 PC D 发出广播帧后，交换机就只会把该广播转发给同属于 VLAN 3 的端口 3，而不会再转发给属于 VLAN 2 的端口。同理，PC A 发送广播帧时，也只会转发给同属于同一 VLAN 2 的端口 2。

这样，VLAN 通过限制广播帧转发的范围，分割了广播域，VLAN 将网络分割成了广播域 1 和广播域 2。

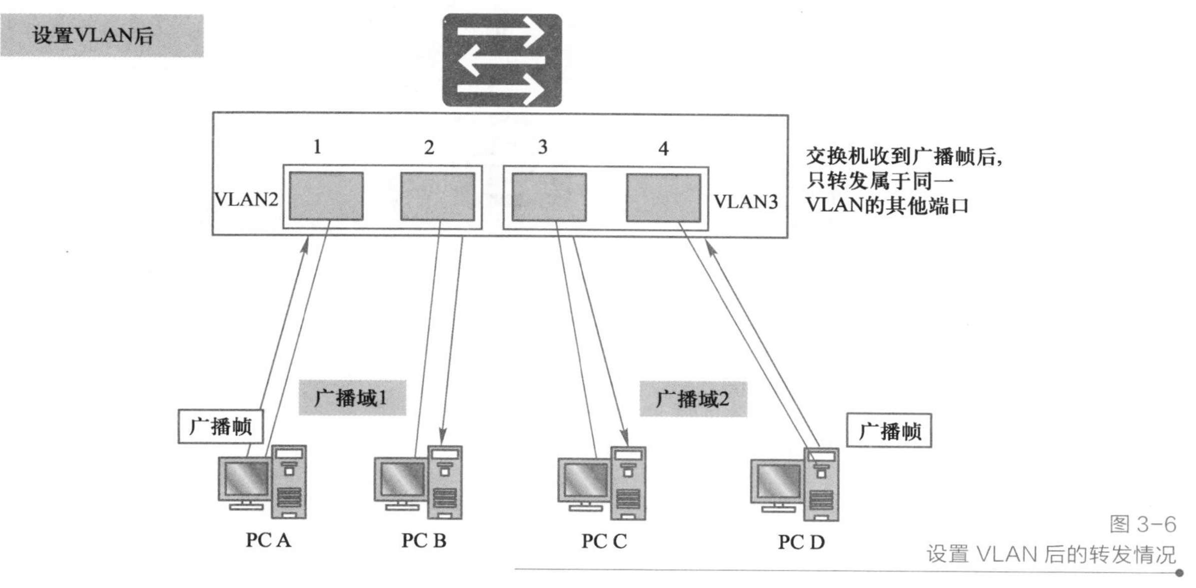

图 3-6
设置 VLAN 后的转发情况

如果要更直观地描述 VLAN，可以理解为将一台交换机在逻辑上分割成了数台交换机。

注意

在交换机上设置 VLAN 后，如果未做其他处理，不同 VLAN 间是无法通信的。

3. VLAN 的优势

VLAN 的优势具体如下。

① 在企业网中，使用 VLAN 后，用户不受物理设备的限制，可以处于网络中的任何地方。

② 一个 VLAN 的数据包不会发送到另一个 VLAN，增强了通信的安全性。

③ 当网络规模增大时，由于 VLAN 是逻辑上对网络进行划分，组网方案灵活，配置管理简单，降低了管理维护的成本。

3.1.2 VLAN 划分方式

1. 基于端口划分 VLAN

微课 3-2
VLAN 划分方式

基于端口划分 VLAN 是根据以太网交换机的端口来划分的，它是将 VLAN 交换机上的物理端口划分成若干组，每组构成一个虚拟局域网，相当于一个独立的 VLAN 交换机，如图 3-7 所示。这种划分 VLAN 的方式是最常用、最有效的。目前绝大多数交换机都提供这种 VLAN 配置方法。

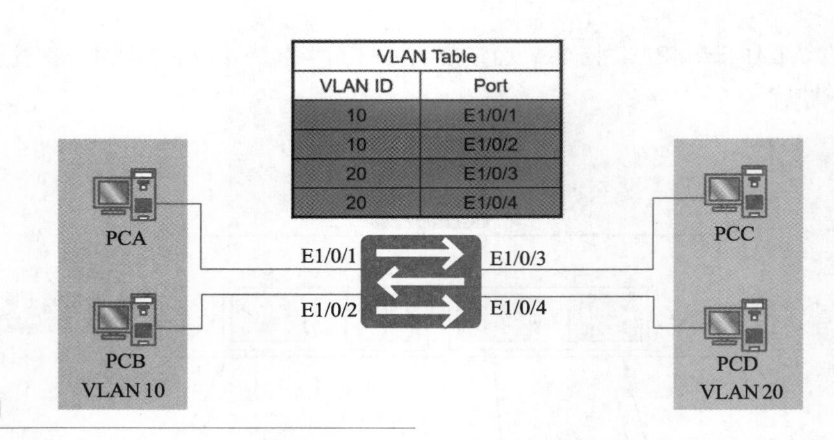

图 3-7
基于端口划分 VLAN 示例

这种划分方法的优点是配置简单，只需将端口划分到相应的 VLAN 组即可；缺点是当连接的网络设备改变时需要对端口进行重新配置。

2．基于 MAC 地址划分 VLAN

基于 MAC 地址划分 VLAN 是根据每个主机的 MAC 地址来划分。因为每一块网卡都对应唯一的 MAC 地址，交换机根据主机 MAC 地址，将不同的主机划分到不同组，如图 3-8 所示。这种 VLAN 划分方式，允许网络用户从一个物理位置移动到另一个物理位置时，所属 VLAN 不会发生改变。

这种划分方法的优点是可以随意改变用户的物理位置，VLAN 不用重新配置。缺点是初始化时，所有用户都必须进行配置，如果用户规模大，配置的工作量非常大；此外，每一个交换机端口都可能存在很多个 VLAN 组的成员，保存了大量用户的 MAC 地址，查询起来相当不容易，交换机的执行效率降低。

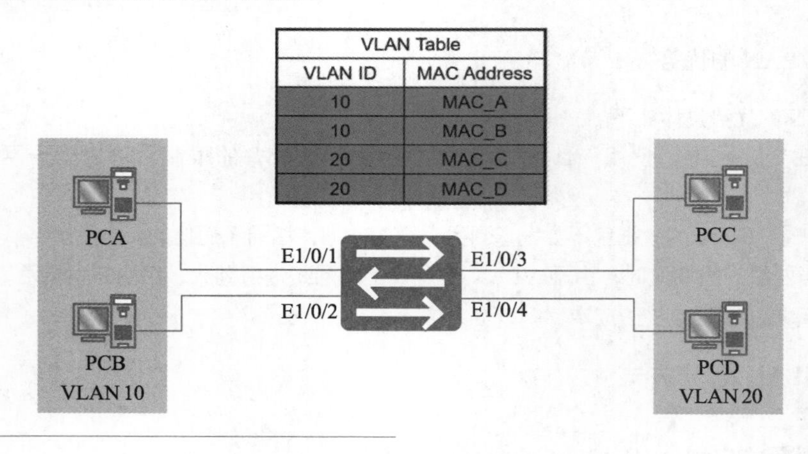

图 3-8
基于 MAC 地址
划分 VLAN 示例

3．基于 IP 子网划分 VLAN

基于 IP 子网划分 VLAN 是指交换机在收到不带标签的数据帧时，根据报文携带的 IP 地址给数据帧添加 VLAN 标签，如图 3-9 所示。

这种划分方法的优点是容易管理。缺点是需要检查每个 IP 包的三层报文头部，对交换机的管理能力要求高，会降低交换机的效率。

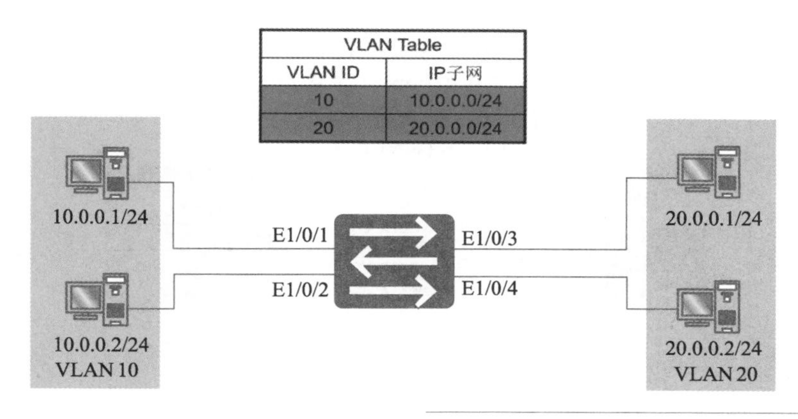

图 3-9
基于 IP 子网划分 VLAN 示例

4. 基于网络层协议划分 VLAN

基于网络层协议划分 VLAN 是根据网络层协议，如 IP、IPX、DECnet、AppleTalk、Banyan 等来划分 VLAN，如图 3-10 所示。这种方式适用于针对具体应用和服务来组织用户。用户可以在网络内部自由移动，但其所属 VLAN 不会变化。

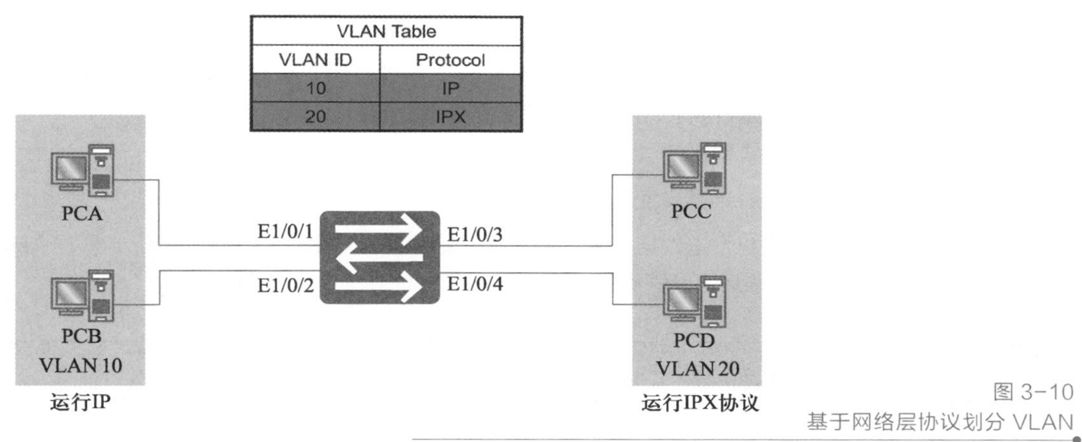

图 3-10
基于网络层协议划分 VLAN

这种划分方法的优点是可以随意改变用户的物理位置，VLAN 划分基于应用；缺点是需要检查每个 IP 包的三层报文头部，对交换机的管理能力要求高，会降低交换机的效率。

5. 基于策略划分 VLAN

基于策略划分的 VLAN 能实现多种分配方法，包括 VLAN 交换机端口、MAC 地址、IP 地址、网络层协议等。网络管理人员可根据自己的管理模式和企业需求来决定选择哪种类型的 VLAN。

3.1.3 VLAN 的端口类型

为了实现 VLAN 及 VLAN 间的传输，交换机定义了多种端口类型。华为交换机的端口，可以分为 3 种：Access 端口、Trunk 端口和 Hybrid 端口。

微课 3-3
VLAN 的端口类型

1. Access 端口

Access 端口指的是“只属于一个 VLAN，且仅向该 VLAN 转发数据帧”的端口。在大多数情况下，接入链路所连接的是终端设备，包括计算机、PAD 等。

如图 3-11 所示，交换机未设置 VLAN 时，所有端口默认属于 VLAN 1。当把 E0/2 端口设置成 Access VLAN 5 后，交换机会修改 VLAN 表，将 E0/2 的所属 VLAN 设置为 VLAN 5。

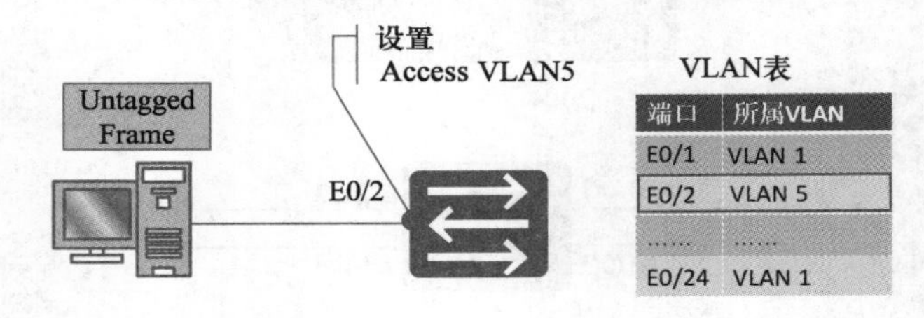

图 3-11
Access 端口转发数据流程 1

Access 端口转发数据的规则如下。

① 当 Access 端口发送帧时。

Access 端口发送数据帧时，总是先剥离帧的 Tag，然后再发送。Access 端口发往对端设备的以太网帧永远是不带标签的帧。

② 当 Access 端口接收帧时。

- 不带 VLAN 标签：收到对端设备发送的帧是 Untagged（不带 VLAN 标签），交换机将强制加上该端口的 PVID。
- 带 VLAN 标签：收到对端设备发送的帧是 Tagged（带 VLAN 标签），交换机会检查该标签内的 VLAN ID。当 VLAN ID 与该端口的 PVID 相同时，接收该报文。当 VLAN ID 与该端口的 PVID 不同时，丢弃该报文。

以下用实例讲解 Access 端口转发数据。

（1）Access 端口发送帧时

当交换机发送数据帧时，只会将与接口 PVID 相同的数据帧发送到接口。接口会将数据帧的标签移除后再发送给外部设备，如图 3-12 所示。

注意

Access 端口发送的以太网帧永远是 Untagged 数据帧。

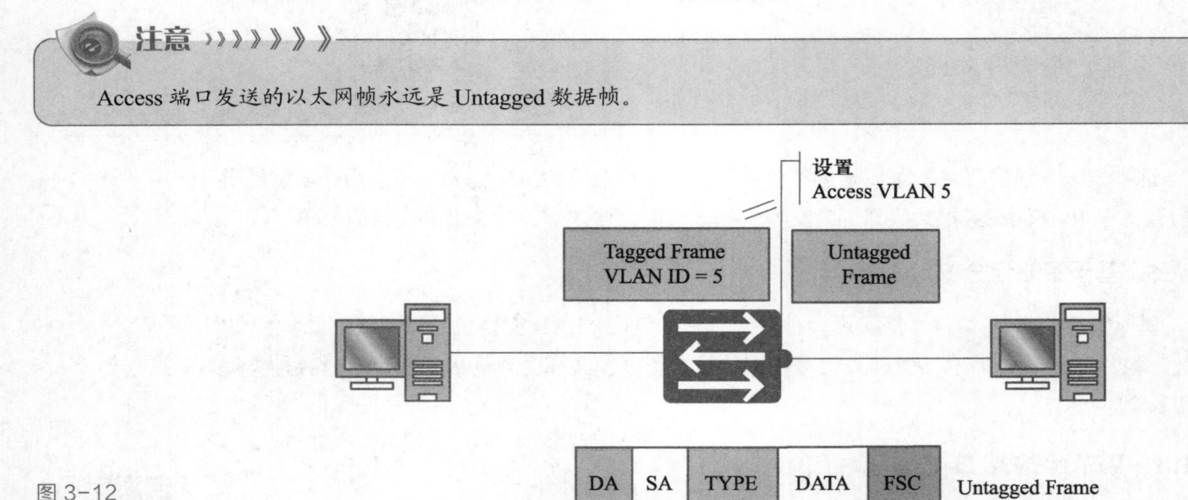

图 3-12
发送打 Tag 的帧

（2）接收数据帧

当交换机的 Access 端口接收到未打标签（Untagged）的数据帧时，交换机会强制加上该端口的 PVID。TAG 信息中有一个字段为 VLAN ID，根据 VLAN 表的内容，将 TAG 字段的 VLAN 设置为 5，如图 3-13 所示。添加了 VLAN ID 的数据帧，称为 Tagged 数据帧。

当 Untagged 数据帧进入交换机时将被强制加上该端口的 PVID。PVID 为 Port Vlan ID，代表端口的缺省 VLAN。如果未设置 VLAN，添加默认的 VLAN 1，即 VLAN ID 等于 1。

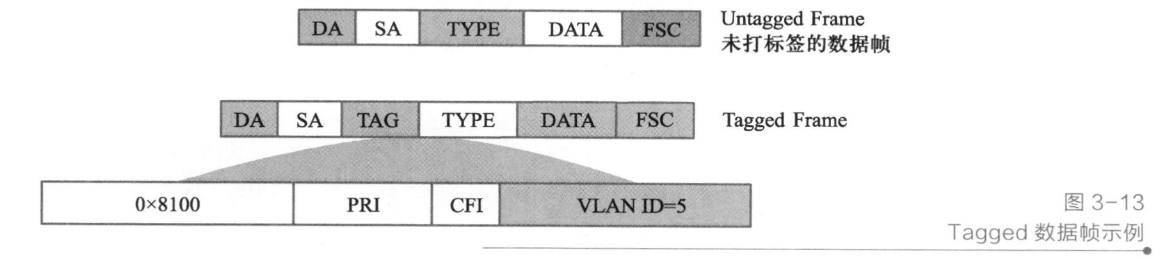

图 3-13
Tagged 数据帧示例

① 数据帧中的 VLAN ID 与 PVID 相同。

当 Access 端口接收到 Tagged 数据帧时，会将 TAG 中的 VLAN ID 与端口的 PVID 进行比较，如果 VLAN ID 与端口的 PVID 相同，则进入到交换机的转发流程。如图 3-14 所示，Tagged 数据帧的 VLAN ID 为 5，接收端口的 PVID 为 5，数据进入交换机的转发流程。

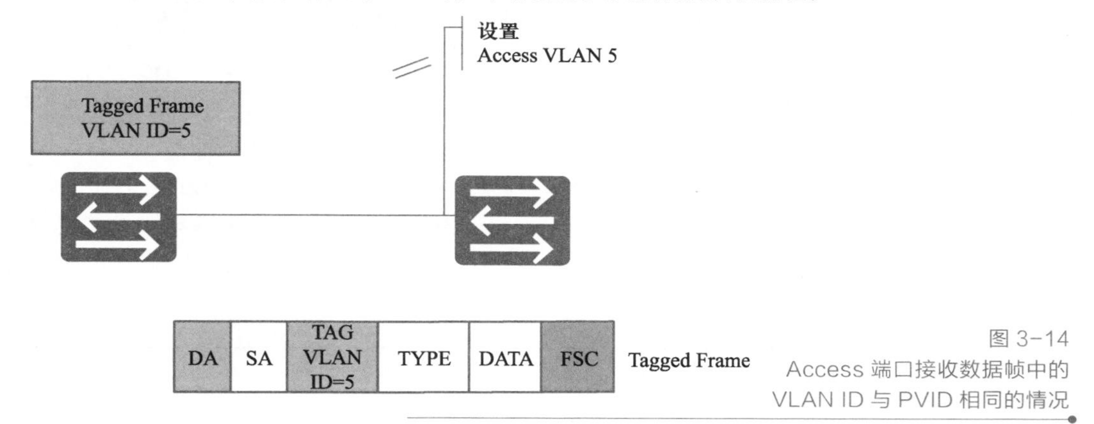

图 3-14
Access 端口接收数据帧中的
VLAN ID 与 PVID 相同的情况

② VLAN ID 与 PVID 不相同。

当 Access 端口接收到 Tagged 数据帧时，如果 VLAN ID 与端口的 PVID 不相同，则丢弃数据包。如图 3-15 所示，当 Tagged 数据帧的 VLAN ID=5，接收端口的 PVID 为 10，VLAN ID 与 PVID 不相同，数据包将被丢弃。

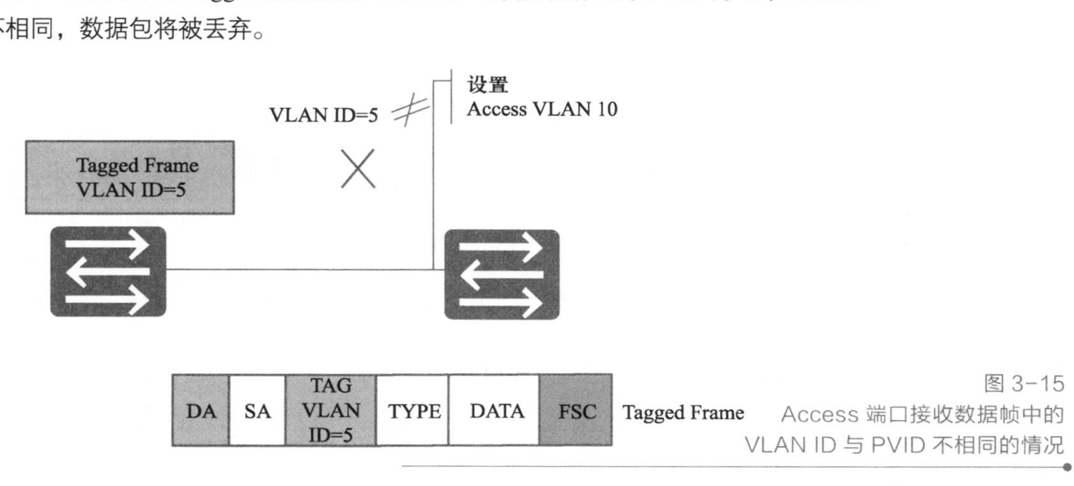

图 3-15
Access 端口接收数据帧中的
VLAN ID 与 PVID 不相同的情况

2. Trunk 端口

在规划企业级网络时，同一部门的员工可能会在不同楼层办公，这时就需要考虑如何跨越多台交换机设置 VLAN 的问题。

如图 3-16 所示，需要将不同楼层的 PC A、PC C 设置为一个 VLAN，PC B、PC D 设置为一个 VLAN。这时交换机 1 和交换机 2 应该如何连接，同一 VLAN 的计算机才能正常通信呢？

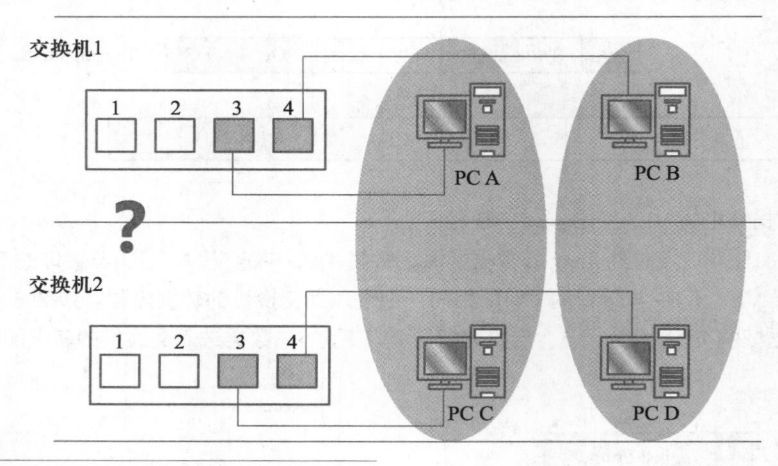

图 3-16
不同楼层 PC 之间的通信情况

最简单的方法，是在交换机 1 和交换机 2 上各设一个 VLAN 专用的接口并互连。每增加一个 VLAN，都需要添加一条互连网线。随着 VLAN 的增多，楼层间交换机间互连所需的端口也越来越多，而且还需要进行建筑物楼层间垂直布线，这种办法造成了资源的浪费、限制了网络的扩展。为了避免这种低效率的连接方式，人们想办法让交换机间的互连集中到一根网线上，这时使用的就是干道链路（Trunk Link），如图 3-17 所示。

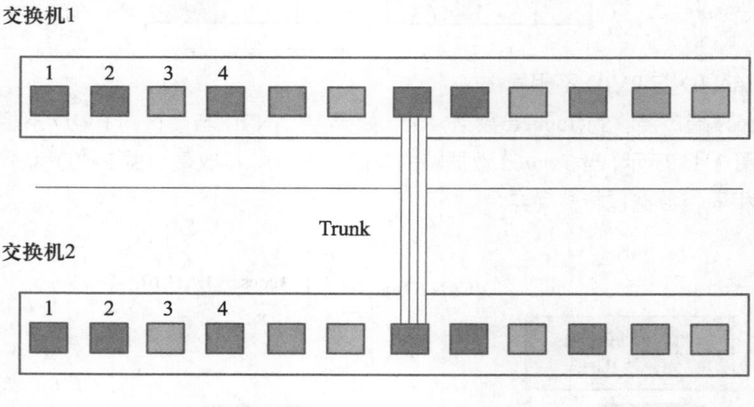

交换机1
1 2 3 4
Trunk
交换机2
1 2 3 4

图 3-17
两台交换机之间的
Trunk 链路示意图

干道链路是指能够转发多个不同 VLAN 的通信链路。在干道链路上传输的数据帧，都被附加了分属于哪个 VLAN 的特殊信息。

（1）802.1Q 和 ISL 协议

在交换机的干道链路上，附加 VLAN 信息的方法，最具有代表性的有 802.1Q 和 ISL 两种方式。

① 802.1Q，俗称 Dot 1Q，是经过 IEEE 认证的对数据帧附加 VLAN 识别信息的协议。如图 3-18 所示，802.1Q 在“源 MAC 地址”与“类别域”之间增加了 VLAN 信息。

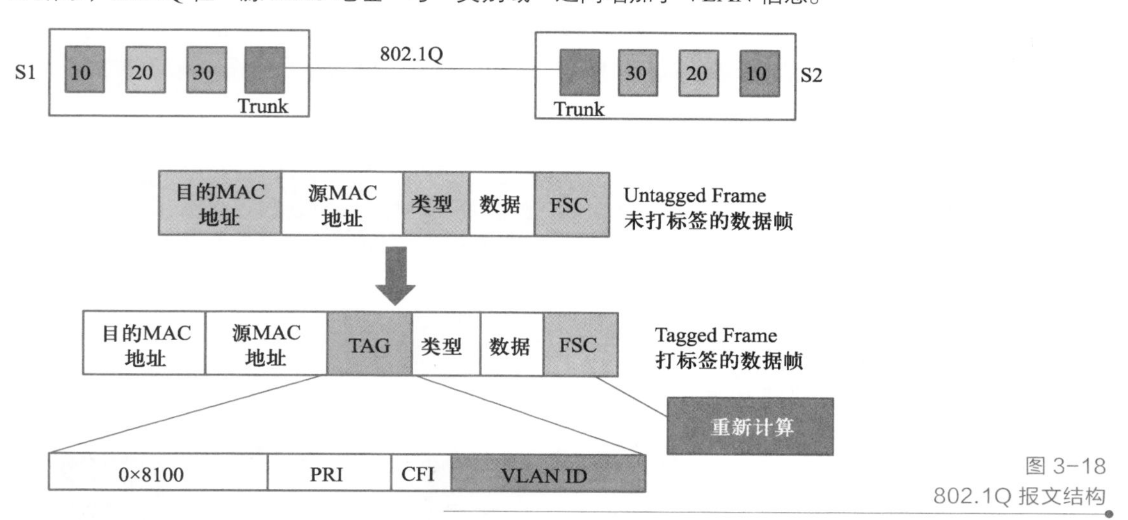

图 3-18 802.1Q 报文结构

802.1Q 附加的 VLAN 信息，就像在传递物品时附加的标签，因此它也被称为“标签（Tag）”。

② ISL 是仅 Cisco 产品支持的，一种与 IEEE 802.1Q 类似的、用于在干道链路上附加 VLAN 信息的协议。使用 ISL 后，每个数据帧都会用 ISL 包头和新的 FSC 值包裹起来，因此也被称为“封装型 VLAN”。

（2）Trunk 端口转发数据的流程

Trunk 端口是交换机上用来和其他交换机连接的端口，它只能连接 Trunk 链路。Trunk 端口允许多个 VLAN 的帧（带 Tag 标记）通过，如图 3-19 所示。

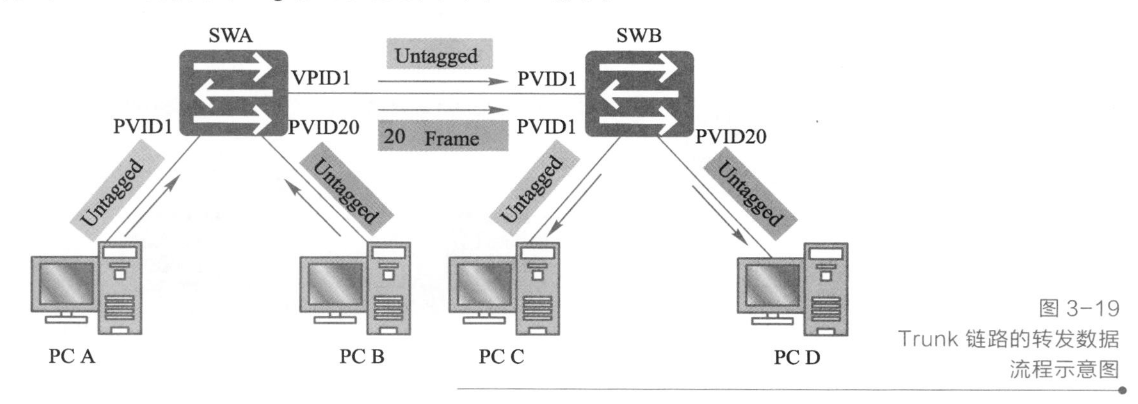

图 3-19 Trunk 链路的转发数据流程示意图

Trunk 端口转发数据的规则如下。

① 当 Trunk 端口发送帧时，该帧的 VLAN ID 在 Trunk 的允许发送列表中。

- 如果与端口的 PVID 相同时，则剥离 Tag 发送。
- 如果与端口的 PVID 不同时，则直接发送。

② 当 Trunk 端口收到帧时，该帧的 VLAN ID 在 Trunk 允许通过的列表中。

- 如果该帧不包含 Tag，将添加上端口的 PVID。

● 如果该帧包含 Tag，则不改变。

下面用实例讲解 Trunk 端口转发数据。

① 发送带 Tag 的帧。

交换机 S1 发送带有 Tag 的数据帧，当 Tag 与该 Trunk 端口的 PVID 相同，都是 20，则删除 Tag 后发送；当 Tag 和 Trunk 链路的 PVID 不相等，则保留 Tag 直接发送，如图 3-20 所示。

注意

默认的 PVID=1。

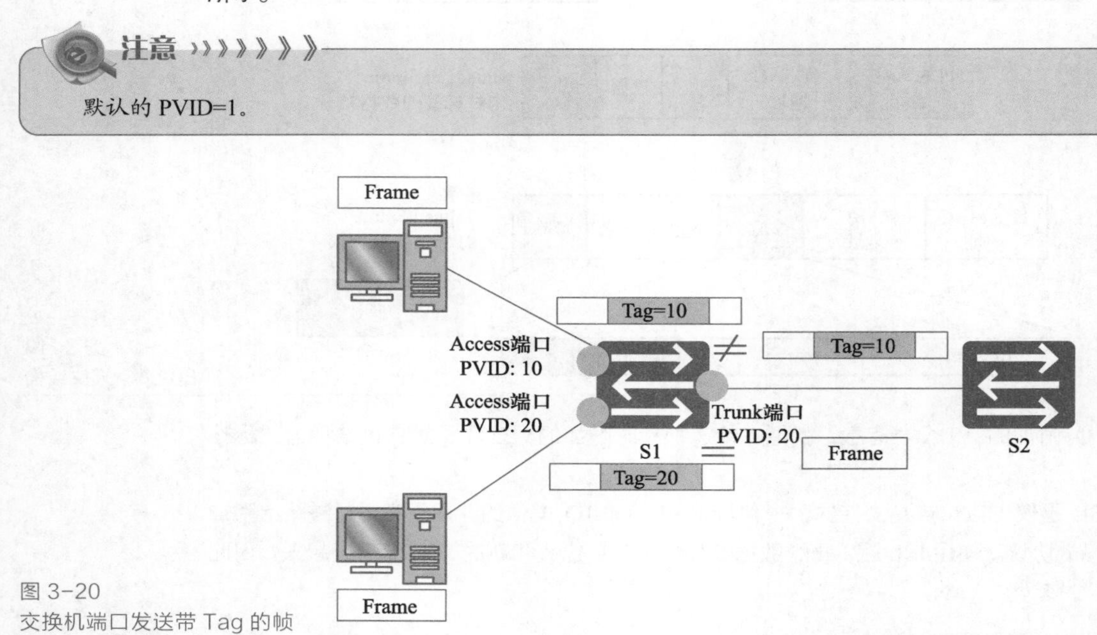

图 3-20
交换机端口发送带 Tag 的帧

② 接收带 Tag 的帧。

当交换机 S2 的 Trunk 端口接收到带 tag VLAN 10 的数据帧时，该 Trunk 端口允许 VLAN 10 的数据进入，保留该 Tag，进入交换机的转发流程，如图 3-21 所示。如果接收到 VLAN 30 Tag 的数据帧时，不允许该 VLAN 通过，则直接丢弃。

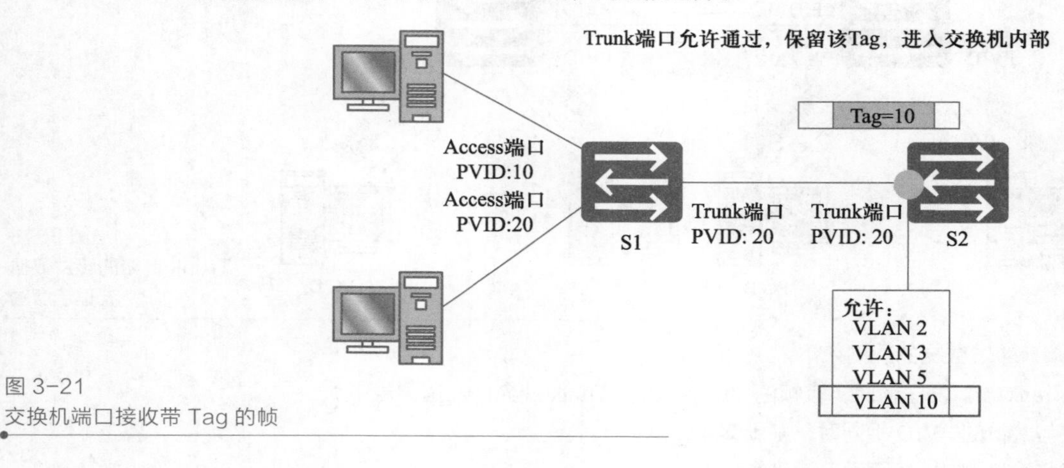

图 3-21
交换机端口接收带 Tag 的帧

3．Hybrid 端口

Hybrid 端口是华为、H3C 交换机的一种端口模式。Hybrid 端口是交换机上既可以连接用户主机，又可以连接其他交换机的端口。Hybrid 端口既可以连接接入链路又可以连接干道链路。Hybrid 端口允许多个 VLAN 的帧通过，并可以在出端口方向将某些 VLAN 帧的 Tag 剥掉，如图 3-22 所示。华为设备默认的端口类型是 Hybrid。

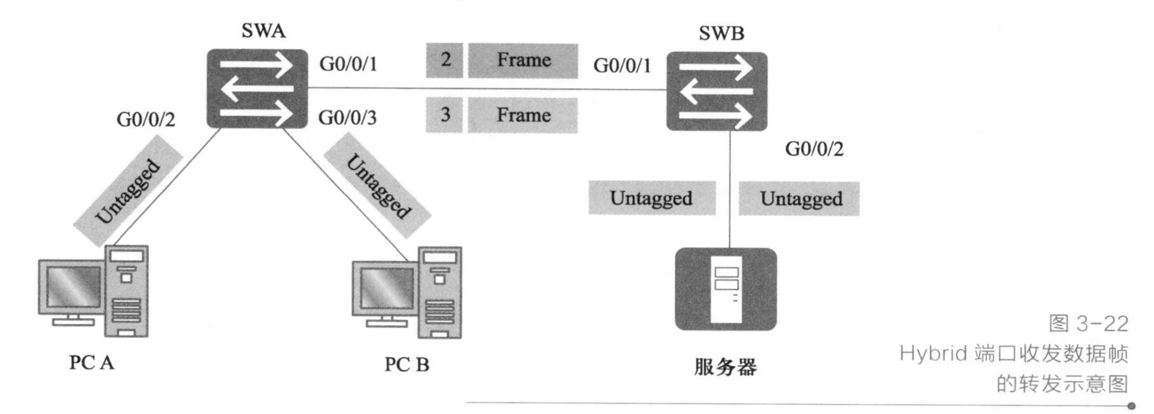

图 3-22
Hybrid 端口收发数据帧的转发示意图

Hybrid 端口收发数据帧的规则如下。

① 当 Hybrid 端口发送帧时，该帧的 VLAN ID 在 Hybrid 的允许发送列表中，可以通过命令配置发送时是否携带 Tag。

- 一般在连接交换机的端口上，配置 port hybrid tagged vlan vlan-id 命令。接口发送该 vlan-id 的数据帧时，不剥离帧中的 VLAN Tag，直接发送。
- 一般在连接主机的端口上，配置 port hybrid untagged vlan vlan-id 命令。接口在发送 vlan-id 的数据帧时，会将帧中的 VLAN Tag 剥离掉再发送出去。

② 当 Hybrid 端口收到帧时，该帧的 VLAN ID 在 Hybrid 的允许通过的列表中。

- 如果该帧不包含 Tag，将添加上端口的 PVID。
- 如果该帧包含 Tag，则不改变。

以图 3-23 所示为实例进行讲解，PC A 和 PC B 分别属于不同的 VLAN，互相不能访问。但是要求都能访问服务器。这时可以将端口都设置为 Hybrid 类型。交换机 SWA 连接 PC A 的 PVID 设置为 2，连接 PC B 的端口的 PVID 设置为 3。交换机 SWB 连接服务器的端口的 PVID 设置为 100。SWA 与 SWB 之间的链路也设置为 Hybrid 类型，配置 Tagged vlan。SWA 的接口发送带 vlan-id 的数据帧时，不剥离帧中的 VLAN Tag，直接发送。SWB 接收到带 Tag 的数据帧，不做改变。当 SWB 将数据帧转发到服务器时，会将帧中的 VLAN Tag 剥离掉再发送出去，最终服务器成功接收到 PC A 和 PC B 的数据。

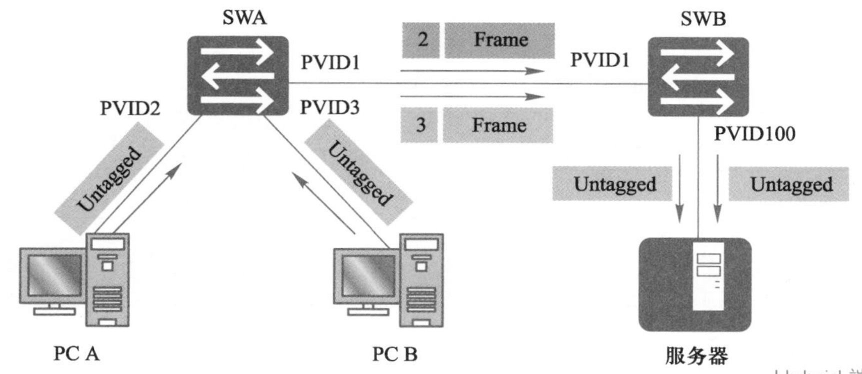

图 3-23
Hybrid 端口收发数据帧的规则示例

微课 3-4
Access 端口的配置

3.1.4　Access 端口的配置

1. 创建 VLAN

系统视图下，进入 VLAN 视图，如果没有创建指定的 VLAN，则先创建。

vlan 命令用来创建 VLAN 并进入 VLAN 视图。

```
[Huawei]vlan    vlan_id
```

【参数】

vlan-id：VLAN 编号。整数形式，取值范围为 1～4094。

注意

如果输入的 vlan-id 是新的 VLAN 号，则创建一个新的 VLAN，并进入此 VLAN 的配置模式。如果输入的是一个已经存在的 VLAN 号，则直接进入此 VLAN 的配置模式。

2. 配置 VLAN 的描述信息

VLAN 视图下，配置 VLAN 的描述信息。

进入 VLAN 视图后，提示符会变成[Huawei-vlan2]，其中 vlan2 表示当前是 VLAN 2 的配置视图。

```
[Huawei-vlan2] description    description
```

【参数】

description：VLAN 的描述信息。字符串形式，支持空格，区分大小写，长度范围为 1～80。如果不配置描述，则缺省描述信息是在 VLAN 单词后面加上前导用 0 填满的 4 位数字，如 VLAN 12 的描述信息为“VLAN 0012”

【配置示例 3-1】

创建 VLAN 2，并为 VLAN 2 添加描述为 sales。

```
[Huawei]vlan    2                          //创建 VLAN 2
[Huawei-vlan2]description    sales         //为 VLAN 2 添加描述
```

3. 删除 VLAN

系统视图下，undo vlan 命令用来删除指定 VLAN。

```
[Huawei]undo    vlan    vlan_id
```

注意

必须在系统视图下才能删除 VLAN。

【配置示例 3-2】

删除 VLAN 2。

```
[Huawei]undo vlan 2
```

4. 批量创建/删除 VLAN

系统视图下，vlan batch 命令用来创建一个或批量创建多个 VLAN。

```
[Huawei]vlan batch { vlan-id1 [ to vlan-id2 ] }
```

【参数】

vlan-id1：表示被创建的第 1 个 VLAN 的编号。

to vlan-id2：表示被创建的最后一个 VLAN 的编号。vlan-id2 的取值必须大于 vlan-id1 的取值，它和 vlan-id1 共同确定一个范围。如果不指定 to vlan-id2 参数，则只创建 vlan-id1 所指定的 VLAN。

5. 配置接口的端口类型

物理端口视图下，配置接口的端口类型。

```
[Huawei]interface Ethernet0/0/1
[Huawei-Ethernet0/0/1]port link-type { access | trunk | hybrid }
```

【参数】 缺省为 hybrid。

access：配置接口的端口类型为 Access。

trunk：配置接口的端口类型为 Trunk。

hybrid：配置接口的端口类型为 Hybrid，默认为 Hybrid。

6. 配置 Access 类型接口所属的 VLAN

物理端口视图下，配置接口的缺省 VLAN 并同时加入这个 VLAN。

```
[Huawei-Ethernet0/0/1]port default vlan vlan-id
```

【参数】

vlan-id：VLAN 接口的 ID，取值范围为 2～4094。

【配置示例 3-3】

将端口 Ethernet 0/0/1 加入到 VLAN 2。

```
[Huawei]interface Ethernet0/0/1                  //进入到端口 Ethernet 0/0/1
[Huawei-Ethernet0/0/1]port link-type access      //设置端口为 Access 端口
[Huawei-Ethernet0/0/1]port default vlan 2        //将端口划分为 VLAN 2
```

7. 查看 VLAN 的创建情况

使用 display vlan 命令查看 VLAN 的情况，如图 3-24 所示。

VID 下面的 2 表示 VLAN 的编号，sales 是 VLAN 的描述。Ports 下面的 UT：Eth0/0/1 表示该 Eth0/0/1 端口是以 Untagged 的方式加入到 VLAN 2 的接口。（U）表示接口是 up 的状态。

```
[Huawei]display vlan
The total number of vlans is : 2
--------------------------------------------------------------------------------
U: Up;          D: Down;          TG: Tagged;          UT: Untagged;
MP: Vlan-mapping;                 ST: Vlan-stacking;
#: ProtocolTransparent-vlan;      *: Management-vlan;
--------------------------------------------------------------------------------

VID  Type     Ports
--------------------------------------------------------------------------------
1    common   UT:Eth0/0/2(U)    Eth0/0/3(D)     Eth0/0/4(D)     Eth0/0/5(D)
                 Eth0/0/6(D)    Eth0/0/7(D)     Eth0/0/8(D)     Eth0/0/9(D)
                 Eth0/0/10(D)   Eth0/0/11(D)    Eth0/0/12(D)    Eth0/0/13(D)
                 Eth0/0/14(D)   Eth0/0/15(D)    Eth0/0/16(D)    Eth0/0/17(D)
                 Eth0/0/18(D)   Eth0/0/19(D)    Eth0/0/20(D)    Eth0/0/21(D)
                 Eth0/0/22(D)   GE0/0/1(D)      GE0/0/2(D)

2    common   UT:Eth0/0/1(D)

VID  Status  Property      MAC-LRN Statistics Description
--------------------------------------------------------------------------------

1    enable  default       enable  disable    VLAN 0001
2    enable  default       enable  disable    sales      vlan描述
```

图 3-24
使用 display vlan 命令查看 VLAN

微课 3-5
Trunk 端口的配置

3.1.5　Trunk 端口的配置

1. 设置/取消 Trunk 端口中允许通过的 VLAN

物理端口视图下，用来配置 Trunk 类型接口加入的 VLAN。此命令需要在端口下先设置为 Trunk 类型。

> [Huawei-Ethernet0/0/1]**port trunk allow-pass vlan** { { *vlan-id1* [*to vlan-id2*] } | *all* }

【参数】

vlan-id1：表示被允许通过的第 1 个 VLAN 的编号。

to vlan-id2：表示被允许通过的最后一个 VLAN 的编号。vlan-id2 的取值必须大于 vlan-id1 的取值，它和 vlan-id1 共同确定一个范围。如果不指定 to vlan-id2 参数，则只允许 vlan-id1 所指定的 VLAN 通过。

all：指定 Trunk 接口允许所有 VLAN 通过。

2. 设置 Trunk 端口的缺省 VLAN ID（PVID）

该命令用来设置 Trunk 端口的缺省 VLAN ID（PVID），此命令的 undo 形式用来恢复端口的缺省 VLAN ID。

> [Huawei-Ethernet0/0/1]**port trunk pvid vlan** *vlan_id*

【参数】

vlan-id：Trunk 类型接口的缺省 VLAN 编号，取值范围为 1～4094。

【配置示例 3-4】

配置交换机的 Ethernet 0/0/2 端口为 Trunk 端口，仅允许 VLAN 2 通过，并将 PVID 设置为 2。

> [Huawei]**interface Ethernet** *0/0/2*　　//进入到 Ethernet 0/0/2 端口

```
[Huawei-Ethernet0/0/2]port link-type trunk              //设置链路为 Trunk 链路
[Huawei-Ethernet0/0/2]port trunk allow-pass vlan 2      //仅允许 VLAN 2 通过
[Huawei-Ethernet0/0/2]port trunk pvid vlan 2            // PVID 设置为 2
```

3. 检查中继端口允许 VLAN 的列表

通过 display vlan 命令查看 Trunk 配置，如图 3-25 所示。

```
[Huawei]display vlan
The total number of vlans is : 2
--------------------------------------------------------------------------------
U: Up;         D: Down;         TG: Tagged;         UT: Untagged;
MP: Vlan-mapping;               ST: Vlan-stacking;
#: ProtocolTransparent-vlan;    *: Management-vlan;
--------------------------------------------------------------------------------

VID  Type    Ports
--------------------------------------------------------------------------------
1    common  UT:Eth0/0/3(D)     Eth0/0/4(D)      Eth0/0/5(D)      Eth0/0/6(D)
                Eth0/0/7(D)     Eth0/0/8(D)      Eth0/0/9(D)      Eth0/0/10(D)
                Eth0/0/11(D)    Eth0/0/12(D)     Eth0/0/13(D)     Eth0/0/14(D)
                Eth0/0/15(D)    Eth0/0/16(D)     Eth0/0/17(D)     Eth0/0/18(D)
                Eth0/0/19(D)    Eth0/0/20(D)     Eth0/0/21(D)     Eth0/0/22(D)
                GE0/0/1(D)      GE0/0/2(D)
             TG:Eth0/0/2(U)

2    common  UT:Eth0/0/1(U)     Eth0/0/2(U)

VID  Status  Property      MAC-LRN Statistics Description
--------------------------------------------------------------------------------
1    enable  default       enable  disable    VLAN 0001
2    enable  default       enable  disable    sales
```

图 3-25
使用 display vlan 命令查看 Trunk 配置

在 VLAN 2 中，Eth0/0/2 为 Untagged 的端口，是因为该端口的 PVID 设置为 2，且允许 VLAN 2 通过，因此该端口允许 VLAN 2（PVID VLAN）的帧从该类端口上发出时不带 Tag（即剥除 Tag）。

缺省状态下，Trunk 链路允许 VLAN 1 通过，因此在 VID 1 后面的端口列表中有一个 E0/0/2 端口，但是因为 PVID 不相同，所以是 Tagged。

3.1.6 Hybrid 端口的配置

微课 3-6
Hybrid 端口的配置

1. 配置 Hybrid 类型接口所属的 VLAN（Tagged 方式）

物理端口视图下，配置允许哪些 VLAN 的数据帧以 Tagged 方式通过该端口，端口需要先设置为 Hybrid 类型，一般在连接交换机的端口上进行设置。

```
[Huawei-Ethernet0/0/1]port hybrid tagged { { vlan-id1 [ to vlan-id2 ] } | all }
```

【参数】

vlan-id1：表示被允许的第 1 个 VLAN 的编号，vlan-id1 为整数形式，取值范围为 1～4094。

to vlan-id2：表示被允许的最后一个 VLAN 的编号。vlan-id2 的取值必须大于 vlan-id1 的取值，它和 vlan-id1 共同确定一个范围。如果不指定 to vlan-id2 参数，则只允许 vlan-id1 所指定的 VLAN。vlan-id2 为整数形式，取值范围为 1～4094。

all：允许所有 VLAN 的数据帧以 Tagged 方式通过该端口。

2．配置 Hybrid 类型接口所属的 VLAN（Untagged 方式）

物理端口视图下，配置允许哪些 VLAN 的数据帧以 Untagged 方式通过该端口，端口需要先设置为 Hybrid 类型，一般在连接主机的端口上进行设置。

```
[Huawei-Ethernet0/0/1]port hybrid untagged  { { vlan-id1 [ to vlan-id2 ] } | all }
```

【参数】

vlan-id1：表示被允许的第 1 个 VLAN 的编号，vlan-id1 为整数形式，取值范围为 1～4094。

to vlan-id2：表示被允许的最后一个 VLAN 的编号。vlan-id2 的取值必须大于 vlan-id1 的取值，它和 vlan-id1 共同确定一个范围。如果不指定 to vlan-id2 参数，则只允许 vlan-id1 所指定的 VLAN。vlan-id2 为整数形式，取值范围为 1～4094。

all：允许所有 VLAN 的数据帧以 Untagged 方式通过该端口。

3．设置 Hybrid 类型接口的缺省 VLAN ID

该命令用来配置 Hybrid 类型接口的缺省 VLAN ID，端口需要先设置为 Hybrid 类型。

```
[Huawei-Ethernet0/0/1]port hybrid pvid vlan  vlan-id
```

【参数】

vlan-id：指定 Hybrid 类型接口的缺省 VLAN 编号。整数形式，取值范围为 1～4094。

3.2　项目准备：规划 VLAN

【引导问题 3-1】 根据图 3-1 VLAN 技术项目拓扑图，完成表 3-1。

表 3-1　端口分配表

设　备	端　口	链路类型	端口所属 VLAN
BJ_AS01	E0/0/1	Trunk	允许所有 VLAN 通过
	E0/0/2		
BJ_AS02			

【引导问题 3-2】 BJ_AS01 的 E0/0/1 口，思考 Trunk 链路的命令配置（见表 3-2）。

表 3-2　Trunk 链路的命令配置

设　备	接　口	命令配置
BJ_AS01	E0/0/1	

【引导问题 3-3】 BJ_AS01 的 E0/0/2 口，思考 Access 链路的命令配置（见表 3-3）。

表 3-3 Access 链路的命令配置

设　备	接　口	命令配置
BJ_AS01	E0/0/2	

3.3 项目实施：配置 VLAN

微课 3-7
项目实施：配置 VLAN

1. 配置交换机 BJ_AS01

北京总部接入交换机 BJ_AS01 的配置步骤如下。

第 1 步：修改设备名称为 BJ_AS01。

第 2 步：创建 VLAN 并命名。

第 3 步：将 VLAN 划分到相应的端口。

第 4 步：设置交换机相连的端口 Ethernet 0/0/1 为 Trunk 端口。

具体配置命令如下。

① 修改设备名称。

```
[Huawei]sysname  BJ_AS01                      //修改交换机名称
```

② 创建 VLAN 并命名。

```
[BJ_AS01]vlan 2                               //创建 VLAN 2
[BJ_AS01-vlan2]description sales              //VLAN 2 的描述为 sales，销售部
[BJ_AS01-vlan2]quit                           //返回系统视图
[BJ_AS01]vlan 3                               //创建 VLAN 3
[BJ_AS01-vlan3]description admin              //VLAN 3 的描述为 admin，行政部
[BJ_AS01]quit                                 //返回系统视图
```

③ 分配 VLAN 到相应的接口。

```
[BJ_AS01]interface E 0/0/2                              //进入端口
[BJ_AS01-Ethernet0/0/2]port link-type access            //配置接口的链路类型
[BJ_AS01-Ethernet0/0/2]port default vlan 2              //指定端口为 VLAN 2
[BJ_AS01-Ethernet0/0/2]interface E 0/0/3
[BJ_AS01-Ethernet0/0/3]port link-type access            //配置接口的链路类型
[BJ_AS01-Ethernet0/0/3]port default vlan 3              //指定端口为 VLAN 3
```

④ 设置交换机相连的端口为 Trunk 端口。

```
[BJ_AS01]interface Ethernet 0/0/1
```

```
[BJ_AS01-Ethernet0/0/1]port link-type trunk        //配置接口的链路类型
[BJ_AS01-Ethernet0/0/1]port trunk allow-pass vlan all    //设置该 Trunk 端口中允许所有
                                                          VLAN 通过
```

2．配置交换机 BJ_AS02

北京总部接入交换机 BJ_AS02 的配置步骤如下。

第 1 步：修改设备名称为 BJ_AS02。

第 2 步：创建 VLAN 并命名。

第 3 步：将 VLAN 划分到相应的端口。

第 4 步：设置交换机相连的端口 Ethernet 0/0/1 为 Trunk 端口。

具体配置命令如下。

① 修改设备名称。

```
[Huawei]sysname  BJ_AS02              //修改交换机名称
```

② 创建 VLAN 并命名。

```
[BJ_AS02]vlan 2                       //创建 VLAN 2
[BJ_AS02-vlan2]description sales      //VLAN 2 的描述为 sales，销售部
[BJ_AS02-vlan2]quit                   //返回系统视图
[BJ_AS02]vlan 3                       //创建 VLAN 3
[BJ_AS02-vlan3]description admin      //VLAN 3 的描述为 admin，行政部
[BJ_AS02]quit                         //返回系统视图
```

③ 分配 VLAN 到相应的接口。

```
[BJ_AS02]interface E 0/0/2                          //进入端口
[BJ_AS02-Ethernet0/0/2]port link-type access        //配置接口的链路类型
[BJ_AS02-Ethernet0/0/2]port default vlan 2          //指定端口为 VLAN 2
[BJ_AS02-Ethernet0/0/2]interface E 0/0/3
[BJ_AS02-Ethernet0/0/3]port link-type access        //配置接口的链路类型
[BJ_AS02-Ethernet0/0/3]port default vlan 3          //指定端口为 VLAN 3
```

④ 设置交换机相连的端口为 Trunk 端口。

```
[BJ_AS02]interface Ethernet 0/0/1
[BJ_AS02-Ethernet0/0/1]port link-type trunk         //配置接口的链路类型
[BJ_AS02-Ethernet0/0/1]port trunk allow-pass vlan all      //设置该 Trunk 端口中允许所
                                                            有 VLAN 通过
```

3．配置 PC

PC 需要配置 IP 地址、子网掩码，因为此项目不需要不同网段通信，因此可以不用设置网关。PC1 的配置如图 3-26 所示。PC2、PC3、PC4 的配置参考 PC1 进行配置。

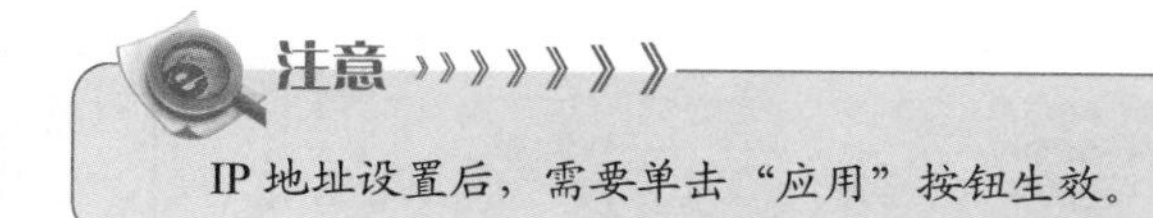

IP 地址设置后，需要单击“应用”按钮生效。

PC1

基础配置　命令行　组播　UDP发包工具　串口

主机名：PC1

MAC 地址：54-89-98-4F-3A-FD

IPv4 配置

静态　DHCP　自动获取 DNS 服务器地址

IP 地址：20 . 1 . 1 . 1　DNS1：0 . 0 . 0 . 0

子网掩码：255 . 255 . 255 . 0　DNS2：0 . 0 . 0 . 0

网关：0 . 0 . 0 . 0

IPv6 配置

静态　DHCPv6

IPv6 地址：::

前缀长度：128

IPv6 网关：::

应用

图 3-26
PC 设置
示例 1

4．测试

（1）在 BJ_AS01 上查看 VLAN

通过 display　vlan 命令确认 VLAN、描述和端口划分的正确性。

如图 3-27 所示，VID 下面的 2 表示 VLAN 的编号，sales 是 VLAN 的描述。Ports 下面的 UT：Eth0/0/2 表示该 Eth0/0/2 端口是以 Untagged 的方式加入到 VLAN 2 的接口。（U）表示接口是 up 的状态。

- 配置中没有设置 PVID，因此 Eth0/0/1 的 PVID 为缺省值 1，Trunk 链路允许所有 VLAN 通过，因此在所有 VID 后面的 Ports 下面都有 Eth0/0/1，但是打标签的方式却有所不同。
- VID 1 后面的 Eth0/0/1，是 UT（Untagged）方式。因为 Eth0/0/1 端口的 PVID 为 1，与 VID1 相同，因此该端口 VLAN 1 的帧从该类端口上发出时，剥除 Tag，不带 Tag 发送。
- VID 2 和 VID 3 后面的 Eth0/0/1，是 TG（Tagged）方式。因为当 PVID 与 VID 不相同时，不剥离 Tag，直接发送数据包。

```
[BJ_AS01]display vlan
The total number of vlans is : 3
--------------------------------------------------------------------------------
U: Up;          D: Down;          TG: Tagged;          UT: Untagged;
MP: Vlan-mapping;                 ST: Vlan-stacking;
#: ProtocolTransparent-vlan;      *: Management-vlan;
--------------------------------------------------------------------------------

VID  Type    Ports
--------------------------------------------------------------------------------
1    common  UT:Eth0/0/1(U)    Eth0/0/4(D)     Eth0/0/5(D)     Eth0/0/6(D)
                Eth0/0/7(D)    Eth0/0/8(D)     Eth0/0/9(D)     Eth0/0/10(D)
                Eth0/0/11(D)   Eth0/0/12(D)    Eth0/0/13(D)    Eth0/0/14(D)
                Eth0/0/15(D)   Eth0/0/16(D)    Eth0/0/17(D)    Eth0/0/18(D)
                Eth0/0/19(D)   Eth0/0/20(D)    Eth0/0/21(D)    Eth0/0/22(D)
                GE0/0/1(D)     GE0/0/2(D)

2    common  UT:Eth0/0/2(U)

             TG:Eth0/0/1(U)

3    common  UT:Eth0/0/3(U)

             TG:Eth0/0/1(U)


VID  Status  Property      MAC-LRN Statistics Description
--------------------------------------------------------------------------------

1    enable  default       enable  disable    VLAN 0001
2    enable  default       enable  disable    sales
3    enable  default       enable  disable    admin
```

图 3-27
在 BJ_AS01 上利用 display　vlan 命令查看 VLAN 设置情况

（2）在同一 VLAN 中的两台主机之间可以互相 ping 通

PC1 和 PC3 同属于 VLAN 2。从测试中，能够看到 5 个包成功发送，5 个包成功接收，0%丢失，如图 3-28 所示，因此判断 PC1 能够 ping 通 PC3。

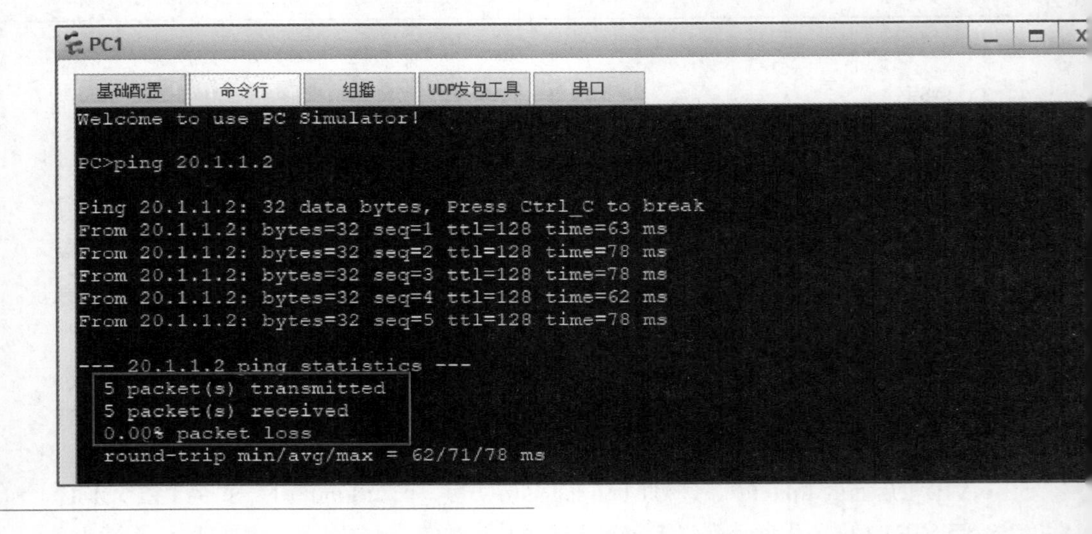

```
PC1
基础配置  命令行  组播  UDP发包工具  串口
Welcome to use PC Simulator!

PC>ping 20.1.1.2

Ping 20.1.1.2: 32 data bytes, Press Ctrl_C to break
From 20.1.1.2: bytes=32 seq=1 ttl=128 time=63 ms
From 20.1.1.2: bytes=32 seq=2 ttl=128 time=78 ms
From 20.1.1.2: bytes=32 seq=3 ttl=128 time=78 ms
From 20.1.1.2: bytes=32 seq=4 ttl=128 time=62 ms
From 20.1.1.2: bytes=32 seq=5 ttl=128 time=78 ms

--- 20.1.1.2 ping statistics ---
  5 packet(s) transmitted
  5 packet(s) received
  0.00% packet loss
  round-trip min/avg/max = 62/71/78 ms
```

图 3-28
PC1 到 PC3 能够 ping 通

（3）不同 VLAN 中的两台主机之间互相 ping 不通

PC1 与 PC2 分别属于 VLAN 2 和 VLAN 3。从测试中，能够看到目的主机不可达，如图 3-29 所示。VLAN 2 和 VLAN 3 属于不同 VLAN，无法 ping 通。

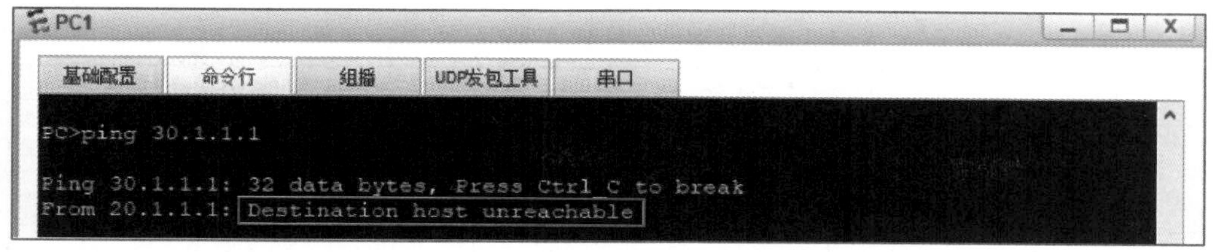

图 3-29 PC1 到 PC2 不能够 ping 通

巩固训练：向阳印制公司 VLAN 的配置

1. 实训目的

- 熟悉 VLAN 的端口分类。
- 理解 VLAN 的划分方法。
- 应用 VLAN 的配置命令，对 VLAN 进行划分和配置。

2. 实训拓扑

实训拓扑如图 3-30 所示。

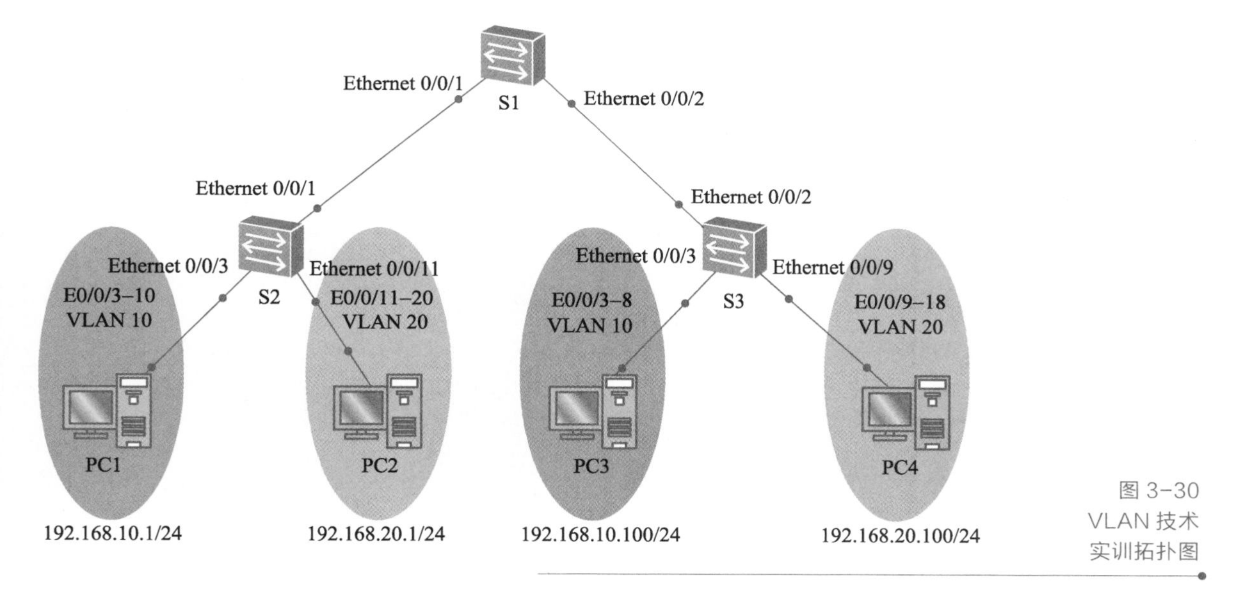

图 3-30 VLAN 技术实训拓扑图

3. 实训内容

① 按照拓扑，完成 PC 的 IP 地址等的设置。

② 修改网络设备的名称。

③ 在交换机 S1、S2 和 S3 上分别创建 VLAN。

- VLAN 10，命名为 Group1。
- VLAN 20，命名为 Group2。

④ 按照拓扑图所示，将交换机接口分别放入 VLAN 中，见表 3-4。提示：可用命令 port-group 创建端口组，同时设置多个端口。

表 3-4　VLAN 配置实训端口与 VLAN 对应表

设备名称	端　口	所属 VLAN
S1	E0/0/3-E0/0/10	VLAN 10
	E0/0/11-E0/0/20	VLAN 20
S2	E0/0/3-E0/0/8	VLAN 10
	E0/0/9-E0/0/18	VLAN 20

⑤ 配置交换机之间的链路为 Trunk 链路，允许所有 VLAN 通过。

⑥ 测试。

- PC1 至 PC3 能够 ping 通。
- PC2 至 PC4 能够 ping 通。
- PC1 至 PC2 不能够 ping 通。
- 使用 display vlan 命令，分别在 S1、S2、S3 中查看 VLAN 的配置情况。

⑦ 保存配置。

项目 4

VLAN 间路由技术

学习目标

- 理解 VLAN 间路由的工作原理和工作方式。
- 应用单臂路由和 VLANIF 接口的基本配置命令。
- 根据不同场景选择 VLAN 间路由技术，并进行 VLAN 间路由的设计和部署。

【项目背景】

阳光纸业公司总部有多个部门，各个部门的业务不同，且 IP 网段也不相同。行政部和财务部分属不同 VLAN，但是要求行政部能够访问财务部的服务器，并进行相应的管理。分属不同 VLAN 的不同部门之间有互通需求。

【项目内容】

实现 PC1、PC2 成功访问网络，实现不同部门（不同 VLAN）的 PC 能够相互访问。

① 单臂路由实现不同部门的通信，如图 4-1 所示。

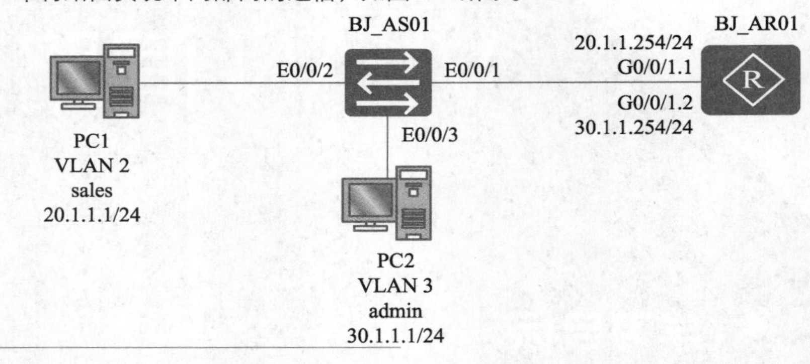

图 4-1
单臂路由项目拓扑图

② 三层交换实现不同部门的通信，如图 4-2 所示。

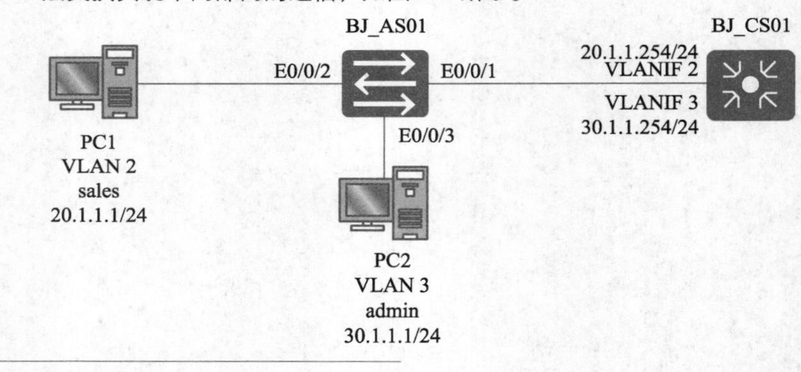

图 4-2
三层交换项目拓扑图

4.1　相关知识：VLAN 间路由

微课 4-1
VLAN 间路由的基本概念

4.1.1　VLAN 间路由的基本概念

VLAN 的作用就是隔离二层广播域，即严格隔离各个 VLAN 之间的任何流量。分属于不同 VLAN 的用户不能互相通信。VLAN 100、VLAN 200 和 VLAN 300 中的计算机不能够相互通信，如图 4-3 所示。VLAN 很大意义上提高了网络的安全性，但是从另一个角度来说，VLAN 又阻隔了不同分组之间的连通性。为了既保证网络的安全性，又能实现不同 VLAN 之间的连通，这就需要 VLAN 间路由技术。

局域网内通信需要知道目的 MAC 地址，而获取 MAC 的方式是 ARP 请求。如果两台计算机不在一个广播域中，就无法解析 MAC 地址，必须通过路由来通信。

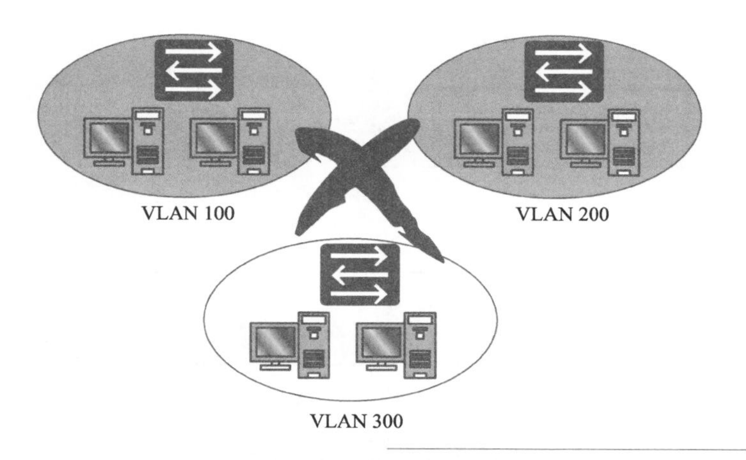

图 4-3
不同 VLAN 不能通信示意图

如图 4-4 所示，PC1 要想与 PC2 通信，必须知道 PC2 的 MAC 地址。通过 IP 地址，获得 MAC 地址，可以通过 ARP 请求数据包来实现，而 ARP 请求数据包是广播报文，不能在分属不同 VLAN 的不同广播域中传播。因此，需要借助路由来实现不同广播域之间的数据包传输。

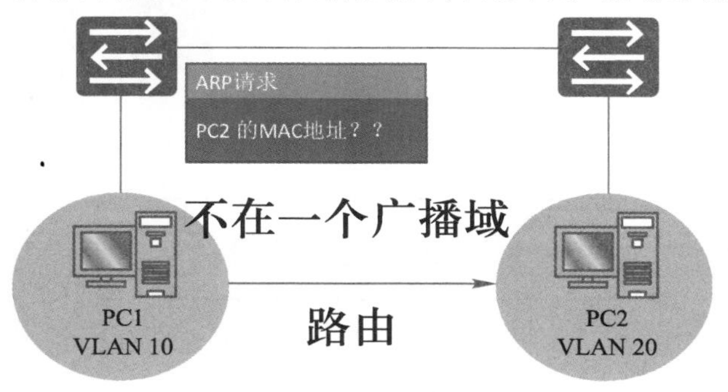

图 4-4
不同广播域之间的数据传输

4.1.2　VLAN 间路由的方法

为了实现 VLAN 间的通信，总共有 3 种方法：物理接口、子接口和三层交换。

1．物理接口

实现 VLAN 间通信最直观的方法，就是为每个 VLAN 提供一个路由接口。图 4-5 描述了物理接口实现 VLAN 间通信的过程。

当 PC2 要与 PC3 进行通信时，PC2 先把数据发送给与其处于同一个 VLAN 的交换机端口 5。路由器端口 E0/0 接收到端口 5 传送的数据包，拆开数据包，查看目的 IP 地址，发现与 VLAN 3 的网段相匹配，于是把数据包从 E0/1 送出。交换机从端口 6 收到数据包，再根据 MAC 地址列表将数据包转发给 PC3，完成 VLAN 间的通信。

但是，这种方法使每个 VLAN 都需要增加一个额外的接口，增加了成本。为了解决上述问题，可以通过在路由器的一个物理接口上创建多个子接口来解决。

2．子接口

微课 4-2
单臂路由概述

子接口就是将路由器上的一个物理端口分割为多个虚拟端口，分别对应不同的 VLAN。这种方法，又称为单臂路由。图 4-6 中描述了子接口实现 VLAN 间通信的过程。首先为路由器的子接口分配 IP 地址，分别作为 VLAN 2 和 VLAN 3 的网关。将属于 VLAN 2 的子接口设置为 10.1.1.0 网段，将属于 VLAN 3 的子接口设置为 20.1.1.0 网段，如图 4-6 所示。

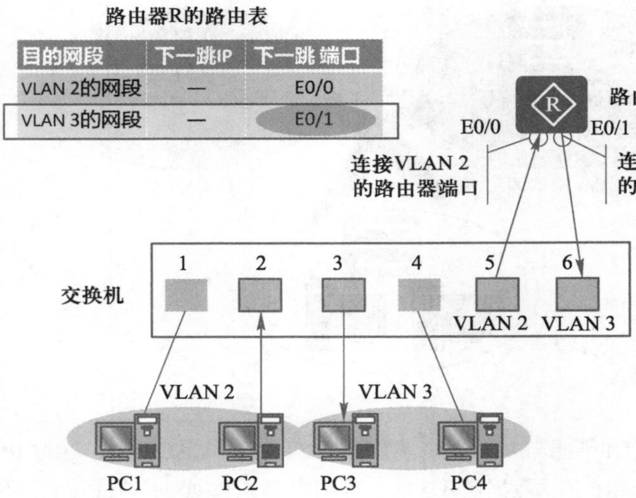

图 4-5
物理接口实现 VLAN 间通信

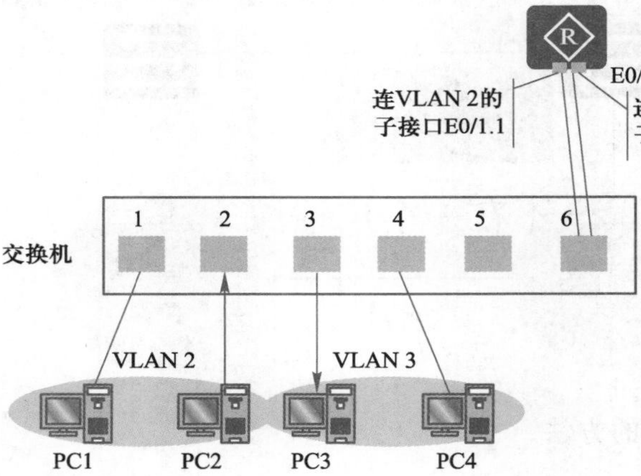

图 4-6
子接口实现 VLAN 间通信

交换机通过对各端口所连接计算机 MAC 地址的学习，生成 MAC 地址列表，见表 4-1。

表 4-1　交换机的 MAC 地址列表

VLAN	MAC 地址	端口
2	PC1	1
2	PC2	2
3	PC3	3
3	PC4	4
—	—	5
汇聚（Trunk）	R	6

通过路由器转发数据包时，有相同 VLAN 间通信和不同 VLAN 间通信两种情况。

情况 1：相同 VLAN 间通信，PC1 与 PC2 通信。

PC1 与同一 VLAN 内的 PC2 之间通信时，可以通过 ARP 广播获取 PC2 的 MAC 地址。如图 4-7 所示，PC1 发送数据包，交换机收到数据帧后，查看 MAC 地址列表，发现与收信端口同属一个 VLAN，且 PC2 连接在端口 2 上，于是交换机将数据帧转发给端口 2，最终 PC2

收到该帧。收发信双方同属一个 VLAN 之内的通信，一切处理均在交换机内完成。

交换机的MAC地址列表

VLAN	MAC地址	端口
2	PC1	1
2	PC2	2
3	PC3	3
3	PC4	4
—	—	5
汇聚	R	6

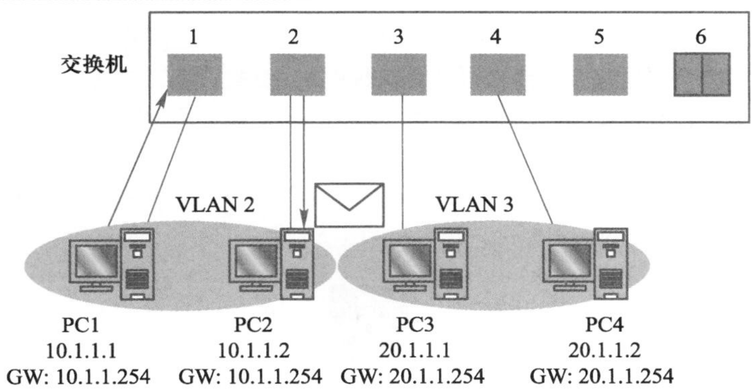

图 4-7
通过子接口实现相同 VLAN 间通信

情况 2：不同 VLAN 间通信，PC1 与 PC3 通信。

PC1 与不同 VLAN 的 PC3 之间通信情况，如图 4-8 所示。PC1 向 PC3 发送数据，发现 PC3 与本机不属于同一个网段，因此会将数据发送给默认网关。交换机在端口 1 上收到数据帧后，附加上 VLAN 2 的 Tag 信息，然后查看 MAC 地址列表，发现路由器 R，需要经过 Trunk 端口 6 进行转发。

交换机的MAC地址列表

VLAN	MAC地址	端口
2	PC1	1
2	PC2	2
3	PC3	3
3	PC4	4
—	—	5
Trunk	R	6

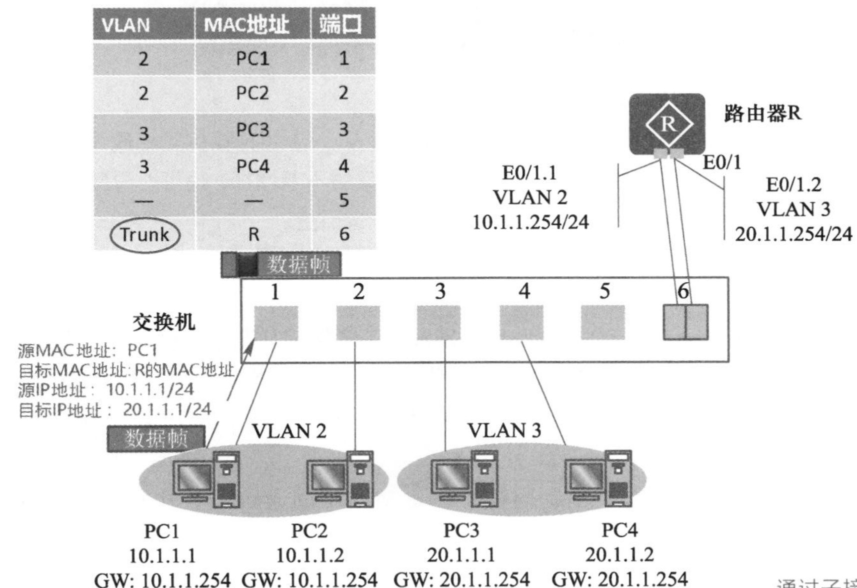

图 4-8
通过子接口实现不同 VLAN 间通信

交换机从端口 6 将带 VLAN 2 标签的数据帧发送到 E0/1。路由器收到数据帧后，确认是 VLAN 2 的数据帧，去除 Tag 后，交由同属 VLAN 2 的子接口 E0/1.1 处理。

路由器 R 查看数据包，与路由表进行对比，发现目的 IP 地址所在网段与路由表中的 20.1.1.0/24 相匹配，找到相对应的端口，并将数据包发送给 E0/1.2，见表 4-2。

表 4-2　路由器 R 的路由表 1

目的网段	下一跳 IP	下一跳端口
10.1.1.0/24	—	E0/1.1
20.1.1.0/24	—	E0/1.2

子接口 E0/1.2 收到数据包，将目的 MAC 地址修改为 PC3 的 MAC 地址，并打上 VLAN 3 的 Tag，从 E0/1.2 发送出去。交换机收到数据帧后，查看 MAC 地址，找到目标计算机 PC3 连接在端口 3 上，因此交换机会将数据帧的 VLAN 信息剥离后，从端口 3 转发，最终 PC3 成功地收到 PC1 的数据帧。

VLAN 间通信时，即使通信双方都连接在同一台交换机上，也必须经过“发送方→交换机→路由器→交换机→接收方”的过程，如图 4-9 所示。

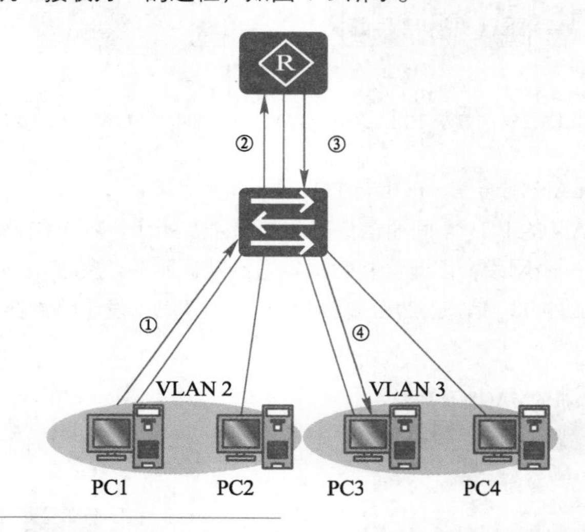

图 4-9
通过子接口实现 VLAN 间通信的路径图

只要能提供 VLAN 间路由，就能够使分属不同 VLAN 的计算机互相通信。但是，如果使用路由器进行 VLAN 间通信，随着 VLAN 之间流量的不断增加，很可能导致干道链路成为整个网络的瓶颈。为了解决上述问题，三层交换机应运而生。

3. 三层交换机

微课 4-3
三层交换的概述

三层交换机相当于在一台交换机中，分别设置了交换模块和路由模块，如图 4-10 所示。内置的路由模块与交换模块都使用硬件处理数据。因此，与传统的路由器通过软件路由相比，可以实现高速路由，并且路由模块与交换模块的干道链接是内部链接，可以确保相当大的带宽。

三层交换机在转发数据包时，同样有相同 VLAN 间通信和不同 VLAN 间通信两种情况。

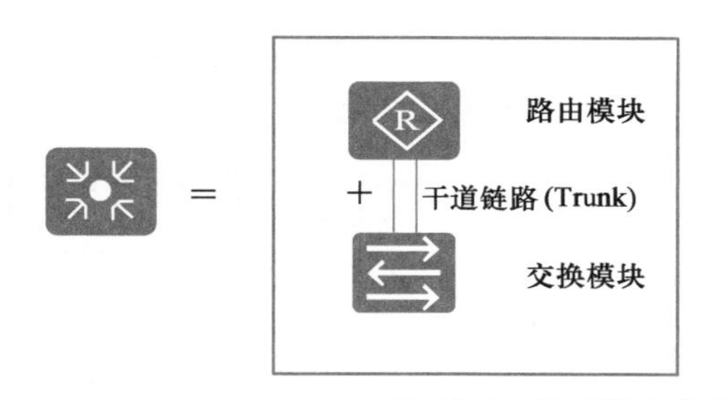

图 4-10
三层交换机组成示意图

情况 1：相同 VLAN 间通信，PC1 与 PC2 通信。

三层交换机中相同 VLAN 间的通信情况，如图 4-11 所示。PC1 发送数据包，交换机收到数据包后，查看 MAC 地址列表，发现其与 PC2 属于同一 VLAN 2，且连接在端口 2 上，于是交换机将数据帧转发给端口 2，最终 PC2 收到该帧。同一 VLAN 内的通信在交换模块完成。

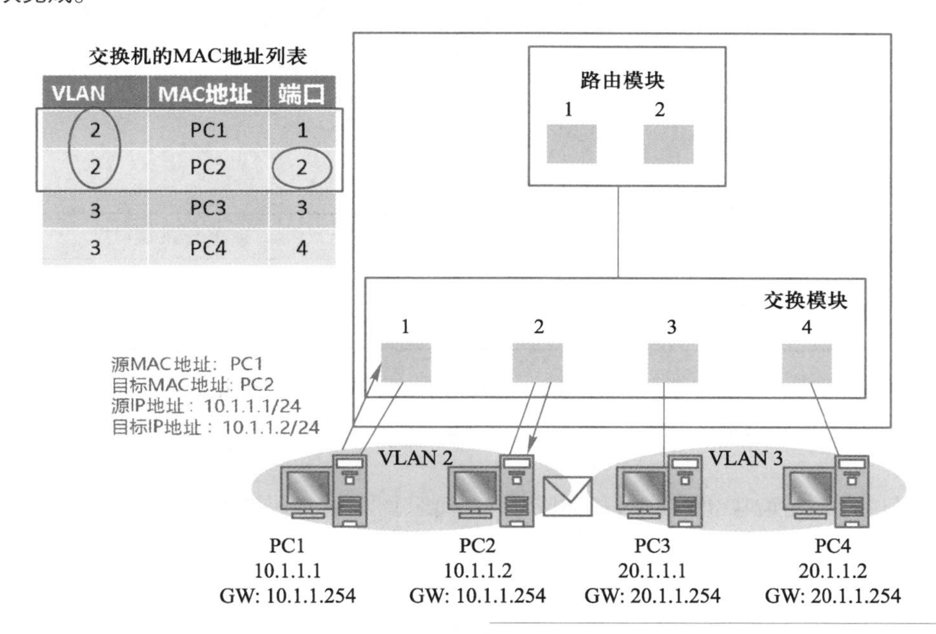

图 4-11
通过三层交换机实现
相同 VLAN 间通信

情况 2：不同 VLAN 间通信，PC1 与 PC3 通信。

不同 VLAN 间的通信过程，如图 4-12 所示。PC1 向 PC3 发送数据，判断出 PC3 与本机不属于同一个网段，因此会将数据发送给默认网关。交换机收到数据帧，添加 VLAN 2 的 Tag 信息，并查看 MAC 地址列表，将数据帧转发给路由模块。

路由模块在收到数据帧时，分辨出 Tag 信息是 VLAN 2，据此判断由 VLAN 2 接口负责接收，去掉 Tag 后，交给路由模块处理。

路由模块查看数据包，与三层交换机的路由表进行对比，见表 4-3，发现目的 IP 所在网段与路由表中的 20.1.1.0/24 相匹配，找到相对应的端口 VLANIF 3，并将数据包发送给接口 VLANIF 3。

interface VLANIF 3 收到数据包，将目的 MAC 地址修改为 PC3 的 MAC 地址，并打上 VLAN 3 的 Tag，从 VLANIF 3 接口发送出去。

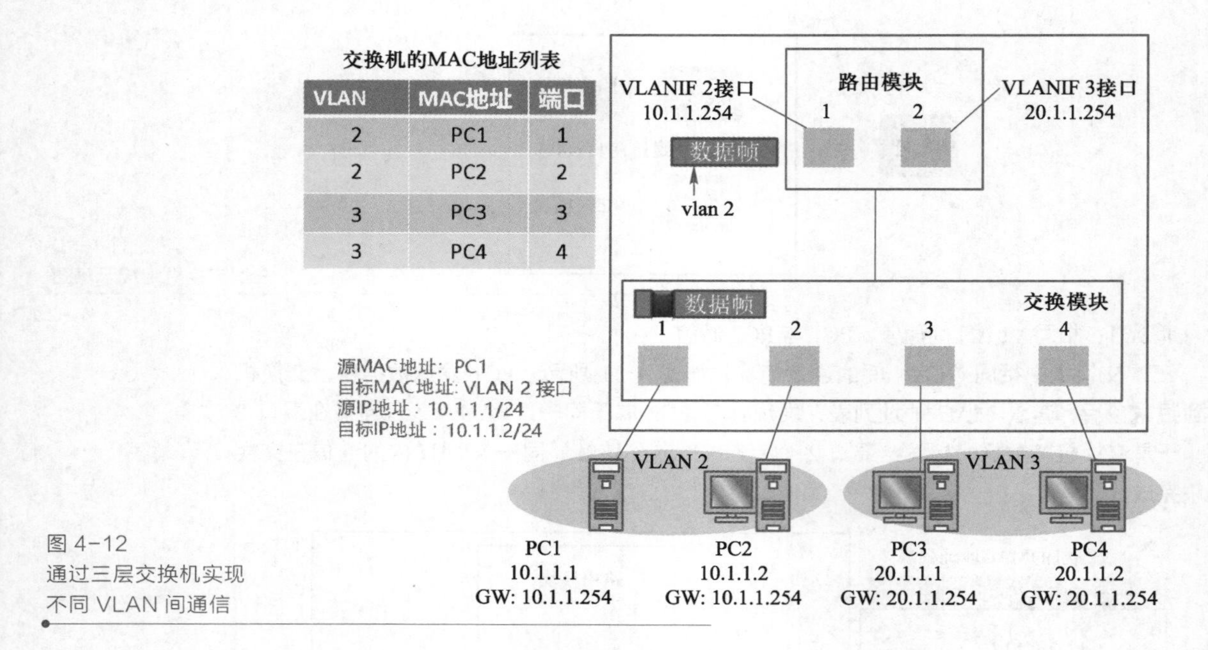

图 4-12
通过三层交换机实现
不同 VLAN 间通信

表 4-3　三层交换机的路由表

目的网段	下一跳 IP	下一跳端口
10.1.1.0/24	—	VLANIF 2
20.1.1.0/24	—	VLANIF 3

交换模块收到数据帧后，查看 MAC 地址表，确认需要将它转发给端口 3。由于端口 3 是接入链路，因此转发前会先将 VLAN 3 的 Tag 剥离。最终，PC3 成功收到 PC1 发来的数据帧。

通过三层交换机实现 VLAN 间通信时，必须经过“发送方→交换模块→路由模块→交换模块→接收方”的过程，如图 4-13 所示。

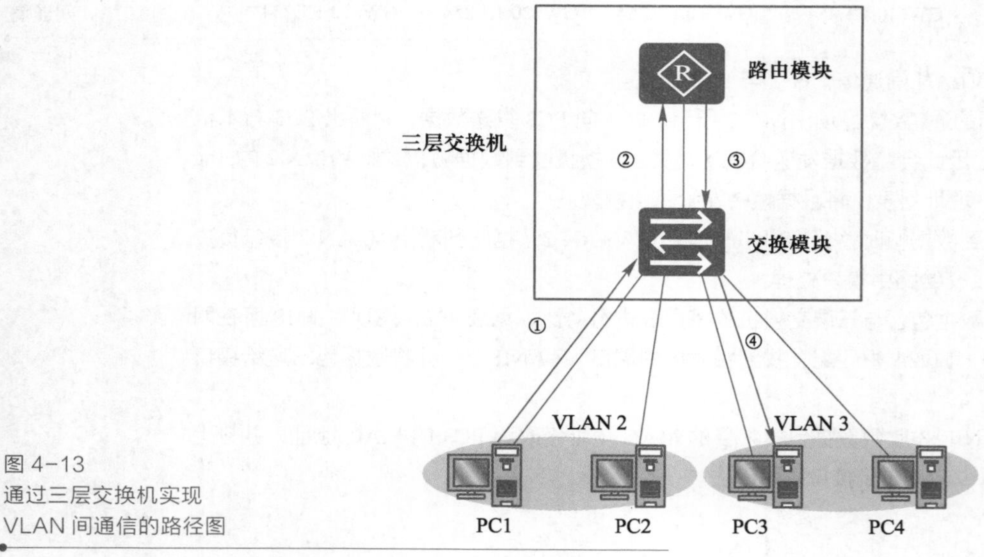

图 4-13
通过三层交换机实现
VLAN 间通信的路径图

VLAN 间路由的 3 种方法中，物理接口的方法会造成资源浪费，且很难扩展，因此一般不使用该方法；路由器子接口使用软件实现路由，当并发流量大时，单链路容易造成网络的瓶颈；三层交换机是使用硬件进行路由和转发，速度更快。

4.1.3　单臂路由的配置

微课 4-4
单臂路由的配置

单臂路由的配置分为以下 3 个步骤。

第 1 步：创建子接口。

第 2 步：配置子接口 dot1q 封装的 VLAN ID。

第 3 步：使能子接口的 ARP 广播功能。

1．创建子接口

在系统视图下，创建子接口。

```
[Huawei]interface    interface-type    interface-number. sub-interface number
```

【参数】

interface-number：物理接口编号。

sub-interface number：代表物理接口内的逻辑接口通道。

注意

子接口是逻辑接口，可以创建和删除。物理接口不可以创建和删除。若要删除子接口，在系统视图下，使用 undo interface　interface-type　*interface-number. sub-interface number* 命令完成。

【配置示例 4-1】

（1）创建子接口 GigabitEthernet 0/0/1.1

```
[Huawei]interface GigabitEthernet 0/0/1.1
```

（2）删除子接口 GigabitEthernet 0/0/1.1

```
[Huawei]undo interface GigabitEthernet 0/0/1.1
```

2．配置子接口 dot1q 封装的 VLAN ID

在子接口视图下，配置子接口 dot1q 封装的 VLAN ID。

```
[Huawei-GigabitEthernet0/0/1.1]dot1q termination vid vid
```

【参数】

vid：用户报文中 Tag（VLAN ID）的取值。整数形式，取值范围为 1～4094。

此处的 dot1q，中间是数字 1，不是小写英文字母 l，请一定要区分开。

3．使能子接口的 ARP 广播功能

在缺省情况下，子接口没有使能 ARP 广播功能。如果子接口上没有配置 arp broadcast enable 命令，那么系统会直接把该 IP 报文丢弃。此时该子接口的路由可被看作黑洞路由。

```
[Huawei-GigabitEthernet0/0/1.1]arp broadcast enable
```

若要删除此命令，在子接口视图下，输入 undo arp broadcast enable 命令。

【配置示例 4-2】

将 G0/0/1.1 加入 VLAN 100。

```
[Huawei] interface GigabitEthernet 0/0/1.1 //创建子接口 G0/0/1.1
[Huawei-GigabitEthernet0/0/1.1] dot1q termination vid 100 //配置子接口 G0/0/1.1 封装的
                                                           VLAN ID 为 100
[Huawei-GigabitEthernet0/0/1.1] arp broadcast enable //使能子接口的 ARP 广播功能
```

微课 4-5
VLANIF 的配置

4.1.4　VLANIF 的配置

在系统视图下，创建 VLANIF 接口并进入 VLANIF 接口视图。

```
[Huawei] interface vlanif vid
```

【参数】

vid：用来指定要配置 VLANIF 接口的 VLAN ID，整数形式，取值范围为 1～4094。但 VLANIF 接口的编号必须对应一台交换机上已创建的 VLAN。需要先创建 VLAN，才能创建 VLANIF 接口。

若要删除 VLANIF 接口，在系统视图下，输入 undo interface vlanif *vid* 命令。

【配置示例 4-3】

（1）进入/创建 VLANIF 10 接口

```
[Huawei] interface vlanif 10
```

（2）删除 VLANIF 10 接口

```
[Huawei] undo interface vlanif 10
```

4.2　项目准备：规划 VLAN 间路由

4.2.1　规划单臂路由

【引导问题 4-1】根据图 4-1 所示单臂路由项目拓扑图，在表 4-4 中填写单臂路由参数，为每个子接口分配 IP 地址。

表 4-4　单臂路由参数表

设　备	子接口编号	dot1q 封装的 VID	IP 地址	子网掩码
BJ_AR01	G0/0/1.1			

【引导问题 4-2】BJ_AR01 上的 G0/0/1.1 子接口的配置命令，填写表 4-5。

表 4-5　G0/0/1.1 子接口的配置命令

设　备	接　口	命令配置
BJ_AR01	G0/0/1.1	

4.2.2　规划三层交换

【引导问题 4-3】根据图 4-2 所示三层交换项目拓扑图，在表 4-6 中填写 VLANIF 接口参数，为每个 VLANIF 接口分配 IP 地址。

表 4-6　VLANIF 接口参数表

设　备	VLANIF 接口编号	IP 地址	子网掩码
BJ_CS01	VLANIF 2		

【引导问题 4-4】BJ_CS01 上的 VLANIF 2 接口的配置命令，填写表 4-7。

表 4-7　VLANIF 2 接口的配置命令

设　备	接　口	命令配置
BJ_CS01	VLANIF 2	

4.3　项目实施：配置 VLAN 间路由

两种方案可以实现 VLAN 间通信，分别是单臂路由和三层交换。以下分别介绍两种方案如何实现 VLAN 间通信。

微课 4-6
项目实施：配置单臂路由实现 VLAN 间通信

4.3.1　配置单臂路由实现 VLAN 间通信

1．配置交换机 BJ_AS01

北京总部接入交换机 BJ_AS01 的配置步骤如下。

第 1 步：修改设备名称为 BJ_AS01。

第 2 步：创建 VLAN 并命名。

第 3 步：将 VLAN 划分到相应的端口。

第 4 步：设置交换机与路由器相连的端口 Ethernet 0/0/1 为 Trunk 端口。

具体配置命令如下。

① 修改设备名称。

```
[Huawei]sysname   BJ_AS01                         //修改交换机名称
```

② 创建 VLAN 并命名。

```
[BJ_AS01]vlan 2                                   //创建 VLAN 2
[BJ_AS01-vlan2]description sales                  //VLAN2 的描述为 sales，销售部
[BJ_AS01-vlan2]quit                               //返回系统视图
[BJ_AS01]vlan 3                                   //创建 VLAN 3
[BJ_AS01-vlan3]description admin                  //VLAN3 的描述为 admin，行政部
[BJ_AS01]quit                                     //返回系统视图
```

③ 分配 VLAN 到相应的接口。

```
[BJ_AS01]interface E 0/0/2                        //进入端口
[BJ_AS01-Ethernet0/0/2]port link-type access      //配置接口的链路类型
[BJ_AS01-Ethernet0/0/2]port default vlan 2        //指定端口为 VLAN 2
[BJ_AS01-Ethernet0/0/2]interface E 0/0/3
[BJ_AS01-Ethernet0/0/3]port link-type access      //配置接口的链路类型
[BJ_AS01-Ethernet0/0/3]port default vlan 3        //指定端口为 VLAN 3
```

④ 设置交换机相连的端口为 Trunk 端口。

```
[BJ_AS01]interface Ethernet 0/0/1
[BJ_AS01-Ethernet0/0/1]port link-type trunk       //配置接口的链路类型
[BJ_AS01-Ethernet0/0/1]port trunk allow_pass vlan all     //设置该 Trunk 端口中允许所
                                                            有 VLAN 通过
```

2. 配置路由器 BJ_AR01

北京总部路由器 BJ_AR01 的配置步骤如下。

第 1 步：修改设备名称为 BJ_AR01。

第 2 步：创建第 1 个子接口并配置，作为 VLAN 2 的网关。

- 配置子接口 dot1q 封装的 VLAN ID 2。
- 使能子接口的 ARP 广播功能。
- 配置 IP 地址。

第 3 步：创建第 2 个子接口并配置，作为 VLAN 3 的网关。

- 配置子接口 dot1q 封装的 VLAN ID 3。
- 使能子接口的 ARP 广播功能。
- 配置 IP 地址。

具体配置命令如下。

① 修改设备名称。

```
[Huawei]sysname  BJ_AR01                                  //修改路由器名称
```

② 创建第 1 个子接口并配置。

```
[BJ_AR01]interface GigabitEthernet0/0/1.1                 //创建子接口
[BJ_AR01-GigabitEthernet0/0/1.1]dot1q termination vid 2   //配置子接口 dot1q 封装的
                                                            VLAN ID 为 VLAN 2
[BJ_AR01-GigabitEthernet0/0/1.1]arp broadcast enable      //使能子接口的 ARP 广播功能
[BJ_AR01-GigabitEthernet0/0/1.1]ip address 20.1.1.254 24  //配置 IP 地址
```

③ 创建第 2 个子接口并配置。

```
[BJ_AR01]interface GigabitEthernet0/0/1.2                 //创建子接口
[BJ_AR01-GigabitEthernet0/0/1.2]dot1q termination vid 3   //配置子接口 dot1q 封装的
                                                            VLAN ID 为 VLAN 3
[BJ_AR01-GigabitEthernet0/0/1.2]arp broadcast enable      //使能子接口的 ARP 广播功能
[BJ_AR01-GigabitEthernet0/0/1.2]ip address 30.1.1.254 24  //配置 IP 地址
```

3. 配置 PC

PC 需要配置 IP 地址、子网掩码和网关。PC1 的配置如图 4-14 所示；PC2 的配置参考 PC1 进行配置。

配置 PC 时，必须要配置网关，否则不同网段无法 ping 通。

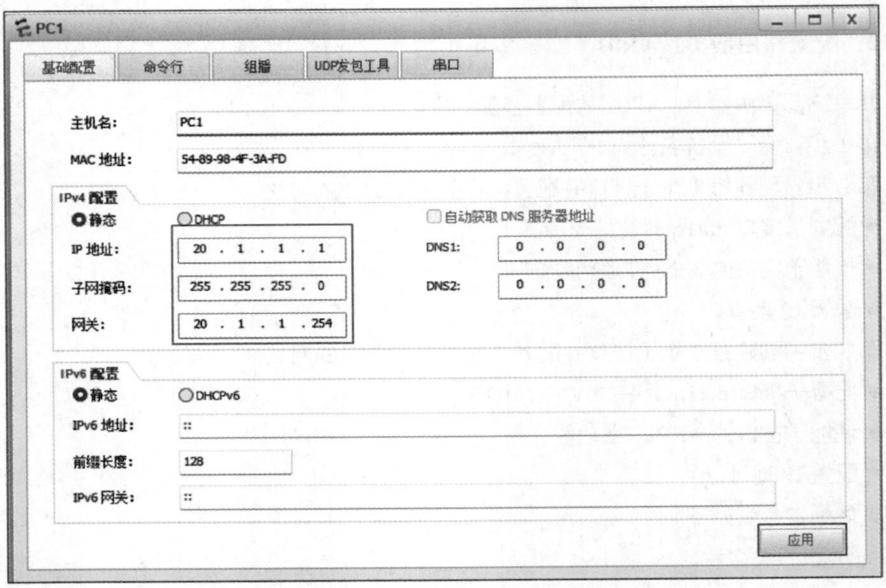

PC1

基础配置 | 命令行 | 组播 | UDP发包工具 | 串口

主机名：PC1
MAC 地址：54-89-98-4F-3A-FD
IPv4 配置
静态　DHCP　自动获取 DNS 服务器地址
IP 地址：20 . 1 . 1 . 1　DNS1：0 . 0 . 0 . 0
子网掩码：255 . 255 . 255 . 0　DNS2：0 . 0 . 0 . 0
网关：20 . 1 . 1 . 254
IPv6 配置
静态　DHCPv6
IPv6 地址：::
前缀长度：128
IPv6 网关：::
应用

图 4-14
PC 设置示例 2

4. 测试单臂路由方式

(1) BJ_AS01 上查看 VLAN

通过 display　vlan 命令确认 VLAN、命名和端口绑定的正确性，如图 4-15 所示。

```
[BJ_AS01]display vlan
The total number of vlans is : 3
--------------------------------------------------------------------------------
U: Up;         D: Down;         TG: Tagged;         UT: Untagged;
MP: Vlan-mapping;               ST: Vlan-stacking;
#: ProtocolTransparent-vlan;    *: Management-vlan;
--------------------------------------------------------------------------------

VID  Type    Ports
--------------------------------------------------------------------------------
1    common  UT:Eth0/0/1(U)     Eth0/0/4(D)     Eth0/0/5(D)     Eth0/0/6(D)
                Eth0/0/7(D)     Eth0/0/8(D)     Eth0/0/9(D)     Eth0/0/10(D)
                Eth0/0/11(D)    Eth0/0/12(D)    Eth0/0/13(D)    Eth0/0/14(D)
                Eth0/0/15(D)    Eth0/0/16(D)    Eth0/0/17(D)    Eth0/0/18(D)
                Eth0/0/19(D)    Eth0/0/20(D)    Eth0/0/21(D)    Eth0/0/22(D)
                GE0/0/1(D)      GE0/0/2(D)

2    common  UT:Eth0/0/2(U)

             TG:Eth0/0/1(U)

3    common  UT:Eth0/0/3(U)

             TG:Eth0/0/1(U)

VID  Status  Property      MAC-LRN Statistics Description
--------------------------------------------------------------------------------

1    enable  default       enable  disable    VLAN 0001
2    enable  default       enable  disable    sales
3    enable  default       enable  disable    admin
```

图 4-15
在交换机 BJ_AS01 上使用 display　vlan 命令查看 VLAN 设置情况

(2) BJ_AR01 上查看运行配置文件

通过 display　current-configuration 命令查看子接口的配置情况，如图 4-16 所示。display current-configuration int g0/0/1.1 表示只查看接口 g0/0/1.1 下的配置。

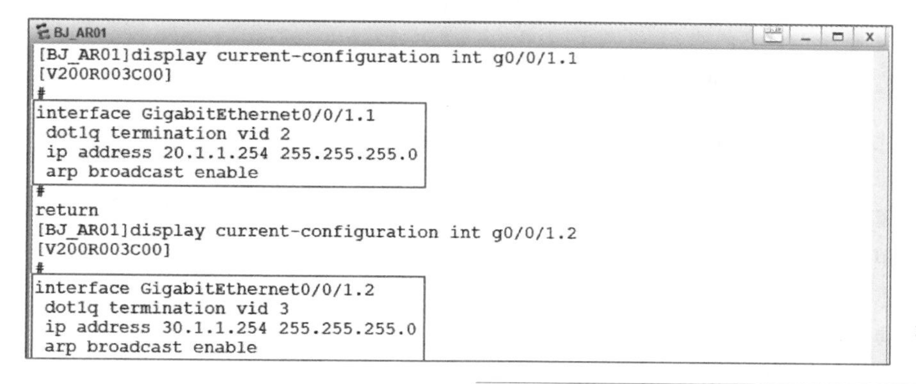

图 4-16
在路由器 BJ_AR01 上查看子接口的配置情况

（3）查看接口状态和配置的概要信息

通过 display ip interface brief 命令查看到的接口状态和配置的概要信息如图 4-17 所示。从中能够看到子接口的 IP 地址，以及物理层和链路层的状态都是 UP 状态，表示接口已经连通。

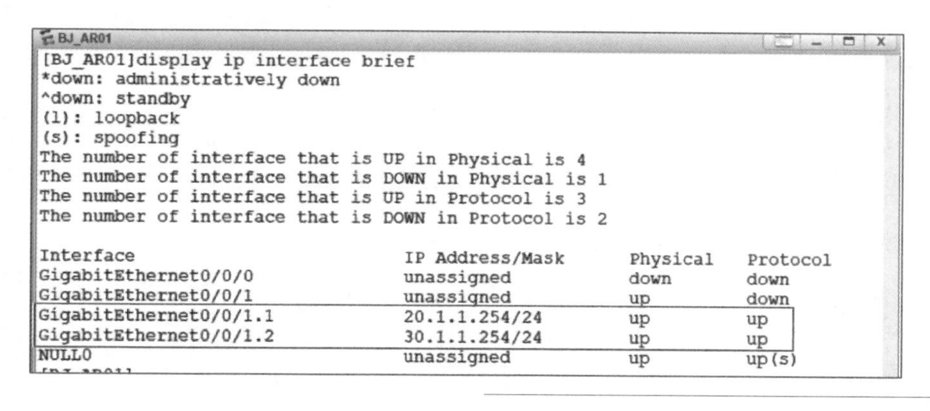

图 4-17
在路由器 BJ_AR01 上查看接口状态和配置的概要信息

（4）分属不同 VLAN 的两台主机可以互相 ping 通

PC1 和 PC2 分别属于 VLAN 2 和 VLAN 3，从 PC1 上 ping PC2，能够 ping 通，如图 4-18 所示。

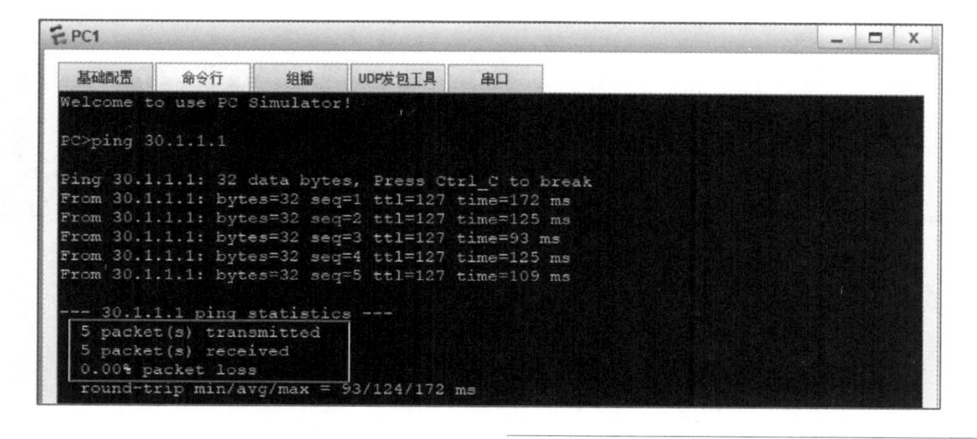

图 4-18
不同 VLAN 的 PC 能够 ping 通

4.3.2　配置三层交换实现 VLAN 间通信

微课 4-7
项目实施：配置三层交换实现 VLAN 间通信

1．配置交换机 BJ_AS01

北京总部接入交换机 BJ_AS01 的配置步骤如下。

第 1 步：修改设备名称为 BJ_AS01。

第 2 步：创建 VLAN 并命名。

第 3 步：将 VLAN 划分到相应的端口。

第 4 步：设置交换机相连的端口 Ethernet 0/0/1 为 Trunk 端口。

具体配置命令如下。

① 修改设备名称。

```
[Huawei]sysname  BJ_AS01                    //修改交换机名称
```

② 创建 VLAN 并命名。

```
[BJ_AS01]vlan 2                             //创建 VLAN 2
[BJ_AS01-vlan2]description sales            //VLAN 2 的描述为 sales，销售部
[BJ_AS01-vlan2]quit                         //返回系统视图
[BJ_AS01]vlan 3                             //创建 VLAN 3
[BJ_AS01-vlan3]description admin            //VLAN 3 的描述为 admin，行政部
[BJ_AS01]quit                               //返回系统视图
```

③ 分配 VLAN 到相应的接口。

```
[BJ_AS01]interface E 0/0/2                        //进入端口
[BJ_AS01-Ethernet0/0/2]port link-type access      //配置接口的链路类型
[BJ_AS01-Ethernet0/0/2]port default vlan 2        //指定端口为 VLAN 2
[BJ_AS01-Ethernet0/0/2]interface E 0/0/3
[BJ_AS01-Ethernet0/0/3]port link-type access      //配置接口的链路类型
[BJ_AS01-Ethernet0/0/3]port default vlan 3        //指定端口为 VLAN 3
```

④ 设置交换机相连的端口为 Trunk 端口。

```
[BJ_AS01]interface Ethernet 0/0/1
[BJ_AS01-Ethernet0/0/1]port link-type trunk       //配置接口的链路类型
[BJ_AS01-Ethernet0/0/1]port trunk allow_pass vlan all       //设置该 Trunk 端口中允许所
                                                            有 VLAN 通过
```

2．配置交换机 BJ_CS01

北京总部核心层交换机 BJ_CS01 的配置步骤如下。

第 1 步：修改设备名称为 BJ_CS01。

第 2 步：批量创建 VLAN 2 和 VLAN 3。

第 3 步：设置交换机相连的端口 G0/0/1 为 Trunk 端口。

第 4 步：创建 VLANIF 2 接口并配置，作为 VLAN 2 的网关。

- 配置 VLANIF 2 的 IP 地址。

第 5 步：创建 VLANIF 3 接口并配置，作为 VLAN 3 的网关。

- 配置 VLANIF 3 的 IP 地址。

具体配置命令如下。

① 修改设备名称。

```
[Huawei]sysname  BJ_CS01                    //修改交换机名称
```

② 批量创建 VLAN。

```
[BJ_CS01]vlan batch 2 3                     //批量创建 VLAN 2 和 VLAN 3
```

③ 设置交换机相连的端口 G0/0/1 为 Trunk 端口。

```
[BJ_CS01]interface  g0/0/1
[BJ_CS01-GigabitEthernet0/0/1]port link-type trunk             //配置接口的链路类型
[BJ_CS01-GigabitEthernet0/0/1]port trunk allow_pass vlan all   //设置该 Trunk 端口中允
                                                                 许所有 VLAN 通过
```

④ 创建 VLANIF 2 接口并配置。

```
[BJ_CS01]interface vlanif 2                  //创建 VLANIF 2
[BJ_CS01-Vlanif2]ip address 20.1.1.254 24    //配置 IP 地址，作为 VLANIF 2 的网关
[BJ_CS01-Vlanif2]quit                        //退出接口视图
```

⑤ 创建 VLANIF 3 接口并配置。

```
[BJ_CS01]interface vlanif 3                  //创建 VLANIF 3
[BJ_CS01-Vlanif3]ip address 30.1.1.254 24    //配置 IP 地址，作为 VLANIF 3 的网关
[BJ_CS01-Vlanif3]quit                        //退出接口视图
```

3. 配置 PC

PC 需要配置 IP 地址、子网掩码和网关。PC1 的配置如图 4-19 所示。PC2 的配置参考 PC1 进行配置。

注意

配置 PC 时，必须要配置网关，否则不同网段无法 ping 通。

4. 测试三层交换方式

(1) BJ_AS01 上查看 VLAN

通过 display vlan 命令确认 VLAN、命名和端口绑定的正确性，如图 4-20 所示。

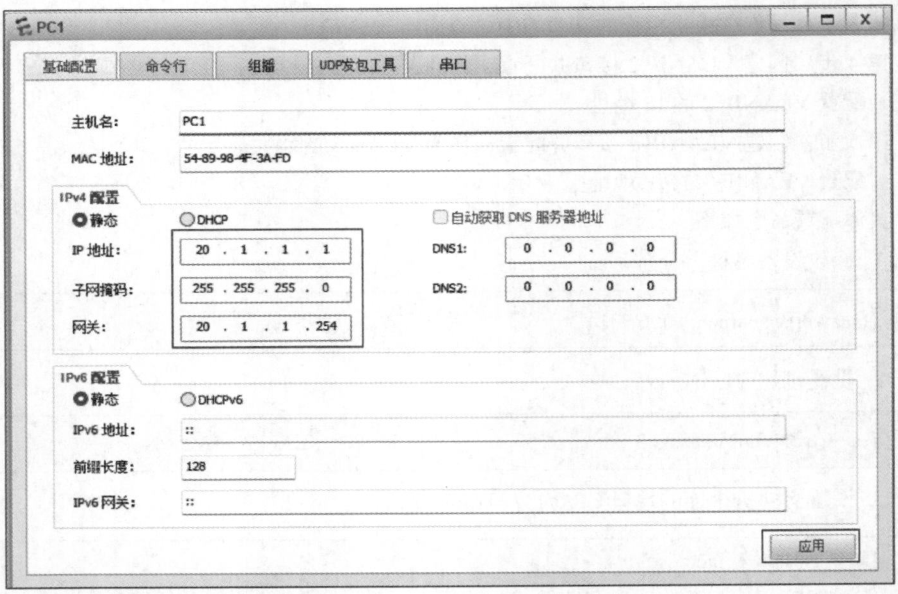

PC1

基础配置　命令行　组播　UDP发包工具　串口

主机名: PC1

MAC 地址: 54-89-98-4F-3A-FD

IPv4 配置

静态　DHCP　自动获取 DNS 服务器地址

IP 地址: 20 . 1 . 1 . 1　DNS1: 0 . 0 . 0 . 0

子网掩码: 255 . 255 . 255 . 0　DNS2: 0 . 0 . 0 . 0

网关: 20 . 1 . 1 . 254

IPv6 配置

静态　DHCPv6

IPv6 地址: ::

前缀长度: 128

IPv6 网关: ::

应用

图 4-19
PC 设置示例 3

```
[BJ_AS01]display vlan
The total number of vlans is : 3
--------------------------------------------------------------------------------
U: Up;         D: Down;            TG: Tagged;          UT: Untagged;
MP: Vlan-mapping;                  ST: Vlan-stacking;
#: ProtocolTransparent-vlan;       *: Management-vlan;
--------------------------------------------------------------------------------

VID  Type     Ports
--------------------------------------------------------------------------------
1    common   UT:Eth0/0/1(U)     Eth0/0/4(D)     Eth0/0/5(D)     Eth0/0/6(D)
                 Eth0/0/7(D)     Eth0/0/8(D)     Eth0/0/9(D)     Eth0/0/10(D)
                 Eth0/0/11(D)    Eth0/0/12(D)    Eth0/0/13(D)    Eth0/0/14(D)
                 Eth0/0/15(D)    Eth0/0/16(D)    Eth0/0/17(D)    Eth0/0/18(D)
                 Eth0/0/19(D)    Eth0/0/20(D)    Eth0/0/21(D)    Eth0/0/22(D)
                 GE0/0/1(D)      GE0/0/2(D)

2    common   UT:Eth0/0/2(U)

              TG:Eth0/0/1(U)

3    common   UT:Eth0/0/3(U)

              TG:Eth0/0/1(U)


VID  Status  Property      MAC-LRN Statistics Description
--------------------------------------------------------------------------------

1    enable  default       enable  disable    VLAN 0001
2    enable  default       enable  disable    sales
3    enable  default       enable  disable    admin
```

图 4-20
在交换机 BJ_AS01 上使用 display　vlan 命令查看 VLAN 设置情况

（2）BJ_CS01 上查看运行配置文件

通过 display current-configuration 命令查看 VLANIF 接口的配置情况，如图 4-21 所示。display current-configuration int Vlanif 2 命令表示只查看接口 VLANIF 2 下的配置。

（3）BJ_CS01 上查看接口状态和配置的概要信息

通过 display ip interface brief 命令查看接口状态和配置的概要信息，如图 4-22 所示。

```
BJ_CS01
[BJ_CS01]display current-configuration  int Vlanif 2
#
interface Vlanif2
 ip address 20.1.1.254 255.255.255.0
#
return
[BJ_CS01]display current-configuration int Vlanif 3
#
interface Vlanif3
 ip address 30.1.1.254 255.255.255.0
#
```

图 4-21
在交换机 BJ_CS01 上查看 VLANIF 接口的配置情况

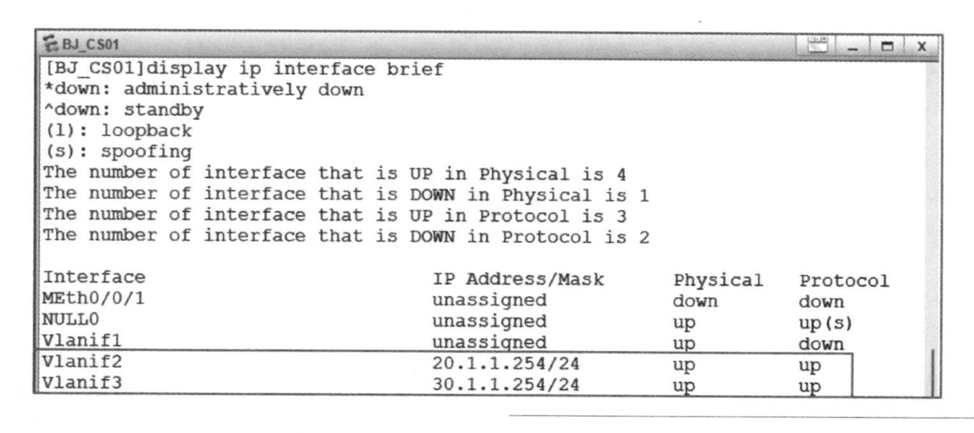

```
BJ_CS01
[BJ_CS01]display ip interface brief
*down: administratively down
^down: standby
(l): loopback
(s): spoofing
The number of interface that is UP in Physical is 4
The number of interface that is DOWN in Physical is 1
The number of interface that is UP in Protocol is 3
The number of interface that is DOWN in Protocol is 2

Interface                         IP Address/Mask      Physical   Protocol
MEth0/0/1                         unassigned           down       down
NULL0                             unassigned           up         up(s)
Vlanif1                           unassigned           up         down
Vlanif2                           20.1.1.254/24        up         up
Vlanif3                           30.1.1.254/24        up         up
```

图 4-22
在交换机 BJ_CS01 上查看接口状态和配置的概要信息

（4）分属不同 VLAN 的两台主机可以互相 ping 通

PC1 和 PC2 分别属于 VLAN 2 和 VLAN 3，从 PC1 上 ping PC2，能够 ping 通，如图 4-23 所示。

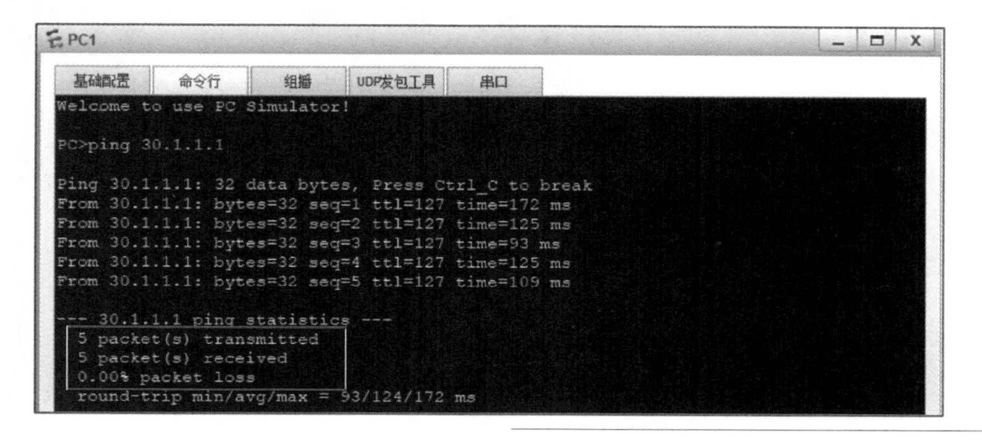

```
PC1
基础配置 命令行 组播 UDP发包工具 串口
Welcome to use PC Simulator!

PC>ping 30.1.1.1

Ping 30.1.1.1: 32 data bytes, Press Ctrl_C to break
From 30.1.1.1: bytes=32 seq=1 ttl=127 time=172 ms
From 30.1.1.1: bytes=32 seq=2 ttl=127 time=125 ms
From 30.1.1.1: bytes=32 seq=3 ttl=127 time=93 ms
From 30.1.1.1: bytes=32 seq=4 ttl=127 time=125 ms
From 30.1.1.1: bytes=32 seq=5 ttl=127 time=109 ms

--- 30.1.1.1 ping statistics ---
  5 packet(s) transmitted
  5 packet(s) received
  0.00% packet loss
  round-trip min/avg/max = 93/124/172 ms
```

图 4-23
不同 VLAN 的 PC 能够 ping 通

巩固训练 1：向阳印制公司单臂路由的配置

1. 实训目的

- 理解单臂路由的工作原理。
- 通过单臂路由实现 VLAN 间的访问。

2．实训拓扑

实训拓扑如图 4-24 所示。

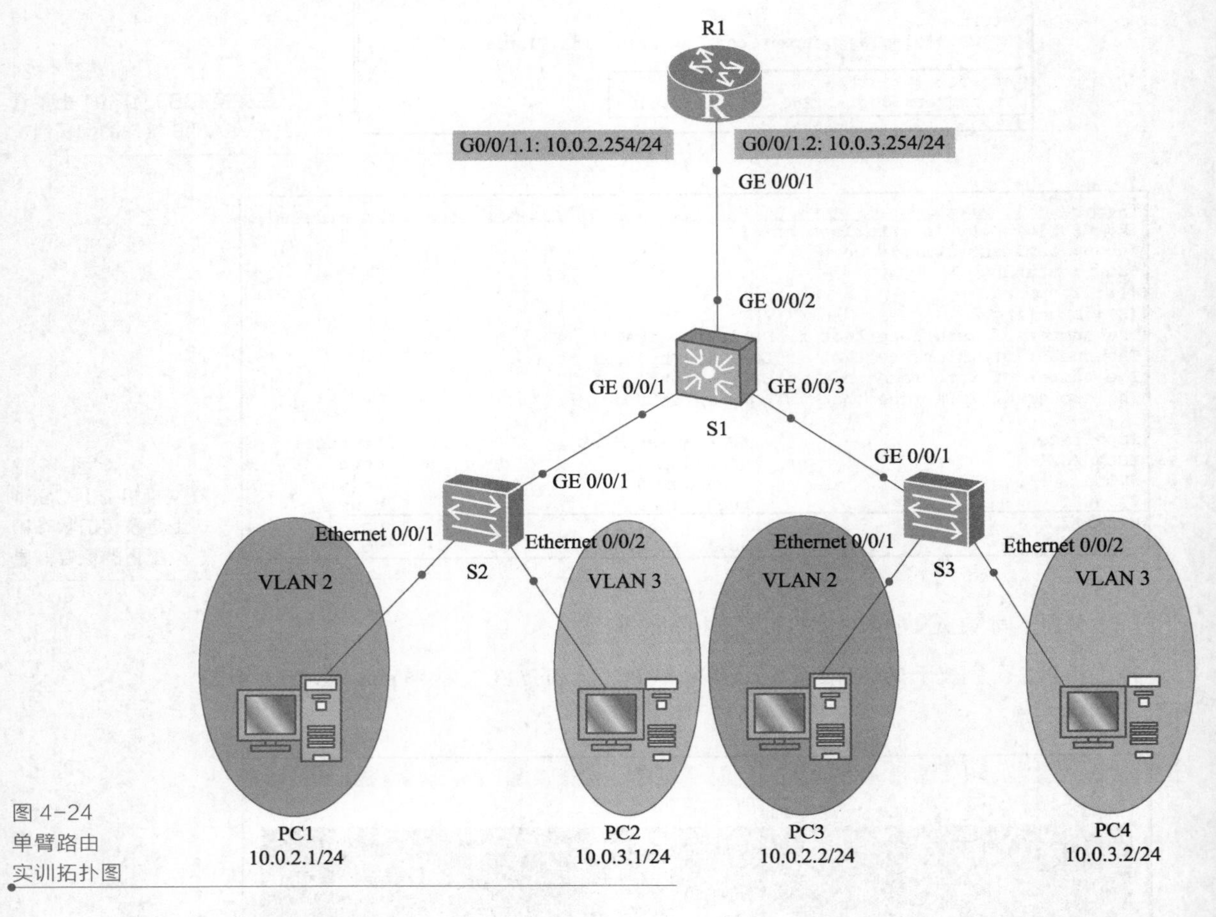

图 4-24
单臂路由
实训拓扑图

3．实训内容

① 按照拓扑，完成 PC 的 IP 地址等设置。

② 修改网络设备的名称。

③ 按照拓扑，在交换机上创建 VLAN 并命名。

- VLAN 2，命名为 sales。
- VLAN 3，命名为 Engineer。

④ 按照拓扑图（图 4-24）所示，将交换机接口分别放入 VLAN 中，见表 4-8。

表 4-8　单臂路由实训端口与 VLAN 对应表

设备名称	端　　口	所属 VLAN
S2	E0/0/1	VLAN 2
	E0/0/2	VLAN 3
S3	E0/0/1	VLAN 2
	E0/0/2	VLAN 3

⑤ 配置交换机之间的链路为 Trunk 链路，允许所有 VLAN 通过。

⑥ 配置交换机和路由器，实现 VLAN 间的通信，子接口的编号和 IP 地址如图 4-24 所示。

⑦ 测试。

- PC1 与 PC2 能够 ping 通。
- PC3 与 PC4 能够 ping 通。
- PC1 与 PC3 能够 ping 通。
- 使用 display vlan 命令，分别在 S1、S2、S3 上查看 VLAN 的配置情况。
- 使用 display ip interface brief 命令在路由器 R1 上查看子接口的配置情况。

⑧ 保存配置。

巩固训练 2：向阳印制公司三层交换的配置

1. 实训目的

- 理解三层交换的工作原理。
- 通过三层交换实现 VLAN 间的访问。

2. 实训拓扑

实训拓扑如图 4-25 所示。

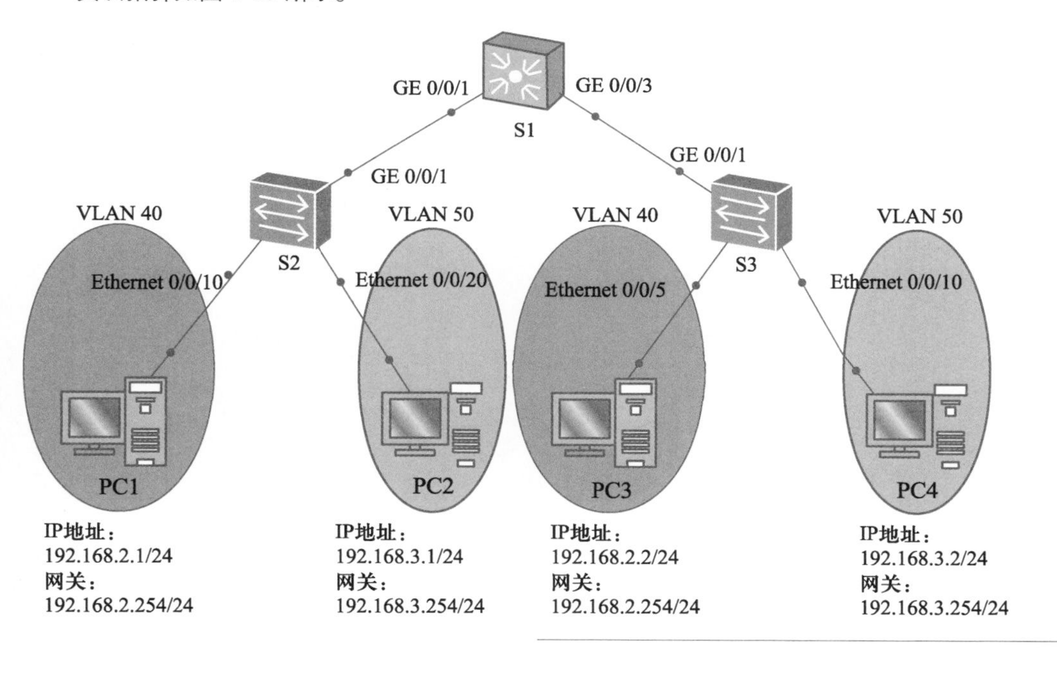

图 4-25 三层交换实训拓扑图

3. 实训内容

① 按照拓扑，完成 PC 的 IP 地址等设置。

② 修改网络设备的名称。

③ 按照拓扑，在交换机上创建 VLAN 并命名。

- VLAN 40，命名为 Manager。
- VLAN 50，命名为 Product。

④ 按照拓扑图（图 4-25）将交换机接口分别放入 VLAN 中，见表 4-9。

表 4-9　三层交换实训端口与 VLAN 对应表

设备名称	端　口	所属 VLAN
S2	E0/0/10	VLAN 40
	E0/0/20	VLAN 50
S3	E0/0/5	VLAN 40
	E0/0/10	VLAN 50

⑤ 配置交换机之间的链路为 Trunk 链路，允许所有 VLAN 通过。

⑥ 配置通过三层交换实现 VLAN 间的通信，VLAN 接口和 IP 地址如图 4-25 所示。

⑦ 测试。

- PC1 与 PC3 能够 ping 通。
- PC2 与 PC4 能够 ping 通。
- PC1 与 PC2 能够 ping 通。
- PC1 与 PC4 能够 ping 通。
- 使用 display vlan 命令，分别在 S1、S2、S3 上查看 VLAN 的配置情况。
- 使用 display ip interface brief 命令在交换机 S1 上查看接口状态和配置的概要信息。

⑧ 保存配置。

项目 5 管理交换网络中的冗余链路

学习目标

- 理解 STP 的概念和工作原理。
- 区分 STP 根桥、根端口和指定端口，并能运用选举原则选出相应的端口角色。
- 应用 STP 和 MSTP 的基本配置命令，通过修改交换机的优先级、端口优先级和开销值，改变根桥和端口角色。
- 根据不同场景进行 STP 的设计和部署。

【项目背景】

为了提高网络可靠性，阳光纸业的信息中心决定在以太网交换网络中，通过冗余链路进行链路备份，但是同时也带来了网络环路问题。网络环路会引发广播风暴和MAC地址表震荡等问题，导致用户通信质量差，甚至通信中断。为了解决交换网络中的环路问题，可以使用STP技术。

【项目内容】

公司考虑到网络的可靠性，新购买了两台交换机。公司规划以 BJ_CS01 为根交换机，当 BJ_CS01 不可用时，切换到 BJ_CS02 作为根交换机，即 BJ_CS02 为备份根交换机，如图 5-1 所示。通过调节端口优先级和开销值，使 BJ_AS01 的 E0/0/5 端口成为根端口。

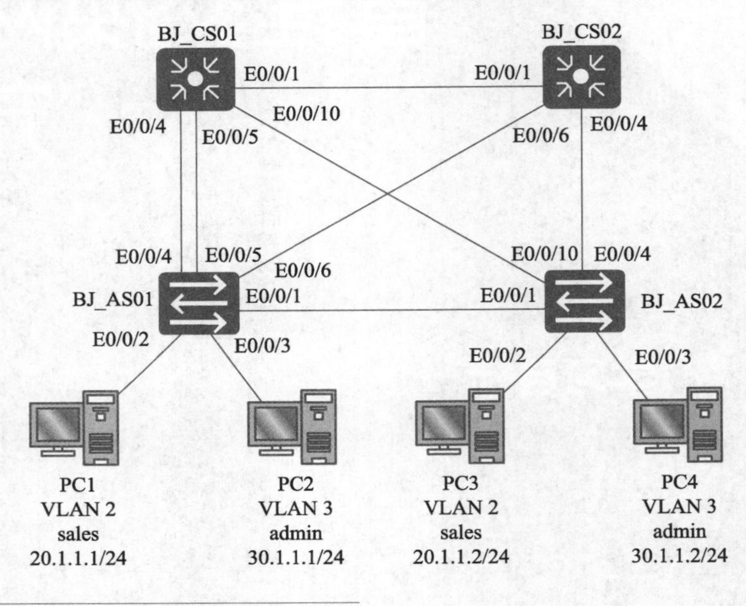

图 5-1
冗余链路管理项目拓扑图

5.1　相关知识：STP 技术

随着局域网规模的不断扩大，主机之间互连需要更多交换机。为了避免单点故障，交换机之间会使用冗余链路来实现备份，以保证业务不中断，如图 5-2 所示。

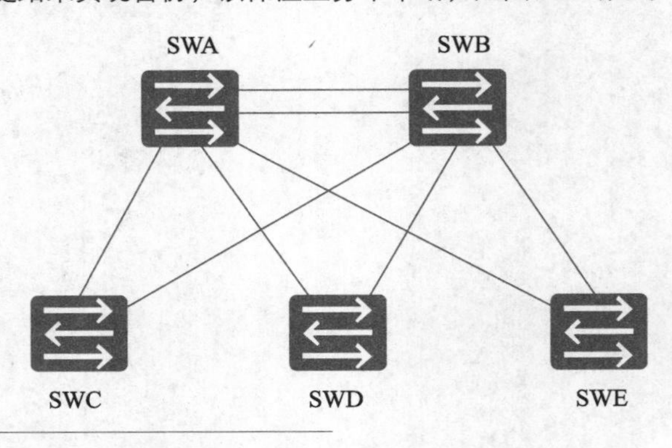

图 5-2
二层交换网络

冗余链路虽然增强了网络的可靠性，但是会产生环路，而环路会带来一系列问题，继而导致通信质量下降或通信业务中断。

5.1.1　冗余链路导致的问题

微课 5-1
STP 的概述

冗余链路会导致广播风暴、MAC 地址表震荡和重复的单播帧等问题。

1．广播风暴

根据交换机的转发原则，如果交换机从一个端口上接收到一个广播帧，或者一个目的 MAC 地址未知的单播帧，则会将这个帧向除源端口之外的所有其他端口转发，这就是泛洪。

当交换机中存在环路时，这个广播报文就会不断地在环路中进行转发，从而形成广播风暴。

如图 5-3 所示，当 PC A 发送一个广播报文（如 ARP 请求广播）时，SWB 会将该广播报文转发给 SWA 和 SWC。同理，SWA 和 SWC 也会将此帧转发到除了接收此帧的其他所有端口。如此下去，这个广播报文又将回到 SWB。广播报文在网络中一直循环传播，从而产生广播风暴。广播风暴会造成交换机的性能急剧下降，导致业务中断。

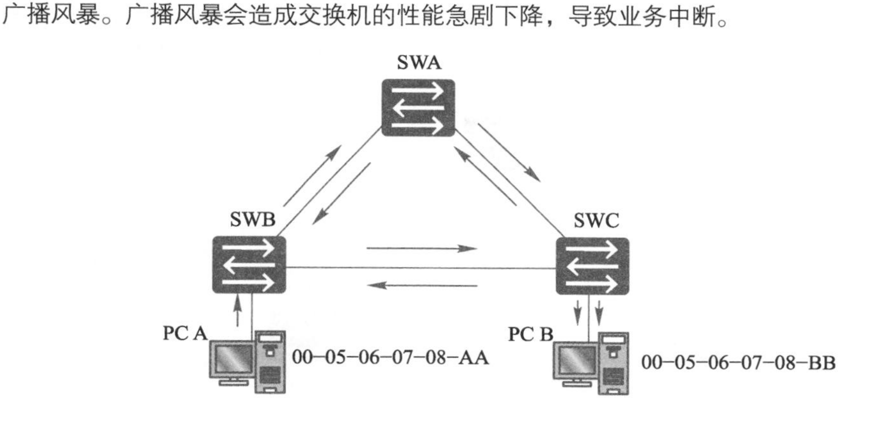

图 5-3
冗余链路导致广播风暴示意图

2．MAC 地址表震荡

交换机会根据所接收到的数据帧的源地址和接收端口生成 MAC 地址表项。

如图 5-4 所示，PC A 向外发送一个单播帧，假设此单播帧的目的 MAC 地址在所有交换机的 MAC 地址表中暂时不存在。SWB 收到此数据帧后，会在 MAC 地址表中生成一条 MAC 地址表项，MAC 地址为 01-02-03-05-05-AA，对应端口为 G0/0/3，并将其从 G0/0/1 和 G0/0/2 端口转发。

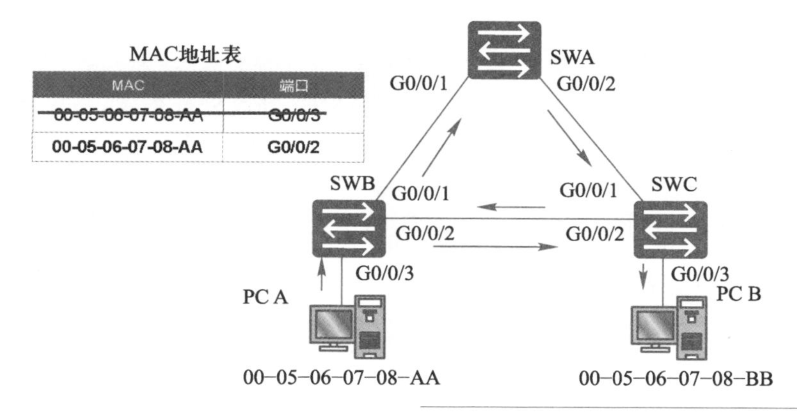

图 5-4
冗余链路导致 MAC 地址表震荡示意图

当 SWA 接收到此帧后，由于 MAC 地址表中没有对应此帧目的 MAC 地址的表项，所以 SWA 会将此帧从 G0/0/2 转发出去。

SWC 接收到 SWA 发送的帧后，由于 MAC 地址表中也没有对应此帧目的 MAC 地址的表项，所以 SWC 会将此帧从 G0/0/2 端口发送回 SWB，同时也会发给 PC B。

SWB 从 G0/0/2 端口接收到此数据帧后，以为这是一个新的表项。于是，会删除 MAC 地址表中原有的相关表项，生成一条新的表项，MAC 地址为 01-02-03-04-05-AA，对应端口为 G0/0/2。此过程会不断重复，从而导致 MAC 地址表震荡。

5.1.2　STP 概述

冗余链路导致的环路问题可以使用 STP 来解决，STP 实现了在链路冗余的情况下防止二层环路造成的问题。

生成树协议（Spanning Tree Protocol，STP），通过阻断冗余链路将一个有环路的桥接网络，修剪成一个无环路的树型拓扑结构。端口处于阻塞状态时，用户数据将无法进入或流出该端口，如图 5-5 所示。这样既解决了环路问题，又能在某条活动链路断开时，通过激活被阻断的冗余链路重新修剪拓扑结构，以恢复网络的连通，起到了冗余备份的作用。

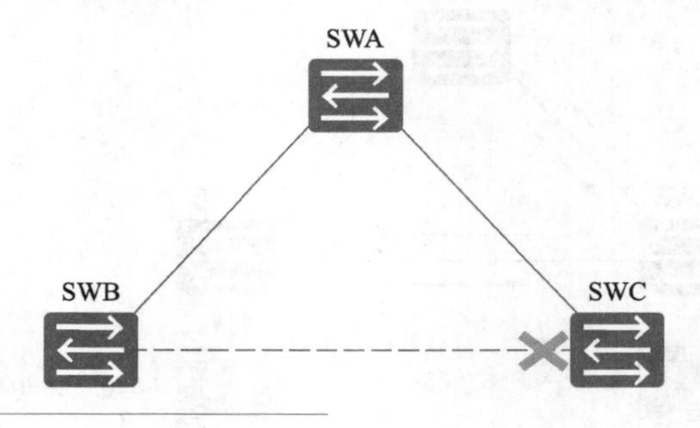

图 5-5
STP 的作用

STP 的主要作用如下。

- 消除环路：通过阻断冗余链路来消除网络中可能存在的环路。
- 链路备份：当活动路径发生故障时，激活备份链路，及时恢复网络连通性。

1. STP 的端口角色

STP 的端口角色分为根端口、指定端口、非指定端口和禁用端口 4 种角色。

- 根端口：是非根交换机去往根桥路径最优的端口。在图 5-6 中，S2 的根端口是 E0/1，该端口位于 S2 与 S1 之间的 Trunk 链路上。
- 指定端口：网络中能够转发流量的、除根端口外的所有端口。根网桥上的所有端口都是指定端口。在图 5-6 中，因为交换机 S1 是根桥，所以 S1 上的端口 E0/1 和 E0/2 都是指定端口。如果 Trunk 的一端是根端口，则另一端是指定端口。
- 非指定端口（又称为预备端口）：非指定端口被设置为阻塞状态，以防形成环路。在图 5-6 中，生成树算法将 S3 上的端口 E0/2 配置成备份端口，该端口处于阻塞状态。

2. STP 的路径开销

路径开销是到根网桥的路径上所有端口开销的总和。默认情况下，端口开销由端口的运行速度决定。

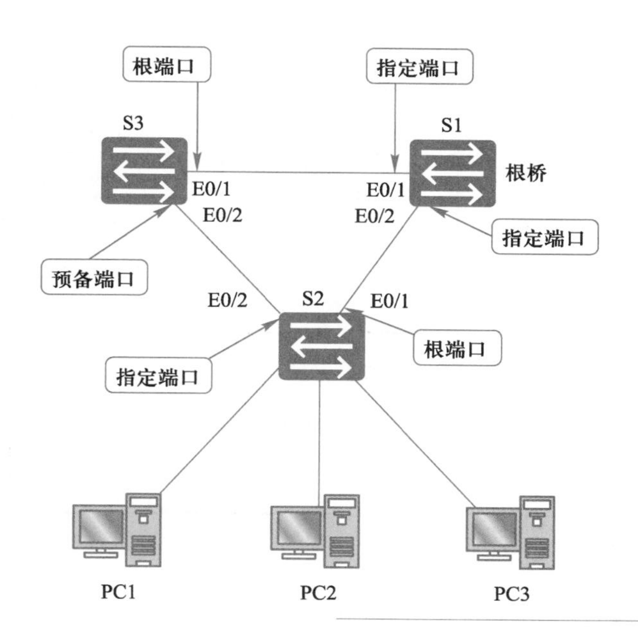

图 5-6
STP 的端口角色

对于华为交换机而言，路径开销的计算有以下 3 个标准。

① 802.1D 标准是一个国际标准。

② 802.1T 标准是华为交换机上进行 STP 计算时的一个默认选项。

③ Legacy 标准是华为私有的标准。

从表 5-1 中可以看出选择不同的标准，路径开销的值是不一样的。例如，一条 10 Mbit/s 的链路，当其处于半双工状态下时，802.1D 标准计算出的路径开销是 100，802.1T 标准计算出的开销是 200 万，Legacy 标准计算出的是 2000。所以在进行路径开销设置时，首先需要确认使用的路径开销计算标准。

表 5-1 华为 3 种路径开销计算标准对应表

端口速度	链路类型	路径开销 802.1D-1998	路径开销 802.1T	路径开销 Legacy
0	—	65535	200000000	200000
10 Mbit/s	Half-Duplex	100	2000000	2000
	Full-Duplex	99	1999999	2000
	Aggregated Link 2 Ports	95	1000000	1800
	Aggregated Link 3 Ports	95	666666	1600
	Aggregated Link 4 Ports	95	500000	1400
100 Mbit/s	Half-Duplex	19	200000	200
	Full-Duplex	18	199999	200
	Aggregated Link 2 Ports	15	100000	180
	Aggregated Link 3 Ports	15	66666	160
	Aggregated Link 4 Ports	15	50000	140

续表

端口速度	链路类型	路径开销 802.1D-1998	路径开销 802.1T	路径开销 Legacy
1000 Mbit/s	Full-Duplex	4	20000	20
	Aggregated Link 2 Ports	3	10000	18
	Aggregated Link 3 Ports	3	6666	16
	Aggregated Link 4 Ports	4	5000	14
10 Gbit/s	Full-Duplex	2	2000	2
	Aggregated Link 2 Ports	1	1000	1
	Aggregated Link 3 Ports	1	666	1
	Aggregated Link 4 Ports	1	500	1

5.1.3　STP 收敛

STP 通过构造一棵树来消除交换网络中的环路。STP 技术的核心就是通过确定每个端口的角色，最终确定需要阻塞的端口，从而消除环路。

STP 收敛的过程就是 STP 确定各个端口角色的过程，如图 5-7 所示。STP 收敛有以下 3 个步骤。

第 1 步：选举一个根桥。

第 2 步：选举根端口（R）。

第 3 步：选举指定端口（D）和非指定端口（A）。

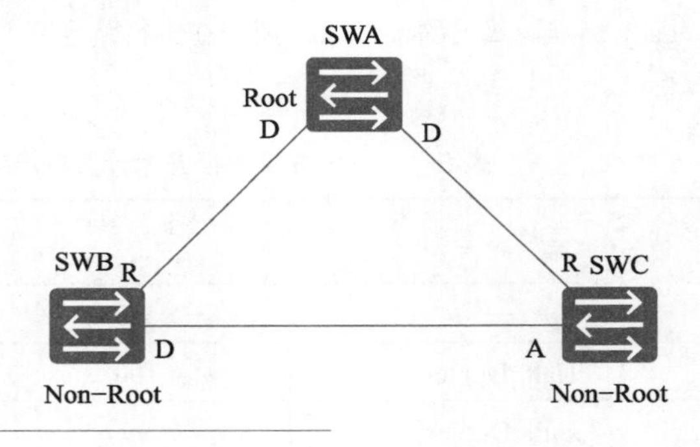

图 5-7
STP 操作示意图

微课 5-2
STP 收敛-选举根桥

1. 选举根桥

每个 STP 网络中，都会选举一个根桥，其他交换机为非根桥。根桥或根交换机位于整个逻辑树的根部，是 STP 网络的逻辑中心。非根桥是根桥的下游设备。当现有根桥产生故障时，非根桥之间会交互信息并重新选举根桥，交互的这种信息被称为 BPDU。BPDU 中包含交换机在参加生成树计算时的各种参数信息。

根桥的选举，是由 BID 决定的，BID 值最小的一台交换机，成为根桥。

（1）BID 的概念

网桥 ID（Bridge ID，BID），由网桥优先级和 MAC 地址（默认 VLAN 1 的 MAC 地址）构成的。不同厂商设备的网桥优先级的字节个数可能不同。如图 5-8 所示，交换机的网桥优先级为 4096，MAC 地址为 00-01-02-03-04-AA，因此该交换机的 BID 为 4096 00-01-02-03-04-AA。

BID	4096	00-01-02-03-04-AA
	优先级	MAC地址

图 5-8
BID 的组成

（2）根桥的选举方法

根桥是 BID 值最小的交换机。

比较 BID 时，先比较优先级，再比较 MAC 地址。如果优先级可以确定数值大小关系，则无需再比较 MAC 地址。

原则 1：优先级值小的交换机成为根桥。

每一台交换机启动 STP 后，都认为自己是根桥。通过发送 BPDU 报文，与其他交换机比较 BID 的值来确定谁是根桥。

如图 5-9 所示，SWA 的优先级为 4096，小于 SWB 和 SWC 的优先级 32768，SWA 的 BID 最小，因此 SWA 被选为根桥。

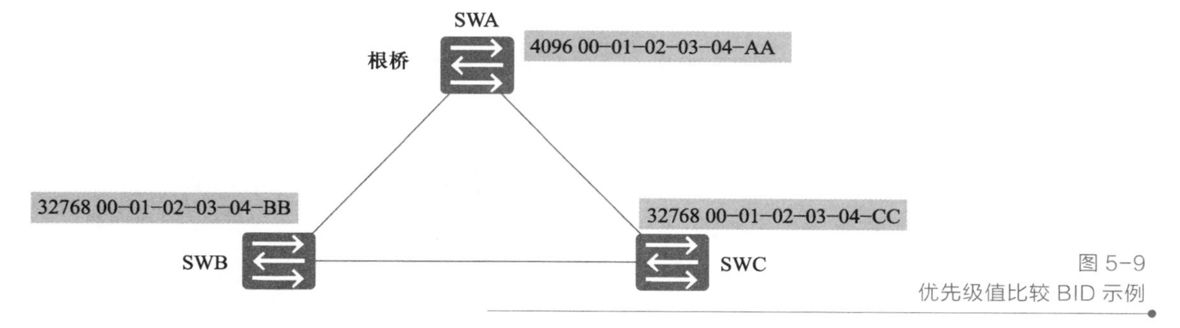

图 5-9
优先级值比较 BID 示例

原则 2：优先级相同，MAC 地址值小的成为根桥。

如图 5-10 所示，SWA、SWB 和 SWC 的优先级均为 32768，这时就需要比较 BID 中的 MAC 地址字段。SWA 的 MAC 地址为 00-01-02-03-04-AA，比 SWB 和 SWC 的 MAC 地址小，SWA 的 BID 最小，因此 SWA 被选为根桥。

比较 MAC 地址时，从左向右依次比较，数字小的 MAC 地址被选为根桥。

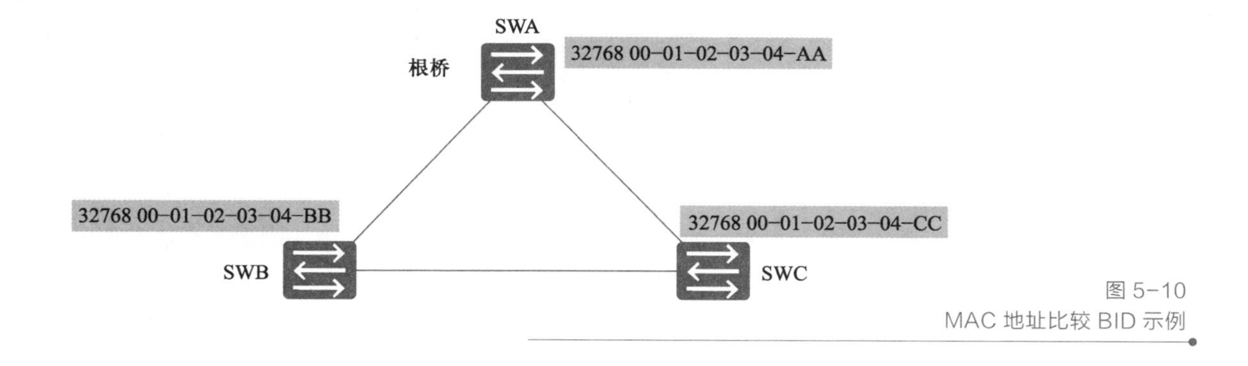

图 5-10
MAC 地址比较 BID 示例

微课 5-3
STP 收敛-选举根端口

2. 选举根端口

每台非根交换机选举一个根端口。根端口的确定由以下 4 个原则来决定。

① 路径开销：路径开销最小的端口确定为根端口。

② BPDU 发送者的 BID：BID 最小的端口成为根端口。

③ 发送者的端口 ID（PID）：到根桥的路径开销和发送者 BID 都相同时，发送者 PID 最小的端口成为根端口。

④ 接收者的端口 ID（PID）：路径开销、发送者 BID、发送者 PID 都相同时，接收者 PID 最小的端口成为根端口。

原则 1：到达根桥的路径开销最小的端口确定为根端口。

路径开销是通过累计的方法来计算的。累计从端口到达根桥所在路径的各个端口的路径开销值。需要注意的是，在同一台交换机上，不同端口之间的路径开销是 0。如图 5-11 所示，SWC 的 G0/0/1 和 G0/0/2，这两个端口在同一台交换机上，它们之间的路径开销是 0。如果同一台交换机有两个以上的端口，得到的路径开销相同，需要进行后续比较来确定根端口。

如图 5-11 所示，SWB 的 G0/0/1 到达根桥的路径开销为 19。SWB 的 G0/0/2 到达根桥的路径是通过 SWC 到达根桥 SWA，那么计算路径开销时，需要累加到达根桥的所有端口的路径开销，因此 SWB 的 G0/0/2 到达根桥的路径开销为 19+38=57。因为 SWB 的 G0/0/1 到达根桥的路径开销更小，所以确定 SWB 的 G0/0/1 为根端口。同理，SWC 的 G0/0/1 到达根桥的路径开销更小，因此 SWC 的 G0/0/1 被选为根端口。

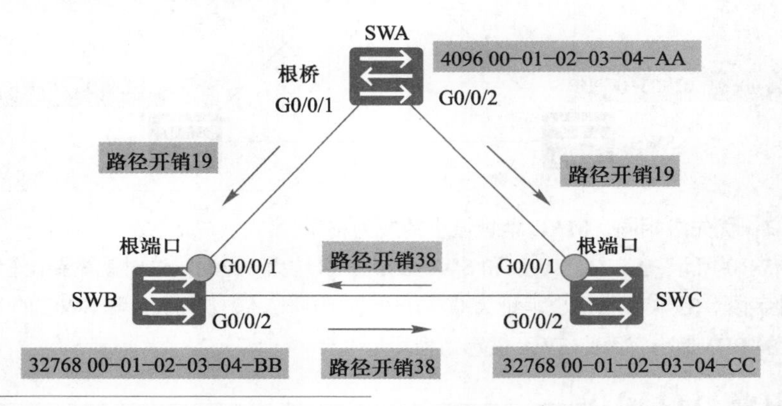

图 5-11
路径开销确定根端口示例

原则 2：当路径开销相同的情况下，根据 BPDU 发送者的 BID 选择根端口，发送者 BID 最小的端口成为根端口。

如图 5-12 所示，对于 SWD 来说，G0/0/1 端口通过 SWB 到达 SWA，其路径开销为 19+19=38。G0/0/2 端口是通过 SWC 到达根桥的，其路径开销也为 38。在路径开销相同的情况下，就需要比较 BPDU 发送者的 BID。给 SWD 发送 BPDU 报文的两台桥设备分别就是 SWB 和 SWC。

根据原则 2，发送者 BID 最小的端口，会成为根端口。通过比较发现，SWB 和 SWC 的优先级都是 32768，但是 SWB 的 MAC 地址最后两位是 BB，而 SWC 的 MAC 地址最后两位是 CC。由此判断 SWB 的 BID 在两台交换机中是最小的，发送者 BID 最小的成为根端口。因此，SWD 的 G0/0/1 端口被选为根端口。

原则 3：　路径开销和发送者 BID 都相同时，发送者端口 ID（PID）最小的端口为根端口。

端口 ID 也就是 PID，其计算方法是端口优先级+端口号。

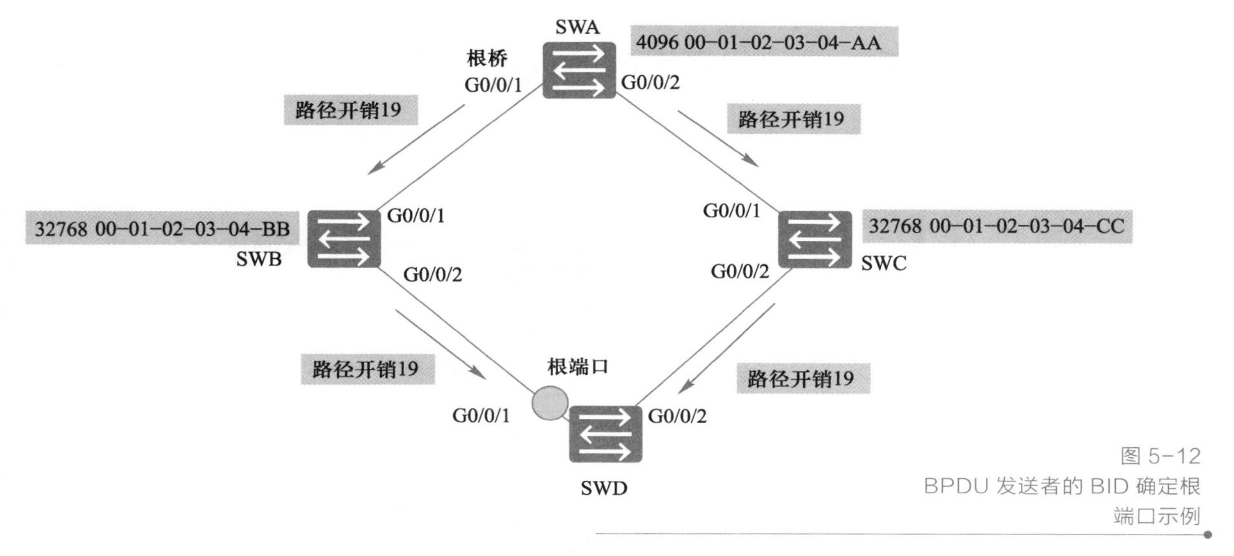

图 5-12
BPDU 发送者的 BID 确定根端口示例

如图 5-13 所示，SWB 的 G0/0/1 和 G0/0/2 端口到达根桥 SWA 的路径开销相同，都为 19，并且发送方都是 SWA，发送者的 BID 无法进行比较。在这种情况下，需要比较发送者的端口 ID（PID）。

SWB 的 G0/0/1 端口的对端是 SWA 的 G0/0/2 端口，该端口的 PID 由端口优先级 128 和端口 ID G0/0/2 组成，即 128:2。

与此类似，SWB 的 G0/0/2 端口的对端是 SWA 的 G0/0/1 端口，其端口的 PID 由端口优先级 128 和端口 ID G0/0/1 组成，即 128:1。

根据原则 3，发送者 PID 最小的端口成为根端口。SWB 的 G0/0/2 端口的发送者 SWA 的 G0/0/1 端口，PID 128:1 要小一些，因此，SWB 的 G0/0/2 端口被选为根端口。

原则 3 关注的是发送者的 PID，而不是桥设备自己的 PID。

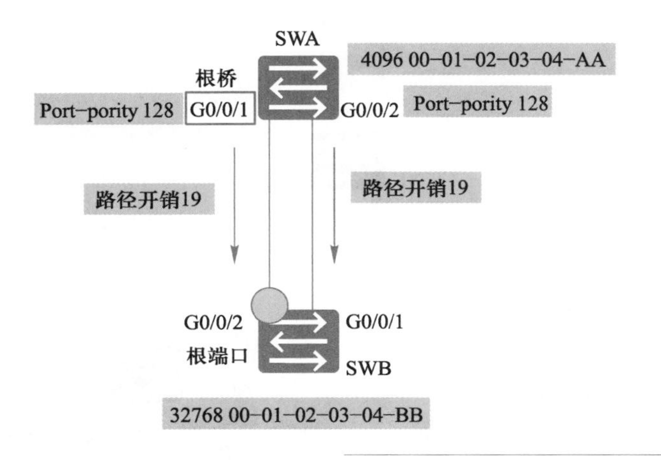

图 5-13
发送者端口 ID 确定根端口示例

原则 4：　路径开销、发送者 BID、发送者 PID 都相同时，接收者 PID 最小的为根端口。

当路径开销、发送者的 BID、发送者的 PID 都相同时，就需要根据接收者的 PID 进行判断。

如图 5-14 所示，SWB 两个端口的路径开销都为 19，发送者都是 SWA，因此发送者 BID 也相同。数据都是由 G0/0/1 端口发送出来的，发送者 PID 也相同，这时就需要比较 SWB 端口的 PID。

通过比较发现，SWB 上两个端口的优先级都是 128， G0/0/1 的端口号更小一些，因此，SWB 上的 G0/0/1 被选为根端口。

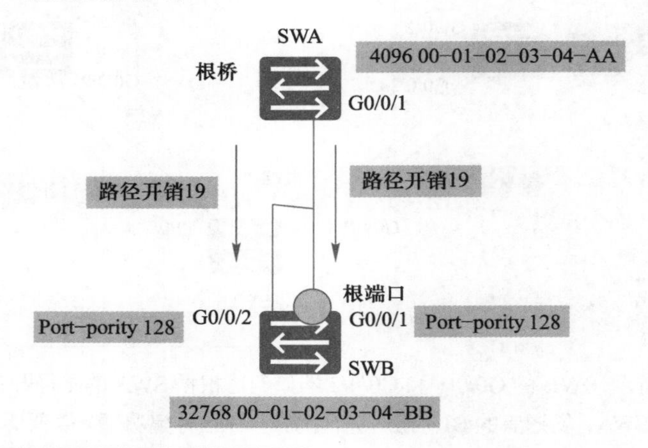

图 5-14
接收者端口 ID 确定根端口示例

3. 选举指定端口和非指定端口

微课 5-4
STP 收敛-选举指定端口和非指定端口

最后一个步骤是确定指定端口和非指定端口，其选择条件如下。

① 默认情况下，根桥所有的端口将成为指定端口。

② 路径开销：到根桥的路径开销最小的端口确定为指定端口。

③ 比较 BID：路径开销相同，BID 最小的端口确定为指定端口。

④ 比较端口 PID：如果指定交换机上有多个端口连接到同一网段，则具有最小 PID 的端口成为指定端口。

指定端口确定后，剩下的端口则为非指定端口，即备份端口，也就是被阻塞的端口。

原则 1：默认情况下根桥所有的端口被选为指定端口。

如图 5-15 所示，SWA 为根桥，因此 SWA 上的所有端口 G0/0/1 和 G0/0/2 都被选为指定端口（D）。

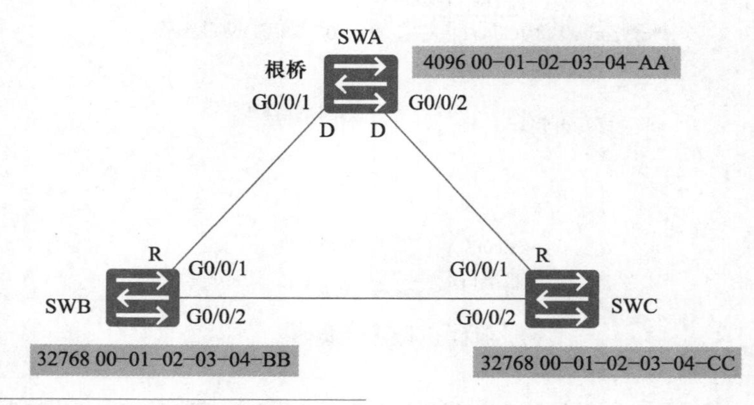

图 5-15
根桥确定指定端口示例

原则 2：到根桥的路径开销最小的端口被选为指定端口。

确定指定端口时，需在每个网段确定一个指定端口。

如图 5-16 所示，SWB 的 G0/0/2 与 SWC 的 G0/0/2 之间的链路为同一网段，因此需要确定指定端口和非指定端口。SWC 的 G0/0/2 端口到达根桥的路径开销为 38，SWB 的 G0/0/2 端口到达根桥的路径开销为 19， SWB 的 G0/0/2 到达根桥的路径开销更小，因此确定 SWB 的 G0/0/2 为指定端口（D），SWB 的 G0/0/2 为非指定端口（A），也就是被阻塞的端口。

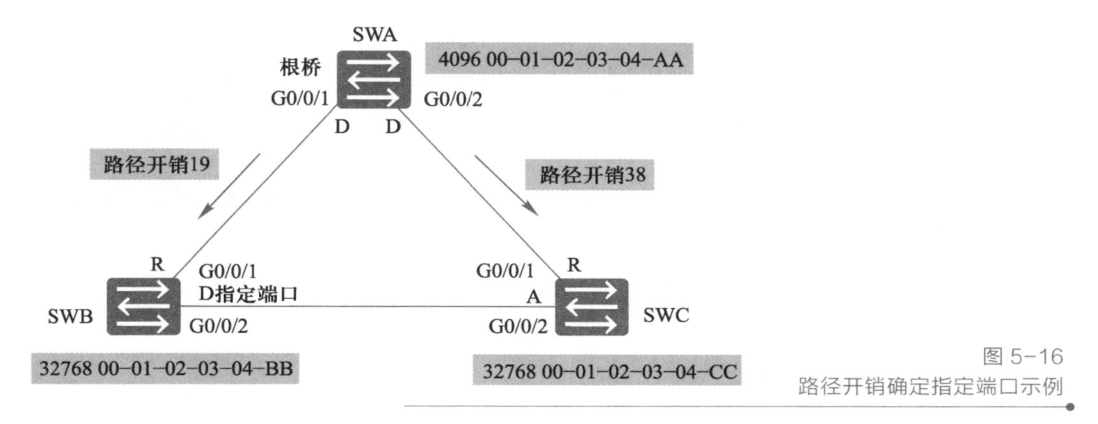

图 5-16
路径开销确定指定端口示例

原则 3：比较 BID，当路径开销相同，BID 最小的端口确定为指定端口。

如图 5-17 所示，SWB 的 G0/0/2 和 SWC 的 G0/0/2 到达根桥的路径开销都为 19，需要比较两台交换机的 BID 来确定指定端口。

SWB 的 BID 为 32768 00-01-02-03-04-BB，SWC 的 BID 为 32768 00-01-02-03-04-CC，因为 SWB 的 BID 更小，由此确定 SWB 的 G0/0/2 为指定端口（D），SWC 的 G0/0/2 为非指定端口（A）。

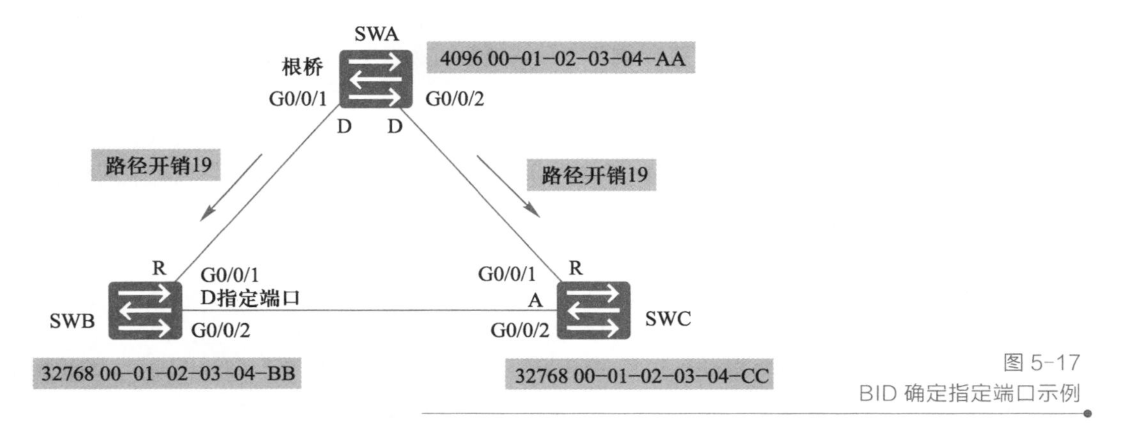

图 5-17
BID 确定指定端口示例

原则 4：比较端口 PID，如果指定交换机上有多个端口连接到同一网段，则具有最小 PID 的端口成为指定端口。

在指定的交换机上有多个端口连接到同一个网络，在确定指定端口时，需要比较端口的 PID，PID 最小的端口成为指定端口。如图 5-18 所示，SWB 有两个端口，连接到了 SWC 的 G0/0/2 上。

路径开销相同的情况下，需要比较 BID。通过比较，需要在 SWB 中的 G0/0/2 和 G0/0/3 中选出一个指定端口。SWB 的两个端口中，G0/0/2 的 PID 更小一些。因此，确定 G0/0/2 为指定端口（D），其他端口都为非指定端口，也就是阻塞端口。

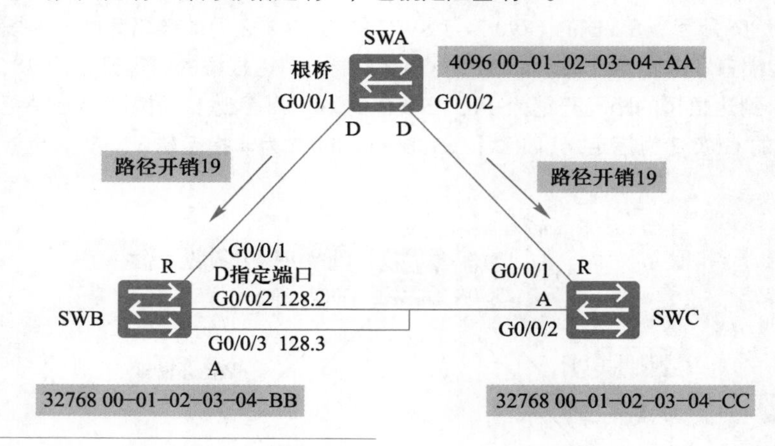

图 5-18
端口 PID 确定指定端口示例

5.1.4　MSTP 的概念及基本原理

笔 记

1. STP、RSTP 存在的不足

STP 收敛速度慢，STP 为了防止临时环路，至少要等待 2 个 Forward Delay 的时间才能完成收敛。一个 Forward Delay 的时间是 15 s，也就是说，如果网络拓扑发生了变化，那么至少要经过 30 s，端口才能进入 Forwarding 状态。

快速生成树协议（Rapid Spanning Tree Protocol，RSTP）是 STP 协议的升级版本，它通过新的机制，缩短生成树的收敛时间。RSTP 将 STP 的 5 个端口降低到 3 个，同时将阻断端口又分成备份端口和预备端口两种状态。备份端口作为指定端口的备份，预备端口作为根端口的备份。当根端口出现故障时，预备端口立即切换为根端口，当指定端口出现问题时，通过 PA 机制，备份端口也可以快速切换为指定端口，从而缩短最终拓扑稳定所需要的时间。

RSTP 虽然可以完成快速收敛，但是它和 STP 一样，在整个网络中只有一棵生成树。单棵生成树中，所有 VLAN 的报文都沿着一棵生成树进行转发，所以无法进行流量的分担，还有可能产生部分 VLAN 路径不通和次优二层路径的问题。

2. MSTP 的特点

多生成树协议（Multiple Spanning Tree Protocol，MSTP），通过创建生成树实例，为每个实例计算出一棵生成树，不同的 VLAN 关联到不同实例下。这样就弥补了 STP 和 RSTP 中单生成树的缺陷，不同的 VLAN 流量沿着各自的路径转发，实现了 VLAN 的负载均衡。MSTP 的生成树计算采用的是 RSTP 的计算方式，所以它可以进行快速收敛。

MSTP 的特点如下。

- MSTP 将环路网络修剪成为一个无环的树型网络，避免了环路，并实现了快速收敛。
- MSTP 将不同的 VLAN 流量按照各自的路径转发，实现了 VLAN 的负载均衡。
- MSTP 使用 MST 配置表将 VLAN 和生成树实例进行关联。MST 配置表共有 8192 个字节，分别对应 VLAN 0 到 VLAN 4095 关联的实例。例如，前两个字节对应 VLAN 0 关联的实例 ID，最后两个字节对应 VLAN 4095 对应的实例 ID。

- MSTP 可以将一个大的交换网络划分成多个 MST 域（MST Region），每个域内运行 MSTP，域与域之间运行 STP。
- MSTP 兼容 STP 和 RSTP。当检测到对端运行的是 RSTP 或 STP 时，自己也切换为 RSTP 或 STP 模式。

3. MSTP 的基本概念

每台交换机都运行 MSTP，下面结合图 5-19 解释 MSTP 的一些基本概念。

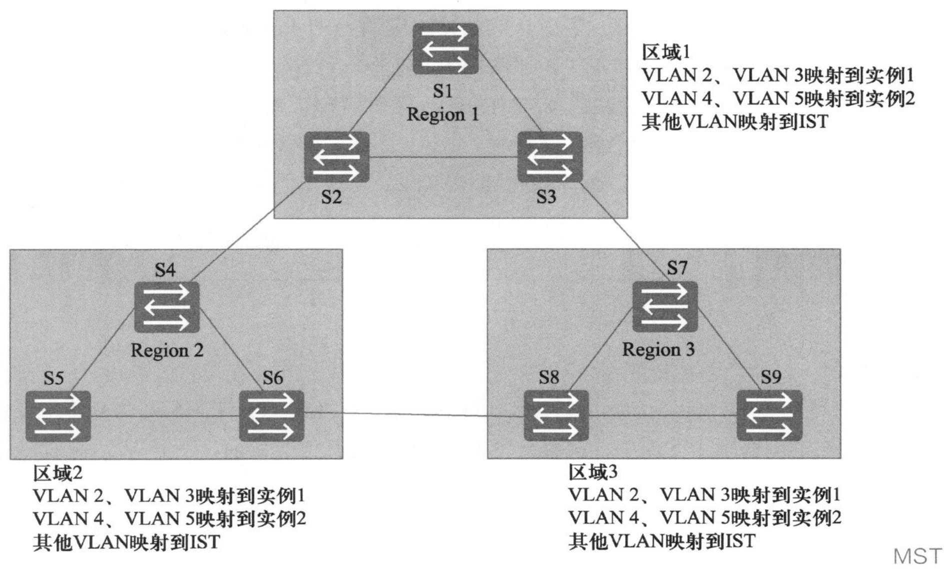

图 5-19
MSTP 的基本概念示意图

（1）MST 域

一个大的交换网络可以划分成多个多生成树域（Multiple Spanning Tree Regions，MST 域）。MST 域是由交换网络中的多台交换机以及它们之间的网段构成，如图 5-19 所示中的区域 1、区域 2、区域 3。同一个 MST 域的 MSTP 配置标识必须相同。MST 配置标识主要包括配置标识格式选择（固定为 0）、区域名称、修订级别、MST 配置表摘要。标识内容如有任何一个不同，说明不在同一个区域内。

用户可以通过MSTP 配置命令把多台交换机划分在同一个MST 域内。

如图 5-19 所示中的区域 1，域内所有交换机都有相同的 MST 配置标识域。

- 配置标识格式选择都为 0。
- 域名都为区域 1。
- 修订级别相同。
- MST 配置表摘要相同（VLAN 2、VLAN 3 映射到生成树实例 1，VLAN 4、VLAN 5 映射到生成树实例 2，其余 VLAN 映射到 IST）。

（2）MSTI

多生成树实例（Multiple Spanning Tree Instance，MSTI）是指 MST 域内的生成树实例。一个域内可以有多个生成树，每一个生成树称为一个 MSTI，不同的 VLAN 映射到不同的 MSTI 上。基于不同的 MSTI 构造成的生成树之间是相互独立的，每个 MSTI 的计算过程与

RSTP 是一样的。

如图 5-19 中，区域 1 中有 3 个 MSTI，实例 1 和实例 2 和 IST，每个 MSTI 都有对应的 VLAN。VLAN 2、VLAN 3 对应 MSTI 1，VLAN 4、VLAN 5 对应 MSIT 2，其他 VLAN 对应 IST，也就是默认的 MSTI 0。区域 2 和区域 3 也都有 3 个 MSTI，MSTI 1、MSTI 2 和一个默认的 IST。

（3）MST 配置表

MST 配置表是 MST 域的一个属性，用来描述 VLAN 和 MST Instance 的映射关系。MST 配置表一共有 8192 个字节，代表 4096 个 VLAN 对应的 MST Instance ID。每连续两个字节存储一个 VLAN 关联的 MSTI 的 MST ID。依次为：前两个字节存储 VLAN 0 关联的 MST ID，接下来两个字节存储 VLAN 1 关联的 MST ID，最后两个字节存储 VLAN 4095 关联的 MST ID。

如图 5-20 所示，区域 1 的 MST 配置表。VLAN 2 映射到 MSTI 1，VLAN 3 映射到 MSTI 1，VLAN 4 映射到 MSTI 2，VLAN 5 映射到 MSTI 2，默认其他 VLAN 映射的 MSTI 为 0。

	VLAN 0	VLAN 1	VLAN 2	VLAN 3	VLAN 4	VLAN 5		VLAN 4095
MSTI	0	0	1	1	2	2	……	0

图 5-20
区域 1 的 MST 配置表

（4）IST

内部生成树（Internal Spanning Tree，IST）是 MST 域内的一棵 MSTI 为 0 的生成树。它是默认存在的。在每个区域中，都有一个 IST。在创建其他实例前，所有 VLAN 都映射到该 IST 上。

（5）CST

公共生成树（Common Spanning Tree，CST），如果把每个 MST 域看成一台交换机，这些交换机之间通过交互 BPDU 生成的生成树称为 CST。不同区域之间的通信是通过 CST 完成的。

IST 和 CST 共同构成整个交换机网络的生成树 CIST。

（6）CIST

公共和内部生成树（Common and Internal Spanning Tree，CIST）是连接一个交换网络内所有交换机生成的一棵单生成树，所有的设备根据 RSTP 计算出一棵生成树。它由 IST 和 CST 两部分构成。如图 5-19 所示中，每个 MST 域内的 IST 加上 MST 域间的 CST 就构成整个网络的 CIST。

（7）总根

总根（Common Root Bridge）是指 CIST 的树根，它是所有设备中桥 ID 最小的。如图 5-19 所示，如果 S1 的桥 ID 最小，则 S1 为总根。

（8）域根

域根有两种，分别是 MST 域内 IST 的根和 MSTI 的根。IST 的域根是距离总根最近的交换机，也叫主桥。MSTI 的根是域中桥 ID 最小的。如图 5-19 所示，S4 距离总根 S1 最近，所以 IST 的域根为 S4。

（9）端口角色

在 MSTP 的计算过程中，端口角色较 RSTP 增加了两个端口：Master 端口、域边缘端口。

笔 记

- Master 端口指的是在域的主桥上离总根最近的端口。从 CST 上看，Master 端口就是域的根端口。Master 端口也是特殊域边界端口。例如，在区域 2 中，S4 上连接 S2 的端口就是 Master 端口。
- 域边缘端口是连接不同 MST 域的端口，位于 MST 域的边缘。

（10）端口状态

MSTP 中，根据端口是否转发用户流量、是否学习 MAC 地址表、是否参与生成树计算、是否接收/发送 BPDU 报文，将端口状态划分为以下 3 种。

① Forwarding 状态：能够转发用户流量、学习 MAC 地址表、参与生成树计算并接收/发送 BPDU 报文。

② Learning 状态：不转发用户流量，但学习 MAC 地址表、参与生成树计算并接收/发送 BPDU 报文。

③ Discarding 状态：只接收 BPDU 报文。

4. MSTP 的基本原理

MSTP 将整个二层网络划分为多个 MST 域，各个域之间通过 STP 计算生成 CST。域内则通过 RSTP 计算生成多棵生成树，每棵生成树都被称为一个 MSTI。MSTP 同 RSTP 一样，使用 BPDU 进行生成树的计算，只是配置消息中携带的是交换机上 MSTP 的配置信息。

（1）CIST 生成树的计算

① 计算出 CST。将每个域看成一台交换机，被看成的这台交换机的桥 ID 为各自区域中 IST 的根的桥 ID，IST 的根是距离总根最近的交换机。总根指的是在整个网络中选择一个桥 ID 最小的交换机。在图 5-19 中，假设 S1 是 CIST 的总根，那么 S1、S4、S7 分别为区域 1～区域 3 的 IST 的根。通过这 3 台交换机的比较，由生成树算法在域间生成 CST。

② 计算出 IST。确定好 IST 的根后，再根据 RSTP 选出指定端口、根端口及阻塞端口，从而计算出 IST。在每个 MST 域内都进行 RSTP 的计算，生成每个区域的 IST。

③ 生成 CIST。计算出 CST 和 IST 后，CST 和 IST 构成了整个交换机网络的 CIST。

（2）MSTI 的计算

一个 MST 域内可以生成多棵生成树，每棵生成树都称为一个 MSTI。每个 MSTI 都有各自的树根。MSTI 的树根是在域中桥 ID 最小的，可以通过调整根优先级来调整不同 MSTI 的根。每个 MSTI 独立进行计算，计算过程与 RSTP 计算生成树的过程类似。

微课 5-5
STP 的配置

5.1.5 STP 的配置

1. 启用/禁用 STP 功能

在系统视图下，启用 STP 功能，缺省启用 STP 功能。

```
[Huawei]stp {enable / disable}
```

【参数】

enable：表示启用 STP 功能，默认启用。
disable：表示禁用 STP 功能。

2. 配置设备的 STP 工作模式

在系统视图下，配置设备的 STP 工作模式，缺省模式是 MSTP 模式。

[Huawei]**stp mode** *{mstp / stp / rstp }*

【参数】

mstp：MSTP 模式，缺省配置。
rstp：RSTP 模式。
stp：STP 兼容模式。

3. 配置交换机优先级

配置交换机的优先级有以下两种方式。

（1）配置优先级数值

在系统视图下，配置网桥的优先级。

[Huawei]**stp priority** *priority*

【参数】

priority：值为整数，取值范围为 0～61440，步长为 4096。缺省情况下，交换设备的优先级取值是 32768。

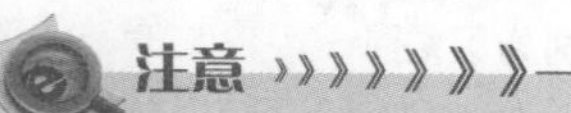

在系统视图下，使用 undo stp priority 命令可取消当前优先级的设置。

（2）配置根桥或备份根桥

在系统视图下，配置根桥或备份根桥。

[Huawei]**stp root** *{primary / secondary }*

【参数】

primary：指定生成树的根桥。配置为根桥后，该设备 BID 中的优先级自动设置为 0，并且不能更改。

secondary：指定生成树的备份根桥。配置为备份根桥后，该设备 BID 中的优先级自动设置为 4096，并且不能更改。

在系统视图下，使用 undo stp root 命令可取消当前设备设置为根桥或备份根桥。

【配置示例 5-1】
修改交换机 SWA 的优先级为 4096。

```
[SWA] stp priority 4096
```

4．配置当前端口的路径开销值

在接口视图下，配置当前端口的路径开销值，用于桥的根端口选举。

```
[Huawei-GigabitEthernet1/0/0]stp cost cost
```

缺省情况下，端口的路径开销值为接口速率对应的路径开销缺省值。此 STP 路径开销控制方法须谨慎使用，手动指定端口的路径开销可能会生成次优生成树拓扑。

【参数】

使用华为的私有计算方法时，*cost* 取值范围为 1～200000。
使用 IEEE 802.1D 标准方法时，*cost* 取值范围为 1～65535。
使用 IEEE 802.1T 标准方法时，*cost* 取值范围为 1～200000000。

5．配置端口优先级

接口视图下，配置端口优先级，用于端口角色的选举。

```
Huawei-GigabitEthernet1/0/0]stp port priority priority
```

【参数】

priority：取值范围为 0～240，步长为 16，不能随便设置，且优先级值越小，优先级越高。缺省情况下，端口的优先级取值为 128。

注意

在接口视图下，使用 undo stp port priority 命令恢复当前接口的优先级为缺省值。

5.1.6 MSTP 的配置

1．进入 MST 域视图

在系统视图下，进入 MST 域视图。

```
[Huawei]stp region-configuration
```

2．配置 MST 域名

在 MST 域视图下，配置 MST 域名。

```
[Huawei-mst-region]region-name name
```

【参数】

name：MST 域名。字符串形式，不支持空格，长度范围为 1～32。缺省情况下，MST 域的域名等于交换设备桥的 MAC 地址。

3．配置多生成树实例和 VLAN 的映射关系

在 MST 域视图下，配置多生成树实例和 VLAN 的映射关系。

```
[Huawei-mst-region]instance  instance-id  vlan { vlan-id1  [ to vlan-id2 ] }
```

【参数】

instance-id：MSTI 的编号。整数形式，取值范围为 0～48，取值为 0 表示 CIST。

vlan-id1：表示被创建的第 1 个 VLAN 的编号。

to vlan-id2：表示被创建的最后一个 VLAN 的编号。vlan-id2 的取值必须大于 vlan-id1 的取值，它和 vlan-id1 共同确定一个范围。如果不指定 to vlan-id2 参数，则只创建 vlan-id1 所指定的 VLAN。

注意

缺省情况下，MST 域内所有的 VLAN 都映射到生成树实例 0。

4．激活 MST 域配置

在 MST 域视图下，激活 MST 域配置，包括域名、修订级别、VLAN 和 MSTI 的映射关系。

```
[Huawei-mst-region]active  region-configuration
```

注意

如果不执行本操作，以上配置的域名、VLAN 映射表和 MSTP 修订级别无法生效。如果在启动 MSTP 特性后又修改了交换设备的 MST 域相关参数，可以通过执行 active region-configuration 命令激活 MST 域，使修改后的参数生效。修改 MST 域配置时，在执行 active region-configuration 命令前，先执行 check region-configuration 命令，确定未生效的域参数配置是否正确；在执行 active region-configuration 命令后，关注设备上是否有激活失败的提示信息，如果有激活失败的提示信息，需重新进行 MST 域配置以确保配置正确。

5．配置 MSTP 交换机的优先级

配置 MSTP 交换机的优先级有以下两种方式。

（1）配置指定生成树实例中优先级数值

在系统视图下，配置指定生成树实例中的网桥优先级。

```
[Huawei] stp  instance instance-id  priority  priority
```

【参数】

instance-id：MSTI 的编号。整数形式，取值范围为 0～48，取值为 0 表示 CIST。

priority：值为整数，取值范围为 0～61440，步长为 4096。缺省情况下，交换设备的优

先级取值为 32768。如果不指定 instance-id，则配置交换设备在实例 0 中的优先级。

（2）配置指定生成树实例中的根桥和备份根桥

在系统视图下，配置指定生成树实例中的根桥和备份根桥。

```
[Huawei] stp  instance  instance-id  root {primary | secondary}
```

【参数】

instance-id：MSTI 的编号。整数形式，取值范围为 0～48，取值为 0 表示 CIST。

primary：缺省情况下，交换设备不作为任何生成树的根桥。配置后该设备优先级值自动为 0，将不能更改设备优先级。如果不指定 instance，则配置设备在实例 0 上为根桥设备。

secondary：缺省情况下，交换设备不作为任何生成树的备份根桥。配置后该设备优先级值自动为 4096，将不能更改设备优先级。

6．配置端口在指定生成树实例中的路径开销

在接口视图下，配置当前端口的路径开销值，用于桥的根端口选举。

```
[Huawei-GigabitEthernet1/0/0]stp instance  instance-id  cost  cost
```

缺省情况下，端口的路径开销值为接口速率对应的路径开销缺省值。此 STP 路径开销控制方法须谨慎使用，手动指定端口的路径开销可能会生成次优生成树拓扑。

【参数】

instance-id：MSTI 的编号。整数形式，取值范围为 0～48，取值为 0 表示 CIST。

cost：

使用华为的私有计算方法时，*cost* 取值范围为 1～200000。

使用 IEEE 802.1D 标准方法时，*cost* 取值范围为 1～65535。

使用 IEEE 802.1T 标准方法时，*cost* 取值范围为 1～200000000。

7．端口在指定生成树实例中的优先级

在接口视图下，配置端口优先级，用于端口角色的选举。

```
Huawei-GigabitEthernet1/0/0]stp instance  instance-id  port priority  priority
```

【参数】

instance-id：MSTI 的编号。整数形式，取值范围为 0～48，取值为 0 表示 CIST。

priority：取值范围为 0～240，步长为 16，不能随便设置，且优先级值越小，优先级越高。缺省情况下，端口的优先级取值为 128。

在接口视图下，使用 undo stp instance *instance-id* port priority 命令恢复当前接口的优先级为缺省值。

5.2　项目准备：规划 STP

5.2.1　规划 STP

【引导问题 5-1】 根据项目的要求，在表 5-2 中填写 STP 参数表。

表 5-2　STP 参数表

设　备	交换机优先级	端口编号	端口开销	端口优先级	端口角色
BJ_CS01					
BJ_CS02					
BJ_AS01					
BJ_AS02					

【引导问题 5-2】 填写 BJ_CS01 上交换机优先级的配置命令，见表 5-3。

表 5-3　BJ_CS01 上交换机优先级的配置命令

设　备	命令配置
BJ_CS01	

【引导问题 5-3】填写 BJ_CS01 上端口优先级或端口开销的配置命令，见表 5-4。

表 5-4　BJ_CS01 上端口优先级或开销的配置命令

设　备	接　口	命令配置
BJ_CS01		

5.2.2　规划 MSTP

【引导问题 5-4】 项目要求配置MSTP中不同VLAN的报文按照不同的生成树实例转发。网络中所有设备属于同一个MST域；VLAN 2的报文沿着实例1，从BJ_CS01转发；VLAN 3沿着实例2，从BJ_CS02转发。

根据项目的要求，在表 5-5 中填写 MSTP 参数。

表 5-5　MSTP 参数表

设　备	实　例	优先级	区域名	建立映射关系的 VLAN
BJ_CS01				
BJ_CS02				
BJ_AS01				
BJ_AS02				

【引导问题 5-5】 填写 BJ_CS01 交换机上 MSTP 多实例的配置命令，见表 5-6。

表 5-6　BJ_CS01 交换机上 MSTP 多实例的配置命令

设　备	命令配置
BJ_CS01	

【引导问题 5-6】 填写 BJ_CS01 上交换机优先级的配置命令，见表 5-7。

表 5-7　BJ_CS01 上交换机优先级的配置命令

设　备	命令配置
BJ_CS01	

5.3　项目实施：配置 STP

微课 5-6
项目实施：配置 STP

5.3.1　配置 STP

1. 配置交换机 BJ_AS01

北京总部接入交换机 BJ_AS01 的配置步骤如下。

第 1 步：修改设备名称为 BJ_AS01。

第 2 步：创建 VLAN 并命名。

第 3 步：将 VLAN 划分到相应的端口。

第 4 步：设置交换机相连的端口 e0/0/1、e0/0/4、e0/0/5、e0/0/6 为 Trunk 端口。

具体配置命令如下。

① 修改设备名称。

```
[Huawei]sysname   BJ_AS01                          //修改交换机名称
```

② 创建 VLAN 并命名。

```
[BJ_AS01]vlan 2                                    //创建 VLAN 2
[BJ_AS01-vlan2]description sales                   //VLAN 2 的描述为 sales，销售部
[BJ_AS01-vlan2]quit                                //返回系统视图
[BJ_AS01]vlan 3                                    //创建 VLAN 3
[BJ_AS01-vlan3]description admin                   //VLAN 3 的描述为 admin，行政部
[BJ_AS01]quit                                      //返回系统视图
```

③ 分配 VLAN 到相应的接口。

```
[BJ_AS01]interface E 0/0/2                         //进入端口
[BJ_AS01-Ethernet0/0/2]port link-type access       //配置接口的链路类型
[BJ_AS01-Ethernet0/0/2]port default vlan 2         //指定端口为 VLAN 2
[BJ_AS01-Ethernet0/0/2]interface E 0/0/3
[BJ_AS01-Ethernet0/0/3]port link-type access       //配置接口的链路类型
[BJ_AS01-Ethernet0/0/3]port default vlan 3         //指定端口为 VLAN 3
```

④ 设置交换机相连的端口为 Trunk 端口。

```
[BJ_AS01]port-group 1                                          //创建端口组
[BJ_AS01-port-group-1]group-member e0/0/1 e0/0/4 to e0/0/6     //设置端口组的成员端口
[BJ_AS01-port-group-1]port link-type trunk                     //配置接口的链路类型
[BJ_AS01-port-group-1]port trunk allow_pass vlan all           //设置该 Trunk 端口中允许所有
                                                                 VLAN 通过
```

2．配置交换机 BJ_AS02

北京总部接入交换机 BJ_AS02 的配置步骤如下。

第 1 步：修改设备名称为 BJ_AS02。

第 2 步：创建 VLAN 并命名。

第 3 步：将 VLAN 划分到相应的端口。

第 4 步：设置交换机相连的端口 e0/0/1、e0/0/4、 e0/0/10 为 Trunk 端口。

具体配置命令如下。

① 修改设备名称。

```
[Huawei]sysname  BJ_AS02                                //修改交换机名称
```

② 创建 VLAN 并命名。

```
[BJ_AS02]vlan 2                                         //创建 VLAN 2
[BJ_AS02-vlan2]description sales                        //VLAN 2 的描述为 sales，销售部
[BJ_AS02-vlan2]quit                                     //返回系统视图
[BJ_AS02]vlan 3                                         //创建 VLAN 3
[BJ_AS02-vlan3]description admin                        //VLAN 3 的描述为 admin，行政部
[BJ_AS02]quit                                           //返回系统视图
```

③ 分配 VLAN 到相应的接口。

```
[BJ_AS02]interface E 0/0/2                              //进入端口
[BJ_AS02-Ethernet0/0/2]port link-type access            //配置接口的链路类型
[BJ_AS02-Ethernet0/0/2]port default vlan 2              //指定端口为 VLAN 2
[BJ_AS02-Ethernet0/0/2]interface E 0/0/3
[BJ_AS02-Ethernet0/0/3]port link-type access            //配置接口的链路类型
[BJ_AS02-Ethernet0/0/3]port default vlan 3              //指定端口为 VLAN 3
```

④ 设置交换机相连的端口为 Trunk 端口。

```
[BJ_AS02]port-group 1                                         //创建端口组
[BJ_AS02-port-group-1]group-member e0/0/1 e0/0/4 e0/0/10      //设置端口组的成员端口
[BJ_AS02-port-group-1]port link-type trunk                    //配置接口的链路类型
[BJ_AS02-port-group-1]port trunk allow_pass vlan all          //设置该 Trunk 端口中允
                                                               许所有 VLAN 通过
```

3. 配置交换机 BJ_CS01

北京总部核心交换机 BJ_CS01 的配置步骤如下。

第 1 步：修改设备名称为 BJ_CS01。

第 2 步：批量创建 VLAN。

第 3 步：设置交换机相连的端口 e0/0/1、e0/0/4、e0/0/5、e0/0/10 为 Trunk 端口。

第 4 步：设置该交换机的优先级为 0，使交换机被选举为根桥。

具体配置命令如下。

① 修改设备名称。

```
[Huawei]sysname  BJ_CS01                                //修改交换机名称
```

② 批量创建 VLAN。

```
[BJ_CS01]vlan batch 2 3                                 //批量创建 VLAN 2 和 VLAN 3
```

③ 设置交换机相连的端口为 Trunk 端口。

```
[BJ_CS01]port-group 1                                   //创建端口组
```

```
[BJ_CS01-port-group-1]group-member e0/0/1  e0/0/4  e0/0/5  e0/0/10//设置端口组的成员端口
[BJ_CS01-port-group-1]port link-type trunk                    //配置接口的链路类型
[BJ_CS01-port-group-1]port trunk allow_pass vlan all          //设置该 Trunk 端口中允许所有 VLAN 通过
[BJ_CS01-port-group-1]quit                                    //返回系统视图
```

④ 设置交换机的优先级，此交换机为根桥。

```
[BJ_CS01]stp  priority  0                    //设置交换机的优先级
```

4．配置交换机 BJ_CS02 上

北京总部核心交换机 BJ_CS02 的配置步骤如下。
第 1 步：修改设备名称为 BJ_CS02。
第 2 步：批量创建 VLAN。
第 3 步：设置交换机相连的端口 e0/0/1、e0/0/4、e0/0/6 为 Trunk 端口。
第 4 步：设置该交换机的优先级为 4096，使交换机成为备份根桥。
具体配置命令如下。
① 修改设备名称。

```
[Huawei]sysname  BJ_CS02                              //修改交换机名称
```

② 批量创建 VLAN。

```
[BJ_CS02]vlan batch 2 3                         //批量创建 VLAN 2 和 VLAN 3
```

③ 设置交换机相连的端口为 Trunk 端口。

```
[BJ_CS02]port-group 1                                         //创建端口组
[BJ_CS02-port-group-1]group-member e0/0/1  e0/0/4  e0/0/6     //设置端口组的成员端口
[BJ_CS02-port-group-1]port link-type trunk                    //配置接口的链路类型
[BJ_CS02-port-group-1]port trunk allow_pass vlan all          //设置该 Trunk 端口中允许所有 VLAN 通过
[BJ_CS02-port-group-1]quit                                    //返回系统视图
```

④ 设置交换机的优先级，此交换机为备份根桥。

```
[BJ_CS02]stp  priority  4096                          //设置交换机的优先级
```

5．修改根端口

通过修改路径开销，改变根端口，使 BJ_AS01 的 E0/0/5 端口成为根端口。

修改前，E0/0/5 的 STP 的相关参数情况如下，Cost 为 200000，发送方 PID 为 128.5，如图 5-21 所示。

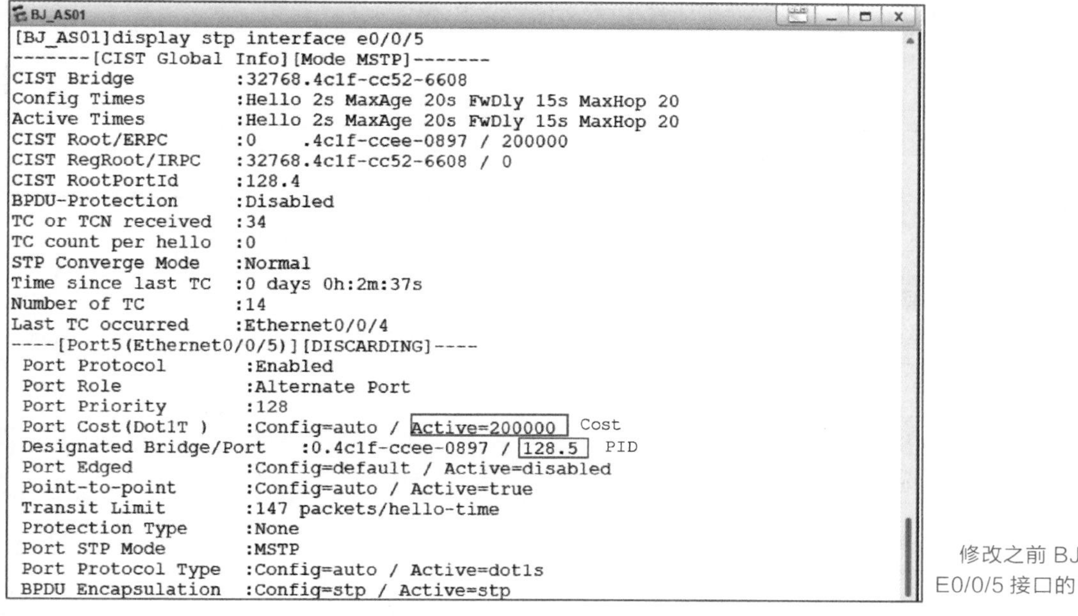

图 5-21
修改之前 BJ_AS01 的 E0/0/5 接口的 Cost 值和 PID

修改前，E0/0/4 的 STP 的相关参数情况如下，Cost 为 200000，发送方的 PID 为 128.4，如图 5-22 所示。

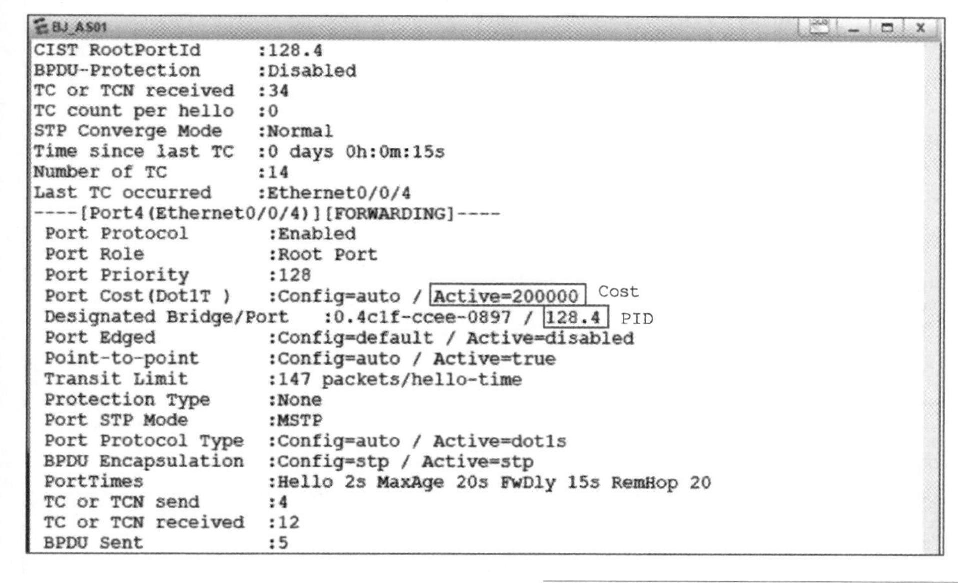

图 5-22
修改之前 BJ_AS01 的 E0/0/4 接口的 Cost 值和 PID

根据根端口选择条件的 4 个步骤，确定 E0/0/5 与 E0/0/4 的路径开销相同，BPDU 发送者 BID 也相同，根据发送者的端口 ID(PID)来确定根端口。E0/0/4 的发送者 PID 为 128.4，E0/0/5 的发送者 PID 为 128.5，因此选择 E0/0/4 为根端口。

查看生成树的摘要信息，发现 E0/0/4 确实是根端口，如图 5-23 所示。

```
[BJ_AS01]display stp brief
 MSTID  Port                        Role  STP State     Protection
   0    Ethernet0/0/1               DESI  DISCARDING      NONE
   0    Ethernet0/0/2               DESI  DISCARDING      NONE
   0    Ethernet0/0/3               DESI  DISCARDING      NONE
   0    Ethernet0/0/4               ROOT  FORWARDING      NONE
   0    Ethernet0/0/5               ALTE  DISCARDING      NONE
   0    Ethernet0/0/6               ALTE  DISCARDING      NONE
```

图 5-23
修改之前 BJ_AS01 上查看生成树的根端口

为了使 BJ_AS01 的 E0/0/5 成为根端口，根据上面分析，有以下两种方案。

方案 1：修改 E0/0/5 的路径开销。

根据根端口的选举原则，路径开销最小的确定为根端口。因此，在 BJ_AS01 的 E0/0/5 接口下，配置当前端口的路径开销值小于 E0/0/4 的路径开销。

```
[BJ_AS01]int e0/0/5                              //进入 E0/0/5 接口
[BJ_AS01-Ethernet0/0/5]stp cost 100000           //修改接口的 Cost 值为 100000
```

修改后，在 BJ_AS01 上查看 E0/0/5 的 STP 的相关参数情况如下，Cost 修改为 100000，如图 5-24 所示。

```
[BJ_AS01]display stp interface e0/0/5
-------[CIST Global Info][Mode MSTP]-------
CIST Bridge          :32768.4c1f-cc52-6608
Config Times         :Hello 2s MaxAge 20s FwDly 15s MaxHop 20
Active Times         :Hello 2s MaxAge 20s FwDly 15s MaxHop 20
CIST Root/ERPC       :0    .4c1f-ccee-0897 / 100000
CIST RegRoot/IRPC    :32768.4c1f-cc52-6608 / 0
CIST RootPortId      :128.5
BPDU-Protection      :Disabled
TC or TCN received   :25
TC count per hello   :0
STP Converge Mode    :Normal
Time since last TC   :0 days 0h:0m:23s
Number of TC         :11
Last TC occurred     :Ethernet0/0/5
----[Port5(Ethernet0/0/5)][FORWARDING]----
 Port Protocol        :Enabled
 Port Role            :Root Port
 Port Priority        :128
 Port Cost(Dot1T )    :Config=100000 / Active=100000   Cost
 Designated Bridge/Port   :0.4c1f-ccee-0897 / 128.5
 Port Edged           :Config=default / Active=disabled
 Point-to-point       :Config=auto / Active=true
 Transit Limit        :147 packets/hello-time
 Protection Type      :None
 Port STP Mode        :MSTP
```

图 5-24
方案 1 修改之后 BJ_AS01 的 E0/0/5 接口的 Cost 值和 PID

查看生成树的摘要信息，发现 E0/0/5 确实变成了根端口，如图 5-25 所示。

```
[BJ_AS01]display stp brief
 MSTID  Port                        Role  STP State     Protection
   0    Ethernet0/0/1               DESI  FORWARDING      NONE
   0    Ethernet0/0/2               DESI  FORWARDING      NONE
   0    Ethernet0/0/3               DESI  FORWARDING      NONE
   0    Ethernet0/0/4               ALTE  DISCARDING      NONE
   0    Ethernet0/0/5               ROOT  FORWARDING      NONE
   0    Ethernet0/0/6               DESI  FORWARDING      NONE
```

图 5-25
方案 1 修改之后 BJ_AS01 上查看生成树的根端口

方案 2：修改 E0/0/5 的发送者的 PID。

修改 BJ_AS01 的 E0/0/5 端口数据的发送者 PID，比 E0/0/4 的发送者 PID 小，可以实现 BJ_AS01 的 E0/0/5 被选举为根端口。

注意

修改发送者 PID，只能修改端口的优先级。该操作需要在 BJ_AS01 的发送者交换机，也就是 BJ_CS01 的 E0/0/5 接口上配置，将优先级修改为 16。

```
[BJ_CS01]int e0/0/5                                 //进入 BJ_CS01 的 E0/0/5 接口
[BJ_CS01-Ethernet0/0/5]stp port priority 16         //修改接口的优先级为 16
```

修改后，在 BJ_CS01 上查看 E0/0/5 的 STP 的相关参数情况如下，发送者 PID 修改为 16.5，如图 5-26 所示。

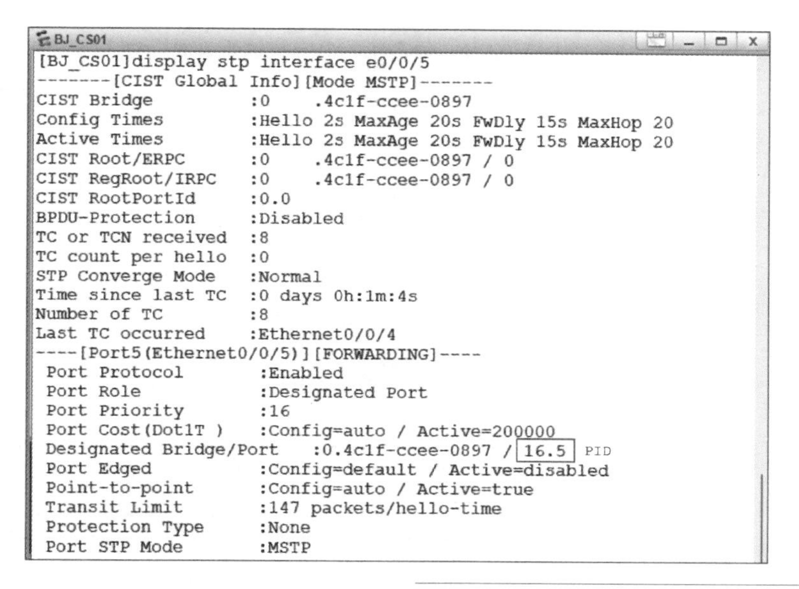

图 5-26　方案 2 修改之后 BJ_CS01 的 E0/0/5 接口的 PID 值

在 BJ_AS01 上查看 E0/0/5 的 STP 的相关参数情况如下，发送者 PID 也修改为 16.5，如图 5-27 所示。

```
BJ_AS01
[BJ_AS01]display stp interface E0/0/5
-------[CIST Global Info][Mode MSTP]-------
CIST Bridge          :32768.4c1f-cc52-6608
Config Times         :Hello 2s MaxAge 20s FwDly 15s MaxHop 20
Active Times         :Hello 2s MaxAge 20s FwDly 15s MaxHop 20
CIST Root/ERPC       :0    .4c1f-ccee-0897 / 200000
CIST RegRoot/IRPC    :32768.4c1f-cc52-6608 / 0
CIST RootPortId      :128.5
BPDU-Protection      :Disabled
TC or TCN received   :17
TC count per hello   :0
STP Converge Mode    :Normal
Time since last TC   :0 days 0h:13m:34s
Number of TC         :9
Last TC occurred     :Ethernet0/0/5
----[Port5(Ethernet0/0/5)][FORWARDING]----
 Port Protocol        :Enabled
 Port Role            :Root Port
 Port Priority        :128
 Port Cost(Dot1T )    :Config=auto / Active=200000
 Designated Bridge/Port   :0.4c1f-ccee-0897 / 16.5  PID
 Port Edged           :Config=default / Active=disabled
 Point-to-point       :Config=auto / Active=true
 Transit Limit        :147 packets/hello-time
 Protection Type      :None
 Port STP Mode        :MSTP
```

图 5-27　方案 2 修改之后 BJ_AS01 的 E0/0/5 接口的 PID 值

查看生成树的摘要信息，发现 E0/0/5 确实变成了根端口，如图 5-28 所示。

```
BJ_AS01
[BJ_AS01]display stp brief
 MSTID  Port                        Role  STP State     Protection
   0    Ethernet0/0/1               DESI  FORWARDING      NONE
   0    Ethernet0/0/2               DESI  FORWARDING      NONE
   0    Ethernet0/0/3               DESI  FORWARDING      NONE
   0    Ethernet0/0/4               ALTE  DISCARDING      NONE
   0    Ethernet0/0/5               ROOT  FORWARDING      NONE
   0    Ethernet0/0/6               ALTE  DISCARDING      NONE
```

图 5-28
方案 2 修改之后 BJ_AS01 上查看生成树的根端口

6. 测试

（1）BJ_AS01 上查看 VLAN

通过 display　vlan 命令确认 VLAN、命名和端口绑定的正确性，如图 5-29 所示。

```
BJ_AS01
[BJ_AS01]display vlan
The total number of vlans is : 3
--------------------------------------------------------------------------------
U: Up;          D: Down;            TG: Tagged;           UT: Untagged;
MP: Vlan-mapping;                   ST: Vlan-stacking;
#: ProtocolTransparent-vlan;        *: Management-vlan;
--------------------------------------------------------------------------------

VID  Type     Ports
--------------------------------------------------------------------------------
1    common   UT:Eth0/0/1(U)      Eth0/0/4(U)      Eth0/0/5(U)      Eth0/0/6(U)
                 Eth0/0/7(D)      Eth0/0/8(D)      Eth0/0/9(D)      Eth0/0/10(D)
                 Eth0/0/11(D)     Eth0/0/12(D)     Eth0/0/13(D)     Eth0/0/14(D)
                 Eth0/0/15(D)     Eth0/0/16(D)     Eth0/0/17(D)     Eth0/0/18(D)
                 Eth0/0/19(D)     Eth0/0/20(D)     Eth0/0/21(D)     Eth0/0/22(D)
                 GE0/0/1(D)       GE0/0/2(D)

2    common   UT:Eth0/0/2(U)
              TG:Eth0/0/1(U)      Eth0/0/4(U)      Eth0/0/5(U)      Eth0/0/6(U)

3    common   UT:Eth0/0/3(U)

              TG:Eth0/0/1(U)      Eth0/0/4(U)      Eth0/0/5(U)      Eth0/0/6(U)


VID  Status   Property      MAC-LRN Statistics Description
--------------------------------------------------------------------------------

1    enable   default       enable  disable    VLAN 0001
2    enable   default       enable  disable    sales
3    enable   default       enable  disable    admin
```

图 5-29
BJ_AS01 上查看 VLAN 的情况

（2）BJ_CS01 和 BJ_CS02 上查看生成树的状态信息

查看 BJ_CS01 的生成树的状态信息，显示 CIST Bridge 与 CIST Root 相同，即 BJ_CS01 的 ID 与根交换机的 ID 相同，表明交换机 BJ_CS01 即为根桥，如图 5-30 所示。

```
BJ_CS01
[BJ_CS01]display stp
-------[CIST Global Info][Mode MSTP]-------
CIST Bridge         :0    .4c1f-ccee-0897
Config Times        :Hello 2s MaxAge 20s FwDly 15s MaxHop 20
Active Times        :Hello 2s MaxAge 20s FwDly 15s MaxHop 20
CIST Root/ERPC      :0    .4c1f-ccee-0897 / 0
CIST RegRoot/IRPC   :0    .4c1f-ccee-0897 / 0
CIST RootPortId     :0.0
BPDU-Protection     :Disabled
TC or TCN received  :21
TC count per hello  :0
STP Converge Mode   :Normal
Time since last TC  :0 days 0h:2m:46s
Number of TC        :16
Last TC occurred    :Ethernet0/0/5
```

图 5-30
BJ_CS01 上查看生成树的状态信息

查看 BJ_CS02 的生成树的状态信息，显示 CIST Bridge 与 CIST Root 不相同，交换机 BJ_CS02 不是根桥，如图 5-31 所示。

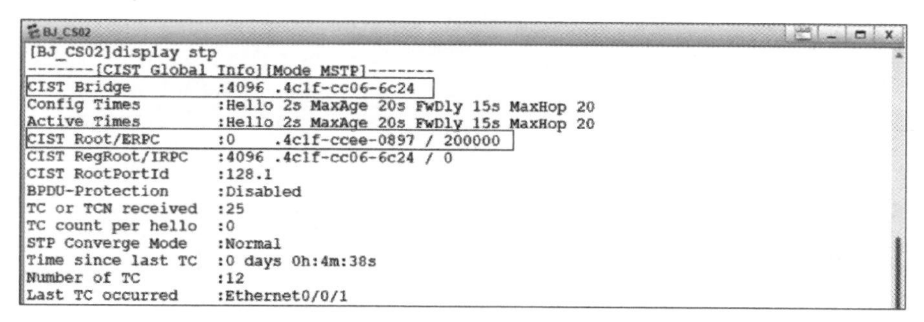

```
[BJ_CS02]display stp
-------[CIST Global Info][Mode MSTP]-------
CIST Bridge         :4096 .4c1f-cc06-6c24
Config Times        :Hello 2s MaxAge 20s FwDly 15s MaxHop 20
Active Times        :Hello 2s MaxAge 20s FwDly 15s MaxHop 20
CIST Root/ERPC      :0    .4c1f-ccee-0897 / 200000
CIST RegRoot/IRPC   :4096 .4c1f-cc06-6c24 / 0
CIST RootPortId     :128.1
BPDU-Protection     :Disabled
TC or TCN received  :25
TC count per hello  :0
STP Converge Mode   :Normal
Time since last TC  :0 days 0h:4m:38s
Number of TC        :12
Last TC occurred    :Ethernet0/0/1
```

图 5-31
BJ_CS02 上查看生成树的状态信息

（3）关闭 BJ_CS01 交换机，查看 BJ_CS02 的 STP 状态信息

关闭 BJ_CS01 交换机后，查看 BJ_CS02 的生成树的状态信息，如图 5-32 所示。CIST Bridge 与 CIST Root 相同，说明交换机 BJ_CS02 已经成为根桥。证明 BJ_CS02 能在 BJ_CS01 失效后，迅速从备份根桥成为根桥。

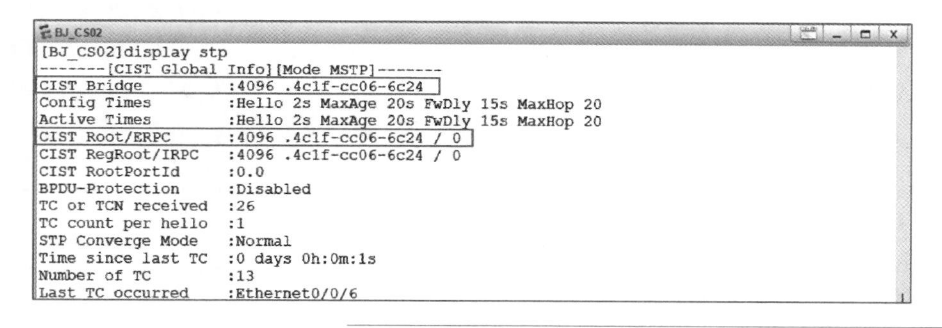

```
[BJ_CS02]display stp
-------[CIST Global Info][Mode MSTP]-------
CIST Bridge         :4096 .4c1f-cc06-6c24
Config Times        :Hello 2s MaxAge 20s FwDly 15s MaxHop 20
Active Times        :Hello 2s MaxAge 20s FwDly 15s MaxHop 20
CIST Root/ERPC      :4096 .4c1f-cc06-6c24 / 0
CIST RegRoot/IRPC   :4096 .4c1f-cc06-6c24 / 0
CIST RootPortId     :0.0
BPDU-Protection     :Disabled
TC or TCN received  :26
TC count per hello  :1
STP Converge Mode   :Normal
Time since last TC  :0 days 0h:0m:1s
Number of TC        :13
Last TC occurred    :Ethernet0/0/6
```

图 5-32
关闭 BJ_CS01 交换机后，在 BJ_CS02 上查看生成树的状态信息

5.3.2　配置 MSTP

1. 配置交换机 BJ_AS01

微课 5-7
项目实施：配置 MSTP

北京总部接入交换机 BJ_AS01 的配置步骤如下。

第 1 步：修改设备名称为 BJ_AS01。

第 2 步：创建 VLAN 并命名。

第 3 步：将 VLAN 划分到相应的端口。

第 4 步：设置交换机相连的端口 E0/0/1、E0/0/4、E0/0/5、E0/0/6 为 Trunk 端口。

第 5 步：配置 MSTP 多实例。

具体配置命令如下。

① 修改设备名称。

```
[Huawei]sysname   BJ_AS01                    //修改交换机名称
```

② 创建 VLAN 并命名。

```
[BJ_AS01]vlan 2                              //创建 VLAN 2
```

```
[BJ_AS01-vlan2]description sales              //VLAN 2 的描述为 sales，销售部
[BJ_AS01-vlan2]quit                           //返回系统视图
[BJ_AS01]vlan 3                               //创建 VLAN 3
[BJ_AS01-vlan3]description admin              //VLAN 3 的描述为 admin，行政部
[BJ_AS01]quit                                 //返回系统视图
```

③ 分配 VLAN 到相应的接口。

```
[BJ_AS01]interface E 0/0/2                          //进入端口
[BJ_AS01-Ethernet0/0/2]port link-type access        //配置接口的链路类型
[BJ_AS01-Ethernet0/0/2]port default vlan 2          //指定端口为 VLAN 2
[BJ_AS01-Ethernet0/0/2]interface E 0/0/3
[BJ_AS01-Ethernet0/0/3]port link-type access        //配置接口的链路类型
[BJ_AS01-Ethernet0/0/3]port default vlan 3          //指定端口为 VLAN 3
```

④ 设置交换机相连的端口为 Trunk 端口。

```
[BJ_AS01]port-group 1                                           //创建端口组
[BJ_AS01-port-group-1]group-member e0/0/1 e0/0/4 to e0/0/6      //设置端口组的成员端口
[BJ_AS01-port-group-1]port link-type trunk                      //配置接口的链路类型
[BJ_AS01-port-group-1]port trunk allow_pass vlan all            //设置该 Trunk 端口中允许所
                                                                有 VLAN 通过
```

⑤ 配置 MSTP 多实例。

```
[BJ_AS01]stp region-configuration
[BJ_AS01-mst-region]region-name YG1                  //区域名为 YG1
[BJ_AS01-mst-region]revision-level 1                 //修订级别为 1
[BJ_AS01-mst-region]instance 1 vlan 2                //将 VLAN 2 映射到实例 1 上
[BJ_AS01-mst-region]instance 2 vlan 3                //将 VLAN 3 映射到实例 2 上
[BJ_AS01-mst-region]active region-configuration      //激活域配置
```

2．配置交换机 BJ_AS02

北京总部接入交换机 BJ_AS02 的配置步骤如下。

第 1 步：修改设备名称为 BJ_AS02。

第 2 步：创建 VLAN 并命名。

第 3 步：将 VLAN 划分到相应的端口。

第 4 步：设置交换机相连的端口 E0/0/1、E0/0/4、E0/0/10 为 Trunk 端口。

第 5 步：配置 MSTP 多实例。

具体配置命令如下。

① 修改设备名称。

```
[Huawei]sysname  BJ_AS02                             //修改交换机名称
```

② 创建 VLAN 并命名。

```
[BJ_AS02]vlan 2                                  //创建 VLAN 2
[BJ_AS02-vlan2]description sales                 //VLAN 2 的描述为 sales，销售部
[BJ_AS02-vlan2]quit                              //返回系统视图
[BJ_AS02]vlan 3                                  //创建 VLAN 3
[BJ_AS02-vlan3]description admin                 //VLAN 3 的描述为 admin，行政部
[BJ_AS02]quit                                    //返回系统视图
```

③ 分配 VLAN 到相应的接口。

```
[BJ_AS02]interface E 0/0/2                       //进入端口
[BJ_AS02-Ethernet0/0/2]port link-type access     //配置接口的链路类型
[BJ_AS02-Ethernet0/0/2]port default vlan 2       //指定端口为 VLAN 2
[BJ_AS02-Ethernet0/0/2]interface E 0/0/3
[BJ_AS02-Ethernet0/0/3]port link-type access     //配置接口的链路类型
[BJ_AS02-Ethernet0/0/3]port default vlan 3       //指定端口为 VLAN 3
```

④ 设置交换机相连的端口为 Trunk 端口。

```
[BJ_AS02]port-group 1                                          //创建端口组
[BJ_AS02-port-group-1]group-member e0/0/1 e0/0/4 e0/0/10       //设置端口组的成员端口
[BJ_AS02-port-group-1]port link-type trunk                     //配置接口的链路类型
[BJ_AS02-port-group-1]port trunk allow_pass vlan all           //设置该 Trunk 端口中允
                                                                许所有 VLAN 通过
```

⑤ 配置 MSTP 多实例。

```
[BJ_AS02]stp region-configuration
[BJ_AS02-mst-region]region-name YG1                     //区域名为 YG1
[BJ_AS02-mst-region]revision-level 1                    //修订级别为 1
[BJ_AS02-mst-region]instance 1 vlan 2                   //将 VLAN 2 映射到实例 1 上
[BJ_AS02-mst-region]instance 2 vlan 3                   //将 VLAN 3 映射到实例 2 上
[BJ_AS02-mst-region]active region-configuration         //激活域配置
```

3．配置交换机 BJ_CS01

北京总部核心交换机 BJ_CS01 的配置步骤如下。

第 1 步：修改设备名称为 BJ_CS01。

第 2 步：批量创建 VLAN。

第 3 步：设置交换机相连的端口 E0/0/1、E0/0/4、E0/0/5、E0/0/10 为 Trunk 端口。

第 4 步：配置 MSTP 多实例。

具体配置命令如下。

① 修改设备名称。

```
[Huawei]sysname  BJ_CS01                         //修改交换机名称
```

② 批量创建 VLAN。

```
[BJ_CS01]vlan batch 2 3                        //批量创建 VLAN 2 和 VLAN 3
```

③ 设置交换机相连的端口为 Trunk 端口。

```
[BJ_CS01]port-group 1                                            //创建端口组
[BJ_CS01-port-group-1]group-member e0/0/1 e0/0/4  e0/0/5 e0/0/10  //设置端口组的成员端口
[BJ_CS01-port-group-1]port link-type trunk                       //配置接口的链路类型
[BJ_CS01-port-group-1]port trunk allow_pass vlan all             //设置该 Trunk 端口中允许所有 VLAN 通过
[BJ_CS01-port-group-1]quit                                       //返回系统视图
```

④ 配置 MSTP 多实例。

```
[BJ_CS01]stp region-configuration
[BJ_CS01-mst-region]region-name YG1                  //区域名为 YG1
[BJ_CS01-mst-region]revision-level 1                 //修订级别为 1
[BJ_CS01-mst-region]instance 1 vlan 2                //将 VLAN 2 映射到实例 1 上
[BJ_CS01-mst-region]instance 2 vlan 3                //将 VLAN 3 映射到实例 2 上
[BJ_CS01-mst-region]active region-configuration      //激活域配置
```

4．配置交换机 BJ_CS02

北京总部核心交换机 BJ_CS02 的配置步骤如下。

第 1 步：修改设备名称为 BJ_CS02。

第 2 步：批量创建 VLAN。

第 3 步：设置交换机相连的端口 E0/0/1、E0/0/4、E0/0/6 为 Trunk 端口。

第 4 步：配置 MSTP 多实例。

具体配置命令如下。

① 修改设备名称。

```
[Huawei]sysname  BJ_CS02                       //修改交换机名称
```

② 批量创建 VLAN。

```
[BJ_CS02]vlan batch 2 3                        //批量创建 VLAN 2 和 VLAN 3
```

③ 设置交换机相连的端口为 Trunk 端口。

```
[BJ_CS02]port-group 1                                       //创建端口组
[BJ_CS02-port-group-1]group-member e0/0/1  e0/0/4  e0/0/6   //设置端口组的成员端口
[BJ_CS02-port-group-1]port link-type trunk                  //配置接口的链路类型
[BJ_CS02-port-group-1]port trunk allow_pass vlan all        //设置该 Trunk 端口中允许所有 VLAN 通过
[BJ_CS02-port-group-1]quit                                  //返回系统视图
```

④ 配置 MSTP 多实例。

```
[BJ_CS02]stp region-configuration
[BJ_CS02-mst-region]region-name YG1                    //区域名为 YG1
[BJ_CS02-mst-region]revision-level 1                   //修订级别为 1
[BJ_CS02-mst-region]instance 1 vlan 2                  //将 VLAN 2 映射到实例 1 上
[BJ_CS02-mst-region]instance 2 vlan 3                  //将 VLAN 3 映射到实例 2 上
[BJ_CS02-mst-region]active region-configuration        //激活域配置
```

5. 修改交换机优先级，实现 VLAN 的流量负载均衡

修改前，查看 BJ_CS01 交换机中，实例 1 和实例 2 中生成树状态和统计的摘要信息，如图 5-33 所示。

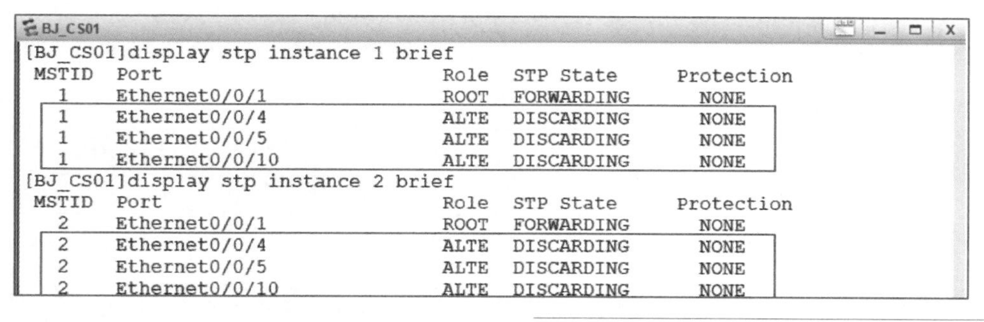

```
BJ_CS01
[BJ_CS01]display stp instance 1 brief
 MSTID  Port                        Role  STP State     Protection
   1    Ethernet0/0/1               ROOT  FORWARDING      NONE
   1    Ethernet0/0/4               ALTE  DISCARDING      NONE
   1    Ethernet0/0/5               ALTE  DISCARDING      NONE
   1    Ethernet0/0/10              ALTE  DISCARDING      NONE
[BJ_CS01]display stp instance 2 brief
 MSTID  Port                        Role  STP State     Protection
   2    Ethernet0/0/1               ROOT  FORWARDING      NONE
   2    Ethernet0/0/4               ALTE  DISCARDING      NONE
   2    Ethernet0/0/5               ALTE  DISCARDING      NONE
   2    Ethernet0/0/10              ALTE  DISCARDING      NONE
```

图 5-33 修改前 BJ_CS01 交换机的实例 1 和实例 2 中生成树状态和统计的摘要信息

修改前，查看 BJ_CS02 交换机中，实例 1 和实例 2 中生成树状态和统计的摘要信息，如图 5-34 所示。

```
BJ_CS02
[BJ_CS02]display stp instance 1 brief
 MSTID  Port                        Role  STP State     Protection
  1     Ethernet0/0/1               DESI  FORWARDING      NONE
  1     Ethernet0/0/4               DESI  FORWARDING      NONE
  1     Ethernet0/0/6               DESI  FORWARDING      NONE
[BJ_CS02]display stp instance 2 brief
 MSTID  Port                        Role  STP State     Protection
  2     Ethernet0/0/1               DESI  FORWARDING      NONE
  2     Ethernet0/0/4               DESI  FORWARDING      NONE
  2     Ethernet0/0/6               DESI  FORWARDING      NONE
```

图 5-34 修改前 BJ_CS02 交换机的实例 1 和实例 2 中生成树状态和统计的摘要信息

修改前，查看 BJ_AS01 交换机中，实例 1 和实例 2 中生成树状态和统计的摘要信息，如图 5-35 所示。

```
BJ_AS01
[BJ_AS01]display stp instance 1 brief
 MSTID  Port                        Role  STP State     Protection
  1     Ethernet0/0/1               DESI  FORWARDING      NONE
  1     Ethernet0/0/2               DESI  FORWARDING      NONE
  1     Ethernet0/0/4               DESI  FORWARDING      NONE
  1     Ethernet0/0/5               DESI  FORWARDING      NONE
  1     Ethernet0/0/6               ROOT  FORWARDING      NONE
[BJ_AS01]display stp instance 2 brief
 MSTID  Port                        Role  STP State     Protection
  2     Ethernet0/0/1               DESI  FORWARDING      NONE
  2     Ethernet0/0/3               DESI  FORWARDING      NONE
  2     Ethernet0/0/4               DESI  FORWARDING      NONE
  2     Ethernet0/0/5               DESI  FORWARDING      NONE
  2     Ethernet0/0/6               ROOT  FORWARDING      NONE
```

图 5-35 修改前 BJ_AS01 交换机的实例 1 和实例 2 中生成树状态和统计的摘要信息

修改前，查看 BJ_AS02 交换机中，实例 1 和实例 2 中生成树状态和统计的摘要信息，如图 5-36 所示。

```
[BJ_AS02]display stp instance 1 brief
 MSTID  Port                        Role  STP State     Protection
   1    Ethernet0/0/1               ALTE  DISCARDING       NONE
   1    Ethernet0/0/2               DESI  FORWARDING       NONE
   1    Ethernet0/0/4               ROOT  FORWARDING       NONE
   1    Ethernet0/0/10              DESI  FORWARDING       NONE
[BJ_AS02]display stp instance 2 brief
 MSTID  Port                        Role  STP State     Protection
   2    Ethernet0/0/1               ALTE  DISCARDING       NONE
   2    Ethernet0/0/3               DESI  FORWARDING       NONE
   2    Ethernet0/0/4               ROOT  FORWARDING       NONE
   2    Ethernet0/0/10              DESI  FORWARDING       NONE
```

图 5-36
修改前 BJ_AS02 交换机的实例 1 和实例 2 中生成树状态和统计的摘要信息

通过观察，发现上面两个实例中选举结果相同，BJ_CS01 上的 E0/0/4、E0/0/5、E0/0/10 接口，以及 BJ_AS02 上的 E0/0/1 接口处于 Dicarding 状态。

为了使所有链路被充分使用，使 VLAN 2 从 BJ_CS01 转发，VLAN 3 从 BJ_CS02 转发。在实例 1 中，配置 BJ_CS01 为根交换机，在实例 2 中，配置 BJ_CS02 为根交换机。

BJ_CS01 中的设置如下。

```
[BJ_CS01]stp instance 1 priority 0        //修改 BJ_CS01 为实例 1 优先级，使 BJ_CS01 成为实例 1 的根交换机
```

BJ_CS02 中的设置如下。

```
[BJ_CS02]stp instance 2 priority 0        //修改 BJ_CS02 为实例 2 优先级，使 BJ_CS02 成为实例 2 的根交换机
```

配置完成后，重新查看实例 1 和实例 2 中生成树状态和统计的摘要信息。

修改后，查看 BJ_CS01 交换机中，实例 1 和实例 2 中生成树状态和统计的摘要信息。实例 1 的 E0/0/4、E0/0/5、E0/0/10 接口端口角色变成了转发状态，实例 1 的 E0/0/1 端口不再是 Root 端口，如图 5-37 所示。

```
[BJ_CS01]display stp instance 1 brief
 MSTID  Port                        Role  STP State     Protection
   1    Ethernet0/0/1               DESI  FORWARDING       NONE
   1    Ethernet0/0/4               DESI  FORWARDING       NONE
   1    Ethernet0/0/5               DESI  FORWARDING       NONE
   1    Ethernet0/0/10              DESI  FORWARDING       NONE
[BJ_CS01]display stp instance 2 brief
 MSTID  Port                        Role  STP State     Protection
   2    Ethernet0/0/1               ROOT  FORWARDING       NONE
   2    Ethernet0/0/4               ALTE  DISCARDING       NONE
   2    Ethernet0/0/5               ALTE  DISCARDING       NONE
   2    Ethernet0/0/10              ALTE  DISCARDING       NONE
```

图 5-37
修改后 BJ_CS01 交换机的实例 1 和实例 2 中生成树状态和统计的摘要信息

修改后，查看 BJ_CS02 交换机中，实例 1 和实例 2 中生成树状态和统计的摘要信息。实例 1 的 E0/0/1 端口角色变成了 Root，其他端口没有变化，如图 5-38 所示。

修改后，查看 BJ_AS01 交换机中，实例 1 和实例 2 中生成树状态和统计的摘要信息。实例 1 的 E0/0/4 端口角色变成了 Root，E0/0/5 和 E0/0/6 端口变为了阻塞端口，如图 5-39 所示。

```
BJ_CS02
[BJ_CS02]display stp instance 1 brief
 MSTID  Port                    Role  STP State     Protection
   1    Ethernet0/0/1           ROOT  FORWARDING      NONE
   1    Ethernet0/0/4           DESI  FORWARDING      NONE
   1    Ethernet0/0/6           DESI  FORWARDING      NONE
[BJ_CS02]display stp instance 2 brief
 MSTID  Port                    Role  STP State     Protection
   2    Ethernet0/0/1           DESI  FORWARDING      NONE
   2    Ethernet0/0/4           DESI  FORWARDING      NONE
   2    Ethernet0/0/6           DESI  FORWARDING      NONE
```

图 5-38
修改后 BJ_CS02 交换机的实例 1 和实例 2 中生成树状态和统计的摘要信息

```
BJ_AS01
[BJ_AS01]display stp instance 1 brief
 MSTID  Port                    Role  STP State     Protection
   1    Ethernet0/0/1           DESI  FORWARDING      NONE
   1    Ethernet0/0/2           DESI  FORWARDING      NONE
   1    Ethernet0/0/4           ROOT  FORWARDING      NONE
   1    Ethernet0/0/5           ALTE  DISCARDING      NONE
   1    Ethernet0/0/6           ALTE  DISCARDING      NONE
[BJ_AS01]display stp instance 2 brief
 MSTID  Port                    Role  STP State     Protection
   2    Ethernet0/0/1           DESI  FORWARDING      NONE
   2    Ethernet0/0/3           DESI  FORWARDING      NONE
   2    Ethernet0/0/4           DESI  FORWARDING      NONE
   2    Ethernet0/0/5           DESI  FORWARDING      NONE
   2    Ethernet0/0/6           ROOT  FORWARDING      NONE
```

图 5-39
修改后 BJ_AS01 交换机的实例 1 和实例 2 中生成树状态和统计的摘要信息

修改后，查看 BJ_AS02 交换机中，实例 1 和实例 2 中生成树状态和统计的摘要信息。实例 1 的 E0/0/4 端口处于 Dicarding 状态，E0/0/10 端口角色变为了 Root，如图 5-40 所示。

```
BJ_AS02
[BJ_AS02]display stp instance 1 brief
 MSTID  Port                    Role  STP State     Protection
   1    Ethernet0/0/1           ALTE  DISCARDING      NONE
   1    Ethernet0/0/2           DESI  FORWARDING      NONE
   1    Ethernet0/0/4           ALTE  DISCARDING      NONE
   1    Ethernet0/0/10          ROOT  FORWARDING      NONE
[BJ_AS02]display stp instance 2 brief
 MSTID  Port                    Role  STP State     Protection
   2    Ethernet0/0/1           ALTE  DISCARDING      NONE
   2    Ethernet0/0/3           DESI  FORWARDING      NONE
   2    Ethernet0/0/4           ROOT  FORWARDING      NONE
   2    Ethernet0/0/10          DESI  FORWARDING      NONE
```

图 5-40
修改后 BJ_AS02 交换机的实例 1 和实例 2 中生成树状态和统计的摘要信息

通过上面数据可以观察到，BJ_CS01 成为实例 1 的根交换机，BJ_CS02 成为实例 2 的根交换机。除了 BJ_AS02 上的 E0/0/1 端口在两个实例中都处于 Discarding 状态外，其他所有的端口在不同的实例中均处于转发状态。实现了所有链路的充分利用和负载均衡。

6. 测试

（1）BJ_AS01 上查看 VLAN

通过 display　vlan 命令确认 VLAN、命名和端口绑定的正确性，如图 5-41 所示。

（2）BJ_CS01 上查看生成树实例 1 和实例 2 的状态信息

查看 BJ_CS01 的实例 1 生成树的状态信息，显示 MSTI Bridge 与 MSTI RegRoot ID 相同，说明交换机 BJ_CS01 即为实例 1 的根桥，如图 5-42 所示。

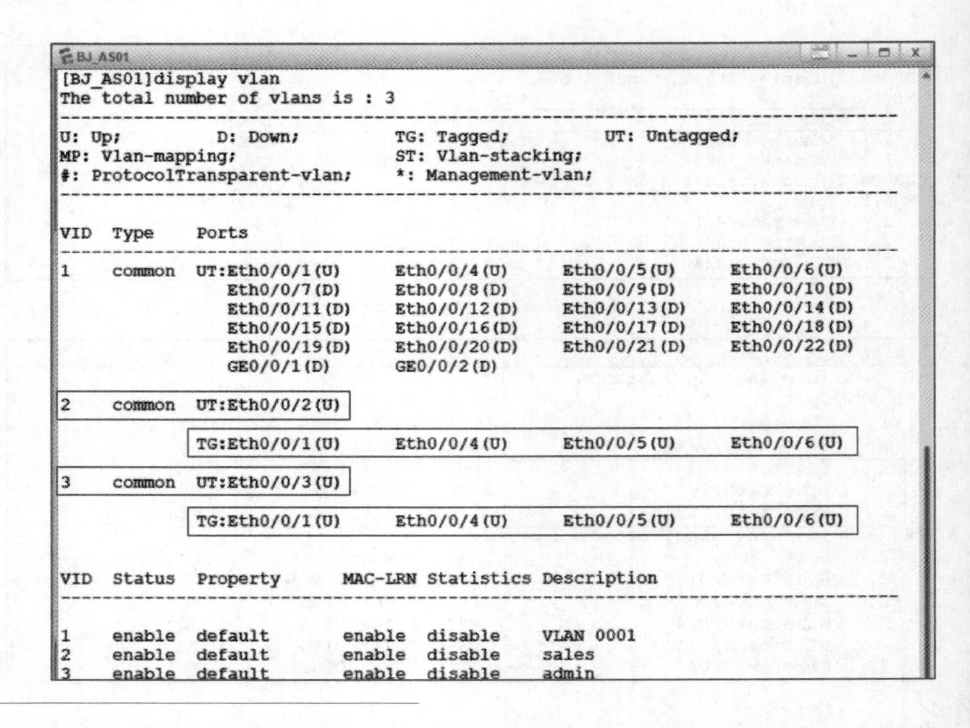

图 5-41
BJ_AS01 上查看 VLAN 的情况

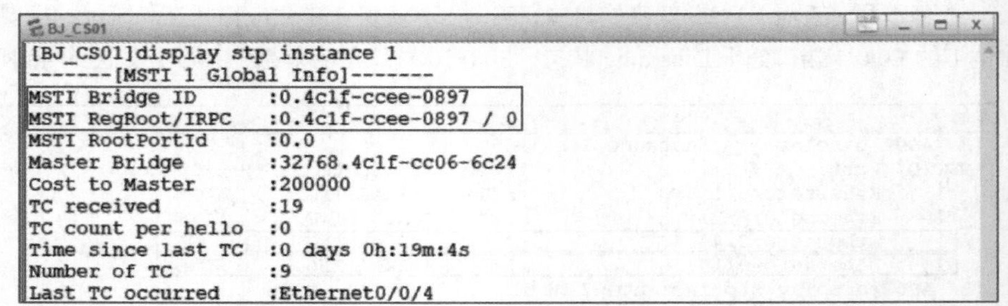

图 5-42
BJ_CS01 上查看实例 1 的生成树状态信息

查看 BJ_CS01 的实例 2 生成树的状态信息，显示 MSTI Bridge 与 MSTI RegRoot ID 不相同，说明交换机 BJ_CS01 不是实例 2 的根桥，如图 5-43 所示。

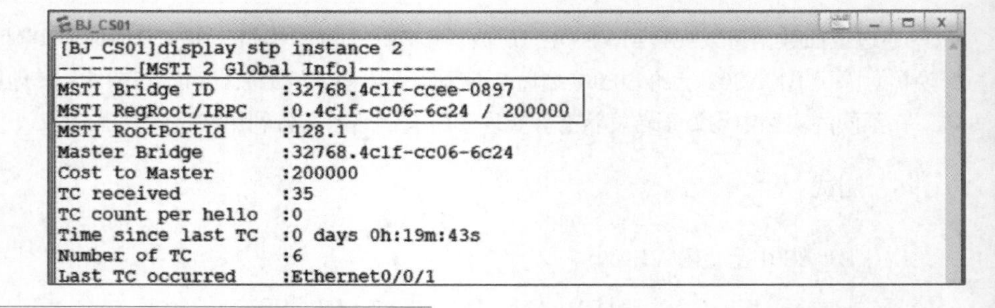

图 5-43
BJ_CS01 上查看实例 2 的生成树状态信息

（3）BJ_CS02 上查看生成树实例 1 和实例 2 的状态信息

查看 BJ_CS02 的实例 1 生成树的状态信息，显示 MSTI Bridge 与 MSTI RegRoot ID 不相同，说明交换机 BJ_CS02 不是实例 1 的根桥，如图 5-44 所示。

查看 BJ_CS02 的实例 2 生成树的状态信息，显示 MSTI Bridge 与 MSTI RegRoot ID 相同，

说明交换机 BJ_CS02 即为实例 2 的根桥，如图 5-45 所示。

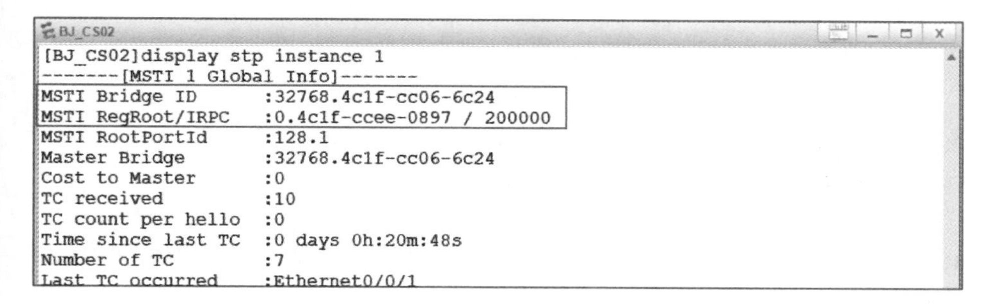

```
BJ_CS02
[BJ_CS02]display stp instance 1
-------[MSTI 1 Global Info]-------
MSTI Bridge ID        :32768.4c1f-cc06-6c24
MSTI RegRoot/IRPC     :0.4c1f-ccee-0897 / 200000
MSTI RootPortId       :128.1
Master Bridge         :32768.4c1f-cc06-6c24
Cost to Master        :0
TC received           :10
TC count per hello    :0
Time since last TC    :0 days 0h:20m:48s
Number of TC          :7
Last TC occurred      :Ethernet0/0/1
```

图 5-44
BJ_CS02 上查看实例 1 的生成树状态信息

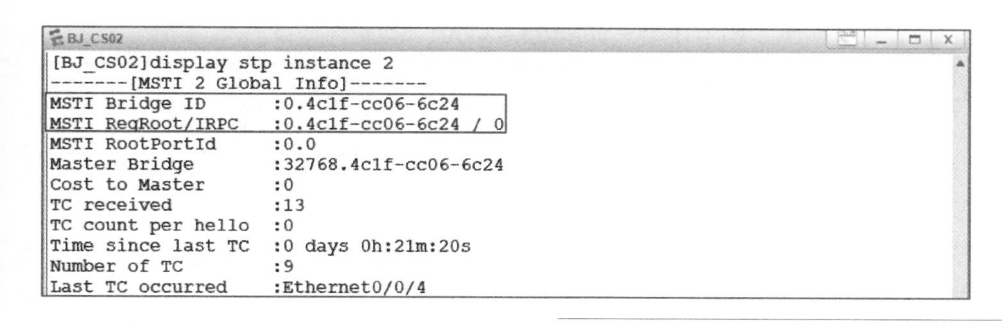

```
BJ_CS02
[BJ_CS02]display stp instance 2
-------[MSTI 2 Global Info]-------
MSTI Bridge ID        :0.4c1f-cc06-6c24
MSTI RegRoot/IRPC     :0.4c1f-cc06-6c24 / 0
MSTI RootPortId       :0.0
Master Bridge         :32768.4c1f-cc06-6c24
Cost to Master        :0
TC received           :13
TC count per hello    :0
Time since last TC    :0 days 0h:21m:20s
Number of TC          :9
Last TC occurred      :Ethernet0/0/4
```

图 5-45
CS2 上查看实例 2 的生成树状态信息

巩固训练：向阳印制公司 STP 的配置

1. 实训目的

- 掌握 STP 的概念。
- 应用 STP 的配置命令。

2. 实训拓扑

实训拓扑如图 5-46 所示。

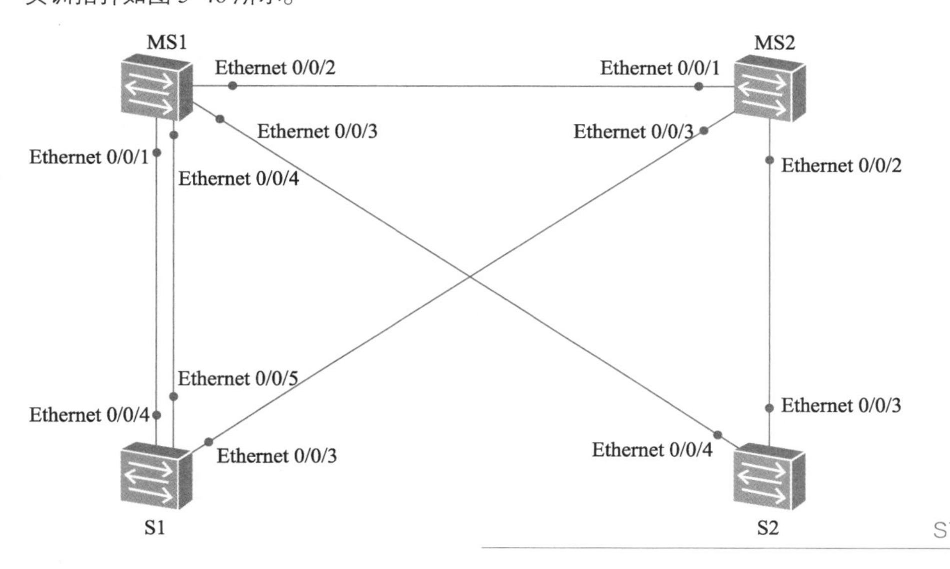

图 5-46
STP 技术实训拓扑图

3．实训内容

① 按照拓扑，完成 PC 的 IP 地址设置。

② 修改网络设备的名称。

③ 按照拓扑，在交换机上创建 VLAN 并命名。

- VLAN 30，命名为 sales。
- VLAN 50，命名为 manager。

④ 按照拓扑图所示，将交换机接口分别放入 VLAN 中，见表 5-8。提示：可用命令 port-group 创建端口组，同时设置多个端口。

表 5-8　STP 技术实训端口与 VLAN 对应表

设备名称	端　口	所属 VLAN
S1	E0/0/11～E0/0/15	VLAN 30
	E0/0/16～E0/0/20	VLAN 50
S2	E0/0/11～E0/0/18	VLAN 30
	E0/0/19～E0/0/22	VLAN 50

⑤ 配置交换机之间的链路为 Trunk 链路，允许所有 VLAN 通过。

⑥ 配置 STP，配置 MS1 为根网桥，配置 MS2 为备份根网桥。注意：此实验中优先级只能设置为 0、4096、24576，请根据要求自行选择。

⑦ 修改路径开销，改变根端口，路径开销的值只能修改为 100000。

- 修改 S1 的 3 个端口中其中 1 个端口的路径开销，使 S1 的 E0/0/5 端口成为根端口。
- 修改 MS2 的 3 个端口中其中 1 个端口的路径开销，使 MS2 和 S1 到根桥的开销相等。

⑧ 设置完成后，请在图 5-46 上标明端口的角色。

⑨ 保存配置。

项目 6

静态路由配置

学习目标

- 理解路由的概念和来源。
- 理解路由协议的作用及静态路由工作方式。
- 应用静态路由和缺省路由的基本配置命令。
- 能够配置缺省路由实现本地网络与外部网络间的访问。
- 根据不同场景进行静态路由的设计和部署。

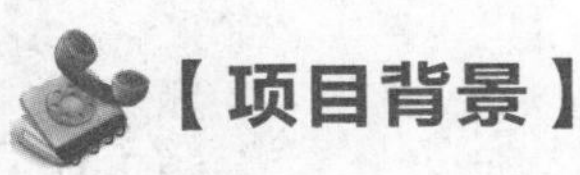

阳光纸业的总部和两个分公司分别在北京、广州、上海。总部与分公司间通过以太网实现互连，因为网络规模不大，信息中心网络管理员决定使用静态路由来实现网络互通。

【项目内容】

实现北京总部路由器 BJ_CR01、广州分公司路由器 GZ_CR01 和上海分公司路由器 SH_CR01 的网段能够互相访问，如图 6-1 所示。

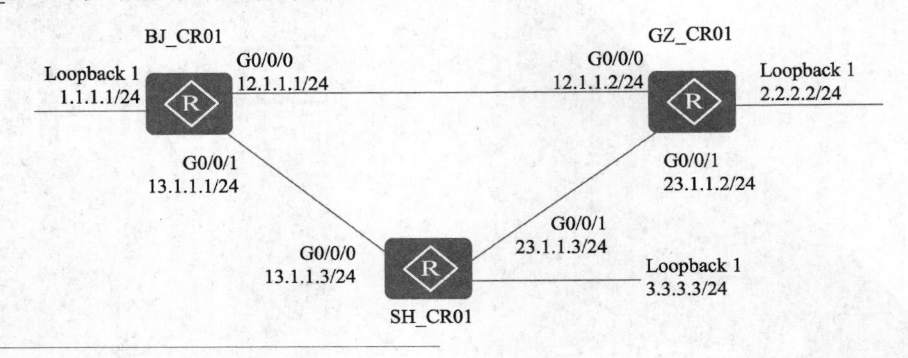

图 6-1
静态路由项目拓扑图

微课 6-1
路由的概念

6.1 相关知识：静态路由基础

6.1.1 路由的概念

路由器能够将一个网络的数据转发到另一个网络。路由器指导数据包发送的路径就是路由。路由是指从源主机转发数据包到达目标主机的过程。路由就像是网络中的 GPS，指导网络中的数据包到达目的地。如图 6-2 所示，将广州分部的数据包转发到北京总部，就是路由的过程。

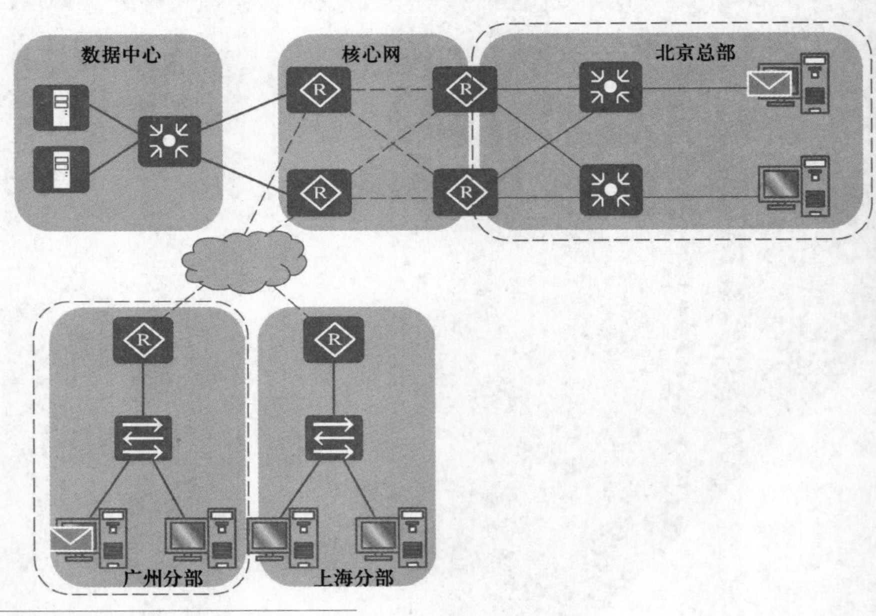

图 6-2
网络中数据包传输示意图

1. 路由表的作用

路由器通过路由表将数据包以最佳方式传送到某一目的地。路由表是指在路由器中维护的路由条目，路由器根据路由表做路径选择。

路由表中的条目可按以下 3 种方式添加。

① 直连路由：当接口已配置 IP 地址并且接口处于活动状态时，添加到路由表中。

② 静态路由：已手动配置路由，而且送出接口处于活动状态时，添加到路由表中。

③ 动态路由：当配置了动态路由协议，并且网络已确定时，添加到路由表中。

微课 6-2
路由来源—直连路由

2. 直连路由

直连路由是指直接连接到路由器某一端口的网络。R2 的 E1 端口连接的网络就是 R2 的直连网络（20.1.1.0/24 网段），如图 6-3 所示。路由表中直连路由出现的条件是：在路由器上配置了接口的 IP 地址，并且接口状态为 up 时。例如，R2 的 E1 接口配置了 IP 地址并启用后，会在路由表汇总出现一条直连路由。

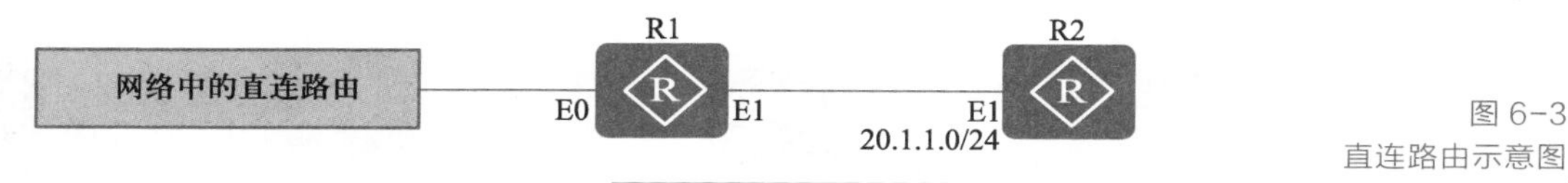

图 6-3
直连路由示意图

在路由器中，可以通过 display ip routing-table 命令查看路由表，如图 6-4 所示。其中第 1 段标识目的网络及连接方式，图中有两个网段 10.0.0.0/8 和 20.1.1.0/24；第 2 段标识路由器获得路由的方式，Direct 表示直连路由；第 3 段标识路由器上连接到目的网段的接口，如 10.0.0.0/8 网段直接连接到 E0 接口。

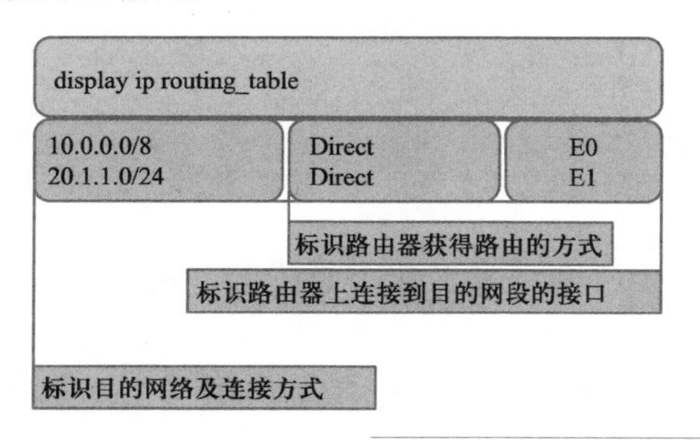

图 6-4
路由表中的直连路由

将上面的路由表变成表格形式，如图 6-5 所示，从表中可以清晰了解到路由表的内容，如网络的来源、目的网段和接口情况。

6.1.2 常规的静态路由

1. 静态路由的概念

微课 6-3
静态路由的概念

如图 6-6 所示，PC1 要与 PC2 通信，PC1 首先把数据包发送给网关，也就是路由器 R1。当 R1 收到数据包，会把数据包拆开查看目的地址，并将目的地址与路由表项进行对比。首先与路由表的第 1 行进行对比，发现 PC1 发出数据包的目的地址为 30.1.1.2，与路由表中第 1 行的目的地址 10.0.0.0/8 不匹配，因此接着往下进行对比。路由表第 2 行的目的地址为 20.1.1.0/24 网段，与 30.1.1.2 也不匹配。因为没有找到匹配的路由表项，于是丢弃数据包。

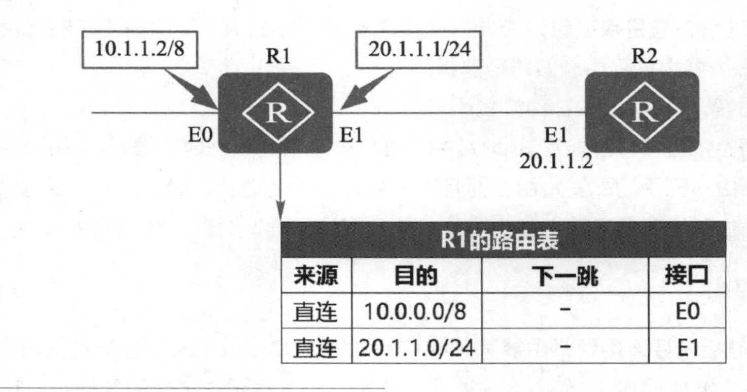

R1的路由表			
来源	目的	下一跳	接口
直连	10.0.0.0/8	-	E0
直连	20.1.1.0/24	-	E1

图 6-5
路由表示意图

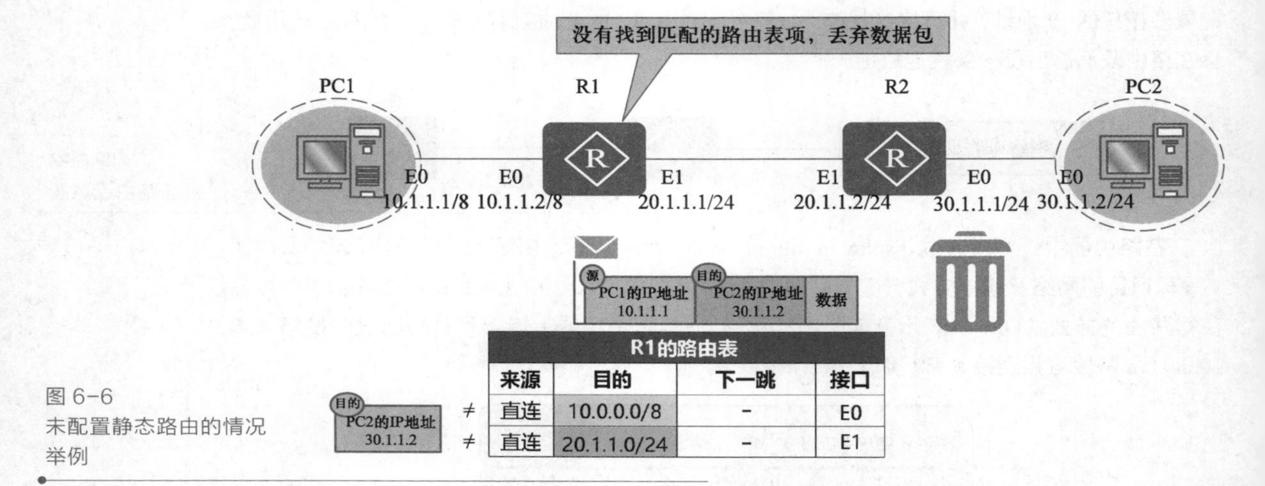

R1的路由表			
来源	目的	下一跳	接口
直连	10.0.0.0/8	-	E0
直连	20.1.1.0/24	-	E1

图 6-6
未配置静态路由的情况举例

PC1 属于 10.0.0.0 网段，PC2 属于 30.1.1.0 网段。对于小规模网络，不同网段的计算机通信，可以使用“静态路由”协议。

通过手动配置一个前往 PC2 的静态路由，将目的地址设置为 PC2 的网段 30.1.1.0/24、下一跳 IP 是 20.1.1.2、接口是 R1 的 E1 接口，路由表中的静态路由条目如图 6-7 所示。

当 PC1 再次向 PC2 发送数据包时，路由器 R1 查看数据包内容，将目的地址与路由表的目的地址进行比对，路由表的第 1 行和第 2 行都不匹配，路由表中第 3 行是手动添加的静态路由，目的地址为 30.1.1.0/24 网段，与数据包的目的地址 30.1.1.2 正好匹配，如图 6-7 所示。于是，路由器 R1 按照路由表，将数据包发送给 R2，数据包成功传送到了路由器 R2，最终成功到达 PC2。

静态路由是由管理员手动配置，在小型网络中适合设置静态路由。

静态路由需要确定三要素：目的网段、下一跳 IP 地址和出接口。以图 6-7 中 R1 路由器上配置去往 PC2 网段的静态路由为例，确定三要素。

① 目的网段：包括网段和子网掩码，目的网段为 30.1.1.0，子网掩码为 255.255.255.0，或用前缀长度 24 表示。

② 下一跳 IP 地址：去往目的地的对端直连路由器的接口地址。例如，R1 去往目的地 30.1.1.0/24 网段，对端直连路由器的接口地址为路由器 R2 的 E1 接口，IP 地址 20.1.1.2。

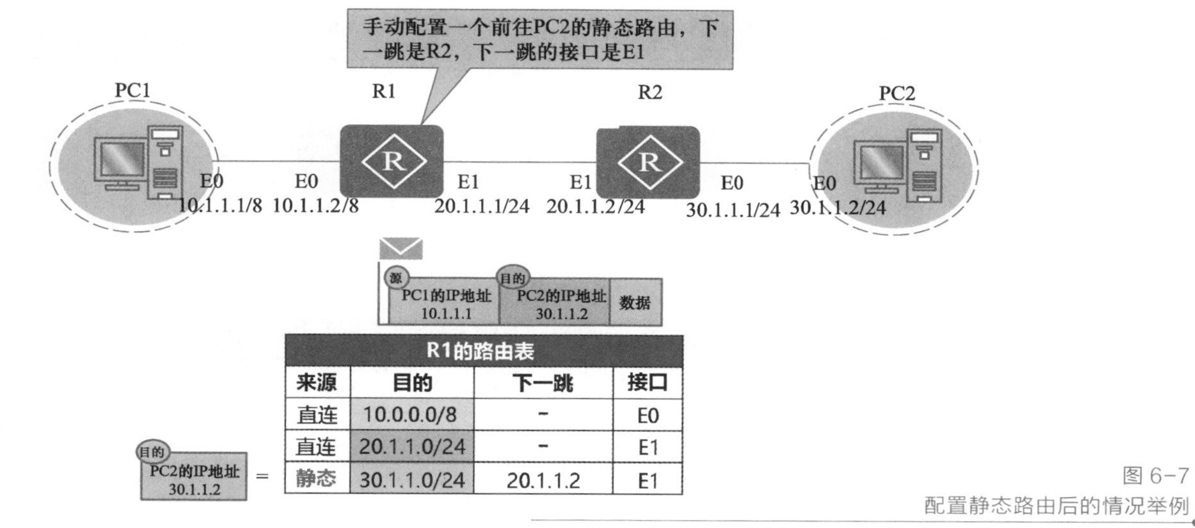

R1的路由表

来源	目的	下一跳	接口
直连	10.0.0.0/8	-	E0
直连	20.1.1.0/24	-	E1
静态	30.1.1.0/24	20.1.1.2	E1

图 6-7
配置静态路由后的情况举例

③ 出接口：去往目的地的本地接口。例如，R1 去往目的地 30.1.1.0/24 网段的出接口，就是 R1 的 E1 接口。

静态路由的优点是对路由器 CPU 没有管理性开销，在路由器间不会占用带宽传输路由协议，安全性优于动态路由。

其缺点是必须真正了解网络才能进行配置，对于新添网络配置繁琐，对于大型网络工作量巨大。

微课 6-4
练习：看路由表画拓扑图

2. 静态路由的特点

（1）手动配置

静态路由需要管理员根据实际需要进行手动配置，有多少未知的网段，就需要在路由器上配置多少条静态路由。

（2）单向性

如图 6-8 所示，当 PC1 ping PC2 时，PC1 发送的数据包，到达路由器 R1，匹配路由表成功，把 ping 报文从接口 E1 送出，当路由器 R2 收到数据包后，查看路由表，发现匹配路由表成功，把 ping 报文从接口 E0 送出。当 PC2 收到 PC1 的 ping 报文，回复 Echo 报文给 PC1。

Echo 报文到达路由器 R2 后，由于路由表中没有匹配的条目，丢弃 Echo 报文。由此可知，静态路由仅为数据提供沿着下一跳的方向进行路由，不提供反向路由。所以如果希望源结点与目标结点进行双向通信，就必须同时配置回程静态路由。

为了实现 PC1 到 PC2 的互通，在路由器 R2 上需要手动配置一条前往 PC1 的静态路由，将目的地址设置为 PC1 的网段 10.0.0.0/8，下一跳 IP 为 20.1.1.1，出接口是 R2 的 E1 接口，如图 6-9 所示。

当 PC1 向 PC2 第 2 次发送 ping 包时，PC2 的回复 Echo 报文到达路由器 R2，查看路由表，发现匹配路由表成功，把 Echo 报文从接口 E1 送出，当路由器 R1 收到数据包后，查看路由表，发现匹配路由表成功，把 Echo 报文从接口 E0 送出。最后，PC1 到 PC2 的第 2 次 ping 成功。

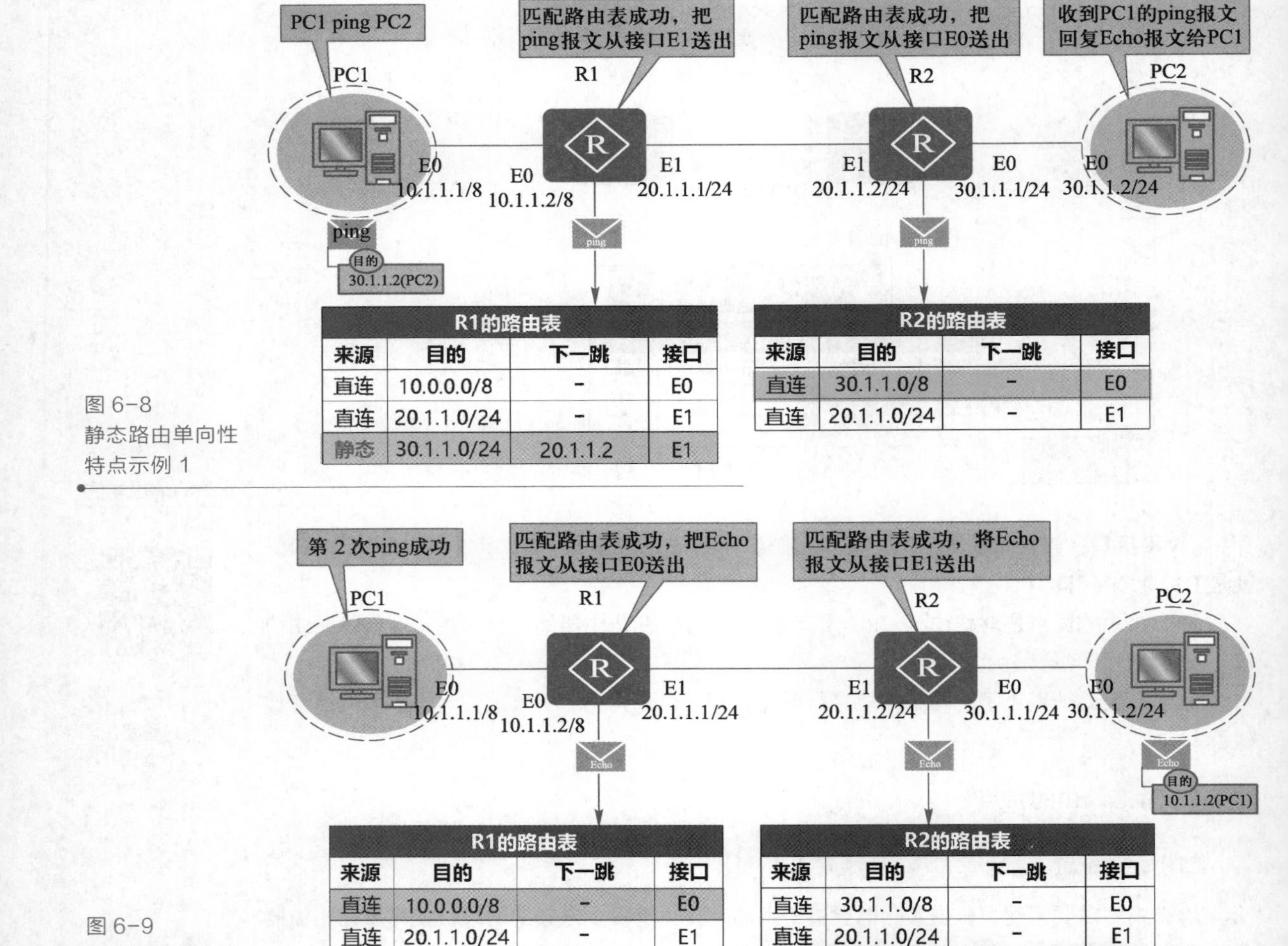

图 6-8 静态路由单向性特点示例 1

图 6-9 静态路由单向性特点示例 2

（3）接力性

从 PC1 到 PC2 的整条路径上经过了 3 个或以上的路由器结点，则必须在除最后一个路由器外的其他路由器上，依次配置到达相同目标结点或目标网络的静态路由，这就是静态路由的“接力”特性，如图 6-10 所示。

要实现 PC1 到 PC2 的互通，除了在路由器 R1 和 R2 上分别配置一条到达 PC2 的正向静态路由，还需要在路由器 R2 和 R3 上分别配置一条到达 PC1 的回程静态路由。因此，总共需要在路由器上配置 4 条静态路由，包括 2 条正向和 2 条回程，如图 6-11 所示。

6.1.3　特殊的静态路由

微课 6-5
特殊的静态路由

1. 缺省路由

当访问 Internet 时，由于地址条目众多，要配置的静态路由也非常多，而对于外网的网络出口只有一个，无论访问哪个目的网段的数据包都需要从连接 Internet 的出口转发出去，如图 6-12 所示，RB 访问 RA 所连接的 Internet 目的地址庞大，可将数据包转发给 RA 进行处理，这时使用缺省路由是一种更简单的配置方法。

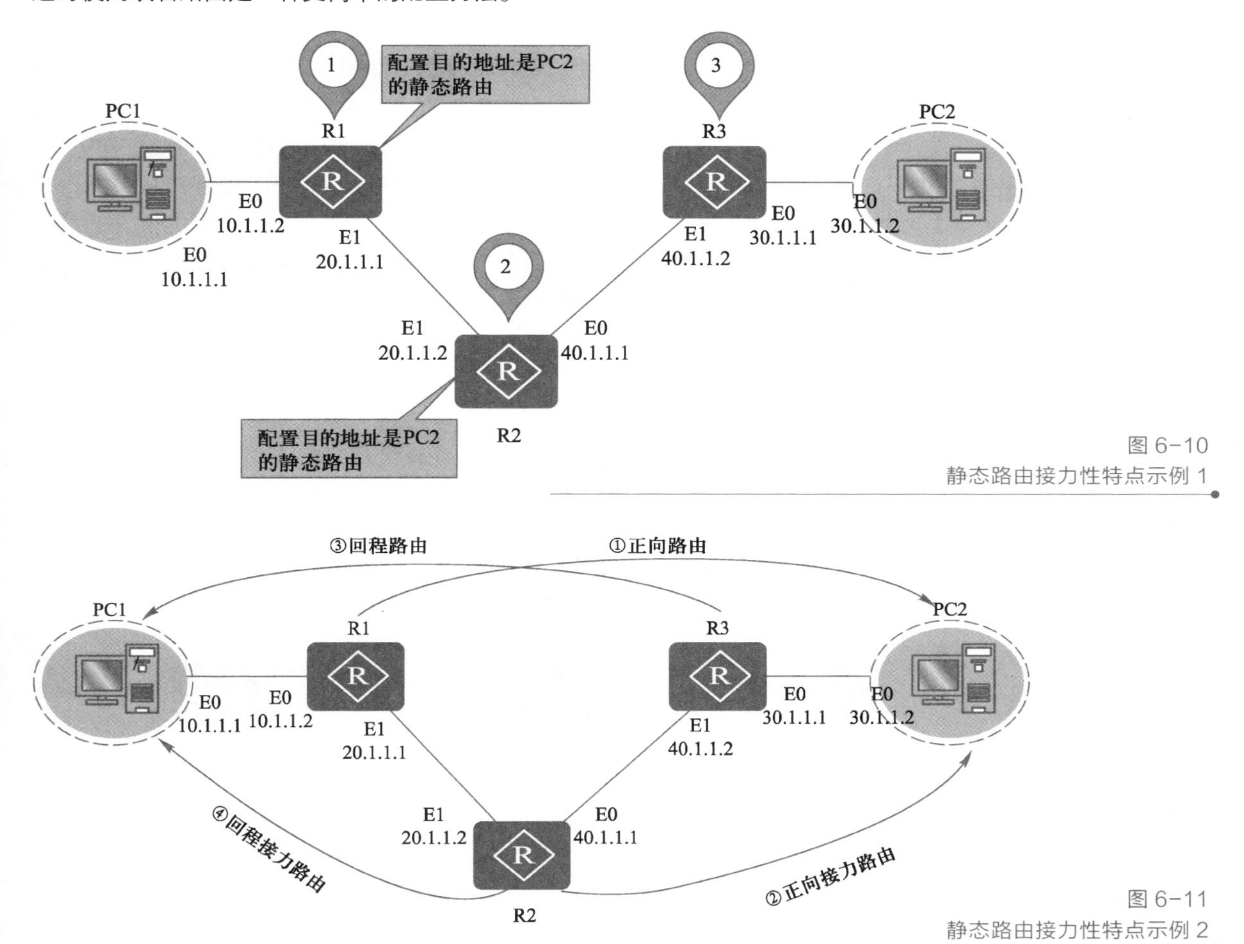

图 6-10
静态路由接力性特点示例 1

图 6-11
静态路由接力性特点示例 2

缺省路由（又称默认路由）是指当路由器在路由表中找不到目标网络的路由条目时，路由器把请求转发到缺省路由接口。虽然缺省路由可以匹配所有网段，但是其优先级最低，当目标地址既匹配静态路由又匹配缺省路由时，优选静态路由条目对应端口进行转发。当静态路由失效时，才匹配缺省路由，根据缺省路由进行转发。

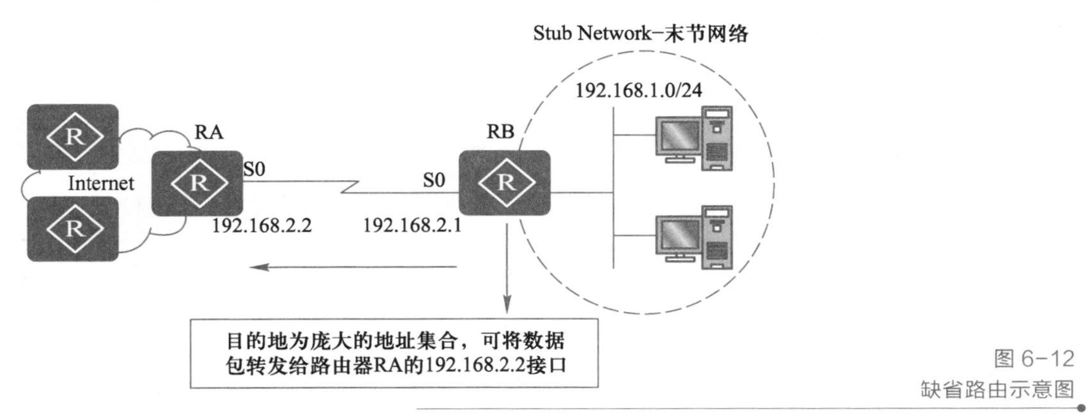

图 6-12
缺省路由示意图

2．负载均衡静态路由

负载均衡是指将流量分配到多条路径上，以提高数据的转发速度。如图 6-13 所示，从 R1 的 192.168.1.0 网段到 R3 的 192.168.3.0 网段的流量，可以从 R2 的 G0/0/0 接口走，也可以从 R2 的 G0/0/1 接口走，总共有两条路，当两条路径的度量值相同时，可以形成等价均分负载路径。即如果有 10 个数据包需要从 R1 传到 R3，链路 1 和链路 2 分别负责 5 个数据包的传输工作，因此做到了负载均衡。

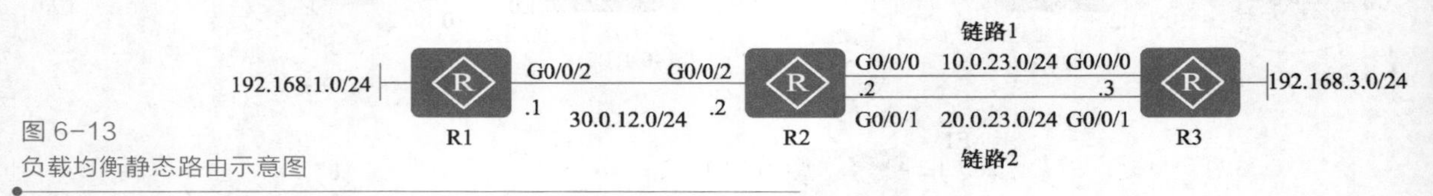

图 6-13
负载均衡静态路由示意图

3．浮动路由

浮动静态路由是一种特殊的静态路由，通过配置一个比主路由优先级更低的静态路由，在保证网络中主路由失效的情况下，提供备份路由，但在主路由存在的情况下备份路由不会出现在路由表中。如图 6-14 所示，当链路 1 出现在路由表中时，链路 2 不会存在于路由表中。当链路 1 失效时，链路 2 会进入路由表，承担起数据包的传送工作。

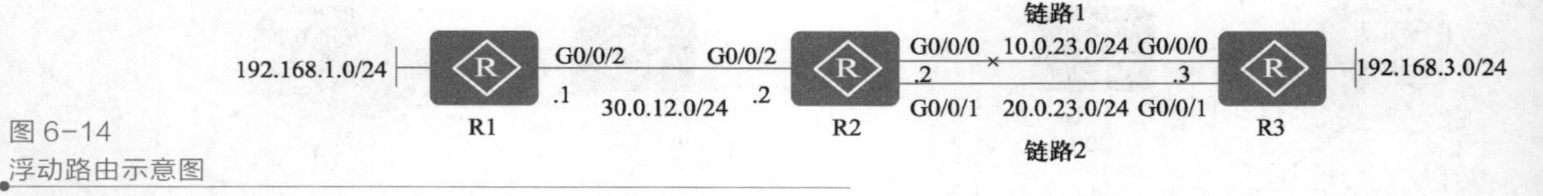

图 6-14
浮动路由示意图

微课 6-6
配置静态路由

6.1.4　静态路由的配置

1．配置静态路由

在系统视图下，配置静态路由。

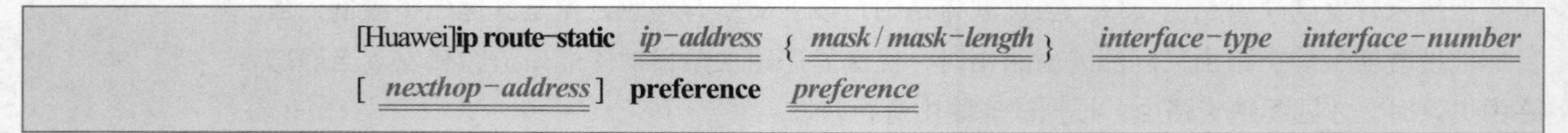
[Huawei]**ip route-static** *ip-address* { *mask* / *mask-length* } *interface-type* *interface-number* [*nexthop-address*] **preference** *preference*

【参数】

ip-address：指定了一个网络或者主机的目的地址。

mask / mask-length：指定了一个子网掩码或前缀长度，如子网掩码 255.255.255.0 或前缀长度 24。

interface-type interface-number：指定路由转发报文的接口类型和接口号。

nexthop-address：到达目的网络的下一个跳的 IP 地址，即相邻路由器的接口地址。

preference：指定静态路由协议的优先级。整数形式，取值范围为 1 ~ 255。缺省值是 60。

注意

如果使用了广播接口如以太网接口作为出接口，则必须要指定下一跳地址；如果使用了串口作为出接口，则可以通过参数 interface-type 和 interface-number（如 Serial 1/0/0）来配置出接口，此时不必指定下一跳地址。

若要删除静态路由，在系统视图下，输入 **undo ip route-static** *ip-address* { *mask* / *mask-length* } *interface-type* *interface-number* [*nexthop-address*]命令。

【配置实例】

① 配置到达 172.16.1.0/24 网段的静态路由，下一跳为 192.168.1.2。

```
[Huawei]ip route-static 172.16.1.0 255.255.255.0 192.168.1.2
```

或

```
[Huawei]ip route-static 172.16.1.0 24 192.168.1.2
```

② 配置浮动路由，去往目的网段 172.16.1.0/24 的静态路由，有 2 条链路，其中一条链路的下一跳为 192.168.1.2，另一条链路的下一跳为 192.168.2.2。优先使用 192.168.1.2 的链路传输数据，当链路失效时，使用 192.168.2.2 的链路。

微课 6-7
负载均衡和浮动路由的配置示例

```
[Huawei]ip route-static 172.16.1.0 255.255.255.0 192.168.1.2
[Huawei]ip route-static 172.16.1.0 255.255.255.0 192.168.2.2 preference 100
```

注意

配置时将下一跳为 192.168.2.2 的静态路由的优先级设置为 100。下一跳为 192.168.1.2 的静态路由没有配置优先级，因此其优先级为缺省值 60。优先级越小越优先，因此 192.168.1.2 为下一跳的路由会优先使用。

2．配置缺省路由

进入全局配置模式，配置缺省路由。

微课 6-8
配置缺省路由

```
[Huawei]ip route-static 0.0.0.0 0.0.0.0 interface-type interface-number
[ nexthop-address ] preference preference
```

【参数】

IP 地址和子网掩码全部为 0.0.0.0，代表匹配所有网络。

interface-type interface-number：指定路由转发报文的接口类型和接口号。

nexthop-address：到达目的网络的下一个跳的 IP 地址，即相邻路由器的接口地址。

preference：指定静态路由协议的优先级。整数形式，取值范围为 1～255。缺省值是 60。

6.2　项目准备：规划静态路由

【引导问题 6-1】 根据图 6-1 静态路由项目拓扑图，在表 6-1 中填写静态路由规划表。

表 6-1　静态路由规划表

设　　备	目的网段	子网掩码	接　　口	下一跳 IP 地址
BJ_CR01				

续表

设　　备	目的网段	子网掩码	接　　口	下一跳 IP 地址
GZ_CR01				
SH_CR01				

【引导问题 6-2】 填写 BJ_CR01 上的静态路由配置命令，见表 6-2。

表 6-2　BJ_CR01 上的静态路由配置命令

设　　备	命令配置
BJ_CR01	

微课 6-9
项目实施：配置静态路由

6.3　项目实施：配置静态路由

1．配置路由器 BJ_CR01

北京总部路由器 BJ_CR01 上的配置步骤如下。

第 1 步：修改路由器设备名称。

第 2 步：配置接口的 IP 地址。

第 3 步：配置静态路由，实现与广州分公司路由器 GZ_CR01 的测试网段 2.2.2.0/24，以及与上海分公司路由器 SH_CR01 的测试网段 3.3.3.0/24 的互连互通。

具体配置命令如下。

① 修改设备名称。

```
[Huawei]sysname BJ_CR01                                    //修改设备名称
```

② 配置接口的 IP 地址。

```
[BJ_CR01]interface GigabitEthernet0/0/0                    //进入接口
[BJ_CR01-GigabitEthernet0/0/0] ip address 12.1.1.1 24      //配置 IP 地址
[BJ_CR01-GigabitEthernet0/0/0]interface GigabitEthernet0/0/1   //进入接口
[BJ_CR01-GigabitEthernet0/0/1] ip address 13.1.1.1 24      //配置 IP 地址
[BJ_CR01-GigabitEthernet0/0/1]interface LoopBack1          //创建本地环回接口
[BJ_CR01-LoopBack1] ip address 1.1.1.1 24                  //配置 IP 地址
[BJ_CR01-LoopBack1] quit                                   //退出接口视图
```

③ 配置静态路由。

```
[BJ_CR01]ip route-static 2.2.2.0 255.255.255.0 12.1.1.2     //配置到目的网段 2.2.2.0/24，
                                                              下一跳为 12.1.1.2 的静态路由
[BJ_CR01]ip route-static 23.1.1.0 255.255.255.0 12.1.1.2    //配置到目的网段 23.1.1.0/24，
                                                              下一跳为 12.1.1.2 的静态路由
[BJ_CR01]ip route-static 3.3.3.0 255.255.255.0 13.1.1.3     //配置到目的网段 3.3.3.0/24，
                                                              下一跳为 13.1.1.3 的静态路由
```

2．配置路由器 GZ_CR01

广州分公司路由器 GZ_CR01 上的配置步骤如下。

第 1 步：修改路由器设备名称。

第 2 步：配置接口的 IP 地址。

第 3 步：配置静态路由，实现与北京总部路由器 BJ_CR01 的测试网段 1.1.1.0/24，以及与上海分公司路由器 SH_CR01 的测试网段 3.3.3.0/24 的互通。

具体配置命令如下。

① 修改设备名称。

```
[Huawei]sysname GZ_CR01                                      //修改设备名称
```

② 配置接口的 IP 地址。

```
[GZ_CR01]interface GigabitEthernet0/0/0                               //进入接口
[GZ_CR01-GigabitEthernet0/0/0] ip address 12.1.1.2  24                //配置 IP 地址
[GZ_CR01-GigabitEthernet0/0/0]interface GigabitEthernet0/0/1          //进入接口
[GZ_CR01-GigabitEthernet0/0/1] ip address 23.1.1.2  24                //配置 IP 地址
[GZ_CR01-GigabitEthernet0/0/1]interface LoopBack1                     //创建本地环回接口
[GZ_CR01-LoopBack1] ip address 2.2.2.2  24                            //配置 IP 地址
[GZ_CR01-LoopBack1] quit                                              //退出接口视图
```

③ 配置静态路由。

```
[GZ_CR01]ip route-static 1.1.1.0 255.255.255.0 12.1.1.1     //配置到目的网段 1.1.1.0/24，
                                                              下一跳为 12.1.1.1 的静态路由
[GZ_CR01]ip route-static 13.1.1.0 255.255.255.0 12.1.1.1    //配置到目的网段 13.1.1.0/24，
                                                              下一跳为 12.1.1.1 的静态路由
[GZ_CR01]ip route-static 3.3.3.0 255.255.255.0 23.1.1.3     //配置到目的网段 3.3.3.0/24，
                                                              下一跳为 23.1.1.3 的静态路由
```

3．配置路由器 SH_CR01

上海分公司路由器 SH_CR01 上的配置步骤如下。

第 1 步：修改路由器设备名称。

第 2 步：配置接口的 IP 地址。

第 3 步：配置静态路由，实现与北京总部路由器 BJ_CR01 的测试网段 1.1.1.0/24，以及与广州分公司路由器 GZ_CR01 的测试网段 2.2.2.0/24 的互连互通。

具体配置命令如下。

① 修改设备名称。

```
[Huawei]sysname SH_CR01                                   //修改设备名称
```

② 配置接口的 IP 地址。

```
[SH_CR01]interface GigabitEthernet0/0/0                   //进入接口
[SH_CR01-GigabitEthernet0/0/0] ip address 13.1.1.3  24    //配置 IP 地址
[SH_CR01-GigabitEthernet0/0/0]interface GigabitEthernet0/0/1  //进入接口
[SH_CR01-GigabitEthernet0/0/1] ip address 23.1.1.3  24    //配置 IP 地址
[SH_CR01-GigabitEthernet0/0/1]interface LoopBack1         //创建本地环回接口
[SH_CR01-LoopBack1] ip address 3.3.3.3  24                //配置 IP 地址
[SH_CR01-LoopBack1] quit                                  //退出接口视图
```

③ 配置静态路由。

```
[SH_CR01]ip route-static 1.1.1.0 255.255.255.0 13.1.1.1   //配置到目的网段 1.1.1.0/24、
                                                            下一跳为 13.1.1.1 的静态路由
[SH_CR01]ip route-static 12.1.1.0 255.255.255.0 13.1.1.1  //配置到目的网段 12.1.1.0/24、
                                                            下一跳为 13.1.1.1 的静态路由
[SH_CR01]ip route-static 2.2.2.0 255.255.255.0 23.1.1.2   //配置到目的网段 2.2.2.0/24、
                                                            下一跳为 23.1.1.2 的静态路由
```

4．测试

（1）查看接口状态

通过 display ip interface brief　命令查看接口状态和配置的概要信息。每台设备上，接口 IP 配置正确，且接口的 Physical（物理）和 Protocol（协议）层都为 up，表示接口启动正常。

BJ_CR01 设备上的接口状态和配置的概要信息，如图 6-15 所示。

```
BJ-CR01
[BJ_CR01]display ip interface brief
*down: administratively down
^down: standby
(l): loopback
(s): spoofing
The number of interface that is UP in Physical is 4
The number of interface that is DOWN in Physical is 1
The number of interface that is UP in Protocol is 4
The number of interface that is DOWN in Protocol is 1

Interface                         IP Address/Mask      Physical   Protocol
GigabitEthernet0/0/0              12.1.1.1/24          up         up
GigabitEthernet0/0/1              13.1.1.1/24          up         up
GigabitEthernet0/0/2              unassigned           down       down
LoopBack1                         1.1.1.1/24           up         up(s)
NULL0                             unassigned           up         up(s)
```

图 6-15
路由器 BJ_CR01 上的接口状态和配置的概要信息

GZ_CR01 设备上的接口状态和配置的概要信息，如图 6-16 所示。

```
GZ_CR01
[GZ_CR01]display ip interface brief
*down: administratively down
^down: standby
(l): loopback
(s): spoofing
The number of interface that is UP in Physical is 4
The number of interface that is DOWN in Physical is 1
The number of interface that is UP in Protocol is 4
The number of interface that is DOWN in Protocol is 1

Interface                         IP Address/Mask      Physical   Protocol
GigabitEthernet0/0/0              12.1.1.2/24          up         up
GigabitEthernet0/0/1              23.1.1.2/24          up         up
GigabitEthernet0/0/2              unassigned           down       down
LoopBack1                         2.2.2.2/24           up         up(s)
NULL0                             unassigned           up         up(s)
```

图 6-16
路由器 GZ_CR01 上的接口状态和配置的概要信息

SH_CR01 设备上的接口状态和配置的概要信息，如图 6-17 所示。

```
SH_CR01
[SH_CR01]display ip interface brief
*down: administratively down
^down: standby
(l): loopback
(s): spoofing
The number of interface that is UP in Physical is 4
The number of interface that is DOWN in Physical is 1
The number of interface that is UP in Protocol is 4
The number of interface that is DOWN in Protocol is 1

Interface                         IP Address/Mask      Physical   Protocol
GigabitEthernet0/0/0              13.1.1.3/24          up         up
GigabitEthernet0/0/1              23.1.1.3/24          up         up
GigabitEthernet0/0/2              unassigned           down       down
LoopBack1                         3.3.3.3/24           up         up(s)
NULL0                             unassigned           up         up(s)
```

图 6-17
路由器 SH_CR01 上的接口状态和配置的概要信息

（2）查看路由表

通过 display ip routing-table 命令查看路由器上的路由表。

注意

"| include Static"，表示仅查看路由表中包含"Static"关键字的条目，也就是仅查看静态路由。注意Static中的"S"需要大写。

BJ_CR01 设备上的静态路由情况，如图 6-18 所示。

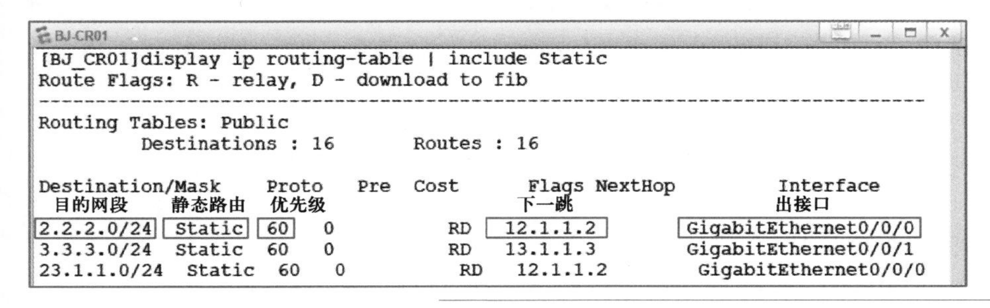

```
BJ-CR01
[BJ_CR01]display ip routing-table | include Static
Route Flags: R - relay, D - download to fib
------------------------------------------------------------------------------
Routing Tables: Public
         Destinations : 16       Routes : 16

Destination/Mask    Proto   Pre  Cost      Flags NextHop         Interface
 目的网段           静态路由 优先级             下一跳             出接口
2.2.2.0/24          Static  60   0           RD  12.1.1.2        GigabitEthernet0/0/0
3.3.3.0/24          Static  60   0           RD  13.1.1.3        GigabitEthernet0/0/1
23.1.1.0/24         Static  60   0           RD  12.1.1.2        GigabitEthernet0/0/0
```

图 6-18
路由器 BJ_CR01 上查看路由表中的静态路由

GZ_CR01 设备上的静态路由情况，如图 6-19 所示。

```
[GZ_CR01]display ip routing-table | include Static
Route Flags: R - relay, D - download to fib
------------------------------------------------------------------------------
Routing Tables: Public
         Destinations : 16       Routes : 16

Destination/Mask    Proto   Pre  Cost      Flags NextHop         Interface

1.1.1.0/24  Static  60   0          RD  12.1.1.1        GigabitEthernet0/0/0
3.3.3.0/24  Static  60   0          RD  23.1.1.3        GigabitEthernet0/0/1
13.1.1.0/24  Static  60   0          RD  12.1.1.1        GigabitEthernet0/0/0
```

图 6-19
路由器 GZ_CR01 上查看路由表中的静态路由

SH_CR01 设备上的静态路由，如图 6-20 所示。

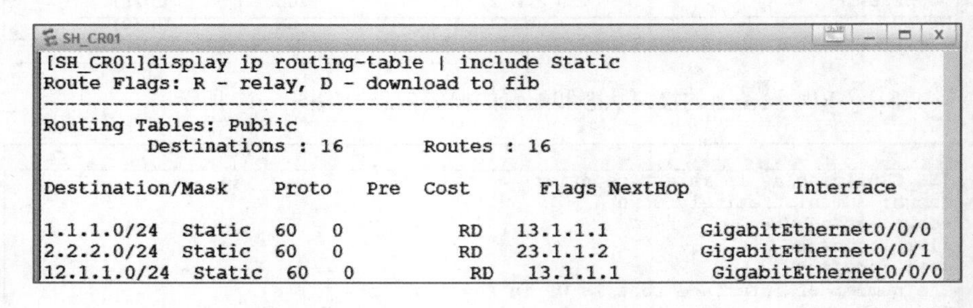

```
[SH_CR01]display ip routing-table | include Static
Route Flags: R - relay, D - download to fib
------------------------------------------------------------------------------
Routing Tables: Public
         Destinations : 16       Routes : 16

Destination/Mask    Proto   Pre  Cost      Flags NextHop         Interface

1.1.1.0/24  Static  60   0          RD  13.1.1.1        GigabitEthernet0/0/0
2.2.2.0/24  Static  60   0          RD  23.1.1.2        GigabitEthernet0/0/1
12.1.1.0/24  Static  60   0          RD  13.1.1.1        GigabitEthernet0/0/0
```

图 6-20
路由器 SH_CR01 上查看路由表中的静态路由

（3）测试连通性

使用 ping 命令测试到每台路由器 Loopback 口的连通情况。

① BJ_CR01 ping GZ_CR01 上的 2.2.2.2，能够 ping 通，如图 6-21 所示。

ping -a 1.1.1.1 2.2.2.2，-a 参数后面接的是源地址，表示 ping 包的源地址是 1.1.1.1，后面的 2.2.2.2 是 ping 的目的地址。

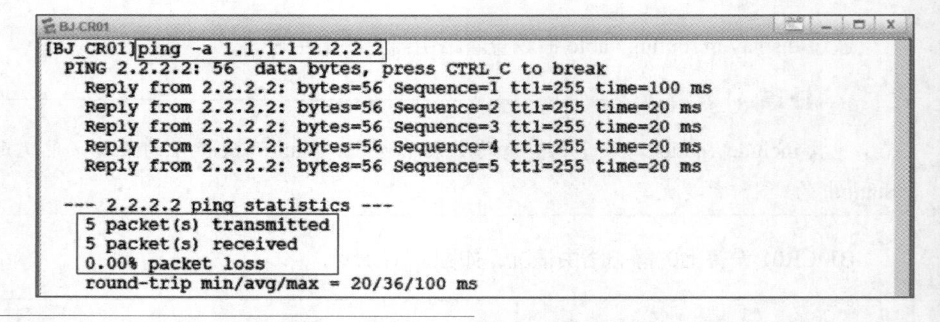

```
[BJ_CR01]ping -a 1.1.1.1 2.2.2.2
  PING 2.2.2.2: 56  data bytes, press CTRL_C to break
    Reply from 2.2.2.2: bytes=56 Sequence=1 ttl=255 time=100 ms
    Reply from 2.2.2.2: bytes=56 Sequence=2 ttl=255 time=20 ms
    Reply from 2.2.2.2: bytes=56 Sequence=3 ttl=255 time=20 ms
    Reply from 2.2.2.2: bytes=56 Sequence=4 ttl=255 time=20 ms
    Reply from 2.2.2.2: bytes=56 Sequence=5 ttl=255 time=20 ms

  --- 2.2.2.2 ping statistics ---
    5 packet(s) transmitted
    5 packet(s) received
    0.00% packet loss
    round-trip min/avg/max = 20/36/100 ms
```

图 6-21
BJ_CR01 能够 ping 通 GZ_CR01 上的 2.2.2.2

通过在 BJ_CR01 的 G0/0/0 端口进行抓包，在 eNSP 模拟器中，端口上右击，在弹出的快捷菜单中选择“开始抓包”命令，如图 6-22 所示。

抓包查看结果，发现 BJ_CR01 发出的 ICMP 数据包的源 IP 地址确实为 1.1.1.1，如图 6-23 所示。

回复的数据包也是给 1.1.1.1 回复的，如图 6-24 所示。

② BJ_CR01 ping SH_CR01 上的 3.3.3.3，也能够 ping 通，如图 6-25 所示。

（4）查看传输路径

使用 tracert 命令查看数据的传输路径。

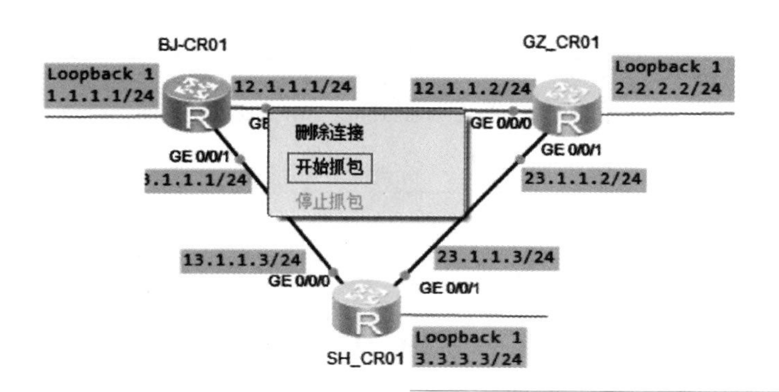

图 6-22
eNSP 模拟器中 BJ_CR01 的 G0/0/0 端口抓包示意图

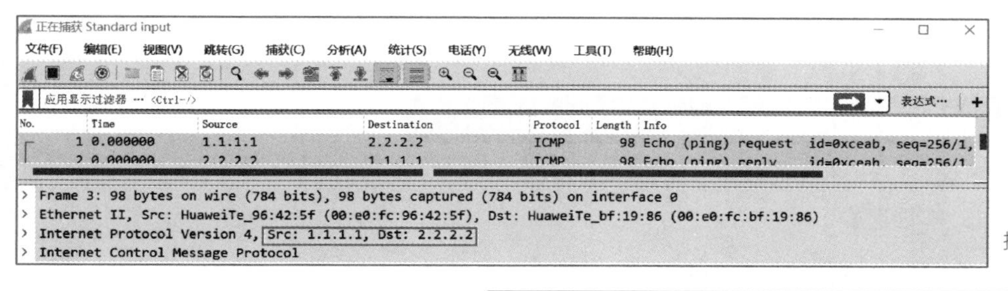

图 6-23
BJ_CR01 的 G0/0/0 接口查看发送数据包的情况

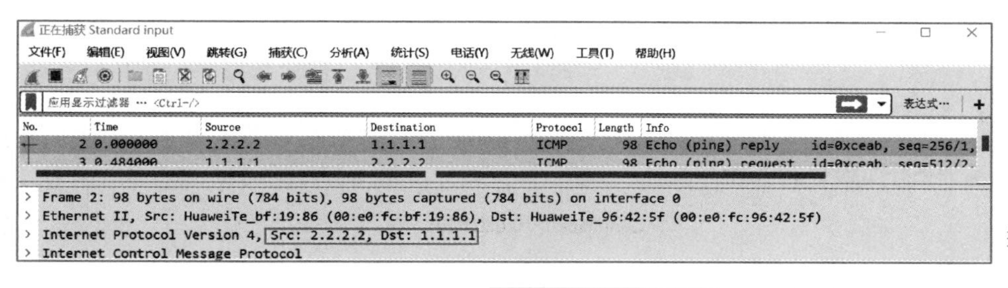

图 6-24
BJ_CR01 的 G0/0/0 接口查看回复数据包的情况

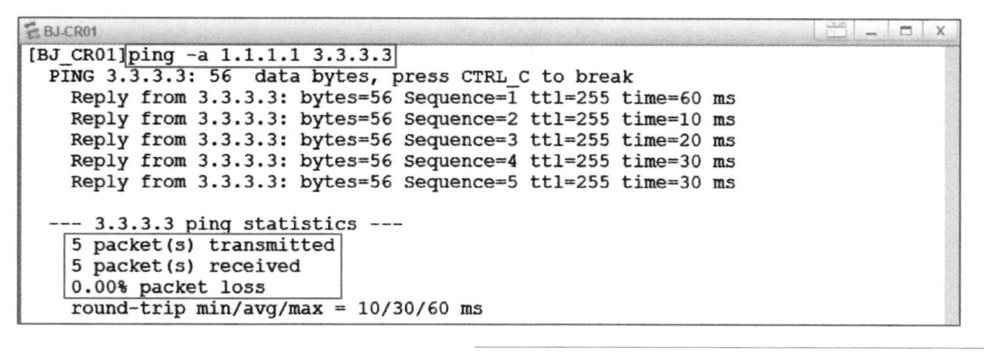

图 6-25
BJ_CR01 能够 ping 通 GZ_CR01 上的 3.3.3.3

在路由器 BJ_CR01 上执行 tracert 命令，查看访问 GZ_CR01 的 2.2.2.2 网段的数据包传输路径。命令的回显信息证实 BJ_CR01 将数据直接发送给 GZ_CR01 的 12.1.1.2，如图 6-26 所示。

在路由器 BJ_CR01 上执行 tracert 命令，查看访问 SH_CR01 的 3.3.3.3 网段的数据包传输路径。命令的回显信息证实 BJ_CR01 将数据直接发送给 SH_CR01 的 13.1.1.3，如图 6-27 所示。

```
[BJ_CR01]tracert 2.2.2.2

 traceroute to  2.2.2.2(2.2.2.2), max hops: 30 ,packet length: 40,press CTRL_C t
o break

 1 12.1.1.2 20 ms  30 ms  20 ms
```

图 6-26
路由器 BJ_CR01 上查看访问 GZ_CR01 的 2.2.2.2 网段的数据传输路径

```
[BJ_CR01]tracert 3.3.3.3

 traceroute to  3.3.3.3(3.3.3.3), max hops: 30 ,packet length: 40,press CTRL_C t
o break

 1 13.1.1.3 20 ms  10 ms  30 ms
```

图 6-27
路由器 BJ_CR01 上查看访问 SH_CR01 的 3.3.3.3 网段的数据传输路径

巩固训练：向阳印制公司静态路由配置

1. 实训目的

- 熟练应用静态路由的配置。
- 理解静态路由的工作原理。
- 理解路由表中各项内容的含义。

2. 实训拓扑

实训拓扑如图 6-28 所示。

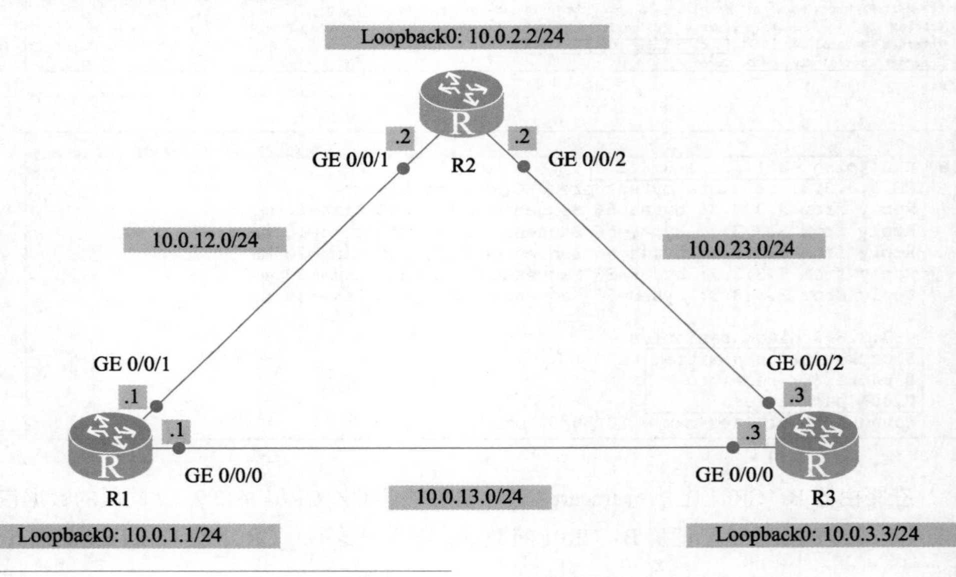

图 6-28
静态路由实训拓扑图

3. 实训内容

① 按照拓扑，完成路由器 IP 地址的设置。

② 修改设备名称。

③ 分别在 R1 和 R2、R3 上配置接口 IP 地址，包括 Loopback 接口。

④ 分别在 R1 和 R2、R3 上配置静态路由，实现所有 Loopback 接口之间的连通。

⑤ 测试。

- 使用 display ip routing-table 命令，分别在 R1、R2、R3 上查看路由表，并把路由条目中的静态路由用红框圈出来。
- 测试连通性：在路由器上输入以下命令测试连通性。

路由器 R1 上：

```
ping -a 10.0.1.1 10.0.2.2
ping -a 10.0.1.1 10.0.3.3
```

路由器 R2 上：

```
ping -a 10.0.2.2 10.0.3.3
```

⑥ 保存路由器的配置。

项目 7 RIP 路由协议

学习目标

- 理解 RIP 路由的概念和更新机制。
- 应用 RIP 的基本配置命令，实现局域网终端的互访。
- 根据不同场景进行 RIP 路由的设计和部署。

【项目背景】

阳光纸业上海分公司网络规模不大，决定采用 RIP 协议来进行路由信息的传递，实现上海分公司的网络互通。

【项目内容】

实现 SH_CR01、SH_CR02 和 SH_CR03 上海分公司的设备互连互通，如图 7-1 所示。

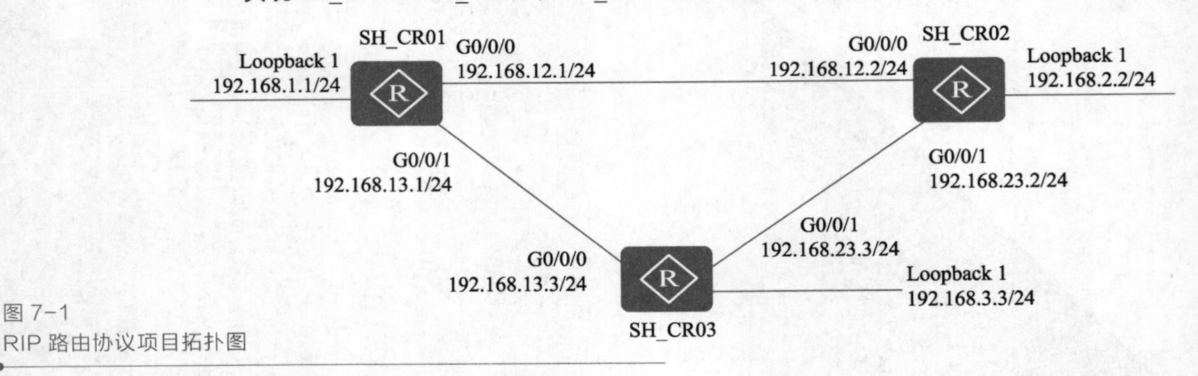

图 7-1
RIP 路由协议项目拓扑图

7.1　相关知识：RIP 技术基础

7.1.1　动态路由协议

微课 7-1
动态路由协议的概念

1. 动态路由协议的概念

动态路由是指网络中路由器之间相互传递路由信息，利用收到的路由信息更新、维护路由表。它是基于某种路由协议实现的。

动态路由的特点是减少管理任务，但是由于需要交换路由更新信息，因此占用了网络带宽。动态路由协议包括内部网关协议和外部网关协议，其中内部网关协议根据路由所执行的算法分类可分为距离矢量路由协议（Distance Vector）和链路状态路由协议（Link State），如图 7-2 所示。

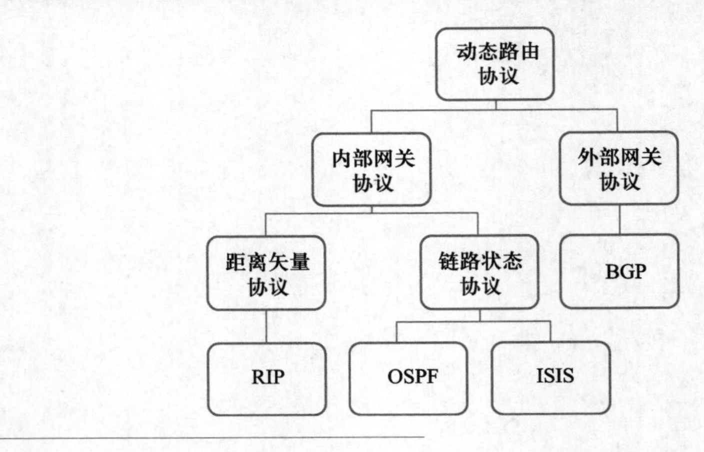

图 7-2
动态路由协议的分类

2．距离矢量路由协议

距离矢量是通过距离和矢量的方式将路由通告给其他路由器。通俗而言，就是往哪个方向有多远。通常认为是“依照传闻进行路由选择”。

距离矢量路由协议关注的是距离和矢量，距离就是到达目的地有多远，矢量是指从哪个方向。如图 7-3 所示，R1 知道通过 R2 能够到达目的地（R）的距离是 5，R2 是到达目的地的下一跳，也就是方向，但是 R1 并不知道 R2 与 R 之间的拓扑连接状况。

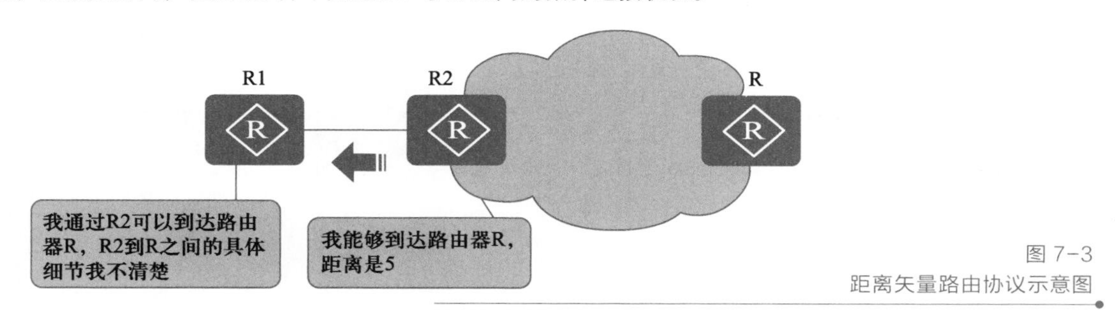

图 7-3
距离矢量路由协议示意图

3．链路状态路由协议

链路状态路由协议是把自己的链路状态通告给邻居路由器。运行了该路由协议的路由器，被划分成不同区域，路由器通过收集区域的所有路由器的链路状态信息，根据状态信息生成网络拓扑结构，每一个路由器再根据拓扑结构计算出路由。

启用链路状态路由协议的路由器从对等路由器处获取信息，建立一张完整的网络图，形成链路状态数据库，相当于每台路由器都知道整个网络的全网地图，如图 7-4 所示。然后每台路由器再根据自己的链路状态数据库，用 SPF（最短路径优先）算法计算出一个以自己为根的树形结构，得出最佳路径，再生成路由表。

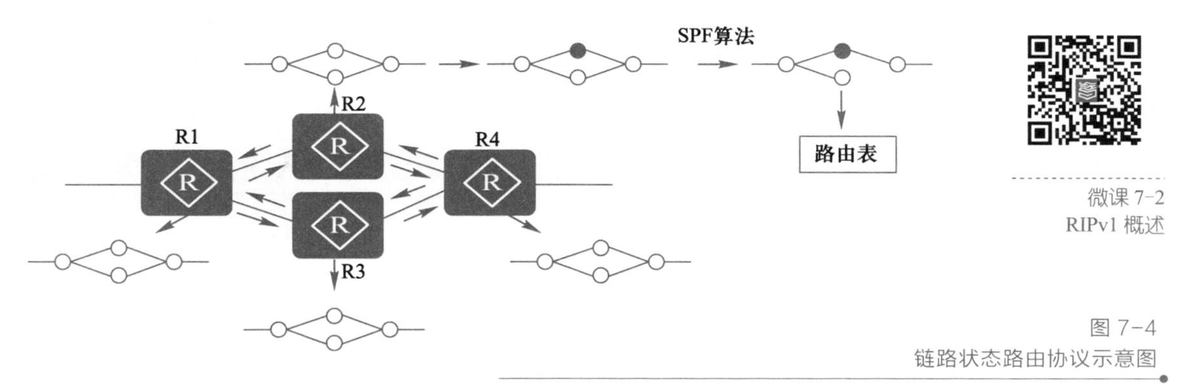

图 7-4
链路状态路由协议示意图

微课 7-2
RIPv1 概述

7.1.2　RIP 动态路由协议

微课 7-3
RIPv2 概述

1．RIP 概述

路由信息协议（Routing Information Protocol，RIP），是一种基于距离矢量算法的路由协议，适用于中小型网络。目前 RIP 有 RIPv1 和 RIPv2 两个版本。

RIP 有以下一些主要特性。

微课 7-4
路由表，优先级和度量值

- RIP 属于典型的距离矢量路由协议。
- RIPv1 是一种应用层协议，使用 UDP 协议的 520 端口，通过广播地址 255.255.255.255 发送和接收路由信息。
- RIP 以到目的网络的最小跳数作为路由选择的度量标准。
- RIP 是为小型网络设计的。它的最大跳数为 15 跳，16 跳为无穷远，只能应用在中小型网络中。
- RIPv1 是一种有类路由协议，不支持不连续子网设计。
- RIP 周期进行路由更新，将路由表广播给邻居路由器，广播周期为 30 s。
- RIP 的路由优先级为 120。

注意

路由优先级是指一种路由协议的路由可信度。每一种路由协议按可靠性从高到低，依次分配一个信任等级，这个信任等级就叫路由优先级。

华为设备的路由协议中定义了以下默认的路由优先级，见表 7-1。当在路由器中同时设置两种路由协议时，根据优先级，选择优先级高的路由协议添加到路由表中。优先级的值越小越优先。

表 7-1　华为路由优先级

路由类型	Direct	OSPF	Static	RIP
路由协议优先级	0	10	60	100

微课 7-5
RIP 更新机制

2. RIP 更新机制

本节介绍 RIP 的更新机制。当各条链路配置好 IP 地址并且接口 UP 后，所有路由器的路由表中仅有直连路由表项，度量值均为 0，如图 7-5 所示。

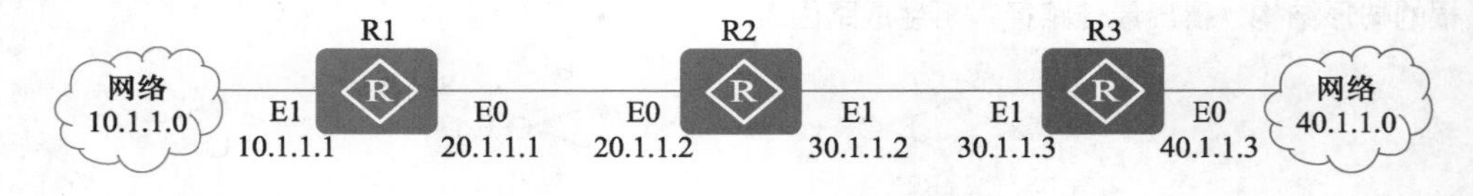

R1的路由表

来源	目的网络	下一跳	度量
直连	10.1.1.0	-	0
直连	20.1.1.0	-	0

R2的路由表

来源	目的网络	下一跳	度量
直连	20.1.1.0	-	0
直连	30.1.1.0	-	0

R3的路由表

来源	目的网络	下一跳	度量
直连	30.1.1.0	-	0
直连	40.1.1.0	-	0

图 7-5
端口配置 IP 后路由表初始状态

路由器 R2 运行 RIP 后，立刻洪泛出 Request 包。RIP 一共定义了两种数据包：Request 包用来请求邻居路由器的路由信息，Response 包用来发送路由信息。R1 收到了 R2 的 Request 包后，回复一个 Response 包给 R2，内容包括地址和度量值（Metric），如图 7-6 所示。度量值是 1，因为到达目的地，经过了一跳，即一台路由器。

路由器 R2 收到 R1 的路由更新，因为 R2 中已经有 20.0.0.0 的路由，且度量值为 0，比 1 小，所以不添加该路由。仅在路由表中添加新路由，“来源是 R，目的网络是 10.0.0.0，下一跳是 20.1.1.1，度量值是 1”，如图 7-7 所示。R 表示通过 RIP 得到的路由信息。

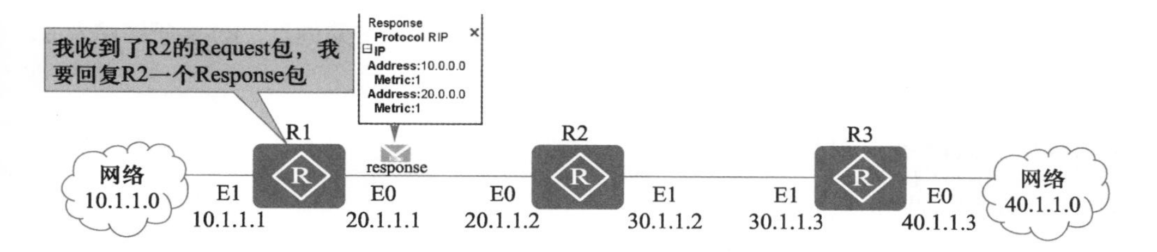

R1的路由表

来源	目的网络	下一跳	度量
直连	10.1.1.0	-	0
直连	20.1.1.0	-	0

R2的路由表

来源	目的网络	下一跳	度量
直连	20.1.1.0	-	0
直连	30.1.1.0	-	0

R3的路由表

来源	目的网络	下一跳	度量
直连	30.1.1.0	-	0
直连	40.1.1.0	-	0

图 7-6
R2 收到 Request 包，返回 Response 包

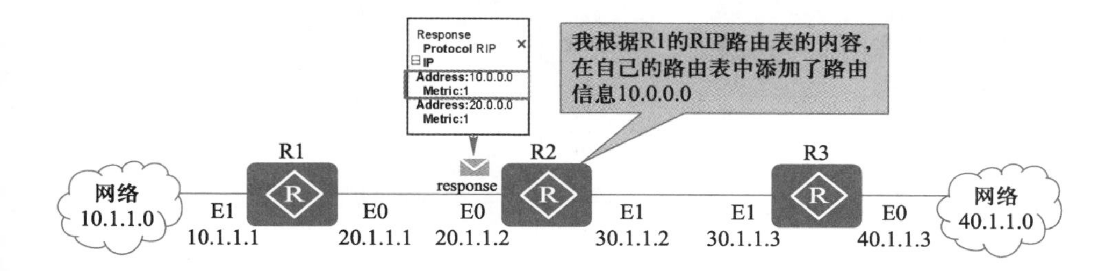

R1的路由表

来源	目的网络	下一跳	度量
直连	10.1.1.0	-	0
直连	20.1.1.0	-	0

R2的路由表

来源	目的网络	下一跳	度量
直连	20.1.1.0	-	0
直连	30.1.1.0	-	0
R	**10.0.0.0**	**20.1.1.1**	**1**

R3的路由表

来源	目的网络	下一跳	度量
直连	30.1.1.0	-	0
直连	40.1.1.0	-	0

图 7-7
R2 收到 R1 的路由更新后更新路由表

同理，当路由器 R3 收到 R2 的请求后，把自己的路由信息封装在 Response 包中，发送给路由器 R3，如图 7-8 所示。R2 收到 R3 的路由更新，在路由表中添加了新的路径“目的网络是 40.0.0.0，下一跳是 30.1.1.3，度量值是 1”。

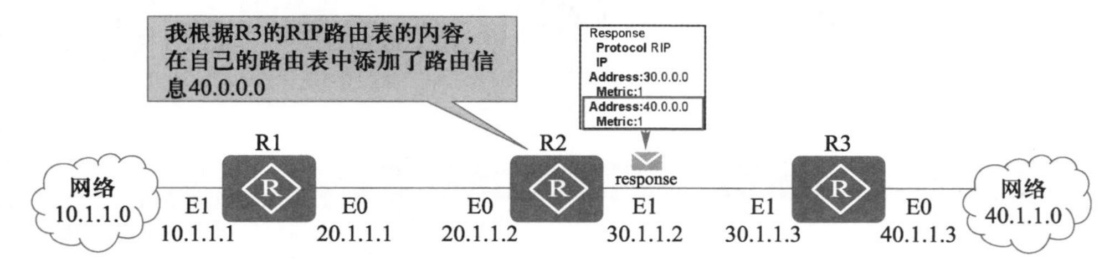

R1的路由表

来源	目的网络	下一跳	度量
直连	10.1.1.0	-	0
直连	20.1.1.0	-	0

R2的路由表

来源	目的网络	下一跳	度量
直连	20.1.1.0	-	0
直连	30.1.1.0	-	0
R	10.0.0.0	20.1.1.1	1
R	**40.0.0.0**	**30.1.1.3**	**1**

R3的路由表

来源	目的网络	下一跳	度量
直连	30.1.1.0	-	0
直连	40.1.1.0	-	0

图 7-8
R2 收到 R3 的路由更新后更新路由表

R2 更新路由表并将完整的路由表发送给邻居路由器，需要注意的是，R2 会把路由表每一项的度量值都加 1，然后发送给 R1，如图 7-9 所示。

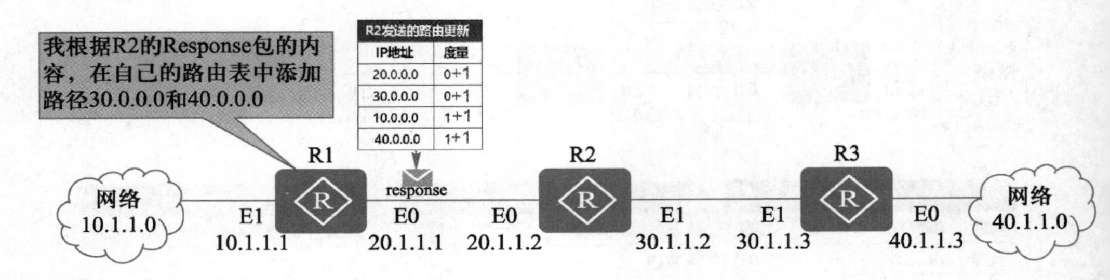

R1的路由表			
来源	目的网络	下一跳	度量
直连	10.1.1.0	-	0
直连	20.1.1.0	-	0

R2收到路由更新后的路由表		
目的网络	下一跳	度量
20.1.1.0	-	0
30.1.1.0	-	0
10.0.0.0	20.1.1.1	1
40.0.0.0	30.1.1.3	1

图 7-9
R1 收到 R2 的 Response 包

当路由器 R1 收到 R2 的路由更新后，会将 R2 发送的路由更新与 R1 的路由表项进行对比。只有当出现新添加的，或度量值小于等于原路由表项的路由，才会被添加到路由表中。路由器 R1 的 10 网段和 20 网段的度量值是 0，而收到的这两项的度量值都大于 0，因此忽略这两个表项的更新。而 30 网段和 40 网段是两条新的路由表项，于是在路由表中分别添加两条新的路径，如图 7-10 所示。

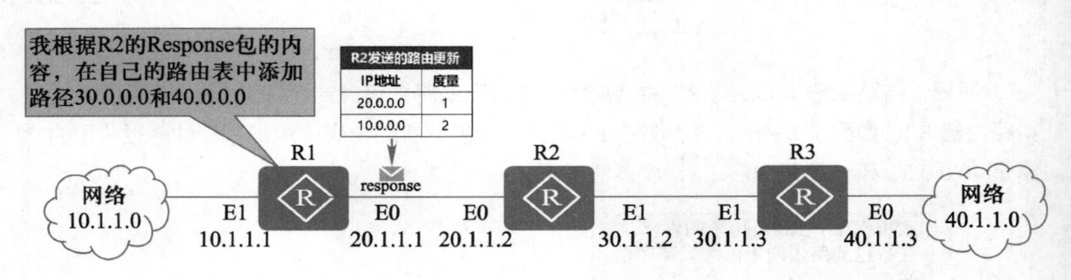

R1的路由表			
来源	目的网络	下一跳	度量
直连	10.1.1.0	-	0
直连	20.1.1.0	-	0
R	30.0.0.0	20.1.1.2	1
R	40.0.0.0	20.1.1.2	2

R1收到路由更新表项度量值+1后的路由表		
目的网络	下一跳	度量
20.1.1.0	20.1.1.2	1
30.1.1.0	20.1.1.2	1
10.0.0.0	20.1.1.2	2
40.0.0.0	20.1.1.2	2

新添加的或度量值小于等于原路由表项的路由，将被更新

图 7-10
R1 更新路由表

同理，路由器 R3 收到 R2 的路由更新后，也形成了新的路由表，如图 7-11 所示。

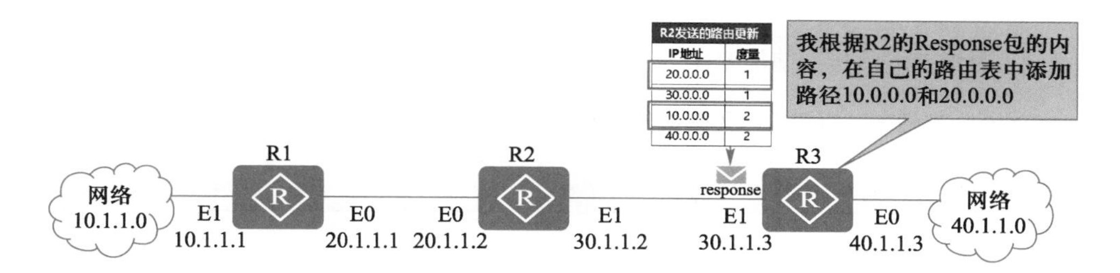

R1的路由表

来源	目的网络	下一跳	度量
直连	10.1.1.0	-	0
直连	20.1.1.0	-	0
R	30.0.0.0	20.1.1.2	1
R	40.0.0.0	20.1.1.2	2

R2的路由表

来源	目的网络	下一跳	度量
直连	20.1.1.0	-	0
直连	30.1.1.0	-	0
R	10.0.0.0	20.1.1.1	1
R	40.0.0.0	30.1.1.3	1

R3的路由表

来源	目的网络	下一跳	度量
直连	30.1.1.0	-	0
直连	40.1.1.0	-	0
R	**10.0.0.0**	**30.1.1.2**	**2**
R	**20.0.0.0**	**30.1.1.2**	**1**

图 7-11
R3 更新路由表

至此，3 台路由器的路由相同，均为 4 条，路由收敛完成。

7.1.3 RIP 的配置

微课 7-6
RIP 的配置

1. 指定 RIP 进程

在系统视图下，启用 RIP 路由协议，指定 RIP 进程。

```
[Huawei]rip process-id 【vpn-instance】 vpn-instance-name
```

【参数】

process-id：RIP 进程号。整数形式，取值范围为 1～65535。缺省值为 1。

【vpn-instance】：可选项，指定 VPN 实例。

vpn-instance-name：指定 VPN 实例名。字符串形式，不支持空格，区分大小写，长度范围为 1～31。

注意

若要删除 RIP 进程，在系统视图下，使用 undo rip *process-id* 命令可完成。

2. 指定全局 RIP 版本

在 RIP 视图下，指定一个全局 RIP 版本。

```
[Huawei-rip-1]version {1/2}
```

【参数】

缺省情况下，RIP 版本为 RIP-1，接收 RIP-1 和 RIP-2 的报文，只发送 RIP-1 报文。

1：指定 RIP-1 版本，只接收和发送 RIP-1 的报文。

2：指定 RIP-2 版本，只接收和发送 RIP-2 的报文。

注意

若要删除 RIP 版本，在 RIP 视图下，使用 undo version 命令可完成。

3．对指定网段接口使能 RIP 路由

在 RIP 视图下，对指定网段接口使能 RIP 路由。

```
[Huawei-rip-1] network  network-address
```

【参数】

network-address：使能 RIP 的网络地址。必须是一个自然网段的地址。只有处于此网络中的接口，才能进行 RIP 报文的接收和发送，如 network-address 为 10.0.0.0 网段。

注意

若要对指定网段接口禁用 RIP 路由，在 RIP 视图下，使用 undo network *network-address* 命令完成。

【配置示例 7-1】

配置路由器启用 RIPv2，使能 192.168.1.0 网段。

```
[RTA]rip 1                          //启用 RIP，进程号为 1
[RTA-rip-1]version  2               //配置版本 2
[RTA-rip-1]network  192.168.1.0     //对 192.168.1.0 网段接口使能 RIP 路由
```

4．设置接口的 RIP 版本

在接口视图下，设置接口的 RIP 版本。

```
[Huawei] interface  G 0/0/1
[Huawei -GigabitEthernet0/0/1] rip  version { 1 | 2 [ broadcast | multicast ] }
```

【参数】

1：指定 RIP-1 版本，只接收和发送 RIP-1 的报文。

2：指定 RIP-2 版本，只接收和发送 RIP-2 的报文。

broadcast：以广播方式发送 RIP-2 报文。

multicast：以组播方式发送 RIP-2 报文。其缺省情况下，RIP-2 报文使用组播方式发送。

5．配置静默接口

静默接口是指 RIP 路由器的某个端口仅仅学习 RIP 路由，并不进行 RIP 路由通告，通常是指连接局域网交换机或是 PC 终端的接口。

在 RIP 视图下，配置静默接口。

```
[Huawei-rip-1]silent-interface { all | interface-type  interface-number }
```

【参数】

all：抑制所有接口。

interface-type interface-number：接口类型和接口号，设置特定接口为静默接口。

注意

若要删除静默接口，在 RIP 视图下，使用 undo silent-interface { *all* | *interface-type* *interface-number*} 命令完成。

【配置示例 7-2】

配置路由器的 G0/0/1 接口为静默接口。

```
[Huawei]rip 1
[Huawei-rip-1]silent-interface GigabitEthernet 0/0/1
```

7.2　项目准备：规划 RIP

【引导问题 7-1】 根据图7-1 RIP路由协议项目拓扑图，在表7-2中填写RIP规划表。

表 7-2　RIP 规划表

设　备	路由协议	进程号	指定通告的网段
SH_CR01	RIPv2		
SH_CR02			
SH_CR03			

【引导问题 7-2】 填写 SH_CR01 上的 RIP 配置命令，见表 7-3。

表 7-3　SH_CR01 上的 RIP 配置命令

设　备	命令配置
SH_CR01	

7.3　项目实施：配置 RIP

微课 7-7
项目实施：配置 RIP

1. 配置路由器 SH_CR01

上海分公司路由器 SH_CR01 上的配置步骤如下。

第 1 步：修改路由器设备名称。

第 2 步：配置接口的 IP 地址。

第 3 步：配置 RIP 路由协议，使能的网段是 SH_CR01 上的直连网段。

- 192.168.12.0 网段使能 RIP。
- 192.168.13.0 网段使能 RIP。
- 192.168.1.0 网段使能 RIP。

具体配置命令如下。

① 修改设备名称。

```
[Huawei]sysname SH_CR01                                        //修改设备名称
```

② 配置接口的 IP 地址。

```
[SH_CR01]interface GigabitEthernet0/0/0                        //进入接口
[SH_CR01-GigabitEthernet0/0/0] ip address 192.168.12.1   24    //配置 IP 地址
[SH_CR01-GigabitEthernet0/0/0]interface GigabitEthernet0/0/1   //进入接口
[SH_CR01-GigabitEthernet0/0/1] ip address 192.168.13.1   24    //配置 IP 地址
[SH_CR01-GigabitEthernet0/0/1]interface LoopBack1              //创建本地环回接口
[SH_CR01-LoopBack1] ip address 192.168.1.1   24                //配置 IP 地址
[SH_CR01-LoopBack1] quit                                       //退出接口视图
```

③ 配置 RIP 路由协议。

```
[SH_CR01]rip                                   //指定 RIP 进程
[SH_CR01-rip-1]version 2                       //配置 RIP 版本
[SH_CR01-rip-1]network 192.168.12.0            //对 192.168.12.0 网段接口使能 RIP
[SH_CR01-rip-1]network 192.168.13.0            //对 192.168.13.0 网段接口使能 RIP
[SH_CR01-rip-1]network 192.168.1.0             //对 192.168.1.0 网段接口使能 RIP
```

2．配置路由器 SH_CR02

上海分公司路由器 SH_CR02 上的配置步骤如下。

第 1 步：修改路由器设备名称。

第 2 步：配置接口的 IP 地址。

第 3 步：配置 RIP 路由协议，使能的网段是 SH_CR02 上的直连网段。

- 192.168.12.0 网段使能 RIP。
- 192.168.23.0 网段使能 RIP。
- 192.168.2.0 网段使能 RIP。

具体配置命令如下。

① 修改设备名称。

```
[Huawei]sysname SH_CR02                                        //修改设备名称
```

② 配置接口的 IP 地址。

```
[SH_CR02]interface GigabitEthernet0/0/0                         //进入接口
[SH_CR02-GigabitEthernet0/0/0] ip address 192.168.12.2  24      //配置 IP 地址
[SH_CR02-GigabitEthernet0/0/0]interface GigabitEthernet0/0/1    //进入接口
[SH_CR02-GigabitEthernet0/0/1] ip address 192.168.23.2  24      //配置 IP 地址
[SH_CR02-GigabitEthernet0/0/1]interface LoopBack1               //创建本地环回接口
[SH_CR02-LoopBack1] ip address 192.168.2.2  24                  //配置 IP 地址
[SH_CR02-LoopBack1] quit                                        //退出接口视图
```

③ 配置 RIP 路由。

```
[SH_CR02]rip                               //指定 RIP 进程
[SH_CR02-rip-1]version 2                   //配置 RIP 版本
[SH_CR02-rip-1]network 192.168.12.0        //对 192.168.12.0 网段接口使能 RIP
[SH_CR02-rip-1]network 192.168.23.0        //对 192.168.23.0 网段接口使能 RIP
[SH_CR02-rip-1]network 192.168.2.0         //对 192.168.2.0 网段接口使能 RIP
```

3．配置路由器 SH_CR03

上海分公司路由器 SH_CR03 上的配置步骤如下。

第 1 步：修改路由器设备名称。

第 2 步：配置接口的 IP 地址。

第 3 步：配置 RIP 路由协议，使能的网段是 SH_CR03 上的直连网段。

- 192.168.13.0 网段使能 RIP。
- 192.168.23.0 网段使能 RIP。
- 192.168.3.0 网段使能 RIP。

具体配置命令如下。

① 修改设备名称。

```
[Huawei]sysname SH_CR03                    //修改设备名称
```

② 配置接口的 IP 地址。

```
[SH_CR03]interface GigabitEthernet0/0/0                         //进入接口
[SH_CR03-GigabitEthernet0/0/0] ip address 192.168.13.3  24      //配置 IP 地址
[SH_CR03-GigabitEthernet0/0/0]interface GigabitEthernet0/0/1    //进入接口
[SH_CR03-GigabitEthernet0/0/1] ip address 192.168.23.3  24      //配置 IP 地址
[SH_CR03-GigabitEthernet0/0/1]interface LoopBack1               //创建本地环回接口
[SH_CR03-LoopBack1] ip address 192.168.3.3  24                  //配置 IP 地址
[SH_CR03-LoopBack1] quit                                        //退出接口视图
```

③ 配置 RIP 路由。

```
[SH_CR03]rip                               //指定 RIP 进程
[SH_CR03-rip-1]version 2                   //配置 RIP 版本
```

```
[SH_CR03-rip-1]network 192.168.13.0        //对 192.168.13.0 网段接口使能 RIP
[SH_CR03-rip-1]network 192.168.23.0        //对 192.168.23.0 网段接口使能 RIP
[SH_CR03-rip-1]network 192.168.3.0         //对 192.168.3.0 网段接口使能 RIP
```

4．测试

（1）查看接口状态和配置的概要信息

通过 display ip interface brief 命令查看接口状态和配置的概要信息。每台设备上，接口 IP 配置正确，且接口的 Physical（物理）和 Protocol（协议）层都是 up 的。

SH_CR01 设备上的接口状态和配置的概要信息，如图 7-12 所示。

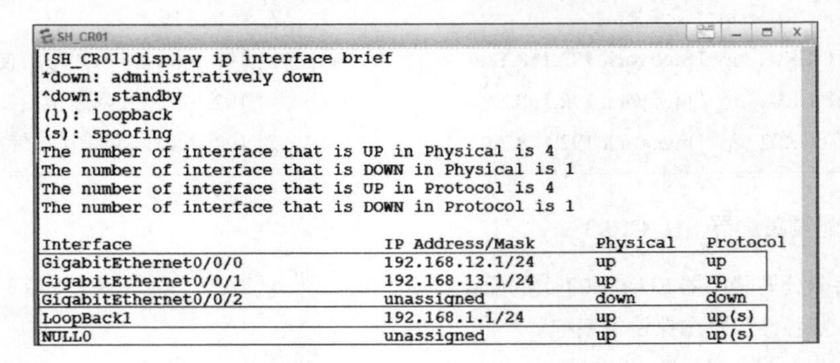

```
SH_CR01
[SH_CR01]display ip interface brief
*down: administratively down
^down: standby
(l): loopback
(s): spoofing
The number of interface that is UP in Physical is 4
The number of interface that is DOWN in Physical is 1
The number of interface that is UP in Protocol is 4
The number of interface that is DOWN in Protocol is 1

Interface                         IP Address/Mask      Physical   Protocol
GigabitEthernet0/0/0              192.168.12.1/24      up         up
GigabitEthernet0/0/1              192.168.13.1/24      up         up
GigabitEthernet0/0/2              unassigned           down       down
LoopBack1                         192.168.1.1/24       up         up(s)
NULL0                             unassigned           up         up(s)
```

图 7-12
路由器 SH_CR01 上查看接口状态和配置的概要信息

SH_CR02 设备上的接口状态和配置的概要信息，如图 7-13 所示。

```
SH_CR02
[SH_CR02]display ip interface brief
*down: administratively down
^down: standby
(l): loopback
(s): spoofing
The number of interface that is UP in Physical is 4
The number of interface that is DOWN in Physical is 1
The number of interface that is UP in Protocol is 4
The number of interface that is DOWN in Protocol is 1

Interface                         IP Address/Mask      Physical   Protocol
GigabitEthernet0/0/0              192.168.12.2/24      up         up
GigabitEthernet0/0/1              192.168.23.2/24      up         up
GigabitEthernet0/0/2              unassigned           down       down
LoopBack1                         192.168.2.2/24       up         up(s)
NULL0                             unassigned           up         up(s)
```

图 7-13
路由器 SH_CR02 上查看接口状态和配置的概要信息

SH_CR03 设备上的接口状态和配置的概要信息，如图 7-14 所示。

```
SH_CR03
<SH_CR03>sys
Enter system view, return user view with Ctrl+Z.
[SH_CR03]display ip interface brief
*down: administratively down
^down: standby
(l): loopback
(s): spoofing
The number of interface that is UP in Physical is 4
The number of interface that is DOWN in Physical is 1
The number of interface that is UP in Protocol is 4
The number of interface that is DOWN in Protocol is 1

Interface                         IP Address/Mask      Physical   Protocol
GigabitEthernet0/0/0              192.168.13.3/24      up         up
GigabitEthernet0/0/1              192.168.23.3/24      up         up
GigabitEthernet0/0/2              unassigned           down       down
LoopBack1                         192.168.3.3/24       up         up(s)
NULL0                             unassigned           up         up(s)
```

图 7-14
路由器 SH_CR03 上查看接口状态和配置的概要信息

（2）查看 RIP 进程的当前运行状态及配置信息

通过 **display rip** 命令查看 RIP 进程的当前运行状态及配置信息。

SH_CR01 设备上查看 RIP 进程当前运行状态及配置信息，如图 7-15 所示。

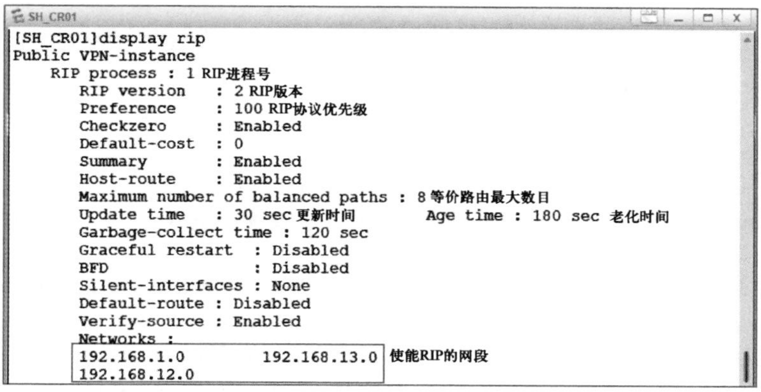

```
[SH_CR01]display rip
Public VPN-instance
    RIP process : 1 RIP进程号
       RIP version    : 2 RIP版本
       Preference     : 100 RIP协议优先级
       Checkzero      : Enabled
       Default-cost   : 0
       Summary        : Enabled
       Host-route     : Enabled
       Maximum number of balanced paths : 8 等价路由最大数目
       Update time    : 30 sec 更新时间      Age time : 180 sec 老化时间
       Garbage-collect time : 120 sec
       Graceful restart  : Disabled
       BFD               : Disabled
       Silent-interfaces : None
       Default-route : Disabled
       Verify-source : Enabled
       Networks :
       192.168.1.0          192.168.13.0  使能RIP的网段
       192.168.12.0
```

图 7-15
路由器 SH_CR01 上查看 RIP 进程的当前运行状态及配置信息

SH_CR02 设备上查看 RIP 进程当前运行状态及配置信息，如图 7-16 所示。

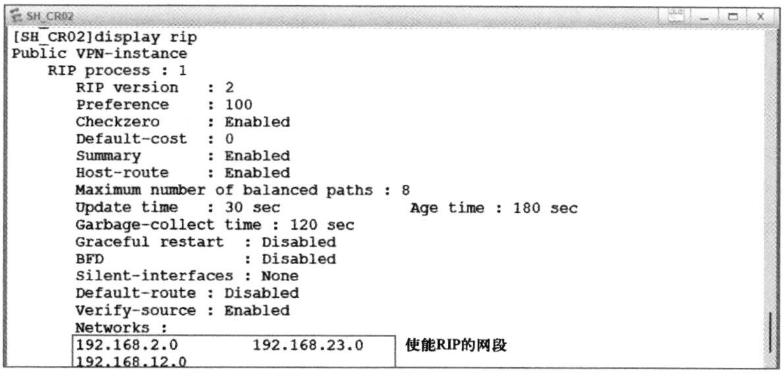

```
[SH_CR02]display rip
Public VPN-instance
    RIP process : 1
       RIP version    : 2
       Preference     : 100
       Checkzero      : Enabled
       Default-cost   : 0
       Summary        : Enabled
       Host-route     : Enabled
       Maximum number of balanced paths : 8
       Update time    : 30 sec             Age time : 180 sec
       Garbage-collect time : 120 sec
       Graceful restart  : Disabled
       BFD               : Disabled
       Silent-interfaces : None
       Default-route : Disabled
       Verify-source : Enabled
       Networks :
       192.168.2.0          192.168.23.0   使能RIP的网段
       192.168.12.0
```

图 7-16
路由器 SH_CR02 上查看 RIP 进程的当前运行状态及配置信息

SH_CR03 设备上查看 RIP 进程当前运行状态及配置信息，如图 7-17 所示。

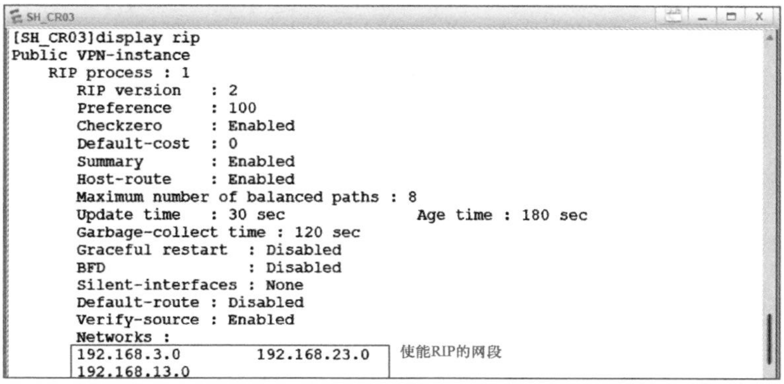

```
[SH_CR03]display rip
Public VPN-instance
    RIP process : 1
       RIP version    : 2
       Preference     : 100
       Checkzero      : Enabled
       Default-cost   : 0
       Summary        : Enabled
       Host-route     : Enabled
       Maximum number of balanced paths : 8
       Update time    : 30 sec             Age time : 180 sec
       Garbage-collect time : 120 sec
       Graceful restart  : Disabled
       BFD               : Disabled
       Silent-interfaces : None
       Default-route : Disabled
       Verify-source : Enabled
       Networks :
       192.168.3.0          192.168.23.0   使能RIP的网段
       192.168.13.0
```

图 7-17
路由器 SH_CR03 上查看 RIP 进程的当前运行状态及配置信息

（3）查看路由表

通过 **display ip routing-table** 命令查看路由器上的路由表。

"| include RIP"，表示仅查看路由表中包含"RIP"关键字的条目，也就是仅查看RIP路由。

SH_CR01 设备上的 RIP，如图 7-18 所示。

```
<SH_CR01>display ip routing-table | include RIP
Route Flags: R - relay, D - download to fib
------------------------------------------------------------
Routing Tables: Public
        Destinations : 16       Routes : 17
Destination/Mask  Proto  Pre   Cost  Flags NextHop        Interface
 目的地址/子网掩码  RIP协议 优先级  开销        下一跳          出接口
192.168.2.0/24     RIP    100    1     D   192.168.12.2 GigabitEthernet0/0/0
192.168.3.0/24     RIP    100    1     D   192.168.13.3 GigabitEthernet0/0/1
192.168.23.0/24    RIP    100    1     D   192.168.13.3 GigabitEthernet0/0/1
                   RIP    100    1     D   192.168.12.2 GigabitEthernet0/0/0
```

图 7-18
路由器 SH_CR01 上查看路由表中的 RIP

框中显示了到达 192.168.23.0/24 有两条路由，也就是等价路由，因为有两条路由都能够到达 192.168.23.0/24，且其度量值相等，都为 1，因此会出现这样的两条等价路由。

SH_CR02 设备上的 RIP，如图 7-19 所示。

```
<SH_CR02>display ip routing-table | include RIP
Route Flags: R - relay, D - download to fib
------------------------------------------------------------------------
Routing Tables: Public
        Destinations : 16       Routes : 17
Destination/Mask Proto   Pre  Cost Flags NextHop         Interface
 目的地址/子网掩码  RIP协议  优先级 开销          下一跳          出接口
192.168.1.0/24    RIP     100  1    D    192.168.12.1 GigabitEthernet0/0/0
192.168.3.0/24    RIP     100  1    D    192.168.23.3 GigabitEthernet0/0/1
192.168.13.0/24   RIP     100  1    D   192.168.12.1 GigabitEthernet0/0/0
                  RIP    100  1     D   192.168.23.3 GigabitEthernet0/0/1
```

图 7-19
SH_CR02 上查看路由表中的 RIP

SH_CR03 设备上的 RIP，如图 7-20 所示。

```
<SH_CR03>display ip routing-table | include RIP
Route Flags: R - relay, D - download to fib
------------------------------------------------------------------------
Routing Tables: Public
        Destinations : 16       Routes : 17
Destination/Mask Proto   Pre  Cost  Flags NextHop    Interface
  目的地址/子网掩码    RIP协议  优先级  开销          下一跳        出接口
192.168.1.0/24   RIP     100  1    D   192.168.13.1 GigabitEthernet0/0/0
192.168.2.0/24   RIP     100  1    D   192.168.23.2 GigabitEthernet0/0/1
192.168.12.0/24  RIP     100  1    D   192.168.13.1 GigabitEthernet0/0/0
                 RIP    100  1   D   192.168.23.2  GigabitEthernet0/0/1
```

图 7-20
SH_CR03 上查看路由表中的 RIP

（4）ping 命令测试到每台路由器的连通情况

① SH_CR01 ping SH_CR02 上的 192.168.2.2，能够 ping 通，如图 7-21 所示。

ping -a 192.168.1.1 192.168.2.2，-a 参数后面接的是源地址，表示 ping 包的源地址是 192.168.1.1，后面的 192.168.2.2 是 ping 的目的地址。

```
SH_CR01
[SH_CR01]ping -a 192.168.1.1 192.168.2.2
  PING 192.168.2.2: 56  data bytes, press CTRL_C to break
    Reply from 192.168.2.2: bytes=56 Sequence=1 ttl=255 time=30 ms
    Reply from 192.168.2.2: bytes=56 Sequence=2 ttl=255 time=30 ms
    Reply from 192.168.2.2: bytes=56 Sequence=3 ttl=255 time=20 ms
    Reply from 192.168.2.2: bytes=56 Sequence=4 ttl=255 time=20 ms
    Reply from 192.168.2.2: bytes=56 Sequence=5 ttl=255 time=10 ms

  --- 192.168.2.2 ping statistics ---
    5 packet(s) transmitted
    5 packet(s) received
    0.00% packet loss
    round-trip min/avg/max = 10/22/30 ms
```

图 7-21
SH_CR01 能够 ping 通 SH-R2 上的 192.168.2.2

② SH_CR01 ping SH_CR03 上的 192.168.3.3，能够 ping 通，如图 7-22 所示。

```
SH_CR01
[SH_CR01]ping -a 192.168.1.1 192.168.3.3
  PING 192.168.3.3: 56  data bytes, press CTRL_C to break
    Reply from 192.168.3.3: bytes=56 Sequence=1 ttl=255 time=30 ms
    Reply from 192.168.3.3: bytes=56 Sequence=2 ttl=255 time=30 ms
    Reply from 192.168.3.3: bytes=56 Sequence=3 ttl=255 time=30 ms
    Reply from 192.168.3.3: bytes=56 Sequence=4 ttl=255 time=30 ms
    Reply from 192.168.3.3: bytes=56 Sequence=5 ttl=255 time=10 ms

  --- 192.168.3.3 ping statistics ---
    5 packet(s) transmitted
    5 packet(s) received
    0.00% packet loss
    round-trip min/avg/max = 10/26/30 ms
```

图 7-22
SH_CR01 能够 ping 通 SH-R3 上的 192.168.3.3

（5）Tracert 命令查看数据的传输路径

在路由器 SH_CR01 上执行 tracert 命令查看访问 SH_CR02 的 192.168.2.2 网段的数据传输路径。命令的回显信息证实 SH_CR01 将数据直接发送给 R2 的 192.168.12.2，如图 7-23 所示。

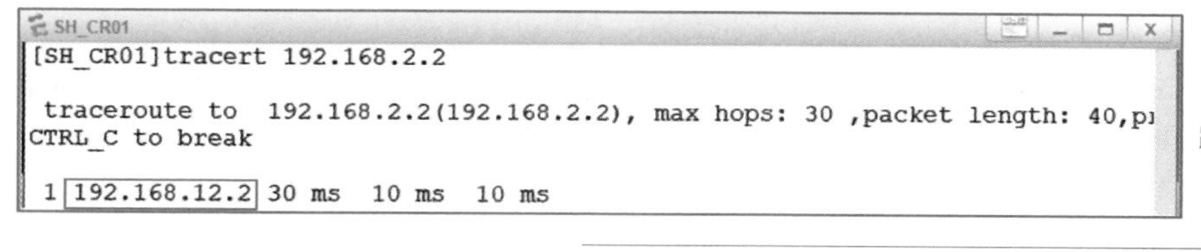

```
SH_CR01
[SH_CR01]tracert 192.168.2.2

 traceroute to  192.168.2.2(192.168.2.2), max hops: 30 ,packet length: 40,pı
CTRL_C to break

 1 192.168.12.2 30 ms  10 ms  10 ms
```

图 7-23
路由器 SH_CR01 上查看访问 SH_CR02 的 192.168.12.2 网段的数据传输路径

在路由器 SH_CR01 上执行 tracert 命令查看访问 SH_CR03 的 192.168.3.3 网段的数据传输路径。命令的回显信息证实 SH_CR01 将数据直接发送给 SH_CR03 的 192.168.13.3，如图 7-24 所示。

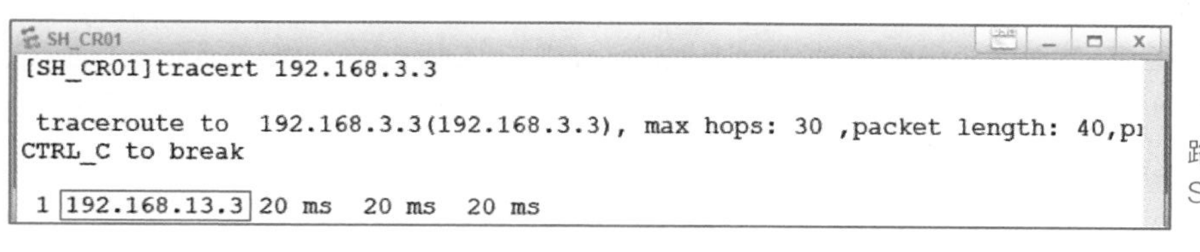

```
SH_CR01
[SH_CR01]tracert 192.168.3.3

 traceroute to  192.168.3.3(192.168.3.3), max hops: 30 ,packet length: 40,pı
CTRL_C to break

 1 192.168.13.3 20 ms  20 ms  20 ms
```

图 7-24
路由器 SH_CR01 上查看访问 SH_CR03 的 192.168.3.3 网段的数据传输路径

巩固训练：向阳印制公司 RIP 路由技术配置

1. 实训目的

- 熟练应用 RIPv2 的配置。
- 理解 RIPv2 的工作原理。
- 理解检验 RIP 的方法。

2. 实训拓扑

实训拓扑如图 7-25 所示。

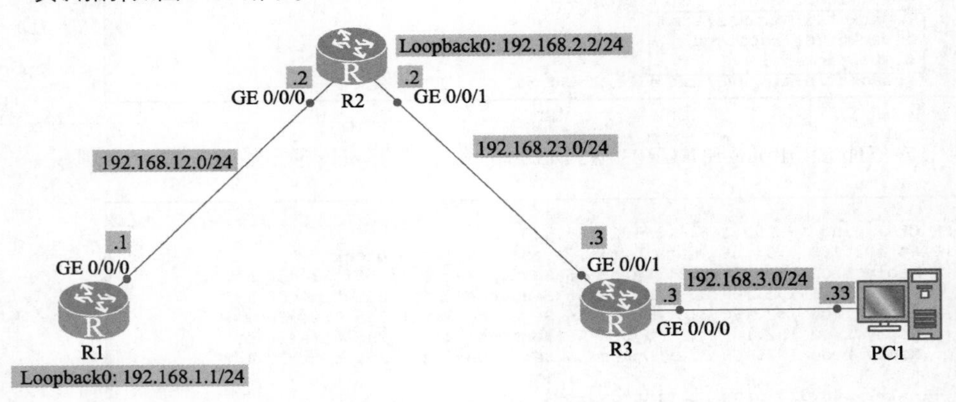

图 7-25
RIP 实训拓扑图

3. 实训内容

① 按照拓扑，完成路由器 IP 地址的设置。
② 修改设备名称。
③ 分别在 R1 和 R2、R3 上配置接口 IP 地址，包括 Loopback 接口。
④ 分别在 R1 和 R2、R3 上配置 RIPv2 路由协议，实现所有接口之间连通。
⑤ 将路由器上连接 PC 的接口设置为静默接口，以提高安全性。
⑥ 测试。

- 使用 display ip routing-table 命令分别在 R1、R2、R3 上查看路由表，并把路由条目中的 RIP 用框圈出来。
- 测试连通性：在路由器上输入以下命令测试连通性。

路由器 R1 上：

```
ping -a 192.168.1.1 192.168.2.2
ping -a 192.168.1.1 192.168.3.33
```

路由器 R2 上：

```
ping -a 192.168.2.2 192.168.3.33
```

⑦ 保存路由器的配置。

项目 8

OSPF 路由协议

学习目标

- 理解 OSPF 路由的概念和开销计算原则。
- 应用 OSPF 的基本配置命令，实现网络的互访。
- 修改 OSPF 路径开销，实现路径选择。
- 能够根据不同场景进行 OSPF 路由的设计和部署。

【项目背景】

阳光纸业公司总部规模较大，决定采用 OSPF 协议来进行路由信息的传递，实现总部的网络互通。

【项目内容】

实现北京总部 BJ_CR01、BJ_CR02 和 BJ_CR03 设备的互连互通，如图 8-1 所示。

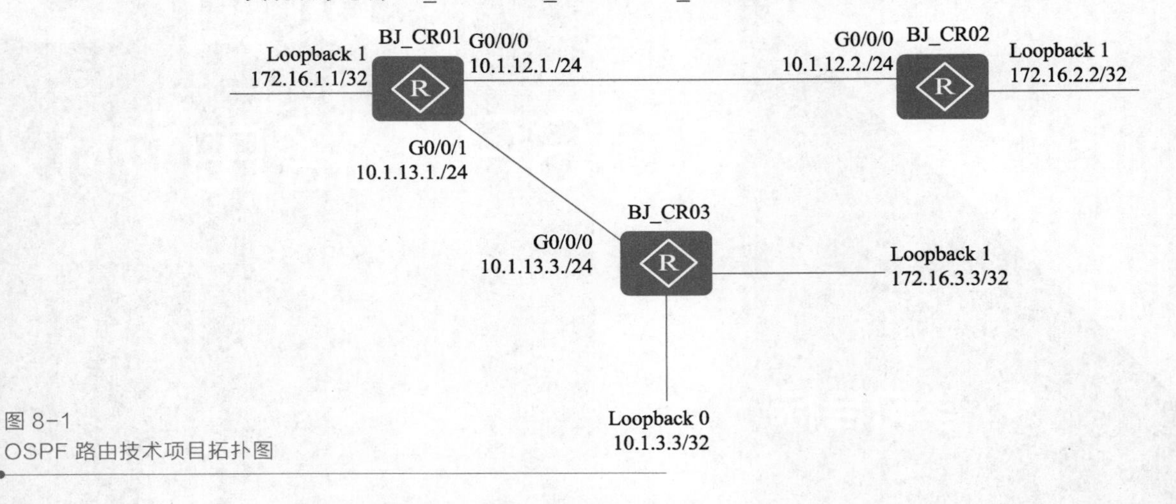

图 8-1
OSPF 路由技术项目拓扑图

8.1　相关知识：OSPF 技术基础

8.1.1　OSPF 动态路由协议概述

微课 8-1
OSPF 概述

1. OSPF 路由协议的概念

开放最短路径优先(Open Shortest Path First，OSPF)协议，属于内部网关路由协议(IGP)，是一种链路状态路由协议，以接口带宽作为度量值。OSPF 有 V1、V2、V3 这 3 个版本，V2 用于 IPv4 地址，V3 用于 IPv6 地址。OSPF 直接运行于 IP 之上，使用 IP 协议号 89，如图 8-2 所示。

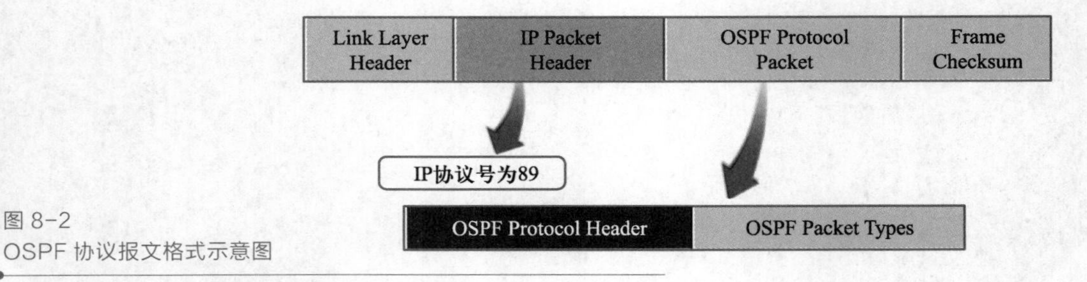

图 8-2
OSPF 协议报文格式示意图

OSPF 协议的特点如下。

① 没有跳数的限制，而 RIP 路由协议最大跳数为 15 跳。

微课 8-2
链路状态算法的路由计算过程

② 使用组播更新变化的路由和网络信息。

③ 路由收敛速度较快。

④ 以开销（Cost）作为度量值。

⑤ 采用的 SPF 算法可以有效避免环路。

⑥ 在互联网上大量使用，是运用最广泛的路由协议。

⑦ OSPF 路由协议的路由优先级是 10，比 RIP 路由协议优先。

OSPF 协议在运行过程中会涉及 OSPF 的 5 种报文。

① Hello 报文：用来建立和维护 OSPF 邻居关系。其相当于不认识的两个人第一次见面打招呼。

② DD 报文：指链路状态数据库描述信息（描述 LSDB 中 LSA 头部列表），OSPF 邻居第一次建立时才交换 DBD，就像见面后进行简单的自我介绍。

③ LSR 报文：链路状态请求。其相当于两个初次见面的人，通过自我介绍，觉得可以深交，然后询问对方的详细信息。

④ LSU 报文：链路状态更新（包含一条或多条 LSA）。觉得对方可信后发送自己的详细信息给对方。

⑤ LSAck 报文：对 LSU 中的 LSA 进行确认。该报文传输后，双方已经确认是好友关系。

2. OSPF 邻居状态演变过程

初始化阶段，R1 与 R2 互相不认识。它们的邻居列表中，都没有彼此的名字，因此邻居状态也都处于 Down 状态，如图 8-3 所示。R1 首先向 R2 发送了一个 Hello 包，寻找邻居。

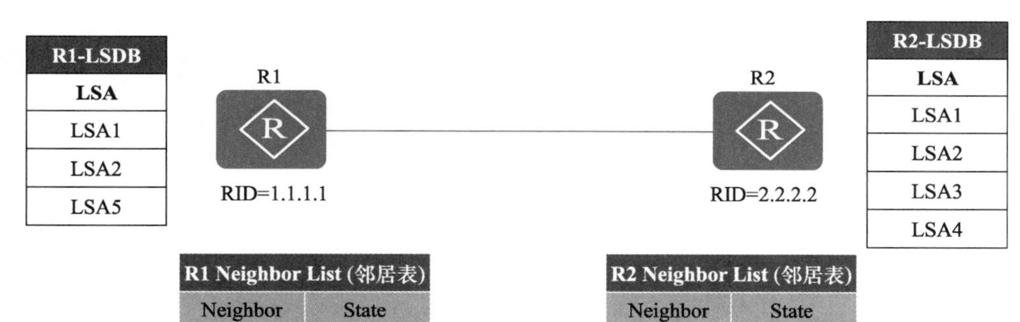

图 8-3
OSPF 邻居协商初始化阶段

当 R2 收到 R1 的 Hello 包，将它添加为自己的邻居。此时对于 R2 来说，只和 R1 建立了单向的邻居关系，把 R1 的状态标为“Init”。同时，R2 发送 Hello 包。R1 收到 R2 发送的 Hello 包，把 R2 添加到自己的邻居列表中。

在 R2 的 Hello 包的邻居列表中有 R1 的名字，表示 R2 已经知道 R1 是邻居。因此 R1 收到 R2 的 Hello 时，认为已经和 R2 建立了双向的邻居关系。于是 R1 设置 R2 的状态为 2-way，如图 8-4 所示。

如果路由器的某个邻居状态是 2-way，那么路由器将判断是否要与邻居建立 Full 关系。如果不需要建立，则邻居状态将停留在 2-way 不变（如两台 DROTHER 之间会停留在 2-way 状态）。如果需要继续发展，则路由器将更改邻居的状态为 ExStart（如点对点连接的两台路由器）。

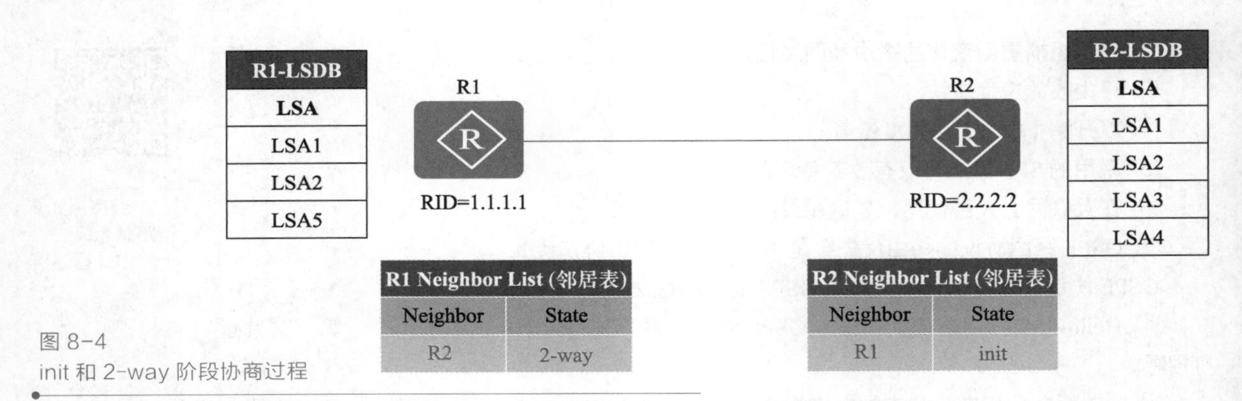

图 8-4
init 和 2-way 阶段协商过程

在 ExStart 状态，路由器用 DD 包商量主从关系，并确定 DD 包的 Sequence Number。

R1 发送出一个 DD 包，Init=1 表示这是 R1 发送的第 1 个 DD 包；More=1 表示 R1 还会发送出更多 DD 包；MS=1 表示 R1 推荐自己做 Master，它选择的初始 DD Sequence = 1000。收到 R1 的 DD 包，R2 会让 R1 的邻居状态跳过 2-way 阶段，直接成为 ExStart，如图 8-5 所示。

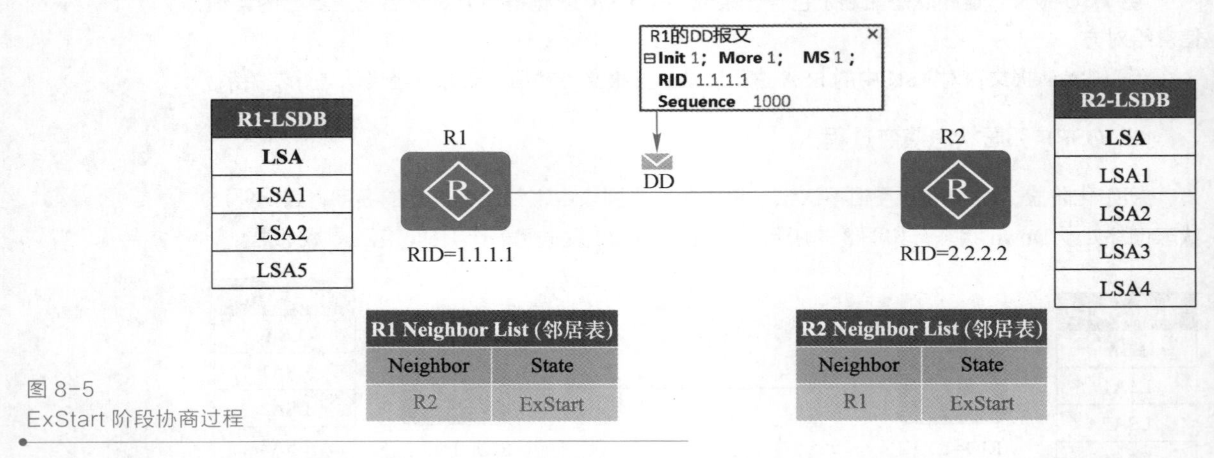

图 8-5
ExStart 阶段协商过程

R2 的路由器 ID（Router ID，RID）比 R1 的大，因此 R2 认为自己应该是 Master， Master 的选取只取决于 RID，RID 大的为 Master。

R2 的 DD 包中，Init=1，More=1，MS=1。R2 选择初始 DD Sequence = 3200，如图 8-6 所示。

R2的DD报文
Init 1； More 1； MS 1；
RID 2.2.2.2
Sequence 3200

图 8-6
R2 发送的 DD 报文格式

R1 收到 R2 的 DD 包，并同意 R2 做 Master，并把 R2 的邻居状态改变为 Exchange。

然后 R1 发送给 R2 的 DD 包，MS=0 表示 R1 同意自己做 Slave；Sequence Number=3200，与 Master R2 的 DD Sequence 一致。

R2 收到 R1 的 DD 包，知道对方同意：R1 做 Slave，R2 做 Master，于是 R2 也更改 R1 的邻居状态为 Exchange，如图 8-7 所示。

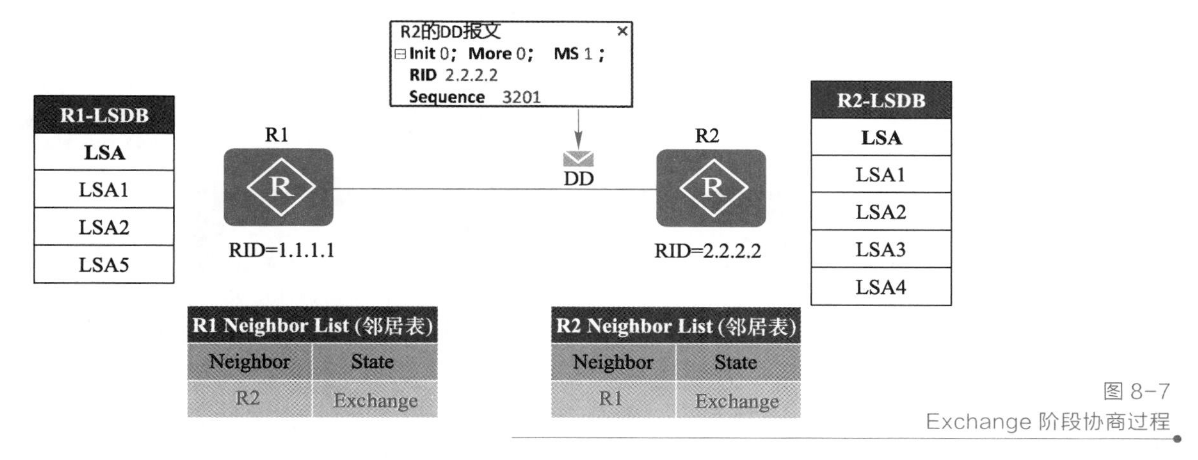

图 8-7
Exchange 阶段协商过程

在 Exchange 阶段，路由器用 DD 包交换 LSDB 目录：R2 将自己 LSDB 中所有 LSA（LSA1～LSA4）的头部封装在 DD 包中，发送给 R1。这样可以让 R1 知道自己拥有哪些 LSA。

R2 发送给 R1 的 DD 包中，已经包含了 R2 所拥有的全部 LSA 的头部，R2 不需要再发送更多的 DD 包给 R1。因此，R2 发送的这个 DD 包的标志为 M=0，表示这是 R2 发送的最后一个 DD 包。

R1 收到 R2 的 DD 包，知道了 R2 的 LSDB 中一共有 4 条 LSA （LSA 1～LSA4）。M=0 表示不会收到更多 R2 的 DD 包，也就意味着 R2 没有更多的 LSA 头部发送给 R1。因此，R1 标记 R2 的状态为 Loading。

同时，R1 发送 DD 告诉 R2 自己的 LSA 目录。R2 收到 DD 包，标记 R1 的邻居状态为 Loading，如图 8-8 所示。

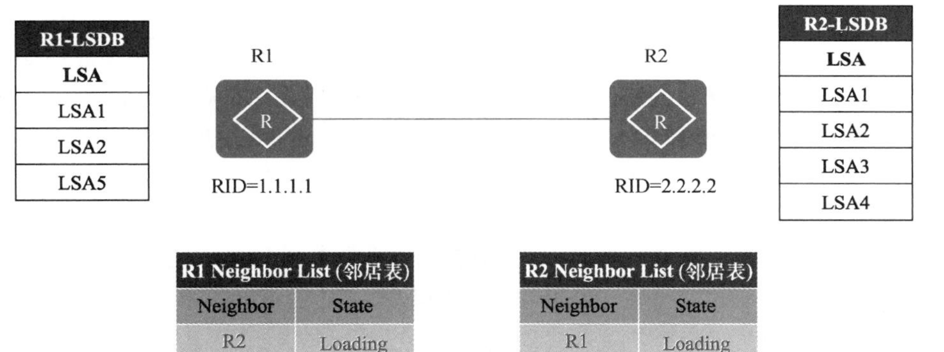

图 8-8
Loading 阶段协商过程

对处于 Loading 状态的邻居，路由器可以要求对方发送自己没有的 LSA。R2 发送 LS Request，要求 R1 把它所没有的 LSA5 传送过来。

同时 R1 也根据 R2 的 DD，知道 R2 的 LSDB 中有 LSA1～LSA4，自己没有 R2 的 LSA3 和 LSA4，因此 R1 发送一个 LS Request 包给 R2，要求 R2 发送 LSA3 和 LSA4。

当路由器收到邻居发来的 LS Request，返回所要求的 LSA。这些完整的 LSA 被封装在 LS Update 包中。

R1 的 Update 包中有 R2 需要的 LSA5。R2 的 Update 包中，有 R1 需要的 LSA3 和 LSA4。R1 收到 R2 的 Update，把 LSA3 和 LSA4 添加到 LSA database，并将 R2 的邻居状态改变为 Full。R2 收到 R1 的 Update，把 LSA5 添加到 LSA database，并将 R1 的邻居状态改变为 Full，

如图 8-9 所示。

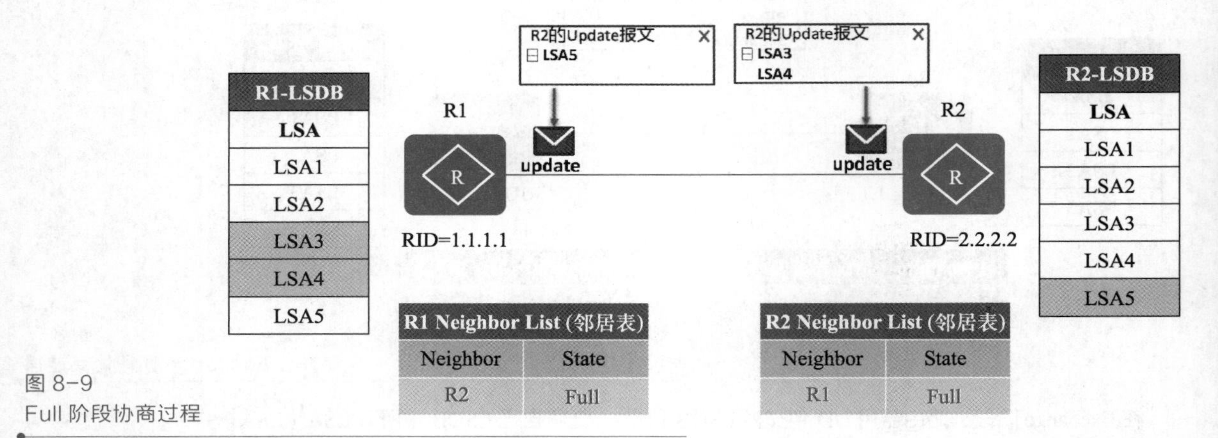

图 8-9
Full 阶段协商过程

现在 R1、R2 的链路数据库相同，这表示它们对拓扑的认识是一致的，可以正确地计算路由。

收到了新的 LSA，路由器还必须返回 LS ACK 包，告诉对方：我已经收到了哪些发送过来的 LSA。

如果发送 Update 的路由器没有及时收到 Ack，会在超时后再发送 Update。至此，OSPF 路由器的邻居协商完成。

微课 8-3
OSPF 与 RIP 协议的比较

3. OSPF 与 RIP 的区别

OSPF 是链路状态路由协议，而 RIP 是距离矢量路由协议。因为这两种路由协议的工作原理不相同，因此有很大的区别。

从表 8-1 中可以看出，OSPF 是没有跳数限制的，而 RIP 有跳数限制，最多是 15 跳，如果超过 15 跳，就认为该路由是不可达的，所以 RIP 不适合中大规模网络。OSPF 支持可变长子网掩码，RIPv1 不支持 VLSM，RIPv2 支持 VLSM。OSPF 的收敛速度比较快，而 RIPv1 和 RIPv2 的收敛速度相对要慢得多。OSPF 使用的是组播发送链路状态更新，在链路状态变化时使用触发更新来提高带宽利用率。而 RIPv1 周期性广播整个路由表，在低速链路和广域网中会产生较大的问题，会占用较大的带宽。RIPv2 可以设置成通过组播来进行一个路由表的更新。但是因为它是周期性的，所以其带宽占用也比较大。

表 8-1　OSPF 与 RIP 的对比

OSPF	RIPv1	RIPv2
链路状态路由协议	距离矢量路由协议	
没有跳数的限制	RIP 的 15 跳限制，超过 15 跳的路由被认为不可达	
支持可变长子网掩码（VLSM）	不支持可变长子网掩码（VLSM）	支持可变长子网掩码（VLSM）
收敛速度快	收敛速度慢	
使用组播发送链路状态更新	周期性广播整个路由表	组播更新路由表
在链路状态变化时使用触发更新，提高了带宽的利用率	在低速链路及广域网中应用将产生很大问题	

微课 8-4
OSPF 的度量方法

4. OSPF 的度量方法

OSPF 以到达目的网络的最小链路开销（Cost）作为路由选择的度量标准。

Cost（链路开销）又可称为代价，它是根据链路带宽算出来的，与链路带宽成反比。即带宽越大，开销值越小，链路越优。计算公式为：

接口开销=参考带宽（bit/s）/逻辑带宽（bit/s）

> **注意**
>
> ① 逻辑带宽通常配置和物理接口带宽相同。
>
> ② 接口开销的值取整。如计算结果为1562.5，则接口开销取1562。例如，计算结果小于0，则接口开销取1。

通常而言，OSPF 接口开销有默认的参考值，即参考带宽为：

$$100\ \text{Mbit/s}=10^8\ \text{bit/s}$$

如果接口的实际带宽为 100 Mbit/s，那最后计算出来的接口开销为：

$$\text{Cost}=10^8/10^8=1$$

现在已经进入了千兆网时代，就会出现 1000 Mbit/s 的带宽，因为得到的结果小于 0，根据取整数原则，在 OSPF 中得到的开销就是 1。实际应用中，如果接口带宽值较高时，可以考虑重新配置参考带宽值。

计算一条路由的开销是先分别计算链路每段的开销，然后计算从当前结点到达任意目标地址的网络开销，即多段链路累加计算。到达目标网络开销最小的路径，为最佳路径。如图 8-10 所示，路由器 RC 到达 RA 上的 10.0.0.0/8 网段的开销，为每一段开销的和，即 781+1+1=783。因此在 RC 的路由表中，10.0.0.0/8 网段的 OSPF 路由开销值为 783。

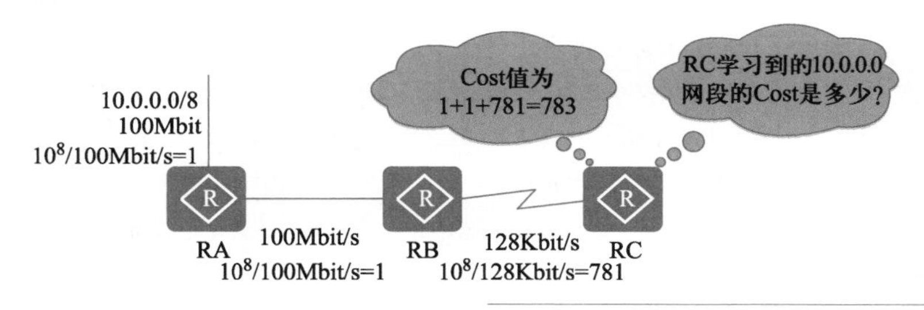

图 8-10
路由开销计算示例

8.1.2 OSPF 动态路由协议的配置

1. 创建并允许 OSPF 进程

在系统视图下，创建并允许 OSPF 进程。

```
[Huawei] ospf [ process-id | router-id router-id | vpn-instance vpn-instance-name ]
```

【参数】

process-id：OSPF 进程号。整数形式，取值范围为 1～65535。缺省值为 1。
router-id：Router ID。点分十进制格式，如 1.1.1.1。
vpn-instance-name：指定 VPN 实例名。字符串形式，不支持空格，区分大小写，长度

范围为 1～31。

注意

（1）OSPF 进程号

OSPF 进程号只具有本地意义，即不同的路由器可以使用不同的 OSPF 进程号。但在实际网络部署中，建议全网使用统一的进程号。需要注意的是，两个 OSPF 进程相互独立和隔离（两个 OSPF Domain），两个进程独立维护各自的 LSDB。两个进程虽然都在一台路由器上，但是彼此之间的路由信息不能共享，是隔离的。如图 8-11 所示，R2 上的 OSPF 12 和 OSPF 23 两个进程的路由信息是独立的，不能共享。

微课 8-5
OSPF 配置-OSPF 进程

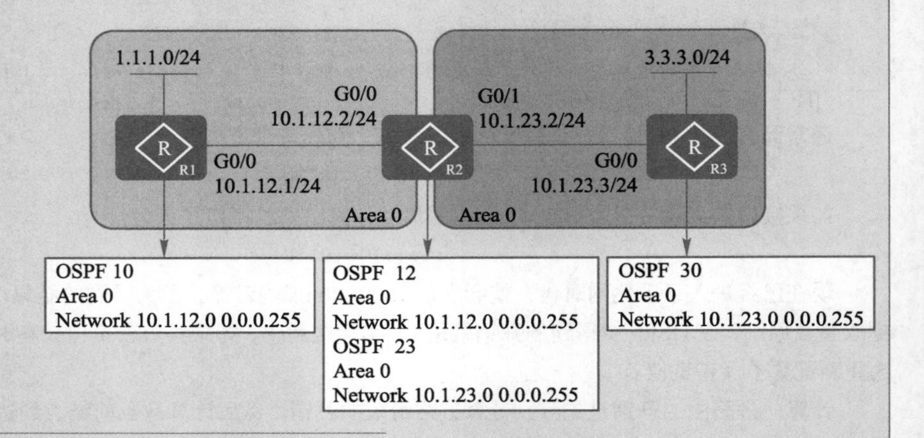

图 8-11
同一台路由器上不同的 OSPF 进程示例

（2）RID

RID 是指 OSPF 区域内唯一标识一台路由器的 IP 地址，是本地路由器的路由器 ID。RID 选取规则如下。

微课 8-6
OSPF 配置-RID

- 路由器选取所有 Loopback 接口上数值最高的 IP 地址。
- 如果没有 Loopback 接口，就在所有物理端口中选取一个数值最高的 IP 地址。

但在一些型号的华为路由器中，如果未配置 RID，缺省 RID 的选择是基于 IP 地址配置的先后顺序而定的。第一个配置的 IP 地址，将作为 OSPF 的 RID。

手动配置路由器 ID 时，必须保证同一自治系统（Autonomous System，AS）中任意两台路由器的 RID 不相同，同一台路由器，不同进程中的 RID 可以相同。

（3）删除 OSPF 进程

若要删除 OSPF 进程，在系统视图下，使用 undo ospf ***process-id*** 命令完成。

2. 创建并进入 OSPF 区域视图

微课 8-7
OSPF 配置-区域号

在 OSPF 视图下，创建并进入 OSPF 区域视图。

```
[Huawei]ospf 100
[Huawei-ospf-100] area  area-id
```

【参数】

area-id：区域号有以下两种写法。

① 使用十进制数。取值范围为 0～4294967295，一般使用此写法。

② 使用 A.B.C.D：区域号使用 IP 地址的格式。

如图 8-12 所示，R1 和 R2 都是区域 0，因此 area-id 可以写 0，或 0.0.0.0。

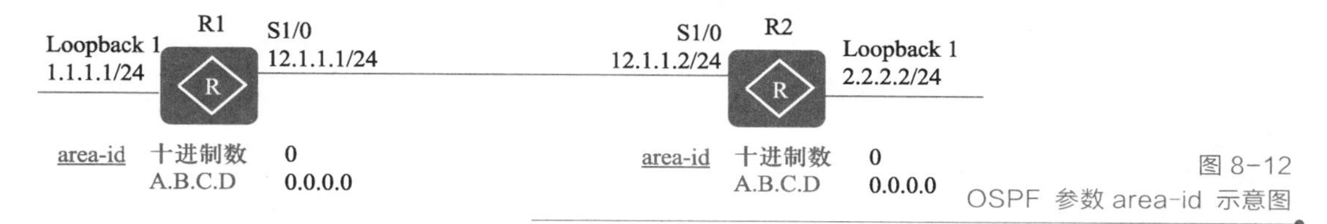

图 8-12
OSPF 参数 area-id 示意图

3．指定运行 OSPF 协议的接口和接口所属的区域

微课 8-8
OSPF 配置-对指定网段接口使能 OSPF 路由

在 OSPF 区域视图下，指定运行 OSPF 协议的接口和接口所属的区域。

```
[Huawei-ospf-100-area-0.0.0.0]network network-address[ wildcard-mask] [ description text ]
```

【参数】

network-address：接口所在的网段地址。只有处于此网络中的接口，才能进行 OSPF 报文的接收和发送。

如图 8-13 所示，路由器 R1 直连两个网段，接口 Loopback 1 的 IP 地址为 1.1.1.1/24，根据子网掩码，计算出其网络地址（Network-Address）为 1.1.1.0。

同理，接口 S1/0 的 IP 地址为 12.1.1.1/24，根据子网掩码，计算出其网络地址为 12.1.1.0，因此路由器 R1 的网络地址为 1.1.1.0 和 12.1.1.0。

network-address： 1.1.1.0/24
12. 1.1.0/24

network-address： 2.2.2.0/24
12.1 .1.0/24

图 8-13
OSPF 参数 network-address 示意图

wildcard-mask：反掩码，用来指定使能 OSPF 的网段。

反掩码的计算方法为“255.255.255.255-子网掩码”。如图 8-14 所示，R1 接口的子网掩码长度为 24，计算出子网掩码为 255.255.255.0。用 255.255.255.255-255.255.255.0（子网掩码）计算出其反掩码为 0.0.0.255。因此，此条命令中的参数 wildcard-mask 应该填 0.0.0.255。

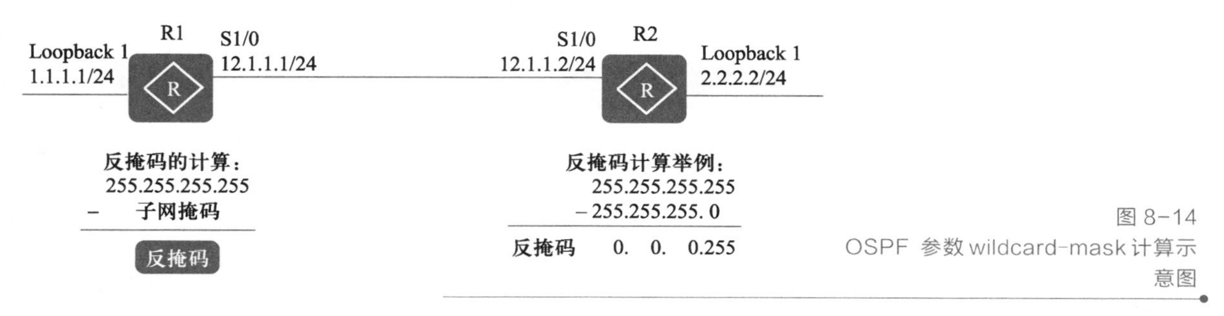

图 8-14
OSPF 参数 wildcard-mask 计算示意图

description text：OSPF 指定网段的描述信息。字符串形式，支持空格，区分大小写，取值范围为 1～80。

若要删除运行 OSPF 协议的网段，在 OSPF 区域视图下，使用 undo network *network-address* [*wildcard-mask*]命令完成。

微课 8-9
OSPF 配置实例

【配置示例 8-1】

启动 R1 上的 OSPF 100 进程，区域号为 0，宣告 12.1.1.0/24 网段，如图 8-15 所示。

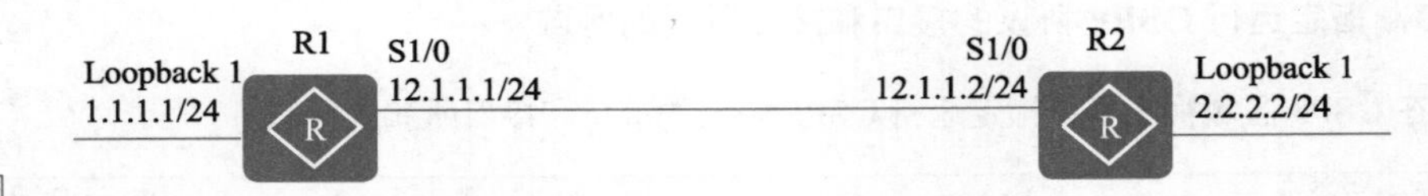

图 8-15
OSPF 配置示例示意图

```
[R1]ospf 100                        //进程号为 100
[R1-ospf-100] area 0                //区域号为 0
[R1-ospf-100-area-0.0.0.0]network 12.1.1.0 0.0.0.255
                //运行 OSPF 协议的网段为 12.1.1.0，反掩码为 0.0.0.255
```

微课 8-10
OSPF 开销配置和故障排除

4. 配置接口上运行 OSPF 协议所需的开销

在接口视图下，配置接口上运行 OSPF 协议所需的开销。

```
[Huawei]interface G0/0/0
[Huawei-GigabitEthernet0/0/0]ospf cost cost_value
```

【参数】

cost_value：接口的 Cost 值。整数形式，取值范围为 1～65535。

【配置示例 8-2】

修改 R1 的 S1/0/0 接口的 Cost 值为 100。

```
[R1]interface S1/0/0                 //进入接口 S1/0/0
[R1-Serial1/0/0]ospf cost 100        //设置接口的开销为 100
```

8.2 项目准备：规划 OSPF

【引导问题 8-1】根据图 8-1 OSPF 路由技术项目拓扑图，在表 8-2 中填写 OSPF 路由规划表。

表 8-2　OSPF 路由规划表

配置路由协议的设备	路由协议	进程号	区域号	指定通告的网段	通配符反掩码	子网掩码
BJ_CR01	OSPF					

续表

配置路由协议的设备	路由协议	进程号	区域号	指定通告的网段	通配符反掩码	子网掩码
BJ_CR02	OSPF					
BJ_CR03	OSPF					

【引导问题 8-2】 填写 BJ_CR01 上的 OSPF 路由配置命令，见表 8-3。

表 8-3 BJ_CR01 上的 OSPF 路由配置命令

设　备	命令配置
BJ_CR01	

8.3 项目实施：配置 OSPF

1. 配置路由器 BJ_CR01

微课 8-11
项目实施：配置 OSPF

北京总公司路由器 BJ_CR01 上的配置步骤如下。

第 1 步：修改路由器设备名称。

第 2 步：配置接口的 IP 地址。

第 3 步：配置 OSPF 路由协议，运行 OSPF 的网段是 BJ_CR01 上的直连网段。

- 10.1.12.0 网段使能 OSPF 协议。
- 10.1.13.0 网段使能 OSPF 协议。
- 172.16.1.1 接口使能 OSPF 协议。

具体配置命令如下。

① 修改设备名称。

```
[Huawei]sysname BJ_CR01                                    //修改设备名称
```

② 配置接口的 IP 地址。

```
[BJ_CR01]interface GigabitEthernet0/0/0                             //进入接口
[BJ_CR01-GigabitEthernet0/0/0] ip address   10.1.12.1   24          //配置 IP 地址
[BJ_CR01-GigabitEthernet0/0/0]interface GigabitEthernet0/0/1        //进入接口
[BJ_CR01-GigabitEthernet0/0/1] ip   address 10.1.13.1   24          //配置 IP 地址
[BJ_CR01-GigabitEthernet0/0/1]interface LoopBack1                   //创建本地环回接口
[BJ_CR01-LoopBack1] ip address 172.16.1.1   32                      //配置 IP 地址
[BJ_CR01-LoopBack1] quit                                            //退出接口视图
```

③ 配置 OSPF 路由。

```
[BJ_CR01]OSPF 1                                                    //指定 OSPF 进程
[BJ_CR01-ospf-1]area 0                                              创建并进入区域 0
[BJ_CR01-ospf-1-area-0.0.0.0]network 10.1.12.0   0.0.0.255         //对 10.1.12.0 网段
                                                                    接口使能 OSPF
[BJ_CR01-ospf-1-area-0.0.0.0]network 10.1.13.0   0.0.0.255         //对 10.1.13.0 网
                                                                    段接口使能 OSPF
[BJ_CR01-ospf-1-area-0.0.0.0]network 172.16.1.1 0.0.0.0            //对 172.16.1.1 接口
                                                                    使能 OSPF
```

2．配置路由器 BJ_CR02

北京总公司路由器 BJ_CR02 上的配置步骤如下。

第 1 步：修改路由器设备名称。

第 2 步：配置接口的 IP 地址。

第 3 步：配置 OSPF 路由协议，运行 OSPF 的网段是 BJ_CR02 上的直连网段。

- 10.1.12.0 网段使能 OSPF 协议。
- 172.16.2.2 接口使能 OSPF 协议。

具体配置命令如下。

① 修改设备名称。

```
[Huawei]sysname BJ_CR02                                            //修改设备名称
```

② 配置接口的 IP 地址。

```
[BJ_CR02]interface GigabitEthernet0/0/0                            //进入接口
[BJ_CR02-GigabitEthernet0/0/0] ip address   10.1.12.2   24         //配置 IP 地址
[BJ_CR02-GigabitEthernet0/0/0]interface LoopBack1                  //创建本地环回接口
[BJ_CR02-LoopBack1] ip address 172.16.2.2   32                     //配置 IP 地址
[BJ_CR02-LoopBack1] quit                                           //退出接口视图
```

③ 配置 OSPF 路由。

```
[BJ_CR02]OSPF 1                                                    //指定 OSPF 进程
[BJ_CR02-ospf-1]area 0                                             //创建并进入区域 0
[BJ_CR02-ospf-1-area-0.0.0.0]network 10.1.12.0   0.0.0.255        //对10.1.12.0 网段接口使能OSPF
[BJ_CR02-ospf-1-area-0.0.0.0]network 172.16.2.2   0.0.0.0         //对 172.16.2.2 接口使能 OSPF
```

3．配置路由器 BJ_CR03

北京总公司路由器 BJ_CR03 上的配置步骤如下。

第 1 步：修改路由器设备名称。

第 2 步：配置接口的 IP 地址。

第 3 步：配置 OSPF 路由协议，运行 OSPF 的网段是 BJ_CR03 上的直连网段。

- 10.1.13.0 网段使能 OSPF 协议。

- 10.1.3.3 接口使能 OSPF 协议。
- 172.16.3.3 接口使能 OSPF 协议。

具体配置命令如下。

① 修改设备名称。

```
[Huawei]sysname BJ_CR03                                   //修改设备名称
```

② 配置接口的 IP 地址。

```
[BJ_CR03]interface GigabitEthernet0/0/0                   //进入接口
[BJ_CR03-GigabitEthernet0/0/0] ip address  10.1.13.3  24  //配置 IP 地址
[BJ_CR03-GigabitEthernet0/0/0]interface LoopBack0         //创建本地环回接口
[BJ_CR03-LoopBack0] ip address 10.1.3.3  32               //配置 IP 地址
[BJ_CR03-LoopBack0]interface LoopBack1                    //创建本地环回接口
[BJ_CR03-LoopBack1] ip address 172.16.3.3  32             //配置 IP 地址
[BJ_CR03-LoopBack1] quit                                  //退出接口视图
```

③ 配置 OSPF 路由

```
[BJ_CR03]OSPF 1                                           //指定 OSPF 进程
[BJ_CR03-ospf-1]area 0                                    //创建并进入区域 0
[BJ_CR03-ospf-1-area-0.0.0.0]network 10.1.13.0  0.0.0.255 //对10.1.13.0 网段接口使能OSPF
[BJ_CR03-ospf-1-area-0.0.0.0]network 10.1.3.3  0.0.0.0    //对 10.1.3.3 接口使能 OSPF
[BJ_CR03-ospf-1-area-0.0.0.0]network 172.16.3.3  0.0.0.0  //对 172.16.3.3 接口使能OSPF
```

4．测试

(1) 查看接口状态和配置的概要信息

通过 display ip interface brief 命令查看接口状态和配置的概要信息。每台设备上，接口 IP 配置正确，且接口的 Physical（物理）和 Protocol（协议）层都是 up 的。

BJ_CR01 设备上的接口状态和配置的概要信息，如图 8-16 所示。

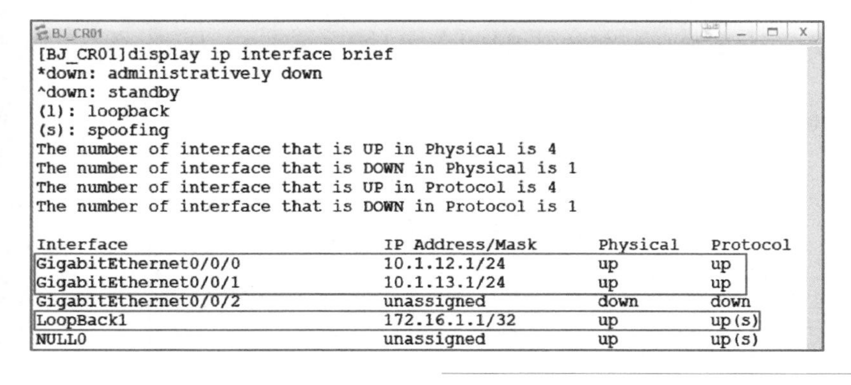

```
BJ_CR01
[BJ_CR01]display ip interface brief
*down: administratively down
^down: standby
(l): loopback
(s): spoofing
The number of interface that is UP in Physical is 4
The number of interface that is DOWN in Physical is 1
The number of interface that is UP in Protocol is 4
The number of interface that is DOWN in Protocol is 1

Interface                         IP Address/Mask      Physical   Protocol
GigabitEthernet0/0/0              10.1.12.1/24         up         up
GigabitEthernet0/0/1              10.1.13.1/24         up         up
GigabitEthernet0/0/2              unassigned           down       down
LoopBack1                         172.16.1.1/32        up         up(s)
NULL0                             unassigned           up         up(s)
```

图 8-16　路由器 BJ_CR01 上查看接口状态和配置的概要信息

BJ_CR02 设备上的接口状态和配置的概要信息，如图 8-17 所示。

BJ_CR03 设备上的接口状态和配置的概要信息，如图 8-18 所示。

```
BJ_CR02
[BJ_CR02]display ip interface brief
*down: administratively down
^down: standby
(l): loopback
(s): spoofing
The number of interface that is UP in Physical is 3
The number of interface that is DOWN in Physical is 2
The number of interface that is UP in Protocol is 3
The number of interface that is DOWN in Protocol is 2

Interface                         IP Address/Mask      Physical   Protocol
GigabitEthernet0/0/0              10.1.12.2/24         up         up
GigabitEthernet0/0/1              unassigned           down       down
GigabitEthernet0/0/2              unassigned           down       down
LoopBack1                         172.16.2.2/32        up         up(s)
NULL0                             unassigned           up         up(s)
```

图 8-17
路由器 BJ_CR02 上查看接口状态和配置的概要信息

```
BJ_CR03
[BJ_CR03]display ip interface brief
*down: administratively down
^down: standby
(l): loopback
(s): spoofing
The number of interface that is UP in Physical is 4
The number of interface that is DOWN in Physical is 2
The number of interface that is UP in Protocol is 4
The number of interface that is DOWN in Protocol is 2

Interface                         IP Address/Mask      Physical   Protocol
GigabitEthernet0/0/0              10.1.13.3/24         up         up
GigabitEthernet0/0/1              unassigned           down       down
GigabitEthernet0/0/2              unassigned           down       down
LoopBack0                         10.1.3.3/32          up         up(s)
LoopBack1                         172.16.3.3/32        up         up(s)
NULL0                             unassigned           up         up(s)
```

图 8-18
路由器 BJ_CR03 上查看接口状态和配置的概要信息

（2）查看 OSPF 的概要信息

通过 display ospf brief 命令查看 OSPF 的概要信息。

BJ_CR01 设备上查看 OSPF 的概要信息，如图 8-19 所示。

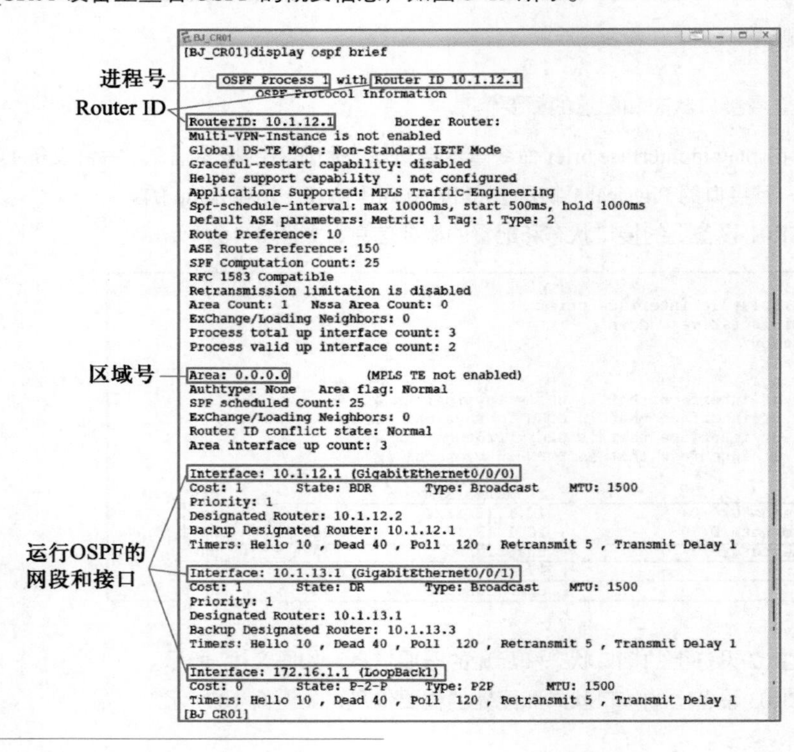


```
BJ_CR01
[BJ_CR01]display ospf brief

         OSPF Process 1 with Router ID 10.1.12.1
                 OSPF Protocol Information

 RouterID: 10.1.12.1          Border Router:
 Multi-VPN-Instance is not enabled
 Global DS-TE Mode: Non-Standard IETF Mode
 Graceful-restart capability: disabled
 Helper support capability  : not configured
 Applications Supported: MPLS Traffic-Engineering
 Spf-schedule-interval: max 10000ms, start 500ms, hold 1000ms
 Default ASE parameters: Metric: 1 Tag: 1 Type: 2
 Route Preference: 10
 ASE Route Preference: 150
 SPF Computation Count: 25
 RFC 1583 Compatible
 Retransmission limitation is disabled
 Area Count: 1   Nssa Area Count: 0
 ExChange/Loading Neighbors: 0
 Process total up interface count: 3
 Process valid up interface count: 2

 Area: 0.0.0.0          (MPLS TE not enabled)
 Authtype: None   Area flag: Normal
 SPF scheduled Count: 25
 ExChange/Loading Neighbors: 0
 Router ID conflict state: Normal
 Area interface up count: 3

 Interface: 10.1.12.1 (GigabitEthernet0/0/0)
 Cost: 1       State: BDR        Type: Broadcast    MTU: 1500
 Priority: 1
 Designated Router: 10.1.12.2
 Backup Designated Router: 10.1.12.1
 Timers: Hello 10 , Dead 40 , Poll  120 , Retransmit 5 , Transmit Delay 1

 Interface: 10.1.13.1 (GigabitEthernet0/0/1)
 Cost: 1       State: DR         Type: Broadcast    MTU: 1500
 Priority: 1
 Designated Router: 10.1.13.1
 Backup Designated Router: 10.1.13.3
 Timers: Hello 10 , Dead 40 , Poll  120 , Retransmit 5 , Transmit Delay 1

 Interface: 172.16.1.1 (LoopBack1)
 Cost: 0       State: P-2-P      Type: P2P       MTU: 1500
 Timers: Hello 10 , Dead 40 , Poll  120 , Retransmit 5 , Transmit Delay 1
[BJ_CR01]
```

图 8-19
路由器 BJ_CR01 上查看 OSPF 的概要信息

BJ_CR02 设备上查看 OSPF 的概要信息，如图 8-20 所示。

```
BJ_CR02
[BJ_CR02]display ospf brief

     OSPF Process 1 with Router ID 10.1.12.2
          OSPF Protocol Information

 RouterID: 10.1.12.2         Border Router:
 Multi-VPN-Instance is not enabled
 Global DS-TE Mode: Non-Standard IETF Mode
 Graceful-restart capability: disabled
 Helper support capability  : not configured
 Applications Supported: MPLS Traffic-Engineering
 Spf-schedule-interval: max 10000ms, start 500ms, hold 1000ms
 Default ASE parameters: Metric: 1 Tag: 1 Type: 2
 Route Preference: 10
 ASE Route Preference: 150
 SPF Computation Count: 23
 RFC 1583 Compatible
 Retransmission limitation is disabled
 Area Count: 1   Nssa Area Count: 0
 ExChange/Loading Neighbors: 0
 Process total up interface count: 2
 Process valid up interface count: 1

 Area: 0.0.0.0           (MPLS TE not enabled)
 Authtype: None   Area flag: Normal
 SPF scheduled Count: 23
 ExChange/Loading Neighbors: 0
 Router ID conflict state: Normal
 Area interface up count: 2

 Interface: 10.1.12.2 (GigabitEthernet0/0/0)
 Cost: 1       State: DR        Type: Broadcast    MTU: 1500
 Priority: 1
 Designated Router: 10.1.12.2
 Backup Designated Router: 10.1.12.1
 Timers: Hello 10 , Dead 40 , Poll  120 , Retransmit 5 , Transmit Delay 1

 Interface: 172.16.2.2 (LoopBack1)
 Cost: 0       State: P-2-P     Type: P2P       MTU: 1500
 Timers: Hello 10 , Dead 40 , Poll  120 , Retransmit 5 , Transmit Delay 1
```

图 8-20
路由器 BJ_CR02 上查看
OSPF 的概要信息

BJ_CR03 设备上查看 OSPF 的概要信息，如图 8-21 所示。

```
BJ_CR03
[BJ_CR03]display ospf brief

     OSPF Process 1 with Router ID 10.1.13.3
          OSPF Protocol Information

 RouterID: 10.1.13.3         Border Router:
 Multi-VPN-Instance is not enabled
 Global DS-TE Mode: Non-Standard IETF Mode
 Graceful-restart capability: disabled
 Helper support capability  : not configured
 Applications Supported: MPLS Traffic-Engineering
 Spf-schedule-interval: max 10000ms, start 500ms, hold 1000ms
 Default ASE parameters: Metric: 1 Tag: 1 Type: 2
 Route Preference: 10
 ASE Route Preference: 150
 SPF Computation Count: 23
 RFC 1583 Compatible
 Retransmission limitation is disabled
 Area Count: 1   Nssa Area Count: 0
 ExChange/Loading Neighbors: 0
 Process total up interface count: 3
 Process valid up interface count: 1

 Area: 0.0.0.0           (MPLS TE not enabled)
 Authtype: None   Area flag: Normal
 SPF scheduled Count: 23
 ExChange/Loading Neighbors: 0
 Router ID conflict state: Normal
 Area interface up count: 3

 Interface: 10.1.13.3 (GigabitEthernet0/0/0)
 Cost: 1       State: BDR       Type: Broadcast    MTU: 1500
 Priority: 1
 Designated Router: 10.1.13.1
 Backup Designated Router: 10.1.13.3
 Timers: Hello 10 , Dead 40 , Poll  120 , Retransmit 5 , Transmit Delay 1

 Interface: 10.1.3.3 (LoopBack0)
 Cost: 0       State: P-2-P     Type: P2P       MTU: 1500
 Timers: Hello 10 , Dead 40 , Poll  120 , Retransmit 5 , Transmit Delay 1

 Interface: 172.16.3.3 (LoopBack1)
 Cost: 0       State: P-2-P     Type: P2P       MTU: 1500
 Timers: Hello 10 , Dead 40 , Poll  120 , Retransmit 5 , Transmit Delay 1
```

图 8-21
路由器 BJ_CR02 上查看
OSPF 的概要信息

（3）显示 OSPF 各区域中邻居的概要信息

通过 display ospf peer brief 命令显示 OSPF 各区域中邻居的概要信息。

BJ_CR01 设备上显示 OSPF 各区域中邻居的概要信息。BJ_CR01 有 BJ_CR02 和 BJ_CR03 两个邻居，如图 8-22 所示。

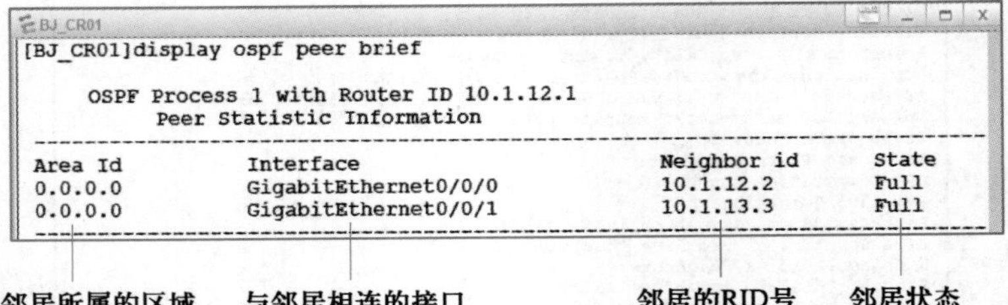

```
BJ_CR01
[BJ_CR01]display ospf peer brief

     OSPF Process 1 with Router ID 10.1.12.1
           Peer Statistic Information
----------------------------------------------------------------------------
 Area Id         Interface                          Neighbor id        State
 0.0.0.0         GigabitEthernet0/0/0               10.1.12.2          Full
 0.0.0.0         GigabitEthernet0/0/1               10.1.13.3          Full
----------------------------------------------------------------------------
```


图 8-22
路由器 BJ_CR01 显示 OSPF 各区域中邻居的概要信息

BJ_CR02 设备上的显示 OSPF 各区域中邻居的概要信息。

BJ_CR02 只有一个邻居 BJ_CR01，如图 8-23 所示。

```
BJ_CR02
[BJ_CR02]display ospf peer brief

     OSPF Process 1 with Router ID 10.1.12.2
           Peer Statistic Information
----------------------------------------------------------------------------
 Area Id          Interface                          Neighbor id       State
 0.0.0.0          GigabitEthernet0/0/0               10.1.12.1         Full
----------------------------------------------------------------------------
```

图 8-23
路由器 BJ_CR02 显示 OSPF 各区域中邻居的概要信息

BJ_CR03 设备上的显示 OSPF 各区域中邻居的概要信息。

BJ_CR03 只有一个邻居 BJ_CR01，如图 8-24 所示。

```
BJ_CR03
[BJ_CR03]display ospf peer brief

     OSPF Process 1 with Router ID 10.1.13.3
           Peer Statistic Information
----------------------------------------------------------------------------
 Area Id          Interface                          Neighbor id       State
 0.0.0.0          GigabitEthernet0/0/0               10.1.12.1         Full
----------------------------------------------------------------------------
```

图 8-24
路由器 BJ_CR03 显示 OSPF 各区域中邻居的概要信息

（4）显示 OSPF 路由表的信息

通过 display OSPF routing 命令显示 OSPF 路由表的信息。

BJ_CR01 设备上的显示 OSPF 路由表的信息，如图 8-25 所示。

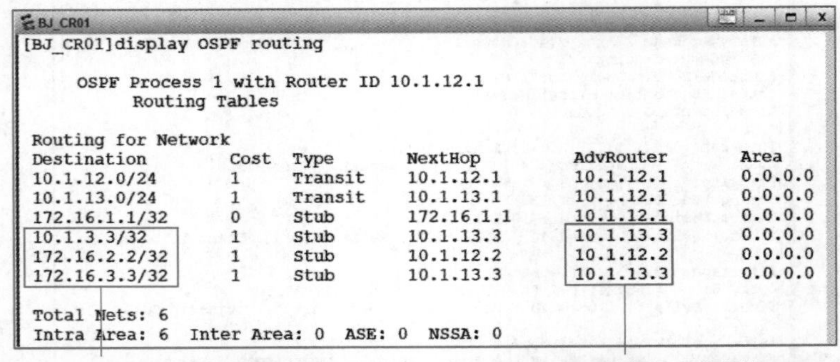

```
BJ_CR01
[BJ_CR01]display OSPF routing

     OSPF Process 1 with Router ID 10.1.12.1
           Routing Tables

 Routing for Network
 Destination        Cost  Type       NextHop         AdvRouter       Area
 10.1.12.0/24       1     Transit    10.1.12.1       10.1.12.1       0.0.0.0
 10.1.13.0/24       1     Transit    10.1.13.1       10.1.12.1       0.0.0.0
 172.16.1.1/32      0     Stub       172.16.1.1      10.1.12.1       0.0.0.0
 10.1.3.3/32        1     Stub       10.1.13.3       10.1.13.3       0.0.0.0
 172.16.2.2/32      1     Stub       10.1.12.2       10.1.12.2       0.0.0.0
 172.16.3.3/32      1     Stub       10.1.13.3       10.1.13.3       0.0.0.0

 Total Nets: 6
 Intra Area: 6  Inter Area: 0  ASE: 0  NSSA: 0
```


图 8-25
路由器 BJ_CR01 上的显示 OSPF 路由表的信息

BJ_CR02 设备上的显示 OSPF 路由表的信息，如图 8-26 所示。

```
BJ_CR02
[BJ_CR02]display OSPF routing

     OSPF Process 1 with Router ID 10.1.12.2
          Routing Tables

 Routing for Network
 Destination        Cost  Type       NextHop         AdvRouter       Area
 10.1.12.0/24        1    Transit    10.1.12.2       10.1.12.2       0.0.0.0
 172.16.2.2/32       0    Stub       172.16.2.2      10.1.12.2       0.0.0.0
 10.1.3.3/32         2    Stub       10.1.12.1       10.1.13.3       0.0.0.0
 10.1.13.0/24        2    Transit    10.1.12.1       10.1.12.1       0.0.0.0
 172.16.1.1/32       1    Stub       10.1.12.1       10.1.12.1       0.0.0.0
 172.16.3.3/32       2    Stub       10.1.12.1       10.1.13.3       0.0.0.0

 Total Nets: 6
 Intra Area: 6  Inter Area: 0  ASE: 0  NSSA: 0
```

图 8-26
路由器 BJ_CR02 上的显示 OSPF 路由表的信息

BJ_CR03 设备上的显示 OSPF 路由表的信息，如图 8-27 所示。

```
BJ_CR03
[BJ_CR03]display OSPF routing

     OSPF Process 1 with Router ID 10.1.13.3
          Routing Tables

 Routing for Network
 Destination        Cost  Type       NextHop         AdvRouter       Area
 10.1.3.3/32         0    Stub       10.1.3.3        10.1.13.3       0.0.0.0
 10.1.13.0/24        1    Transit    10.1.13.3       10.1.13.3       0.0.0.0
 172.16.3.3/32       0    Stub       172.16.3.3      10.1.13.3       0.0.0.0
 10.1.12.0/24        2    Transit    10.1.13.1       10.1.12.2       0.0.0.0
 172.16.1.1/32       1    Stub       10.1.13.1       10.1.12.1       0.0.0.0
 172.16.2.2/32       2    Stub       10.1.13.1       10.1.12.2       0.0.0.0

 Total Nets: 6
 Intra Area: 6  Inter Area: 0  ASE: 0  NSSA: 0
```

图 8-27
路由器 BJ_CR03 上的显示 OSPF 路由表的信息

（5）查看路由表

通过 display ip routing-table 命令查看路由器上的路由表。

"| include OSPF"，表示仅查看路由表中包含OSPF关键字的条目，即仅查看OSPF路由。

BJ_CR01 设备上的 OSPF 路由，如图 8-28 所示。

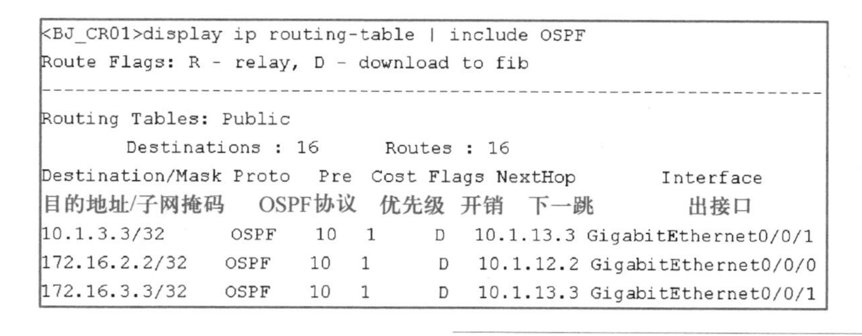

```
<BJ_CR01>display ip routing-table | include OSPF
Route Flags: R - relay, D - download to fib
------------------------------------------------------------------------------
Routing Tables: Public
         Destinations : 16       Routes : 16
Destination/Mask Proto  Pre  Cost Flags NextHop        Interface
目的地址/子网掩码   OSPF协议  优先级  开销   下一跳          出接口
10.1.3.3/32      OSPF   10   1      D   10.1.13.3 GigabitEthernet0/0/1
172.16.2.2/32    OSPF   10   1      D   10.1.12.2 GigabitEthernet0/0/0
172.16.3.3/32    OSPF   10   1      D   10.1.13.3 GigabitEthernet0/0/1
```

图 8-28
路由器 BJ_CR01 上查看路由表中的 OSPF 路由

BJ_CR02 设备上的静态路由，如图 8-29 所示。

BJ_CR03 设备上的静态路由，如图 8-30 所示。

```
<BJ_CR02>display ip routing-table | include OSPF
Route Flags: R - relay, D - download to fib
------------------------------------------------------------------------------
Routing Tables: Public
        Destinations : 14       Routes : 14
Destination/Mask Proto   Pre  Cost  Flags NextHop       Interface
目的地址/子网掩码     OSPF协议   优先级  开销  下一跳      出接口
10.1.3.3/32        OSPF    10   2      D   10.1.12.1 GigabitEthernet0/0/0
10.1.13.0/24       OSPF    10   2      D   10.1.12.1 GigabitEthernet0/0/0
172.16.1.1/32      OSPF    10   1      D  10.1.12.1 GigabitEthernet0/0/0
172.16.3.3/32      OSPF    10   2      D  10.1.12.1 GigabitEthernet0/0/0
```

图 8-29
路由器 BJ_CR02 上查看路由表中的 OSPF 路由

```
<BJ_CR03>display ip routing-table | include OSPF
Route Flags: R - relay, D - download to fib
------------------------------------------------------------------------------
Routing Tables: Public
        Destinations : 16       Routes : 16
Destination/Mask  Proto  Pre Cost Flags   NextHop        Interface
目的地址/子网掩码     OSPF协议   优先级  开销  下一跳      出接口
10.1.12.0/24        OSPF  10   2      D  10.1.13.1 GigabitEthernet0/0/0
172.16.1.1/32       OSPF  10   1      D  10.1.13.1 GigabitEthernet0/0/0
172.16.2.2/32       OSPF  10   2      D  10.1.13.1 GigabitEthernet0/0/0
```

图 8-30
路由器 BJ_CR03 上查看路由表中的 OSPF 路由

（6）Ping 命令测试到每台路由器的连通情况

① BJ_CR01 ping BJ_CR02 上的 172.16.2.2，能够 ping 通，如图 8-31 所示。

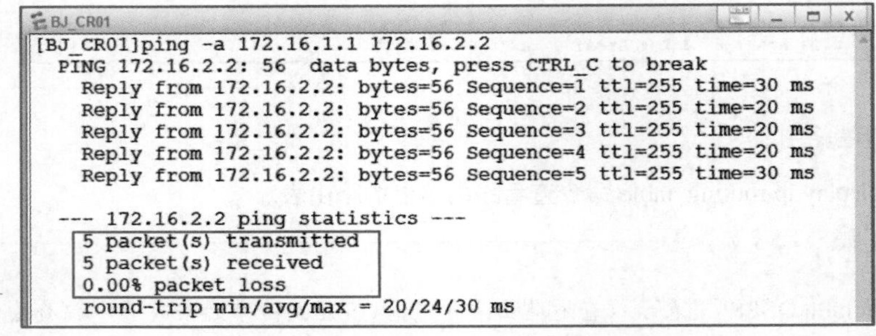

图 8-31
BJ_CR01 能够 ping 通 BJ-R2 上的 172.16.2.2

ping -a 172.16.1.1 172.16.2.2，-a 参数后面接的是源地址，表示 ping 包的源地址是 172.16.1.1，后面的 172.16.2.2 是 ping 的目的地址。

② BJ_CR01 ping BJ_CR03 上的 172.16.3.3，也能够 ping 通，如图 8-32 所示。

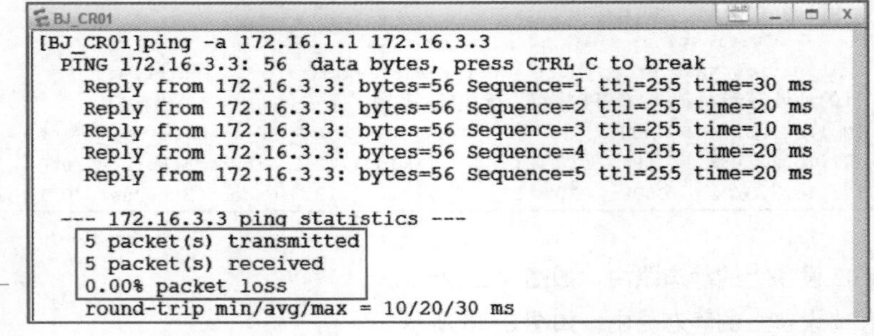

图 8-32
BJ_CR01 能够 ping 通 BJ-R3 上的 172.16.3.3

（7）Tracert 命令查看数据的传输路径

在路由器 BJ_CR01 上执行 tracert 命令查看访问 BJ_CR02 的 172.16.2.2 网段的数据传输路径。命令的回显信息证实 BJ_CR01 将数据直接发送给 R2 的 10.1.12.2，如图 8-33 所示。

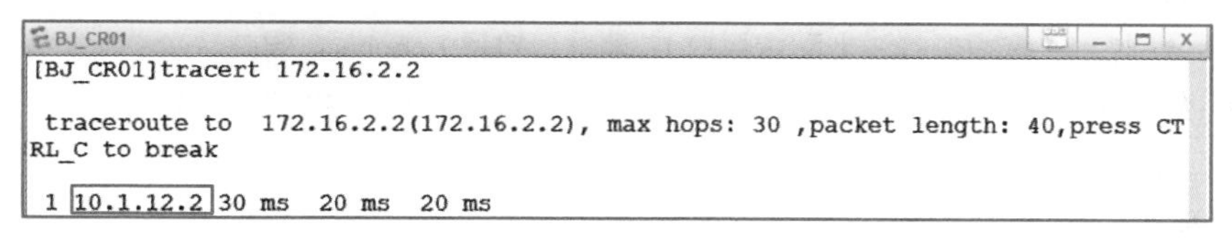

```
[BJ_CR01]tracert 172.16.2.2

 traceroute to  172.16.2.2(172.16.2.2), max hops: 30 ,packet length: 40,press CT
RL_C to break

 1 10.1.12.2 30 ms  20 ms  20 ms
```

图 8-33 路由器 BJ_CR01 上查看访问 BJ_CR02 的 172.16.2.2 网段的数据传输路径

在路由器 BJ_CR01 上执行 tracert 命令查看访问 BJ_CR03 的 172.16.3.3 网段的数据传输路径。命令的回显信息证实 BJ_CR01 将数据直接发送给 BJ_CR03 的 10.1.13.3，如图 8-34 所示。

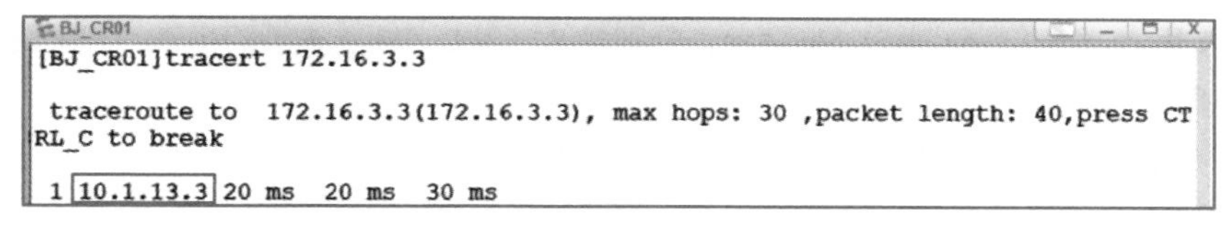

```
[BJ_CR01]tracert 172.16.3.3

 traceroute to  172.16.3.3(172.16.3.3), max hops: 30 ,packet length: 40,press CT
RL_C to break

 1 10.1.13.3 20 ms  20 ms  30 ms
```

图 8-34 路由器 BJ_CR01 上查看访问 BJ_CR03 的 172.16.3.3 网段的数据传输路径

巩固训练：向阳印制公司 OSPF 路由技术配置

1. 实训目的

- 熟练应用 OSPF 协议的配置。
- 理解 OSPF 路由协议的工作原理。
- 理解检验 OSPF 路由协议的方法。

2. 实训拓扑

实训拓扑如图 8-35 所示。

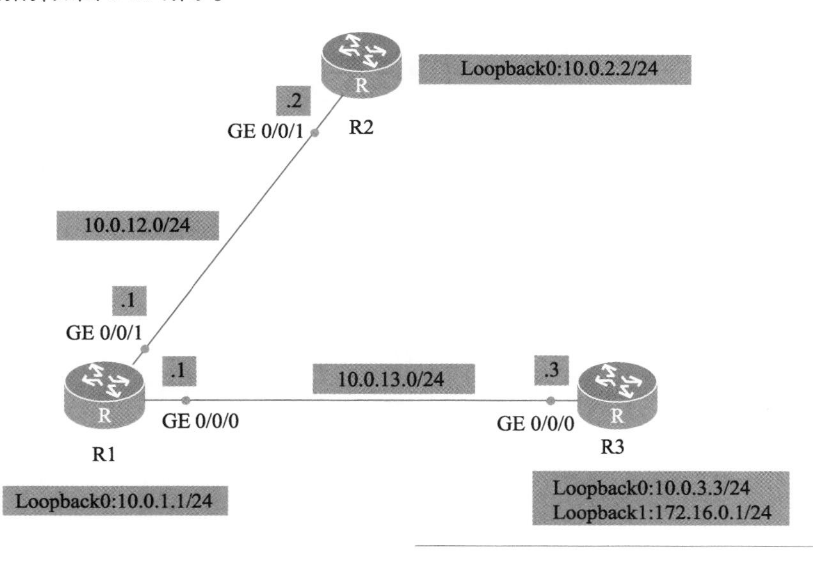

图 8-35 OSPF 路由协议实训拓扑图

3．实训内容

① 按照拓扑，完成路由器 IP 地址的设置。

② 修改设备名称。

③ 分别在 R1 和 R2、R3 上配置接口 IP 地址，包括 Loopback 接口。

④ 分别在 R1 和 R2、R3 上配置 OSPF 路由协议，实现所有接口之间连通。

● 在 R1、R2 和 R3 上配置 OSPF。

● OSPF 的进程 ID 为 1。

● 每台路由器的 RID 分别为：R1 = 1.1.1.1，R2 = 2.2.2.2，R3 = 3.3.3.3。

● 宣告路由器上每个直连接口的网络地址。

⑤ 测试。

● 使用 display ip routing-table 命令，分别在 R1、R2、R3 上查看路由表，并把路由条目中的 OSPF 路由用框圈出来。

● 测试连通性：在路由器上输入以下命令测试连通性。

路由器 R3 上：

```
ping -a 172.16.0.1 10.0.2.2
ping -a 10.0.3.3 10.0.2.2
ping -a 10.0.3.3 10.0.1.1
```

⑥ 保存路由器的配置。

项目 9 PPP 广域网协议

学习目标

- 理解 PPP 的概念、PPP 的组件、帧格式。
- 灵活应用 PPP 的两种认证方式。
- 应用 PPP 的基本配置命令。
- 根据不同场景进行 PPP 认证的设计和部署。

【项目背景】

阳光纸业的北京总部和上海分公司之间通过 PPP 链路互连。为了保证链路的安全性，信息中心网络管理员决定采用 PPP 认证技术保证链路的安全性。

【项目内容】

要求 BJ_CR01 和 SH_CR01 的串行链路 PPP 上，配置认证。拓扑如图 9-1 所示。

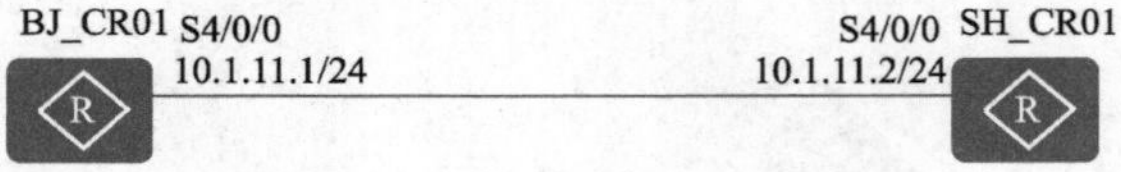

图 9-1
PPP 技术项目拓扑图

9.1　相关知识：PPP 技术

9.1.1　广域网接入技术概述

WAN 是一种超越 LAN 地理范围的数据通信网络。企业必须向 WAN 服务提供商订购服务，而 LAN 通常归使用 LAN 的公司或组织所有。

WAN 主要有以下 3 个特性。

① WAN 中连接设备跨越的地理区域通常比 LAN 的作用区域更广。

② WAN 使用运营商提供的服务。

③ WAN 使用各种类型的串行连接提供对大范围地理区域带宽的访问功能。

广域网一般用于这 3 种情况：分区或分支机构的员工与总部通信并共享数据；企业需要与其他企业远距离共享信息；经常出差的员工需要访问公司网络信息。

WAN 操作主要集中在第 1 层和第 2 层上。物理层（OSI 第 1 层）协议描述连接通信服务提供商提供的服务所需的电气、机械、操作和功能特性。数据链路层（OSI 第 2 层）协议定义如何封装传向远程位置的数据以及最终数据帧的传输机制，常见的广域网技术有 PPP、HDLC、FR 等。

9.1.2　点对点协议（PPP）

微课 9-1
PPP 协议概述

点对点协议是广域网协议中的一种，定义了在不同的广域网介质上的通信。

点对点协议（Point to Point Protocol，PPP）是在点到点链路上承载网络层数据包的一种链路层协议，如图 9-2 所示。PPP 作为一种提供点到点链路上的封装、传输网络层数据包的数据链路层协议，处于 OSI 参考模型的数据链路层，主要被设计用来在支持全双工的异步链路上进行点到点之间的数据传输，为在点对点连接上传输多协议数据包提供一个标准方法。

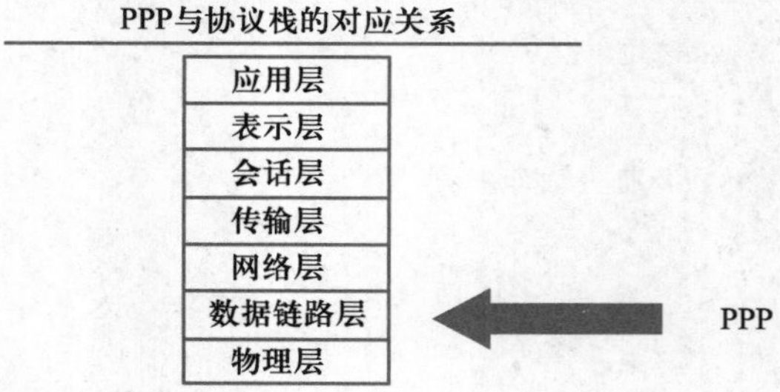

PPP与协议栈的对应关系

应用层
表示层
会话层
传输层
网络层
数据链路层 ← PPP
物理层

图 9-2
PPP 与协议栈的对应关系

PPP 主要由链路控制协议（LCP）、网络控制协议簇（NCPs）和用于网络安全方面的认证协议簇（PAP 和 CHAP）等 PPP 的扩展协议组成。

PPP 使用链路控制协议（Link Control Protocol，LCP）来建立、配置和测试数据链路，使用网络控制协议（Network Control Protocol，NCP）来建立和配置不同的网络层协议。

串行接口如图 9-3 所示，一般使用的是 E1 接口，使用特定的串行接口线缆进行连接。

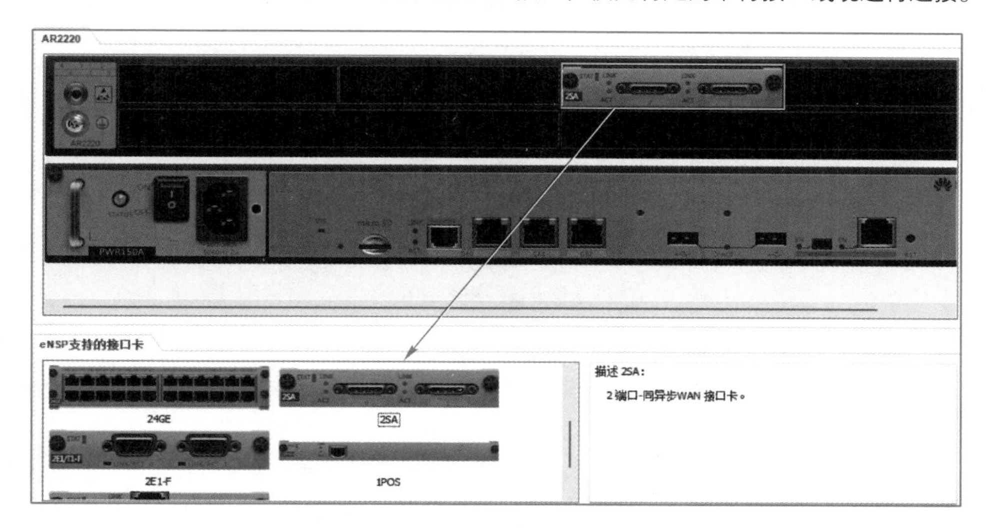

图 9-3
E1 接口示意图

1. PPP 的数据帧格式

PPP 帧是以标志字节（01111110）开始和结束的。数据帧格式如图 9-4 所示。

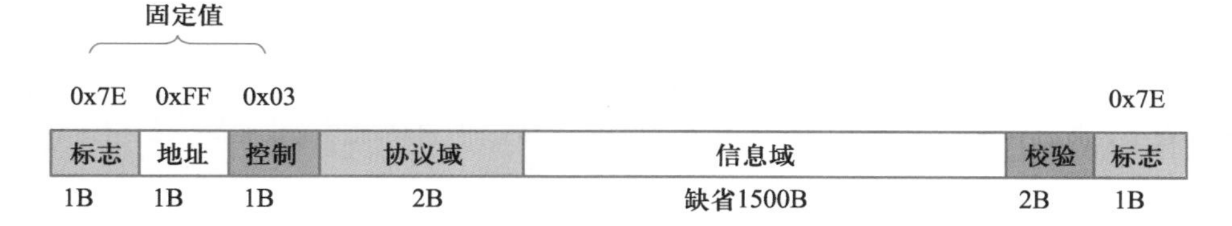

1B=1Byte(字节)

图 9-4
PPP 数据帧格式

① 地址字段：缺省情况下，被固定设成二进制数 11111111，因为点到点链路的一个方向上只有一个接收方。

② 控制字段：缺省情况下，被固定设成二进制数 00000011，因为地址字段、控制字段总是常数。因此，这两部分实际可以省略。

③ 协议字段：用来标明后面携带的是什么类型的数据，其缺省大小为 2 B。但如果是 LCP 包，则可以为 1 B。

④ 数据字段：其长度可变，缺省最大长度为 1500 B。

⑤ 校验和字段：通常情况下是 2 B，但也可以是 4 B。

2. PPP 的工作过程

从开始发起呼叫到最终通信完成后释放链路，PPP 的工作经历了如图 9-5 所示一系列的过程。

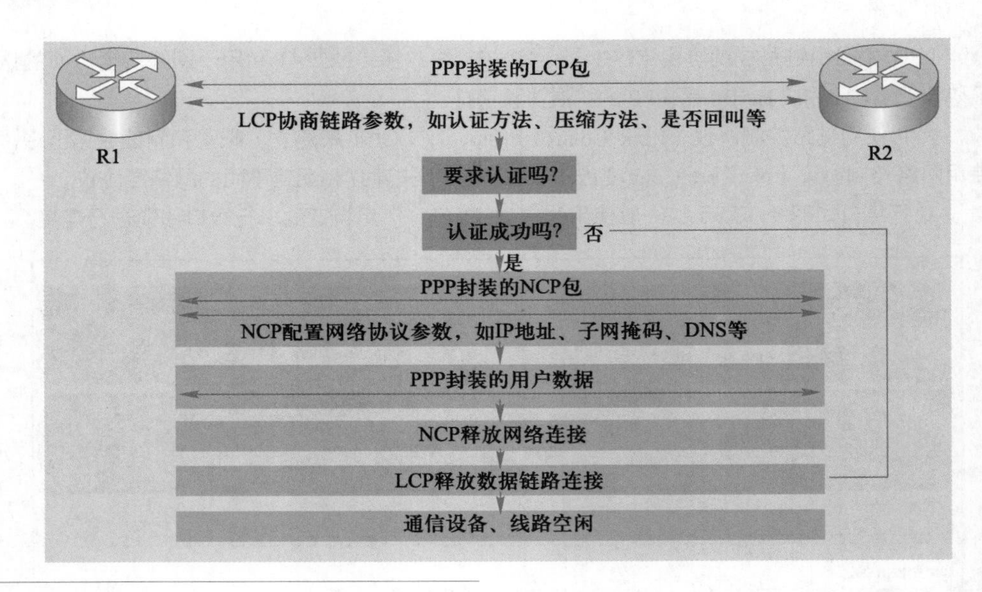

图 9-5
PPP 的工作过程

① 当路由器 R1 和 R2 建立起初始物理连接后，两个路由器之间开始传送一系列经过 PPP 封装的 LCP 分组，用于协商选择将要采用的 PPP 参数。

② 如果上一步中有一方要求认证，接下来就开始认证过程。如果认证失败，如错误的用户名、密码，则链路被终止，双方关闭物理链路回到空闲状态。如果认证成功则进行下一步。

③ 在这一步中，通信双方开始交换一系列的 NCP 分组来配置网络层。对于上层使用的是 IP 协议的情形而言，此过程是由 IPCP 完成的。

④ 当 NCP 配置完成后，双方的逻辑通信链路就建立好了，双方可以开始在此链路上交换上层数据。

⑤ 当数据传送完成后，一方会发起断开连接的请求。这时，首先使用 NCP 来释放网络层的连接，然后利用 LCP 来关闭数据链路层连接，最后，两台路由器物理链路回到空闲状态。

3. PPP 认证

微课 9-2
PPP 认证

在 PPP 点对点通信中，可以采用 PAP 或 CHAP 身份认证方式对连接用户进行身份认证，以防止非法用户的 PPP 连接。但这些认证是可选的，而不是必需的。

（1）口令认证协议（PAP）

口令认证协议（Password Authentication Protocol，PAP）在整个身份认证过程中是两次握手认证过程，口令以明文方式进行传送。

PAP 的认证过程如下。

① 被认证方发送用户名和口令到认证方。如图 9-6 所示，R1 将用户名 user01 和口令 pw01 发送给认证方 R2，请求身份认证。

② 认证方 R2，根据本地的网络用户数据库查看是否有此用户，并检查口令是否正确，然后返回不同的响应，如图 9-7 所示。

③ 如果正确，则会给被认证方 R1 发送 ACK（应答确认）报文，通知对端已经被允许进入到下一个阶段协商；否则发送 NAK（不确认）报文，通知对端认证失败。但此时不会直接关闭链路，被认证方可以继续尝试新的用户口令。只有当认证不通过次数达到一定值（默

认是 4）时，才会关闭链路。

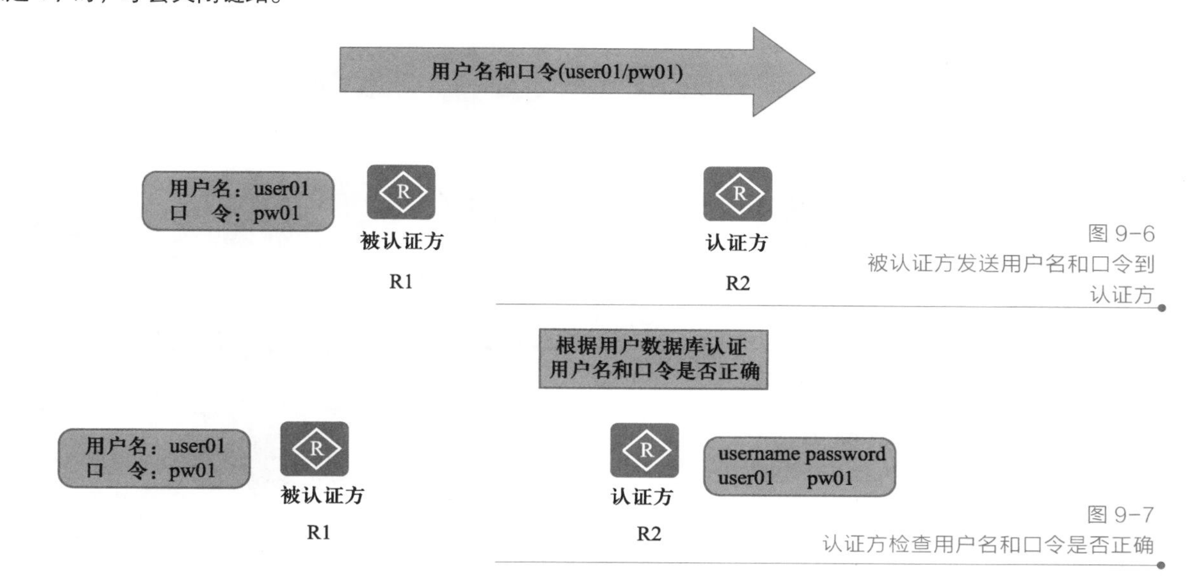

图 9-6 被认证方发送用户名和口令到认证方

图 9-7 认证方检查用户名和口令是否正确

PAP 并不是一个健全的认证协议，其特点是在网络上以明文方式传递用户名及口令，其口令以文本格式在网络中进行发送。对于窃取、重放或重复尝试、错误攻击没有任何保护，在传输过程中数据被截获后，可能对网络安全造成极大的威胁。

（2）质询握手认证协议（CHAP）

质询握手认证协议（Challenge Handshake Authentication Protocol，CHAP）。相比于 PAP 认证安全性要高，它需要 3 次握手认证，不直接发送口令，由认证方首先发起请求。

CHAP 的 3 次握手流程如下。

① 当被认证方要求与认证方连接时，首先由认证方 R2 向被认证方 R1 发送一个身份认证请求，该请求包括一个随机产生的数据和认证方的用户名 R2。

如图 9-8 所示，被认证方 R1 得到认证方的请求后，便根据此报文中认证方的用户名 R2 在本地的用户数据库中查找对应的用户账号和口令。如果在用户数据库中找到与认证方用户名 R2 相同的用户账号，便使用接收到的随机报文和用户的密钥，使用 MD5 算法生成一个 Hash 值。

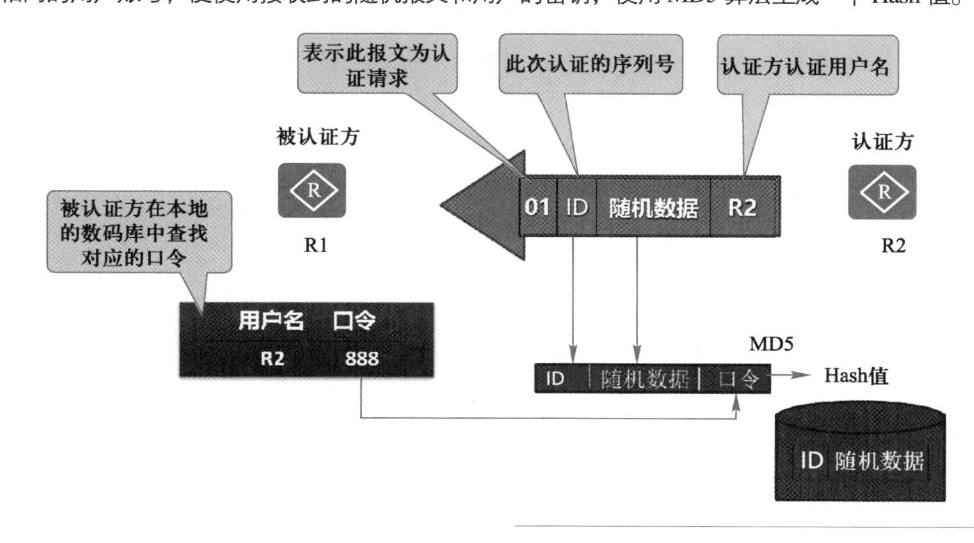

图 9-8 认证方发送认证请求

② 随后被认证方 R1 将 Hash 值和被认证方的用户名 R1 发送给认证服务器 R2，如图 9-9 所示。

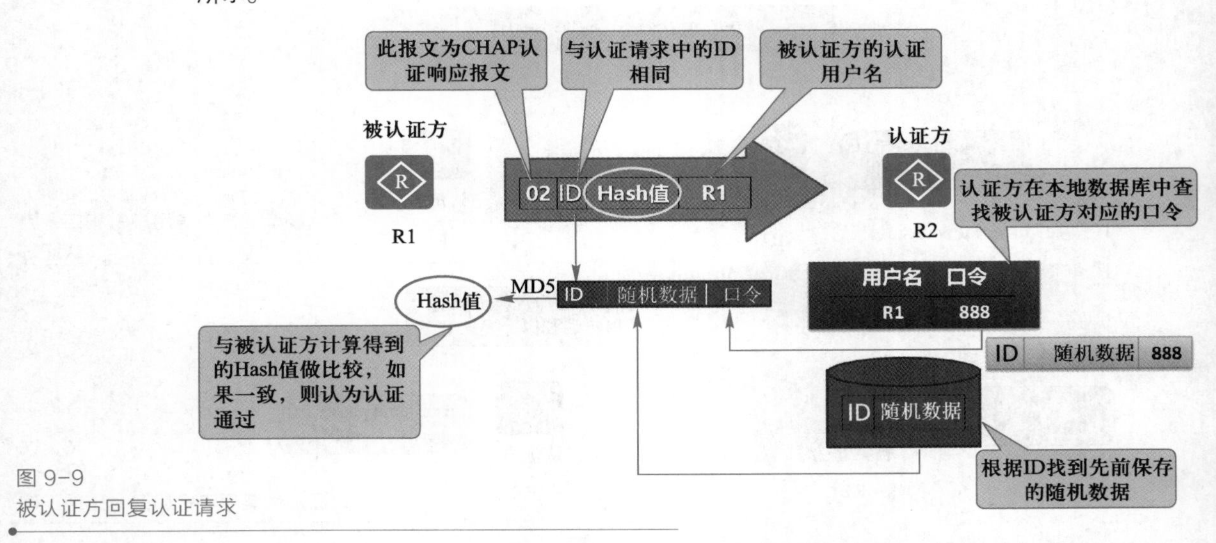

图 9-9
被认证方回复认证请求

认证方 R2 接到此应答后，利用认证方的用户名 R1 在本地的用户数据库中查找相应的口令，然后将找到口令和报文中的 ID 所对应的随机报文，以 MD5 算法生成一个 Hash 值。R2 将自己计算的 Hash 值与被认证方 R1 应答报文中的 Hash 值进行比较。

③ Hash 值相同，则认证成功，认证方会发送一条 ACK 报文，表示认证通过，否则会发送一条 NAK 报文，表示认证不通过，如图 9-10 所示。

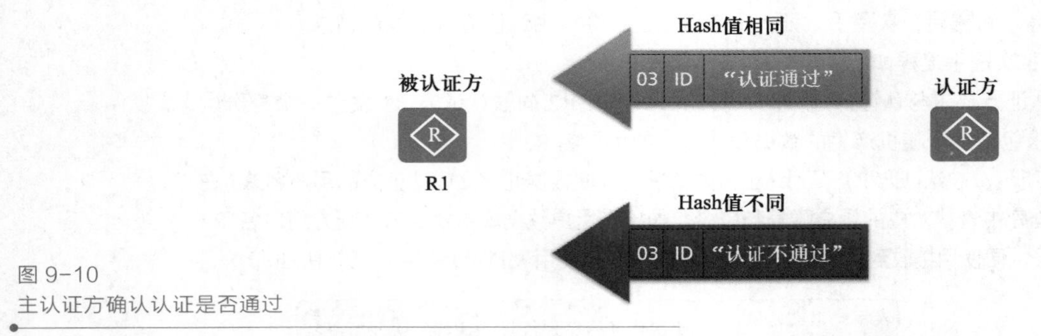

图 9-10
主认证方确认认证是否通过

CHAP 身份认证的特点是只在网络上传输用户名，并不以明文方式直接传输用户口令，因此其安全性比 PAP 要高。CHAP 认证方式使用不同的询问消息，每个消息都是不可预测的唯一值，这样就防范了再生的攻击。

9.1.3　PPP 和认证的配置

1. 封装 PPP

在接口视图下，封装串行接口的协议。

```
[Huawei]interface Serial 1/0/0
[Huawei-Serial1/0/0]link-protocol {hdlc | ppp | fr}
```

【参数】

hdlc：HDLC 协议。

ppp：点对点协议，默认是 PPP。

fr：帧中继协议。

2．配置认证方式

在接口视图下，配置 PPP 的认证方式。

```
[Huawei]interface Serial 1/0/0
[Huawei-Serial1/0/0]ppp  authentication-mode  { chap | pap }
```

【参数】

chap：用于在认证方开启 CHAP 认证的功能，即要求对端使用 PAP 认证。

pap：用于在认证方开启 PAP 认证的功能，即要求对端使用 PAP 认证。

微课 9-3
PPP PAP 认证
配置命令

3．发送 PAP 认证的用户名和密码

在接口视图下，发送 PAP 认证的用户名和密码。

```
[Huawei-Serial1/0/0]ppp  pap  local-user  username  password { cipher | simple }  password
```

【参数】

username：指定本地设备被对端设备采用 PAP 方式认证时发送的用户名，1～64 个字符，不支持空格，区分大小写。

cipher | simple：cipher 指定密码为密文显示。
simple 指定密码为明文显示。

password：指定本地设备被对端设备采用 PAP 方式认证时发送的密码，支持空格，区分大小写，明文为 1～32 个字符，密文为 24～56 个字符。

微课 9-4
PPP CHAP 认证
配置命令

4．配置采用 CHAP 认证时被认证方的用户名

在接口视图下，配置采用 CHAP 认证时被认证方的用户名。

```
[Huawei]interface  Serial  1/0/0
[Huawei-Serial1/0/0]ppp chap user  username
```

【参数】

username：指定本地设备被对端设备采用 CHAP 方式认证时发送的用户名，1～64 个字符，不支持空格，区分大小写。

5．配置 CHAP 认证的密码

在接口视图下，配置 CHAP 认证的密码。

```
[Huawei]interface Serial  1/0/0
[Huawei-Serial1/0/0]ppp chap  password { cipher | simple }  password
```

【参数】

cipher | simple：cipher 指定密码为密文显示。

simple 指定密码为明文显示。

password：指定本地设备被对端设备采用 CHAP 方式认证时发送的密码， 支持空格，区分大小写，明文为 1～32 个字符，密文为 24～56 个字符。

通常配置 CHAP 双向认证时，不配置此命令。

6．创建本地认证用户名和密码

在 aaa 视图下，创建本地认证用户名和密码。

```
[Huawei] aaa
[Huawei-aaa]local-user user_name  password  cipher  password
```

【参数】

user_name：本地数据库中的用户名，用于验证请求认证的用户，不区分大小写。

password：本地数据库中的密码，用于验证请求认证的用户。

cipher：指定密码为密文显示。

配置的密码要和认证方配置的认证密码一致。

7．配置使用的服务类型为 PPP

在 aaa 视图下，配置使用的服务类型为 PPP。

```
[Huawei] aaa
[Huawei-aaa]local-user user_name service-type ppp
```

【参数】

user_name：本地数据库中的用户名。

ppp：设置用户“***user_name***”为 PPP 用户。

9.2　项目准备：规划 PPP 认证

9.2.1　PAP 认证规划

【引导问题 9-1】 根据图 9-1 的 PPP 技术项目拓扑图，在表 9-1 中填写 PAP 认证规划表。

表 9-1 PAP 认证规划表

设 备	接 口	接口下发送的用户名/密码（本地设备的用户名和密码）	AAA 下配置的用户名/密码（对端的用户名和密码）	对端设备	接口	接口下发送的用户名/密码（本地设备的用户名和密码）	AAA 下配置的用户名/密码（对端的用户名和密码）

【引导问题 9-2】 填写 BJ_CR01 上的 PAP 认证的接口配置命令，见表 9-2。

表 9-2 BJ_CR01 上的 PAP 认证的接口配置命令

设 备	接 口	命令配置
BJ_CR01	S4/0/0	

【引导问题 9-3】 填写 BJ_CR01 上 aaa 下配置的命令，见表 9-3。

表 9-3 BJ_CR01 上 aaa 下配置的命令

设 备	命令配置
BJ_CR01	

9.2.2 CHAP 认证规划

【引导问题 9-4】 根据图 9-1 PPP 技术项目拓扑图，在表 9-4 中填写 CHAP 认证规划表。

表 9-4 CHAP 认证规划表

设 备	接 口	接口下发送的用户名/密码（本地设备的用户名和密码）	AAA 下配置的用户名/密码（对端的用户名和密码）	对端设备	接 口	接口下发送的用户名/密码（本地设备的用户名和密码）	AAA 下配置的用户名/密码（对端的用户名和密码）

【引导问题 9-5】 BJ_CR01 上的 CHAP 认证的接口配置命令，见表 9-5。

表 9-5 BJ_CR01 上的 CHAP 认证的接口配置命令

设 备	接 口	命令配置
BJ_CR01	S4/0/0	

【引导问题 9-6】 BJ_CR01 上 aaa 下配置命令，见表 9-6。

表 9-6　BJ_CR01 上 aaa 下配置命令

设　备	命令配置
BJ_CR01	

9.3　项目实施：配置 PPP 认证

微课 9-5
项目实施：PAP
认证配置

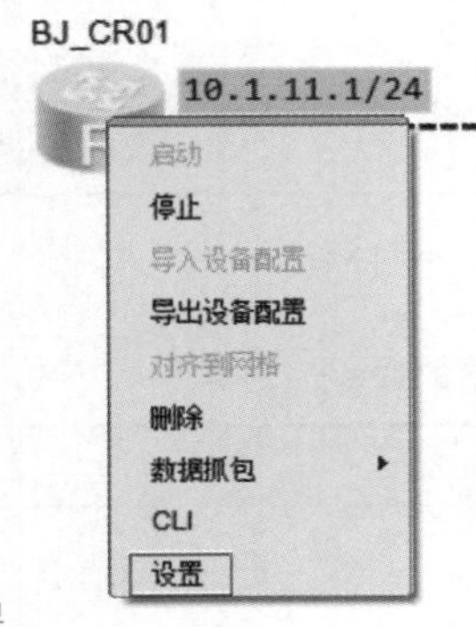

图 9-11
网络设备右键菜单

9.3.1　PAP 认证配置

1. 连接串行线缆

在路由器上添加串行链路的板卡，在路由器上右击，在弹出的快捷菜单中选择“设置”命令，如图 9-11 所示。

打开添加板卡的界面，选中板卡，拖曳到上方的空插槽处，释放接口卡，如图 9-12 所示。

使用如图 9-13 所示的串行线缆。

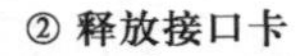

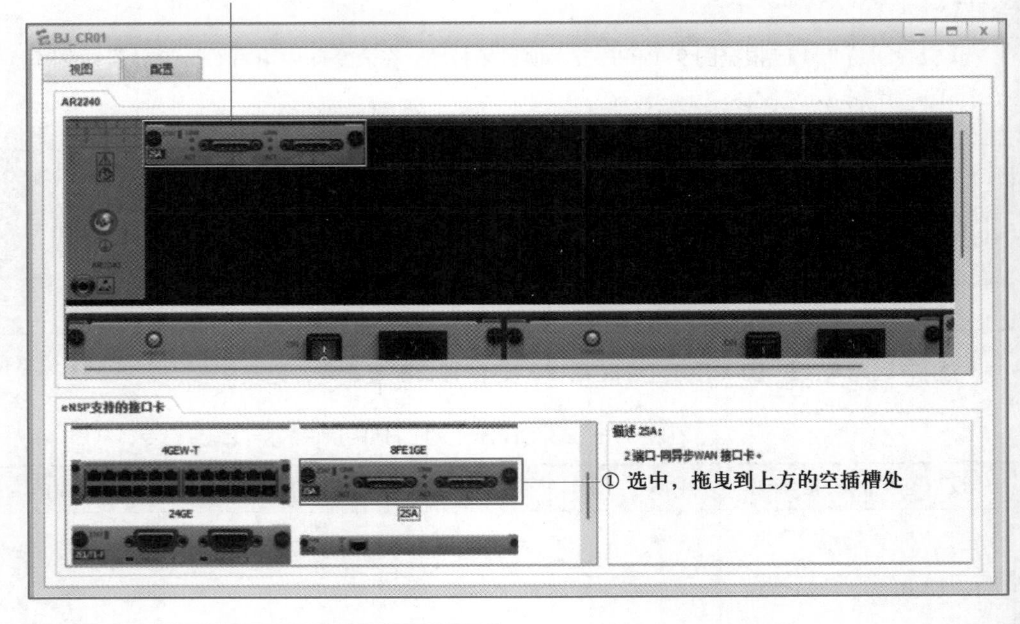

图 9-12
串行链路的板卡

当出现线缆的图标后，单击路由器，出现如图 9-14 所示的接口列表，选择 Serial 4/0/0，然后单击对端路由器 SH 的 Serial 4/0/0，连接两台路由器。

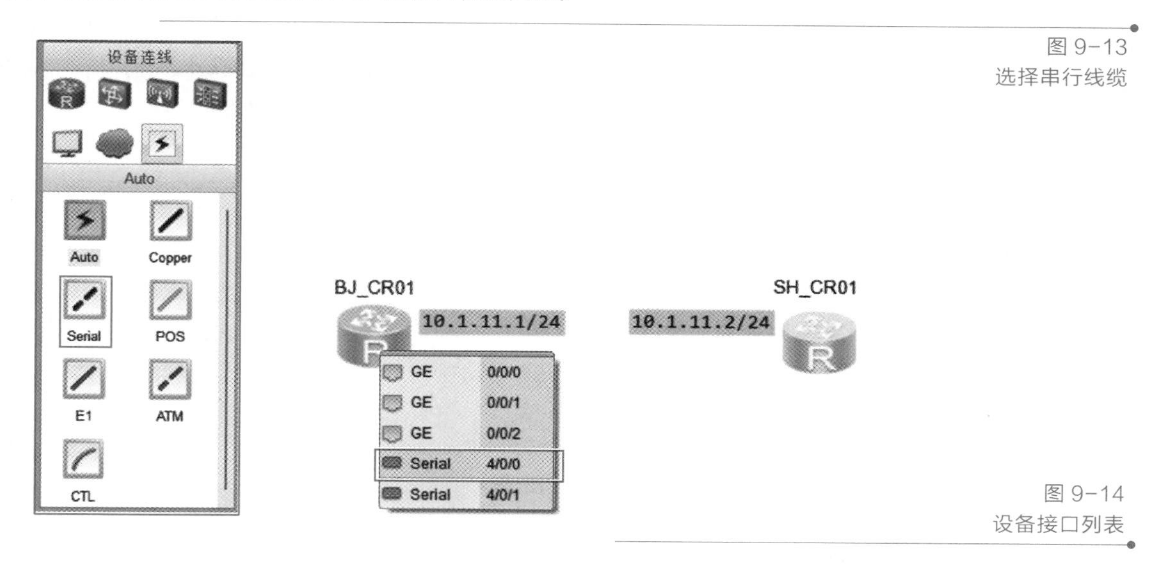

图 9-13 选择串行线缆

图 9-14 设备接口列表

2．配置路由器 BJ_CR01

北京总公司路由器 BJ_CR01 上的配置步骤如下。

第 1 步：修改路由器设备名称。

第 2 步：配置串行接口 Serial 4/0/0。

- 接口封装类型。
- IP 地址。
- PAP 认证。

第 3 步：配置本地认证用户名和密码。

具体配置命令如下。

① 修改设备名称。

```
[Huawei]sysname BJ_CR01                                  //修改设备名称
```

② 配置接口封装类型、IP 地址和 PAP 认证。

```
[BJ_CR01]interface serial 4/0/0                          //进入接口
[BJ_CR01-Serial4/0/0]link-protocol ppp                   //封装 PPP，可以省略
[BJ_CR01-Serial4/0/0] ip address 10.1.11.1  24           //配置 IP 地址
[BJ_CR01-Serial4/0/0] ppp authentication-mode pap        //配置 PAP 认证方式
[BJ_CR01-Serial4/0/0] ppp pap local-user beijing password cipher YG123
//配置发送 PAP 认证的用户名 beijing 和密码 YG123
[BJ_CR01-Serial4/0/0] quit                               //退出接口视图
```

③ 配置本地认证用户名和密码。

```
[BJ_CR01]aaa                                             //进入 aaa 视图
```

```
[BJ_CR01-aaa]local-user shanghai password cipher YG123      //创建本地认证用户名shanghai和密码 YG123
Info: Add a new user.                                       //提示信息：添加一个新用户
[BJ_CR01-aaa]local-user shanghai service-type ppp           //配置 shanghai 用户使用的服务类型为 PPP
```

3．配置路由器 SH_CR01

上海分公司路由器 SH_CR01 上的配置步骤如下。

第 1 步：修改路由器设备名称。

第 2 步：配置串行接口 Serial 4/0/0。

- 接口封装类型。
- IP 地址。
- PAP 认证。

第 3 步：配置本地认证用户名和密码。

具体配置命令如下。

① 修改设备名称。

```
[Huawei]sysname SH_CR01                                     //修改设备名称
```

② 配置接口封装类型、IP 地址和 PAP 认证。

```
[SH_CR01]interface serial 4/0/0                             //进入接口
[SH_CR01-Serial4/0/0]link-protocol ppp                      //封装 PPP，可以省略
[SH_CR01-Serial4/0/0] ip address 10.1.11.2  24              //配置 IP 地址
[BJ_CR01-Serial4/0/0] ppp authentication-mode pap           //配置 PAP 认证方式
[SH_CR01-Serial4/0/0] ppp pap local-user shanghai password cipher YG123
//配置发送 PAP 认证的用户名 shanghai 和密码 YG123
[SH_CR01-Serial4/0/0] quit                                  //退出接口视图
```

③ 配置本地认证用户名和密码。

```
[SH_CR01]aaa                                                //进入 aaa 视图
[SH_CR01-aaa]local-user beijing password cipher YG123       //创建本地认证用户名 beijing 和密码 YG123
Info: Add a new user.                                       //提示信息：添加一个新用户
[SH_CR01-aaa]local-user beijing service-type ppp            //配置 beijing 用户使用的服务类型为 PPP
```

4．PAP 认证测试

（1）查看 PAP 的数据包

① 数据抓包。

右击路由器，在弹出的快捷菜单中选择“数据抓包”→“Serial 4/0/0”命令，如图 9-15 所示，开启抓包。

在打开的对话框中，单击“确定”按钮，如图 9-16 所示。

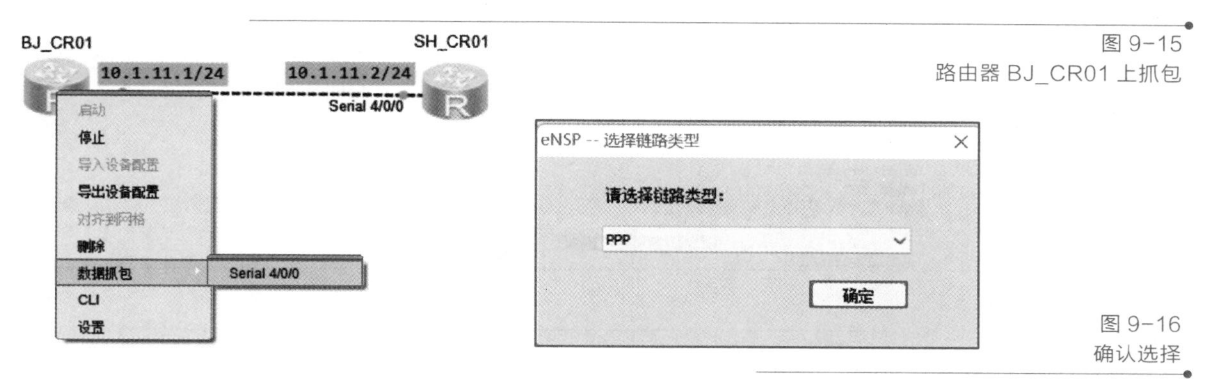

图 9-15
路由器 BJ_CR01 上抓包

图 9-16
确认选择

打开抓包软件，如图 9-17 所示。

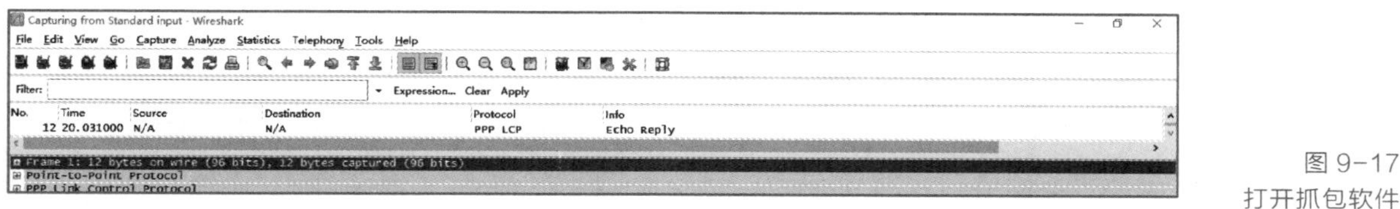

图 9-17
打开抓包软件

② 在接口上关闭端口。

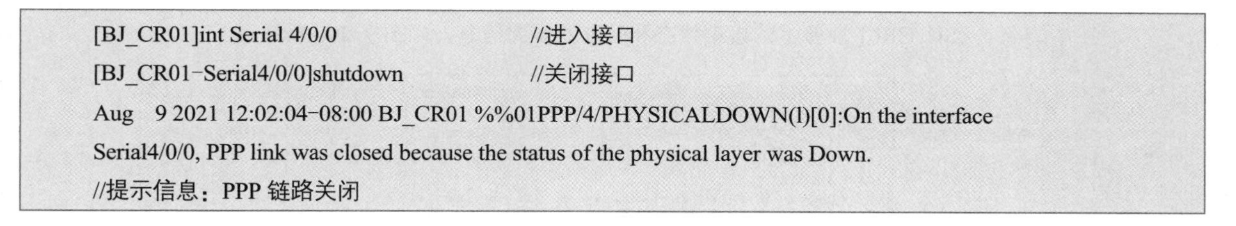

```
[BJ_CR01]int Serial 4/0/0                        //进入接口
[BJ_CR01-Serial4/0/0]shutdown                    //关闭接口
Aug   9 2021 12:02:04-08:00 BJ_CR01 %%01PPP/4/PHYSICALDOWN(l)[0]:On the interface
Serial4/0/0, PPP link was closed because the status of the physical layer was Down.
//提示信息：PPP 链路关闭
```

③ 开启接口，让 PPP 认证重新协商，同时在抓包程序，查看 PAP 认证报文。

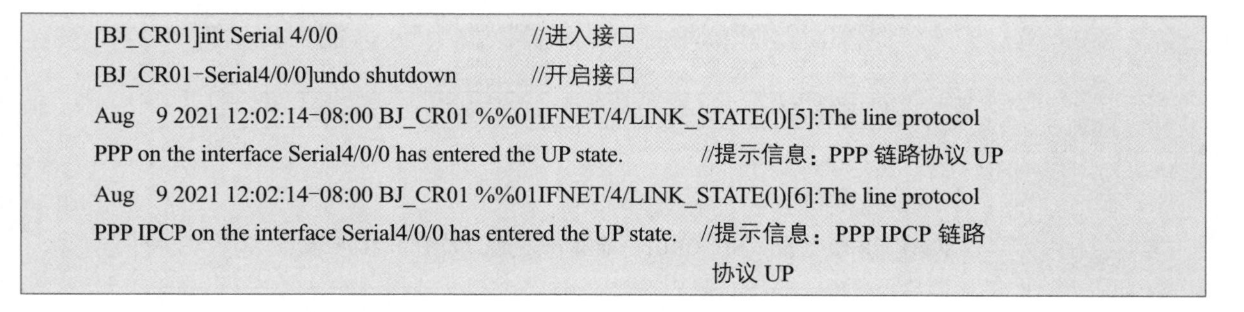

```
[BJ_CR01]int Serial 4/0/0                        //进入接口
[BJ_CR01-Serial4/0/0]undo shutdown               //开启接口
Aug   9 2021 12:02:14-08:00 BJ_CR01 %%01IFNET/4/LINK_STATE(l)[5]:The line protocol
PPP on the interface Serial4/0/0 has entered the UP state.        //提示信息：PPP 链路协议 UP
Aug   9 2021 12:02:14-08:00 BJ_CR01 %%01IFNET/4/LINK_STATE(l)[6]:The line protocol
PPP IPCP on the interface Serial4/0/0 has entered the UP state.   //提示信息：PPP IPCP 链路
                                                                    协议 UP
```

在抓包软件中，能够看到 PAP 的数据包，以及用户名和密码，如图 9-18 所示。

（2）查看接口状态和配置的概要信息

通过 display ip interface brief 命令查看接口状态和配置的概要信息。每台设备上，接口 IP 配置正确，且接口的 Physical（物理）和 Protocol（协议）层都是 up 的。

BJ_CR01 设备上的接口状态和配置的概要信息，如图 9-19 所示。

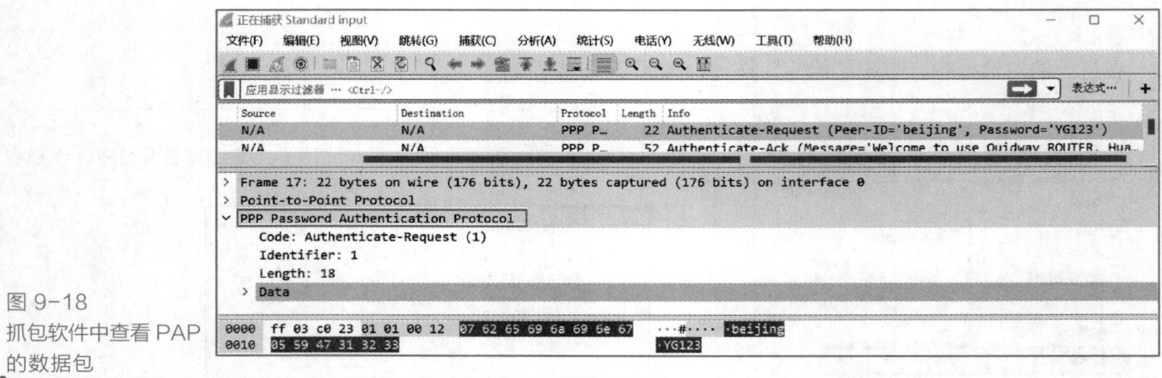

图 9-18
抓包软件中查看 PAP 的数据包

```
[BJ_CR01]display ip interface brief
*down: administratively down
^down: standby
(l): loopback
(s): spoofing
The number of interface that is UP in Physical is 2
The number of interface that is DOWN in Physical is 4
The number of interface that is UP in Protocol is 2
The number of interface that is DOWN in Protocol is 4

Interface                         IP Address/Mask      Physical   Protocol
GigabitEthernet0/0/0              unassigned           down       down
GigabitEthernet0/0/1              unassigned           down       down
GigabitEthernet0/0/2              unassigned           down       down
NULL0                             unassigned           up         up(s)
Serial4/0/0                       10.1.11.1/24         up         up
Serial4/0/1                       unassigned           down       down
```

图 9-19
路由器 BJ_CR01 上查看接口状态和配置的概要信息

SH_CR01 设备上的接口状态和配置的概要信息，如图 9-20 所示。

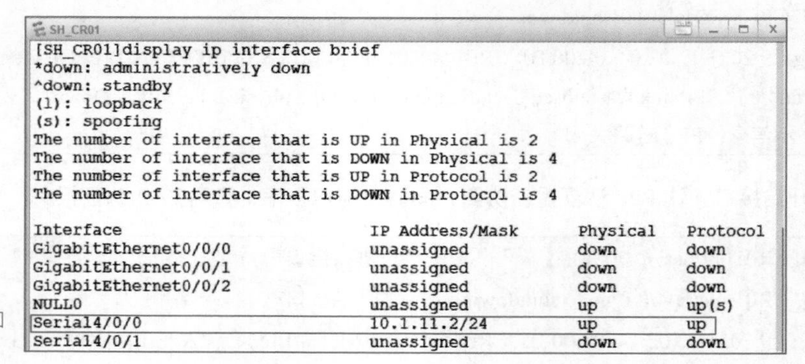

```
[SH_CR01]display ip interface brief
*down: administratively down
^down: standby
(l): loopback
(s): spoofing
The number of interface that is UP in Physical is 2
The number of interface that is DOWN in Physical is 4
The number of interface that is UP in Protocol is 2
The number of interface that is DOWN in Protocol is 4

Interface                         IP Address/Mask      Physical   Protocol
GigabitEthernet0/0/0              unassigned           down       down
GigabitEthernet0/0/1              unassigned           down       down
GigabitEthernet0/0/2              unassigned           down       down
NULL0                             unassigned           up         up(s)
Serial4/0/0                       10.1.11.2/24         up         up
Serial4/0/1                       unassigned           down       down
```

图 9-20
路由器 SH_CR01 上查看接口状态和配置的概要信息

（3）连通性测试

从 BJ_CR01 上 ping SH_CR01，能够 ping 通，如图 9-21 所示。

```
[BJ_CR01]ping 10.1.11.2
  PING 10.1.11.2: 56  data bytes, press CTRL_C to break
    Reply from 10.1.11.2: bytes=56 Sequence=1 ttl=255 time=50 ms
    Reply from 10.1.11.2: bytes=56 Sequence=2 ttl=255 time=20 ms
    Reply from 10.1.11.2: bytes=56 Sequence=3 ttl=255 time=20 ms
    Reply from 10.1.11.2: bytes=56 Sequence=4 ttl=255 time=20 ms
    Reply from 10.1.11.2: bytes=56 Sequence=5 ttl=255 time=10 ms

  --- 10.1.11.2 ping statistics ---
    5 packet(s) transmitted
    5 packet(s) received
    0.00% packet loss
    round-trip min/avg/max = 10/24/50 ms
```

图 9-21
路由器 BJ_CR01 能够 ping 通 SH_CR01

9.3.2 CHAP 认证配置

微课 9-6
项目实施：CHAP 认证配置

1. 配置路由器 BJ_CR01

北京总公司路由器 BJ_CR01 上的配置步骤如下。

第 1 步：修改路由器设备名称。

第 2 步：配置串行接口 Serial 4/0/0。

- 接口封装类型。
- IP 地址。
- CHAP 认证。

第 3 步：配置本地认证用户名和密码。

具体配置命令如下。

① 修改设备名称。

```
[Huawei]sysname BJ_CR01                                   //修改设备名称
```

② 配置接口封装类型、IP 地址和 CHAP 认证。

```
[BJ_CR01]interface serial 4/0/0                           //进入接口
[BJ_CR01-Serial4/0/0]link-protocol ppp                    //封装 PPP，可以省略
[BJ_CR01-Serial4/0/0] ip address 10.1.11.1    24          //配置 IP 地址
[BJ_CR01-Serial4/0/0] ppp authentication-mode chap        //配置 CHAP 认证方式
[BJ_CR01-Serial4/0/0] ppp chap user beijing               //配置采用 CHAP 认证时认证
                                                            方的用户名 beijing
[BJ_CR01-Serial4/0/0] quit                                //退出接口视图
```

③ 配置本地认证用户名和密码。

```
[BJ_CR01]aaa                                              //进入 aaa 视图
[BJ_CR01-aaa]local-user shanghai password cipher YG123    //创建本地认证用户名 shanghai
                                                            和密码 YG123
Info: Add a new user.                                     //提示信息：添加一个新用户
[BJ_CR01-aaa]local-user shanghai service-type ppp         //配置 shanghai 用户使用的服
                                                            务类型为 PPP
```

2. 配置路由器 SH_CR01

上海分公司路由器 SH_CR01 上的配置步骤如下。

第 1 步：修改路由器设备名称。

第 2 步：配置串行接口 Serial 4/0/0。

- 接口封装类型。
- IP 地址。
- CHAP 认证。

第 3 步：配置本地认证用户名和密码。

具体配置命令如下。

① 修改设备名称。

```
[Huawei]sysname SH_CR01                                      //修改设备名称
```

② 配置接口封装类型、IP 地址和 CHAP 认证。

```
[SH_CR01]interface serial 4/0/0                              //进入接口
[SH_CR01-Serial4/0/0]link-protocol ppp                       //封装 PPP，可以省略
[SH_CR01-Serial4/0/0] ip address 10.1.11.2   24              //配置 IP 地址
[SH_CR01-Serial4/0/0] ppp authentication-mode chap           //配置 CHAP 认证方式
[SH_CR01-Serial4/0/0] ppp chap user shanghai                 //配置采用 CHAP 认证时认证方的
                                                               用户名 shanghai
[SH_CR01-Serial4/0/0] quit                                   //退出接口视图
```

③ 配置本地认证用户名和密码。

```
[SH_CR01]aaa                                                 //进入 aaa 视图
[SH_CR01-aaa]local-user beijing password cipher YG123        //创建本地认证用户名 beijing
                                                               和密码 YG123
Info: Add a new user.                                        //提示信息：添加一个新用户
[SH_CR01-aaa]local-user beijing service-type ppp   //配置 beijing 用户使用的服务类型为 PPP
```

3．CHAP 认证测试

（1）查看 CHAP 的数据包

① 数据抓包。

右击路由器，在弹出的快捷菜单中选择“数据抓包”→“Serial 4/0/0”命令，如图 9-15 所示，开启抓包。打开抓包软件，如图 9-17 所示。

② 在接口上关闭端口。

```
[BJ_CR01]int Serial 4/0/0                                    //进入接口
[BJ_CR01-Serial4/0/0]shutdown                                //关闭接口
Aug   9 2021 13:28:23-08:00 BJ_CR01 %%01IFNET/4/LINK_STATE(l)[2]:The line protocol
PPP on the interface Serial4/0/0 has entered the DOWN state.
                                                             //提示信息：PPP 链路关闭
```

③ 开启接口，让 PPP 认证重新协商，同时在抓包软件中查看 PAP 认证报文。

```
[BJ_CR01]int Serial 4/0/0                                    //进入接口
[BJ_CR01-Serial4/0/0]undo shutdown                           //开启接口
Aug   9 2021 13: 29:03-08:00 BJ_CR01 %%01IFNET/4/LINK_STATE(l)[6]:The line protocol
PPP on the interface Serial4/0/0 has entered the UP state.
                                                             //提示信息：PPP 链路协议 UP
```

```
Aug  9 2021 13:29:03-08:00 BJ_CR01 %%01IFNET/4/LINK_STATE(l)[7]:The line protocol
PPP IPCP on the interface Serial4/0/0 has entered the UP state.
                                   //提示信息：PPP IPCP 链路协议 UP
```

在抓包软件中，能够看到 CHAP 的包。

第 1 个包是 BJ_CR01 发送的 Challenge 的包，能够看到用户名和 MD5 加密后的内容，如图 9-22 所示。

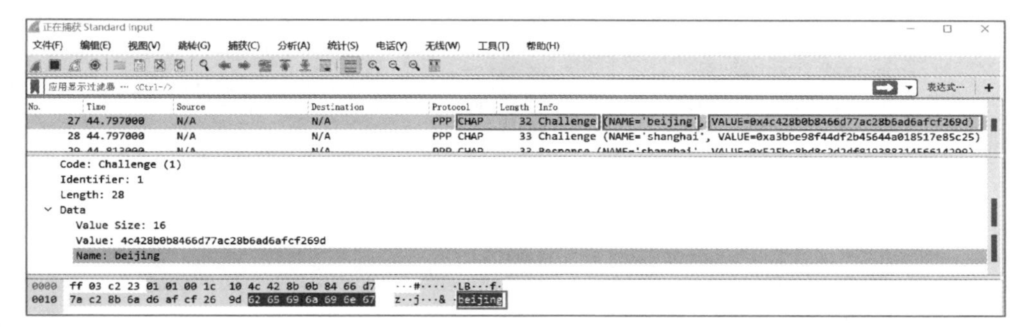

图 9-22　查看 BJ_CR01 发送的 Challenge 的 CHAP 数据包

第 2 个包是 SH_CR01 发送的 Response 的包，能够看到 SH_CR01 发送的用户名和 MD5 加密后的内容，如图 9-23 所示。

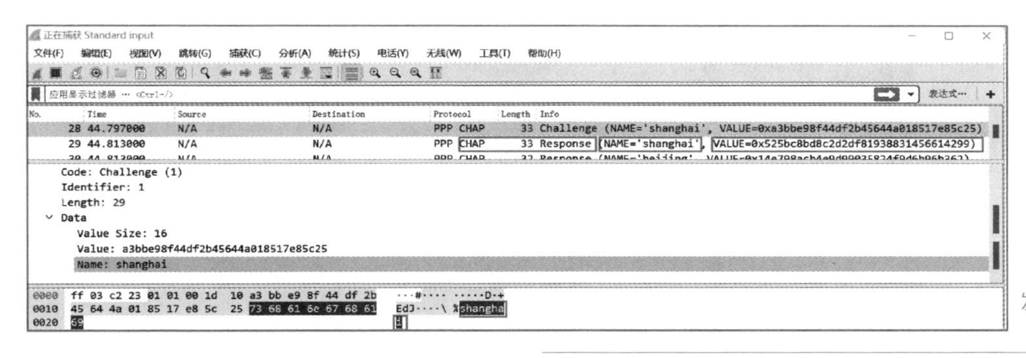

图 9-23　查看 SH_CR01 发送的 Challenge 的 CHAP 数据包

第 3 个包是 BJ_CR01 发送的 Success 的包，报文中包含“Welcome to beijing.”的内容，也标志 CHAP 认证通过，连接成功，如图 9-24 所示。

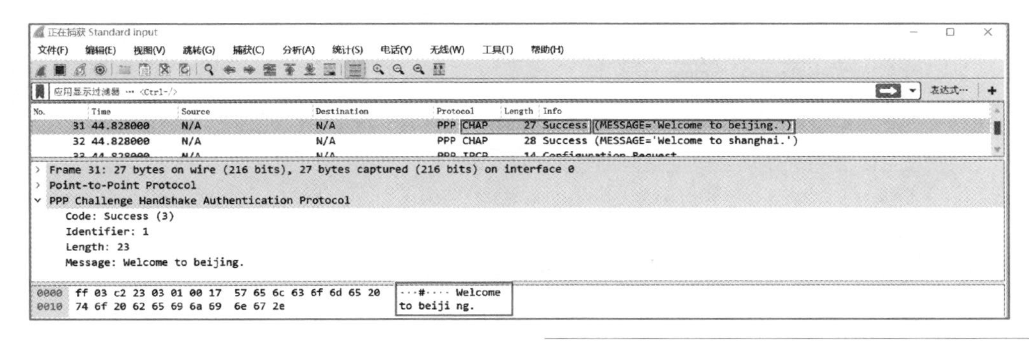

图 9-24　查看 BJ_CR01 发送的 Success 的 CHAP 数据包

（2）查看接口状态和配置的概要信息

通过 display ip interface brief 命令查看接口状态和配置的概要信息。每台设备上，接口

IP 配置正确，且接口的 Physical（物理）和 Protocol（协议）层都是 up 的。

BJ_CR01 设备上的接口状态和配置的概要信息，如图 9-25 所示。

```
BJ_CR01
[BJ_CR01]display ip interface brief
*down: administratively down
^down: standby
(l): loopback
(s): spoofing
The number of interface that is UP in Physical is 2
The number of interface that is DOWN in Physical is 4
The number of interface that is UP in Protocol is 2
The number of interface that is DOWN in Protocol is 4

Interface                         IP Address/Mask      Physical   Protocol
GigabitEthernet0/0/0              unassigned           down       down
GigabitEthernet0/0/1              unassigned           down       down
GigabitEthernet0/0/2              unassigned           down       down
NULL0                             unassigned           up         up(s)
Serial4/0/0                       10.1.11.1/24         up         up
Serial4/0/1                       unassigned           down       down
```

图 9-25
路由器 BJ_CR01 上查看接口状态和配置的概要信息

SH_CR01 设备上的接口状态和配置的概要信息，如图 9-26 所示。

```
SH_CR01
[SH_CR01]display ip interface brief
*down: administratively down
^down: standby
(l): loopback
(s): spoofing
The number of interface that is UP in Physical is 2
The number of interface that is DOWN in Physical is 4
The number of interface that is UP in Protocol is 2
The number of interface that is DOWN in Protocol is 4

Interface                         IP Address/Mask      Physical   Protocol
GigabitEthernet0/0/0              unassigned           down       down
GigabitEthernet0/0/1              unassigned           down       down
GigabitEthernet0/0/2              unassigned           down       down
NULL0                             unassigned           up         up(s)
Serial4/0/0                       10.1.11.2/24         up         up
Serial4/0/1                       unassigned           down       down
```

图 9-26
路由器 SH_CR01 上查看接口状态和配置的概要信息

（3）连通性测试

从 BJ_CR01 上 ping SH_CR01，能够 ping 通，如图 9-27 所示。

```
BJ_CR01
[BJ_CR01]ping 10.1.11.2
  PING 10.1.11.2: 56  data bytes, press CTRL_C to break
    Reply from 10.1.11.2: bytes=56 Sequence=1 ttl=255 time=50 ms
    Reply from 10.1.11.2: bytes=56 Sequence=2 ttl=255 time=20 ms
    Reply from 10.1.11.2: bytes=56 Sequence=3 ttl=255 time=20 ms
    Reply from 10.1.11.2: bytes=56 Sequence=4 ttl=255 time=20 ms
    Reply from 10.1.11.2: bytes=56 Sequence=5 ttl=255 time=10 ms

  --- 10.1.11.2 ping statistics ---
    5 packet(s) transmitted
    5 packet(s) received
    0.00% packet loss
    round-trip min/avg/max = 10/24/50 ms
```

图 9-27
BJ_CR01 能够 ping 通 SH_CR01

巩固训练：向阳印制公司 PPP 技术配置

1. 实训目的

- 理解点对点 PPP 广域网接入技术。
- 理解 PPP 链路中的 PAP 与 CHAP 认证的区别。

● 应用 PAP 认证的配置方法。
● 应用 CHAP 认证的配置方法。

2．实训拓扑

实训拓扑如图 9-28 所示。

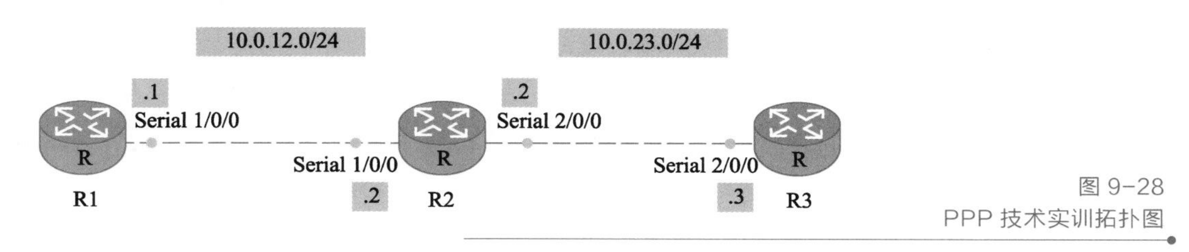

图 9-28
PPP 技术实训拓扑图

3．实训内容

① 按照拓扑，完成路由器 IP 地址的设置。

② 修改设备名称。

③ 分别在 R1 和 R2、R3 上配置接口 IP 地址。

④ 分别在 R1 和 R2、R3 上配置静态路由，实现所有接口之间连通。

⑤ R1 到 R2 的 pap 的单向认证，R2 为认证方服务器。用户名设为 Sunprint，密码设为 Sun@123、明文类型。

⑥ R2 到 R3 的 chap 双向认证：用户名分别设为 R2、R3，密码设为 Sun@123、明文类型。

⑦ 测试。

测试连通性：在路由器上输入下面命令测试连通性。

路由器 R2 上：

```
ping 10.0.12.1
ping 10.0.23.3
```

在路由器 R2 上抓包，查看 PAP 认证和 CHAP 认证的协商过程。

⑧ 保存路由器的配置。

项目 10

基本访问控制列表

学习目标

- 理解访问控制列表的概念、分类和作用。
- 掌握基本 ACL 的语法结构。
- 应用基本 ACL 的基本配置命令，明确配置步骤。
- 能够根据不同场景进行基本 ACL 的设计和部署。

【项目背景】

阳光纸业公司总部规模较大，决定采用 OSPF 协议来进行路由信息的传递，实现总部的网络互通。财务部内部有一台服务器，允许财务部员工工作日 8:00—18:00 访问，允许行政部经理任何时间段的访问，不允许销售部员工任何时间段的访问，其他流量拒绝访问。

【项目内容】

实现北京总部 BJ_CR01、BJ_CR02 和 BJ_CR03 设备的互连互通。为了保障财务部服务器的安全，允许财务部员工工作日 8:00—18:00 访问，允许行政部经理任何时间段的访问，不允许销售部员工任何时间段的访问，其他流量拒绝访问。拓扑如图 10-1 所示。

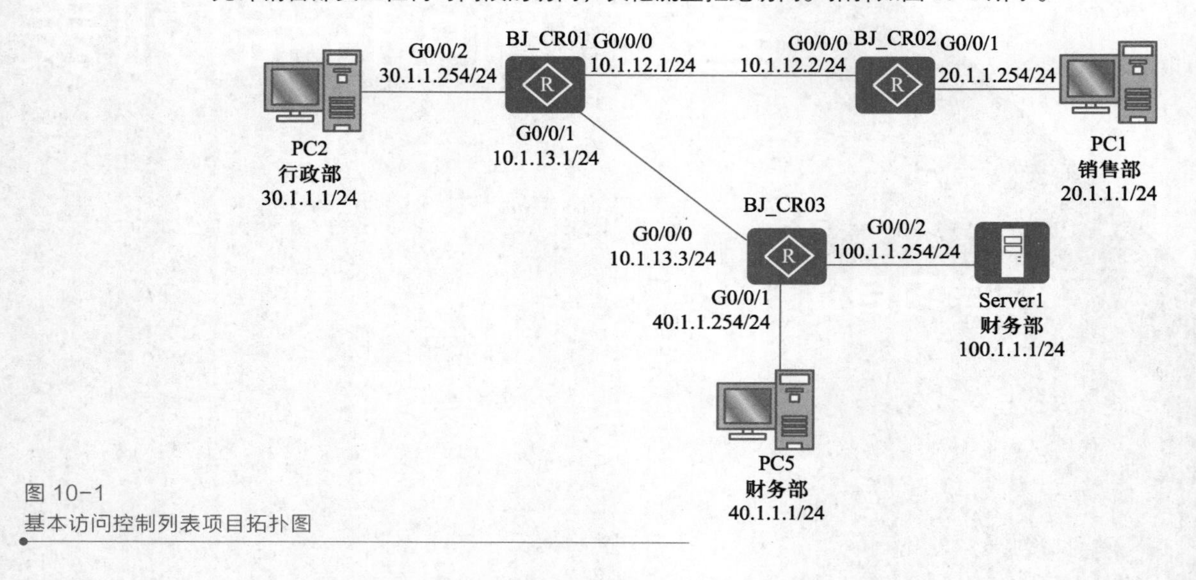

图 10-1
基本访问控制列表项目拓扑图

10.1　相关知识：基本访问控制列表基础

10.1.1　访问控制列表的概念

微课 10-1
访问控制列表的概念

如今世界已步入互联网时代，网络中的流量日益增多，其中不乏恶意流量，对于网络互联中路由器的压力也越来越大。为了保证网络中的正常流量，访问控制列表（Access Control List，ACL）应运而生，担负起了限制网络流量、进行流量控制、保证网络访问安全性、提高网络性能的重任。

ACL 的设置就好比小区出入口的车牌识别系统或保安。每当车辆进入时，会进行车辆检测，合法车辆通过，非法车辆拒绝通过。当然有的小区出入车辆较少，为了缩减物业开支，没有设置岗亭也是常有的事情。因此，ACL 的设置并不是必需的，需要根据企业需求来设置相应方案，而在哪个岗亭（网络设备的接口）设置安全检查，设置何种安全策略更合理，就是访问控制列表需要掌握的内容。

ACL 是一种路由器配置脚本，它根据从数据包报头中发现的内容来控制设备，允许或是拒绝数据包通过。

10.1.2 访问控制列表的基础

微课 10-2
访问控制列表的分类

1. 访问控制列表的分类

目前有基本 ACL、高级 ACL 及二层 ACL 3 种主要的 ACL。ACL 利用数字范围标识访问控制列表的种类，见表 10-1。

表 10-1 ACL 的数字标识范围

分　类	编号范围	参　数
基本 ACL	2000～2999	源 IP 地址等
高级 ACL	3000～3999	源 IP 地址、目的 IP 地址、源端口、目的端口等
二层 ACL	4000～4999	源 MAC 地址、目的 MAC 地址、以太帧协议类型等

基本 ACL 使用 2000～2999 的编码作为表号。基本访问控制列表是根据源 IP 地址允许或拒绝流量。如图 10-2 所示，路由器拒绝源地址为 192.110.10.0/24 网段的流量。

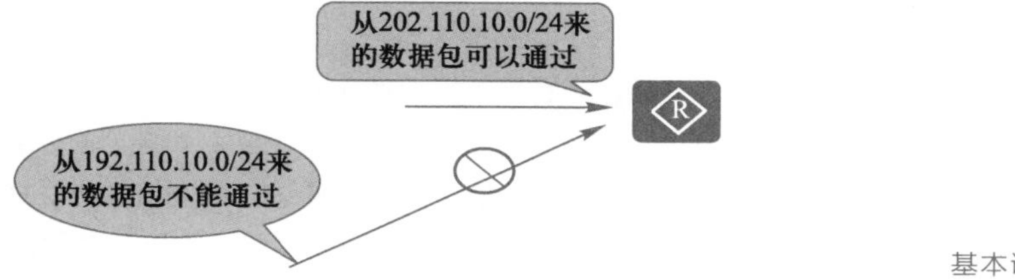

图 10-2
基本访问控制列表示意图

高级 ACL 使用 3000～3999 之间的编号作为表号。高级访问控制列表是根据源地址、目的地址、端口号和协议等，允许或拒绝流量。如图 10-3 所示，路由器拒绝源地址为 172.16.3.0/24 的网段去访问目的地址为 172.16.4.13 的 HTTP 流量。路由器允许源地址为 192.168.1.0/24 的网段去访问目的地址为 192.168.4.13 的 FTP 流量。

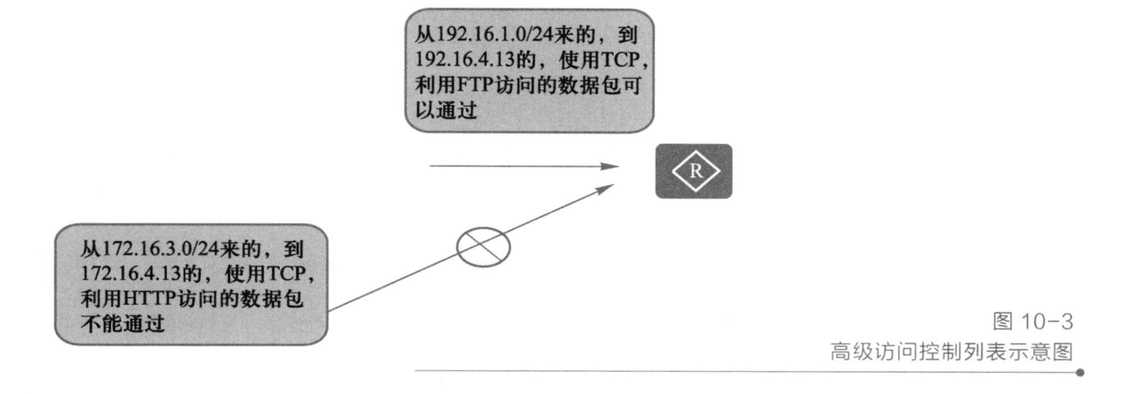

图 10-3
高级访问控制列表示意图

2. 访问控制列表的工作原理

访问控制列表进入路由器或送出路由器时，都会检查接口上是否配置 ACL。其入站包过滤工作流程如图 10-4 所示。

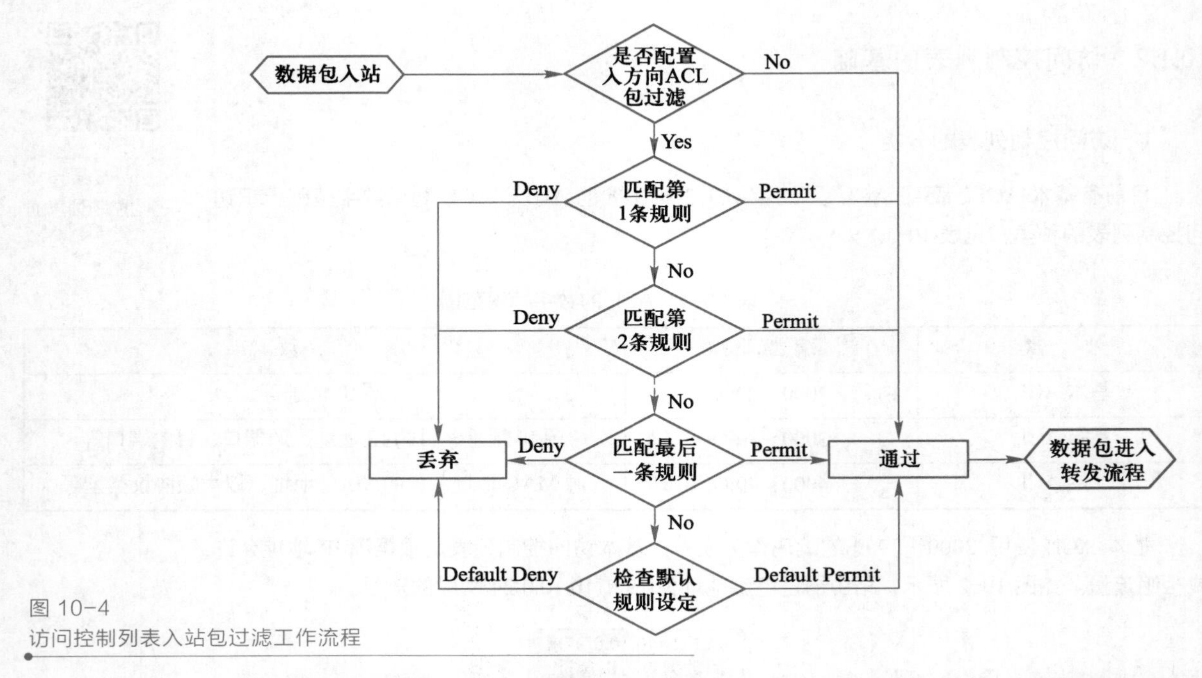

图 10-4
访问控制列表入站包过滤工作流程

当数据包进入路由器后，查看是否配置了入方向的 ACL，如果没有，数据包直接进入转发流程。如果配置了 ACL，则查看是否匹配第 1 条规则，如果匹配，且允许数据包通过，则数据包进入转发流程；如果匹配，且拒绝数据包通过，则直接丢弃。如果不匹配规则，则继续查看是否匹配第 2 条、第 3 条，一直到最后一条规则。除了配置的规则外，ACL 有一条默认的规则设定，华为路由器默认允许所有数据包通过。因此，若数据包不能匹配前面的所有规则，则会匹配默认规则，最终数据包都会通过。

如图 10-5 所示，当数据包到达出接口后，查看是否配置了出方向的 ACL，如果没有，数据包直接转发出路由器。如果配置了 ACL，则查看是否匹配第 1 条规则，如果匹配，且允

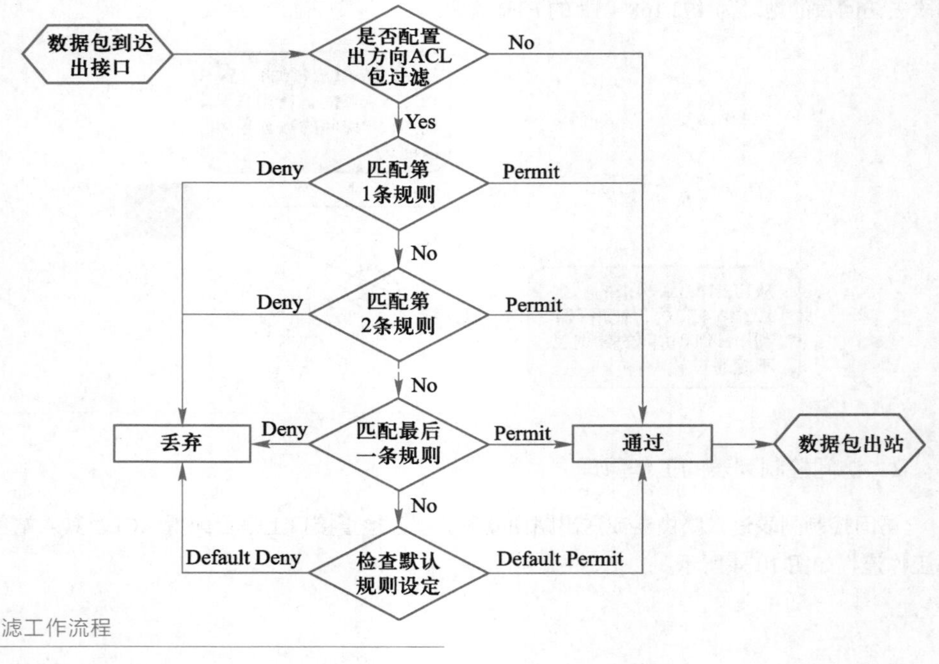

图 10-5
访问控制列表出站包过滤工作流程

许数据包通过，则数据包转发出站；如果匹配，且拒绝数据包通过，则直接丢弃。如果不匹配规则，则继续查看是否匹配第 2 条、第 3 条，一直到最后一条规则。除了配置的规则外，华为路由器默认允许所有数据包通过。因此，若数据包不能匹配前面的所有规则，则会匹配默认规则，最终数据包都会通过。

10.1.3　基本 ACL 的配置

微课 10-3
基本 ACL 的配置

基本 ACL 的配置分为以下 2 步。

第 1 步：创建基本 ACL。

第 2 步：在接口或协议中应用基本 ACL。

1．创建基本 ACL

在系统视图下，创建基本 ACL。

```
[Huawei]acl  [number]  acl-number  [match-order { auto / config }]
```

【参数】

number：表示由数字标识的一个访问控制列表。

acl-number：表示访问控制列表的序号。整数形式，取值范围为 2000～5999。

- 2000～2999 是设置基本 ACL。
- 3000～3999 是设置高级 ACL。
- 4000～4999 是设置二层 ACL。

match-order { auto / config }：指定 ACL 规则的配置顺序。

- *auto*：匹配规则时系统自动排序（按“深度优先”的顺序）。若“深度优先”的顺序相同，则匹配规则时按用户的配置顺序。
- *config*：匹配规则时按用户的配置顺序。指定匹配该规则时按用户的配置顺序，是指在用户没有指定 rule-id 的前提下。若用户指定了 rule-id，则匹配规则时，按 rule-id 由小到大的顺序。

注意

若要删除 ACL，在系统视图下，使用 **undo acl** *acl-number* 命令。

2．增加或修改基本 ACL 的规则

在基本 ACL 视图下，增加或修改 ACL 的规则。

```
[Huawei-acl-basic-2000]rule [ rule-id ]
{ deny | permit } [source { source-address source-wildcard | any }|
time-range time-name ]
```

【参数】

rule-id：指定 ACL 的规则 ID。该参数只对匹配规则是 config 的 ACL 有效。整数形式，取值范围为 0～4294967294。

deny：用来指定拒绝符合条件的数据包。

permit：用来指定允许符合条件的数据。

source-address：指定数据包的源地址。点分十进制形式。

source-wildcard：可选。通配符（反掩码），使用 32 位的点分十进制格式，如 0.0.0.255。

- 0 表示需要比较。
- 1 表示忽略比较。

any：表示任意源地址。

time-range *time-name*：指定 ACL 生效的时间段。其中 time-name 表示 ACL 规则生效的时间段名称，time-name 为字符串形式，长度范围为 1～32。

注意

① 若要删除规则，在基本 ACL 系统视图下，使用 **undo rule** *rule-id* 命令完成。

② *source-address* 和 *source-wildcard* 在配置过程中，需要进行计算。

【配置示例 10-1】 192.168.1.100/28 所在网段的主机数据进行过滤，如何确定源地址和通配符。

192.168.1.100 的子网掩码是 28 位，表示前 28 位为网络位，把该 IP 地址转换成二进制，如图 10-6 所示。前 28 位为网络位，后 4 位为主机位，将主机位对应的位置置 0，所得的地址即网络地址。将二进制的网络地址，变为十进制，即 192.168.1.96。

	28位 网络位				4位 主机位
源IP地址	11000000.	10101000.	00000001.	0110	0100
源网段(二进制)	11000000.	10101000.	00000001.	0110	0000
源网段(十进制)	192.	168.	1.		96

图 10-6
计算源地址所在网段示例

将网络位对应的位置置 0，主机位对应的位置置 1，就能得到二进制的通配符，如图 10-7 所示。将二进制的通配符，变为十进制，即 0.0.0.15。

	28位 网络位				4位 主机位
源网段(二进制)	11000000.	10101000.	00000001.	0110	0000
通配符(二进制)	00000000.	00000000.	00000000.	0000	1111
通配符(十进制)	0.	0.	0.		15

图 10-7
计算通配符示例

3. 定义一个时间段

在系统视图下，定义一个时间段，描述一个特殊的时间范围。

微课 10-4
定义一个时间段

```
[Huawei]time-range time-name { start-time to end-time  days | from time1
date1  [ to time2 date2 ] }
```

【参数】

time-name：time-name 是 ACL 规则生效的时间段名称。

start-time to end-time：表示一个时间范围的开始和结束时间。
格式为 hh:mm。
- hh 表示小时。整数形式，取值范围为 0～23。
- mm 表示分钟。整数形式，取值范围为 0～59。

days：表示时间范围有效日期。
有如下输入格式。
- 0～6 数字表示周日期，其中 0 表示星期日。
- Mon、Tue、Wed、Thu、Fri、Sat、Sun 英文表示周日期，分别对应星期一～星期日。
- daily 表示所有日子，包括一周共 7 天。
- off-day 表示休息日，包括星期六和星期日。
- working-day 表示工作日，包括星期一～星期五这 5 天。

from time1 date1：表示从某一天某一时间开始。
time1 的输入格式为 hh:mm，含义如下。
- hh 表示小时。整数形式，取值范围为 0～23。
- mm 表示分钟。整数形式，取值范围为 0～59。

date1 的输入格式为 YYYY/MM/DD，含义如下。
- YYYY 表示年。整数形式，取值范围为 1970～2099。
- MM 表示月。整数形式，取值范围为 1～12。
- DD 表示日。整数形式，取值范围为 1～31。

to time2 date2：表示到某一天某一时间结束。
其中 time2 和 date2 的输入格式与起始时间相同。
结束时间必须大于起始时间。
如果不配置结束时间，则结束时间为 S9300 可表示最大时间。

【配置示例 10-2】
① 配置时间段 test，从 2021 年 1 月 1 日 00:00 起到 2021 年 12 月 31 日 23:59 生效。

```
[Huawei] time-range  test  from  0:0  2021/1/1  to  23:59  2021/12/31
```

② 配置时间段 time1，在周一到周五每天 8:00 到 18:00 生效。

```
[Huawei] time-range  time1  8:00  to  18:00  working-day
```

微课 10-5
基本 ACL 配置
实例讲解

4．在接口上应用访问列表

在接口视图下，应用访问列表命令用来在接口上应用基于 ACL 对报文进行过滤。

```
[Huawei]interface  GigabitEthernet  0/0/0
[Huawei-GigabitEthernet 0/0/0]traffic-filter {inbound | outbound} acl  acl-number
```

【参数】
{*inbound* | *outbound*}：用来指示该 ACL 是被应用到流入接口（inbound），还是流出接口（outbound）。
acl-number：表示访问控制列表的序号。整数形式，取值范围为 2000～5999。

注意

① 基本 ACL 的设置尽量靠近目的端，出站 ACL 是首选。

② 若要删除接口上应用的访问列表，在接口视图下，使用 **undo traffic-filter** { *inbound* | *outbound* }命令。

微课 10-6
基本 ACL 应用讲解

【配置示例 10-3】 禁止 PC1 所在网段访问服务器，如图 10-8 所示。

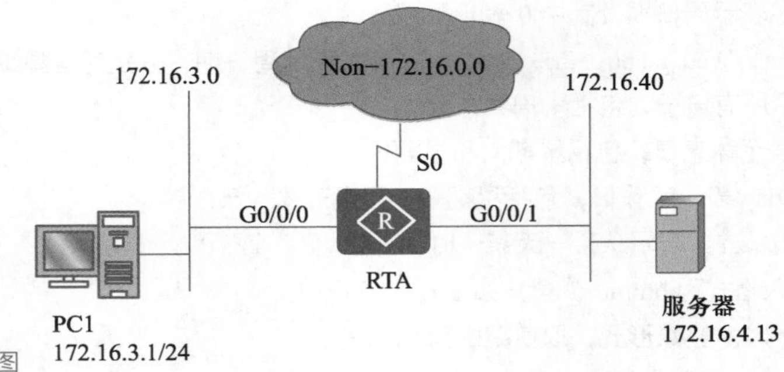

图 10-8
禁止 PC1 所在网段访问服务器拓扑图

```
[RTA]acl  2000                                     //创建基本 ACL 2000
[RTA-acl-basic-2000]rule  deny  source  172.16.3.0  0.0.0.255
                                                   //创建规则禁止 PC1 所在网段 172.16.3.0
[RTA-acl-basic-2000]quit
[RTA]interface  GigabitEthernet  0/0/1             //进入离目的地最近的出接口
[RTA-GigabitEthernet 0/0/1]traffic-filter  outbound  acl  2000
                                                   //在出方向应用基本 ACL 2000
```

10.2　项目准备：规划基本 ACL

【引导问题 10-1】 根据图 10-1 基本访问控制列表项目拓扑图，在表 10-2 中填写 OSPF 路由规划表。

表 10-2　OSPF 路由规划表

配置路由协议的设备	路由协议	进程号	区域号	指定通告的网段	通配符反掩码	子网掩码
BJ_CR01	OSPF					
BJ_CR02	OSPF					
BJ_CR03	OSPF					

【引导问题 10-2】 根据项目要求，在表 10-3 中填写基本 ACL 规划表。

表 10-3　基本 ACL 规划表

ACL 实施路由器	ACL 编号	规则编号	动作（允许或拒绝）	源地址或网段	通配符反掩码	实施接口	流量方向

【引导问题 10-3】 填写基本 ACL 配置命令，见表 10-4。

表 10-4　基本 ACL 配置命令

设　备	命令配置

10.3　项目实施：配置基本 ACL

微课 10-7
项目实施：配置基本 ACL

1. 配置路由器 BJ_CR01

北京总公司路由器 BJ_CR01 上的配置步骤如下。

第 1 步：修改路由器设备名称。

第 2 步：配置接口的 IP 地址。

第 3 步：配置 OSPF 路由协议，运行 OSPF 的网段是 BJ_CR01 上的直连网段。

- 10.1.12.0 网段使能 OSPF 协议。
- 10.1.13.0 网段使能 OSPF 协议。
- 30.1.1.0 网段使能 OSPF 协议。

具体配置命令如下。

① 修改设备名称。

```
[Huawei]sysname BJ_CR01                                         //修改设备名称
```

② 配置接口的 IP 地址。

```
[BJ_CR01]interface GigabitEthernet0/0/0                          //进入接口
[BJ_CR01-GigabitEthernet0/0/0] ip address  10.1.12.1  24         //配置 IP 地址
[BJ_CR01-GigabitEthernet0/0/0]interface GigabitEthernet0/0/1     //进入接口
[BJ_CR01-GigabitEthernet0/0/1] ip  address 10.1.13.1  24         //配置 IP 地址
[BJ_CR01-GigabitEthernet0/0/1]interface GigabitEthernet0/0/2     //进入接口
```

```
[BJ_CR01-GigabitEthernet0/0/2] ip address 30.1.1.254 24              //配置 IP 地址
[BJ_CR01-GigabitEthernet0/0/2] quit                                  //退出接口视图
```

③ 配置 OSPF 路由。

```
[BJ_CR01]OSPF 1                                                      //指定 OSPF 进程
[BJ_CR01-ospf-1]area 0                                               //创建并进入区域 0
[BJ_CR01-ospf-1-area-0.0.0.0]network 10.1.12.0   0.0.0.255  //对 10.1.12.0 网段接口使能
                                                               OSPF
[BJ_CR01-ospf-1-area-0.0.0.0]network 10.1.13.0   0.0.0.255  //对 10.1.13.0 网段接口使能
                                                               OSPF
[BJ_CR01-ospf-1-area-0.0.0.0]network 30.1.1.0   0.0.0.255   //对 30.1.1.0 网段接口使能
                                                               OSPF
```

2．配置路由器 BJ_CR02

北京总公司路由器 BJ_CR02 上的配置步骤如下。

第 1 步：修改路由器设备名称。

第 2 步：配置接口的 IP 地址。

第 3 步：配置 OSPF 路由协议，运行 OSPF 的网段是 BJ_CR02 上的直连网段。

- 10.1.12.0 网段使能 OSPF 协议。
- 20.1.1.0 网段使能 OSPF 协议。

具体配置命令如下。

① 修改设备名称。

```
[Huawei]sysname BJ_CR02                                              //修改设备名称
```

② 配置接口的 IP 地址。

```
[BJ_CR02]interface GigabitEthernet0/0/0                              //进入接口
[BJ_CR02-GigabitEthernet0/0/0] ip address   10.1.12.2   24           //配置 IP 地址
[BJ_CR02-GigabitEthernet0/0/0]interface GigabitEthernet0/0/1         //进入接口
[BJ_CR02-GigabitEthernet0/0/1] ip address 20.1.1.254 24              //配置 IP 地址
[BJ_CR02-GigabitEthernet0/0/1] quit                                  //退出接口视图
```

③ 配置 OSPF 路由。

```
[BJ_CR02]OSPF 1                                                      //指定 OSPF 进程
[BJ_CR02-ospf-1]area 0                                               //创建并进入区域 0
[BJ_CR02-ospf-1-area-0.0.0.0]network 10.1.12.0   0.0.0.255          //对 10.1.12.0 网段接口
                                                                      使能 OSPF
[BJ_CR02-ospf-1-area-0.0.0.0]network 20.1.1.0   0.0.0.255           //对 20.1.1.0 网段接口使
                                                                      能 OSPF
```

3．配置路由器 BJ_CR03

北京总公司路由器 BJ_CR03 上的配置步骤如下。

第 1 步：修改路由器设备名称。

第 2 步：配置接口的 IP 地址。

第 3 步：配置 OSPF 路由协议，运行 OSPF 的网段是 BJ_CR03 上的直连网段。

- 10.1.13.0 网段使能 OSPF 协议。
- 40.1.1.0 网段使能 OSPF 协议。
- 100.1.1.0 网段使能 OSPF 协议。

具体配置命令如下。

① 修改设备名称。

```
[Huawei]sysname BJ_CR03                                          //修改设备名称
```

② 配置接口的 IP 地址。

```
[BJ_CR03]interface GigabitEthernet0/0/0                          //进入接口
[BJ_CR03-GigabitEthernet0/0/0] ip address  10.1.13.3  24         //配置 IP 地址
[BJ_CR03-GigabitEthernet0/0/0] interface  GigabitEthernet0/0/1   //进入接口
[BJ_CR03-GigabitEthernet0/0/1] ip address 40.1.1.254  24         //配置 IP 地址
[BJ_CR03-GigabitEthernet0/0/1] interface  GigabitEthernet0/0/2   //进入接口
[BJ-CR03-GigabitEthernet0/0/2] ip address 100.1.1.254  24        //配置 IP 地址
[BJ-CR03-GigabitEthernet0/0/2] quit                              //退出接口视图
```

③ 配置 OSPF 路由。

```
[BJ-CR03]OSPF 1                                                  //指定 OSPF 进程
[BJ-CR03-ospf-1]area 0                                           //创建并进入区域 0
[BJ-CR03-ospf-1-area-0.0.0.0]network 10.1.13.0  0.0.0.255   //对网 10.1.13.0 段接口使能 OSPF
[BJ-CR03-ospf-1-area-0.0.0.0]network 40.1.1.0  0.0.0.255    //对网 40.1.1.0 段接口使能 OSPF
[BJ-CR03-ospf-1-area-0.0.0.0]network 100.1.1.0  0.0.0.255   //对网 100.1.1.0 段接口使能 OSPF
```

4. 配置 PC 和服务器

PC 需要配置 IP 地址、子网掩码和网关。PC1 的配置如图 10-9 所示。PC2 和 PC5 的配置参考 PC1 进行配置。

注意

配置 PC 时，必须要配置网关，否则不同网段无法 ping 通。

Server1 上的 IP 地址配置，如图 10-10 所示。

5. 配置基本 ACL

（1）连通性测试

必须在保证网络连通的情况下进行 ACL 的配置。Ping 命令测试 PC 与服务器之间的连通情况。

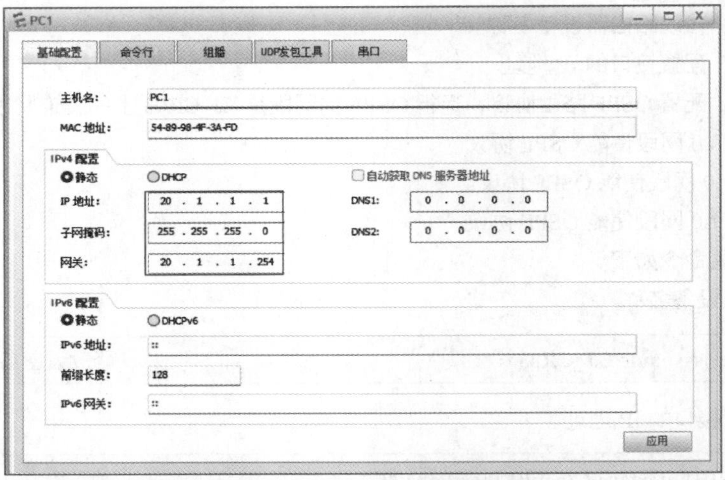

图 10-9
PC 配置示例 1

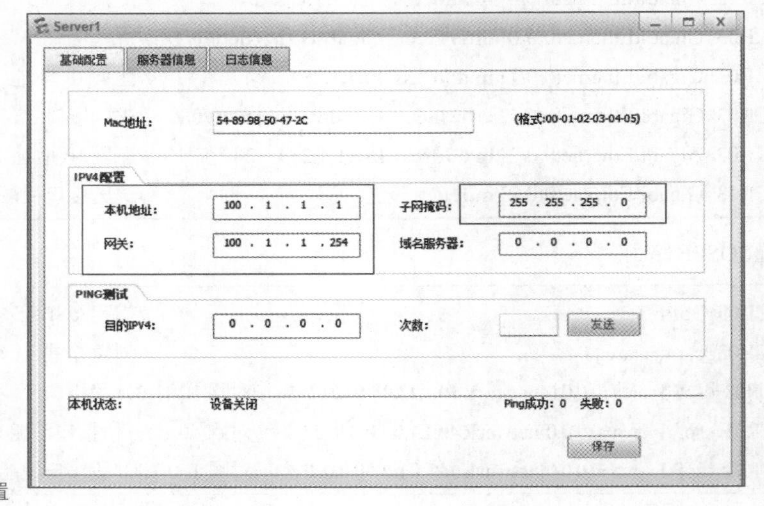

图 10-10
服务器 Server1 的 IP 地址配置

① PC5（财务部） ping Server1，能够 ping 通，如图 10-11 所示。

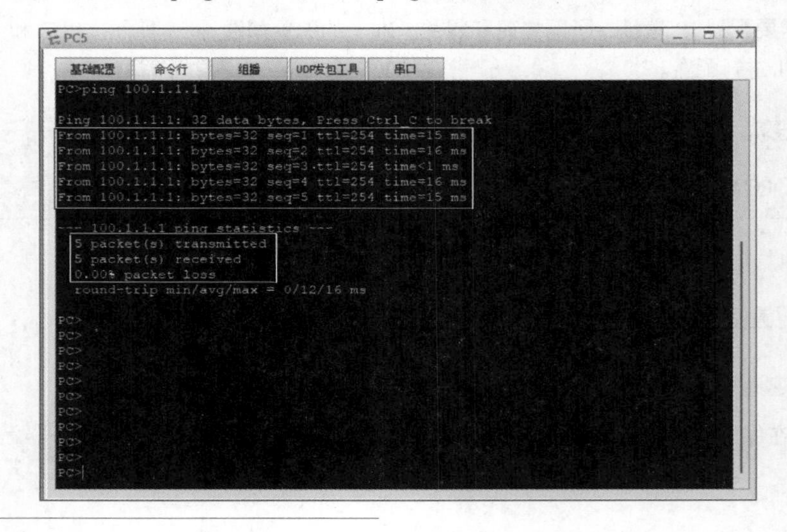

图 10-11
PC5 能够 ping 通 Server1

② PC2（行政部） ping Server1，能够 ping 通，如图 10-12 所示。

图 10-12
PC2 能够 ping 通 Server1

③ PC1（销售部） ping Server1，能够 ping 通，如图 10-13 所示。

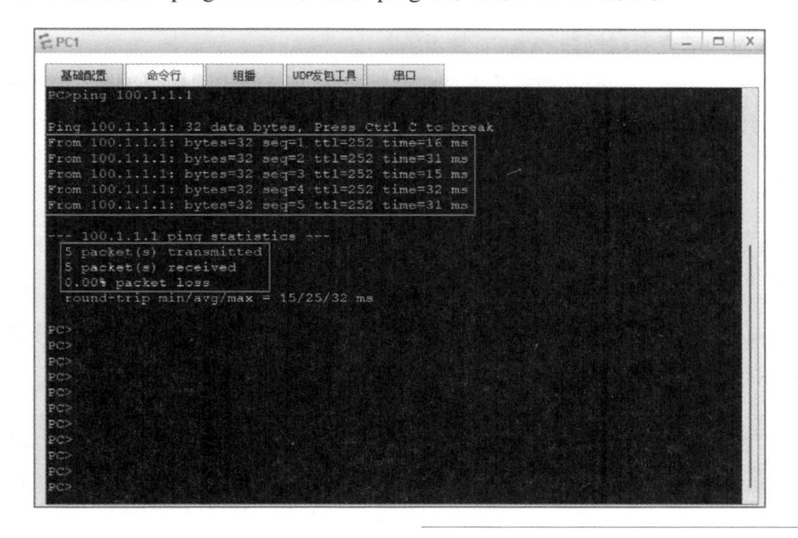

图 10-13
PC1 能够 ping 通 Server1

（2）基本 ACL 的配置

基本 ACL 设置的原则是尽量靠近目的地，且选择出接口。因为设置的是基于财务部服务器的安全策略，因此选择在连接财务部服务器的 BJ-CR03 路由器的 G0/0/2 接口上应用基本 ACL。

① 定义一个时间段。

```
[BJ_CR03] time-range sales_time 8:00 to 18:00 working-day //定义财务部访问服务器的时
                                                          间为工作日
```

② 创建 ACL。

```
[BJ_CR03]acl 2000                                         //创建基本 ACL 2000
```

```
[BJ_CR03-acl-basic-2000]rule permit source 40.1.1.0  0.0.0.255 time-range  sales_time
                                          //允许财务部员工工作日 8:00—18:00 访问
[BJ_CR03-acl-basic-2000]rule permit source 30.1.1.0  0.0.0.255  //允许行政部经理任何
                                                                  时间段的访问
[BJ_CR03-acl-basic-2000]rule deny source 20.1.1.0  0.0.0.255  //不允许销售部员工任
                                                                何时间段的访问
[BJ_CR03-acl-basic-2000]rule deny source  any        //其他流量拒绝访问
[BJ_CR03-acl-basic-2000]quit                         //退出基本 ACL 视图
```

③ 应用 ACL。

```
[BJ_CR03]interface GigabitEthernet 0/0/2                 //进入应用 ACL 的接口
[BJ_CR03-GigabitEthernet 0/0/2]traffic-filter outbound acl 2000   //在出方向应用 ACL 2000
```

6. 测试

（1）查看访问控制列表的时间段

① 修改时间前查看时间段和 ACL 情况。

通过 display time-range all 命令查看 time-range 当前时间段的配置和状态，发现 2022-1-1 日是周六，时间段处于 Inactive 状态，如图 10-14 所示。

```
BJ_CR03
<BJ_CR03>display time-range all
Current time is 07:00:16 1-1-2022 Saturday

Time-range : sales_time ( Inactive )
 08:00 to 18:00 working-day
```

图 10-14
路由器 BJ_CR03 上查看 time-range 当前时间段的配置和状态

通过 display acl 2000 命令查看访问控制列表的配置信息，发现在周六，财务部的规则处于 Inactive 状态，如图 10-15 所示。

```
BJ_CR03
[BJ_CR03]display acl 2000
Basic ACL 2000, 4 rules
Acl's step is 5
 rule 5 permit source 40.1.1.0 0.0.0.255 time-range sales_time(Inactive)
 rule 10 permit source 30.1.1.0 0.0.0.255
 rule 15 deny source 20.1.1.0 0.0.0.255
 rule 20 deny (6 matches)
```

图 10-15
路由器 BJ_CR03 上查看访问控制列表的配置信息

② 修改时间后查看时间段和 ACL 情况。

在用户视图下，通过命令 clock datetime 15:00:00 2022-01-04 修改路由器的时间，设置为工作日的 8:00—18:00 时间段。

通过 display time-range all 命令查看 time-range 当前时间段的配置和状态，发现修改时间后，时间段处于 Active 状态，如图 10-16 所示。

```
BJ_CR03
<BJ_CR03>display time-range all
Current time is 15:00:03 1-4-2022 Tuesday

Time-range : sales_time ( Active )
 08:00 to 18:00 working-day
```

图 10-16
路由器 BJ_CR03 上再次查看当前时间段的配置和状态

通过 display acl 2000 命令查看访问控制列表的配置信息，发现财务部的规则处于 Active 状态，如图 10-17 所示。

```
[BJ_CR03]display acl 2000
Basic ACL 2000, 4 rules
Acl's step is 5
 rule 5 permit source 40.1.1.0 0.0.0.255 time-range sales_time(Active)
 rule 10 permit source 30.1.1.0 0.0.0.255
 rule 15 deny source 20.1.1.0 0.0.0.255
 rule 20 deny (24 matches)
```

图 10-17
路由器 BJ_CR03 上查看访问控制列表的配置信息

（2）查看访问控制列表设置后的连通性

进行测试前，ACL 2000 的前 3 条规则，没有数据包通过，如图 10-17 所示。

① PC5（财务部） ping Server1，能够 ping 通，如图 10-18 所示。第 1 个包丢包，是因为 ARP 寻找网关的 MAC 地址。

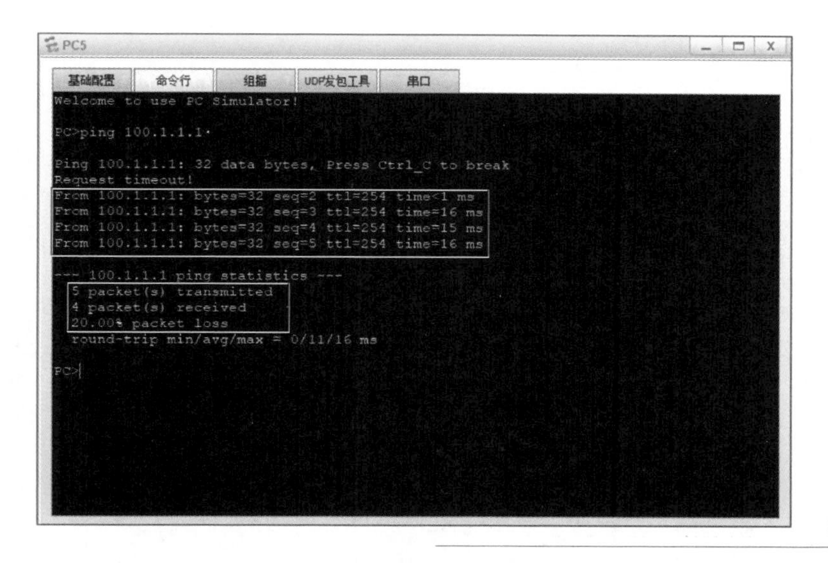

图 10-18
PC5 能够 ping 通 Server1

通过 display acl 2000 命令查看访问控制列表的配置信息，发现财务部规则 rule 5 处于 Active 状态，财务部 ping 通财务部服务器的有 4 个数据包，在 rule 5 后面出现了 4 个包匹配，如图 10-19 所示。可见 ACL 生效，在规定时间段允许财务部员工访问财务部服务器。

```
[BJ_CR03]display acl 2000
Basic ACL 2000, 4 rules
Acl's step is 5
 rule 5 permit source 40.1.1.0 0.0.0.255 time-range sales_time(Active) (4 matche
s)
 rule 10 permit source 30.1.1.0 0.0.0.255
 rule 15 deny source 20.1.1.0 0.0.0.255
 rule 20 deny (46 matches)
```

图 10-19
测试后，在路由器 BJ_CR03 上查看访问控制列表的信息

② PC2（行政部） ping Server1，能够 ping 通，如图 10-20 所示。

通过 display acl 2000 命令查看访问控制列表的配置信息，发现行政部 ping 通财务部服务器的有 5 个数据包，在查看 ACL 信息时，行政部规则 rule 10 后面出现了 5 个包匹配，如图 10-21 所示。可见是 ACL 生效，允许行政部员工访问财务部服务器。

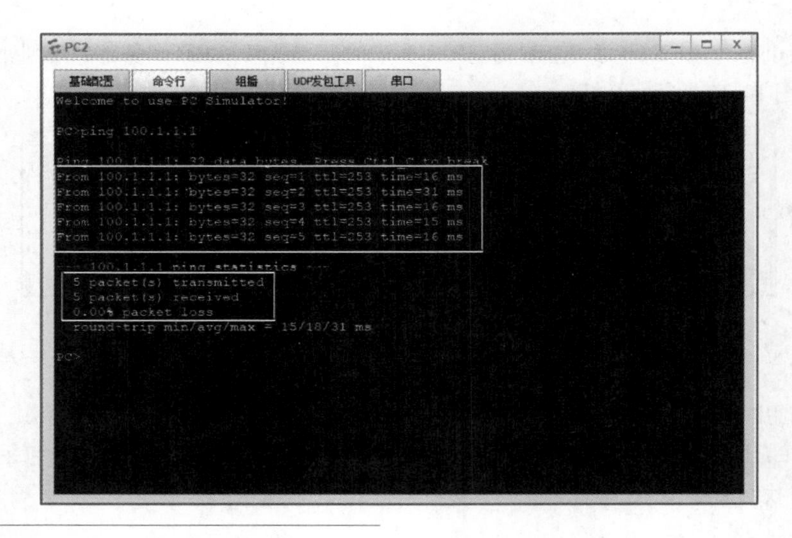

图 10-20
PC2 能够 ping 通 Server1

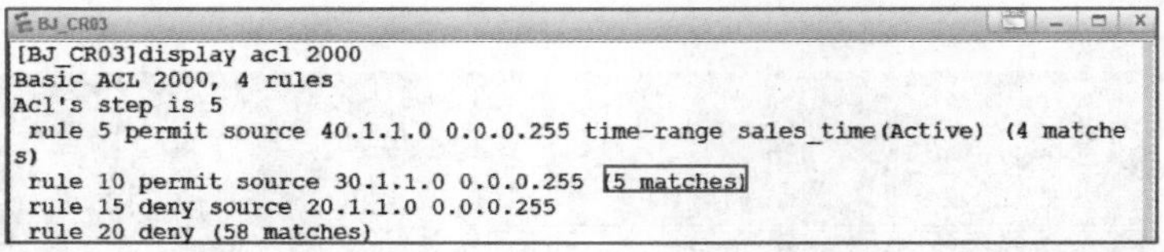

```
[BJ_CR03]display acl 2000
Basic ACL 2000, 4 rules
Acl's step is 5
 rule 5 permit source 40.1.1.0 0.0.0.255 time-range sales_time(Active) (4 matche
s)
 rule 10 permit source 30.1.1.0 0.0.0.255 (5 matches)
 rule 15 deny source 20.1.1.0 0.0.0.255
 rule 20 deny (58 matches)
```

图 10-21
在路由器 BJ_CR03 上查看访问控制列表的信息-行政部数据允许通过

③ PC1（销售部） ping Server1，不能 ping 通，如图 10-22 所示。

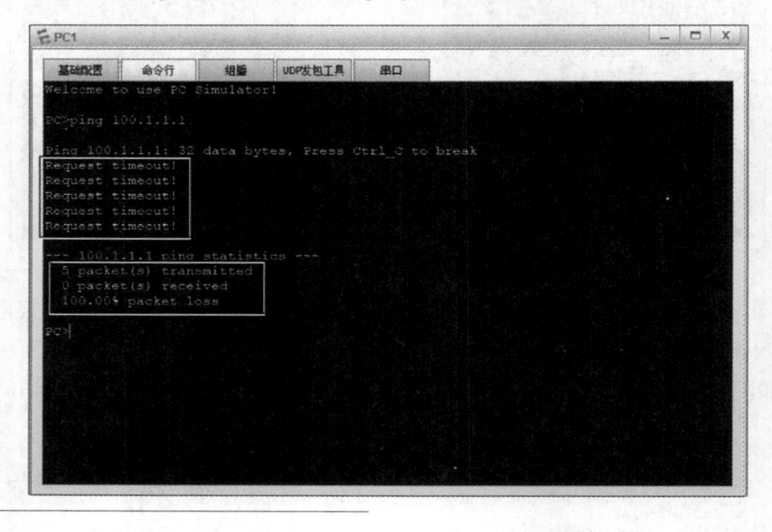

图 10-22
PC1 不能 ping 通 Server1

通过 display acl 2000 命令查看访问控制列表的配置信息。发现销售部无法 ping 通财务部服务器，总共有 5 个数据包，在查看 ACL 信息时，销售部规则 rule 15 后面出现了 5 个包匹配，如图 10-23 所示。可见是 ACL 生效，阻止销售部员工访问财务部服务器。

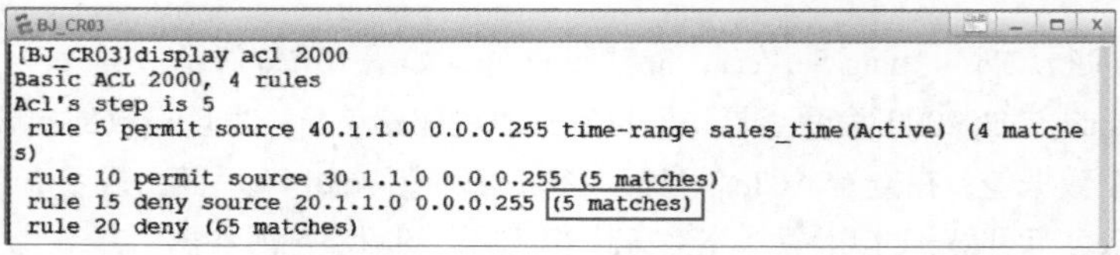

```
[BJ_CR03]display acl 2000
Basic ACL 2000, 4 rules
Acl's step is 5
 rule 5 permit source 40.1.1.0 0.0.0.255 time-range sales_time(Active) (4 matche
s)
 rule 10 permit source 30.1.1.0 0.0.0.255 (5 matches)
 rule 15 deny source 20.1.1.0 0.0.0.255 (5 matches)
 rule 20 deny (65 matches)
```

图 10-23
在路由器 BJ_CR03 上查看访问控制列表的信息-销售部数据不允许通过

巩固训练：向阳印制公司基本 ACL 的配置

1. 实训目的

- 理解基本 ACL 的工作原理。
- 熟练应用基本 ACL 的配置命令。
- 理解检验基本 ACL 的方法。

2. 实训拓扑

实训拓扑如图 10-24 所示。

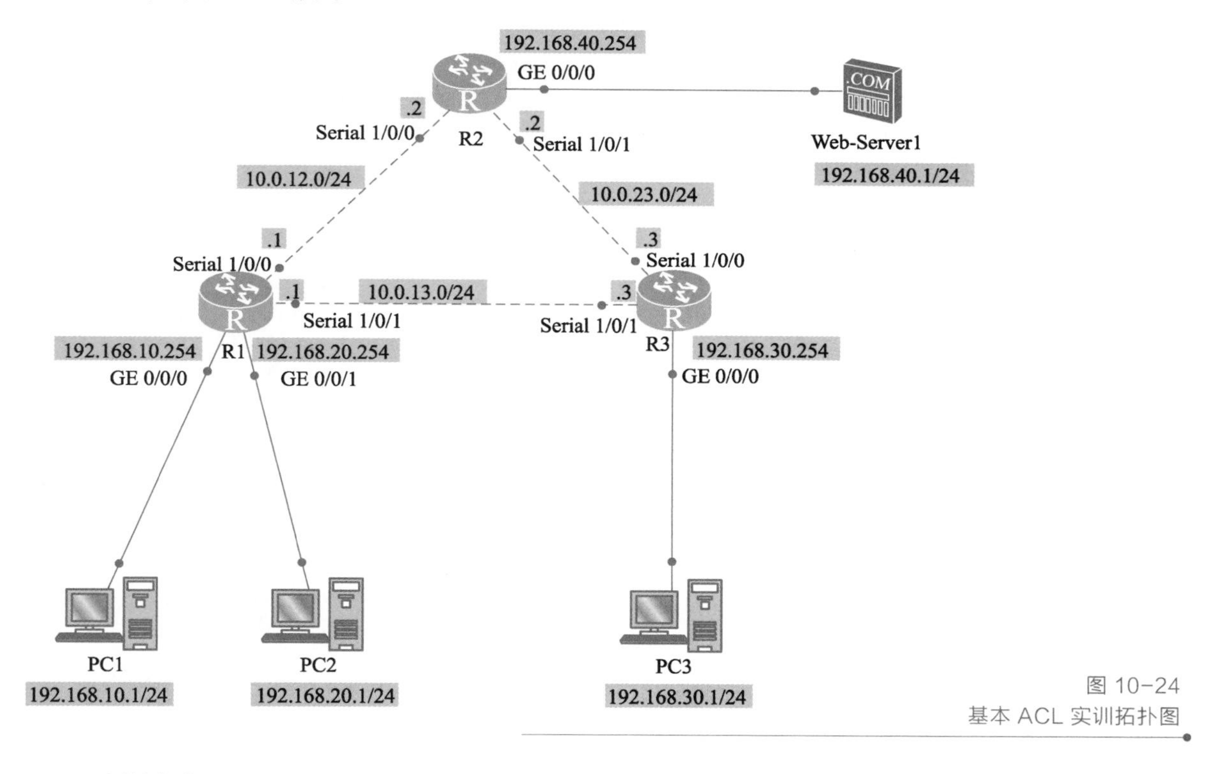

图 10-24
基本 ACL 实训拓扑图

3. 实训内容

① 按照拓扑，完成路由器 IP 地址的设置。

② 修改设备名称。

③ 分别在 R1 和 R2、R3 上配置接口 IP 地址，包括 Loopback 接口。

④ 分别在 R1 和 R2、R3 上配置 OSPF 路由协议，实现所有接口之间连通。

- 在 R1、R2 和 R3 上配置 OSPF。
- OSPF 的进程 ID 为 1。
- 宣告每个接口的网络地址。

⑤ 测试。

- 分别在 PC1、PC2、PC3 上 ping 192.168.40.1，均能 ping 通。

- 在 PC1 上 ping 192.168.30.1，能 ping 通。

⑥ 设置规划基本 ACL。

- 在 R2 上实施以下网络策略：不允许 192.168.20.0/24 网络访问 192.168.40.0/24 网络上的 Web 服务器；允许所有其他访问。
- 在 R3 上实施以下网络策略：不允许 192.168.10.0/24 网络访问 192.168.30.0/24 网络；允许所有其他访问。
- ACL 编号均为 2000，在出接口上应用。

⑦ 测试。

a. 使用 display acl 2000 命令分别在 R2、R3 上查看访问控制列表的配置信息。

b. 测试连通性和 ACL 的数据包过滤情况如下。

- 分别在 PC1、PC2、PC3 上 ping 192.168.40.1，PC1 和 PC3 能够 ping 通，PC2 不能 ping 通。
- 在 R2 输入命令 display acl 2000，观察 ACL 的截图变化。
- 在 PC1 上 ping 192.168.30.1，不能 ping 通。
- 在 R3 输入命令 display acl 2000，观察 ACL 的截图变化。

⑧ 保存配置。

项目 11

高级访问控制列表

学习目标

- 掌握高级 ACL 的语法结构。
- 应用高级 ACL 的基本配置命令，明确配置步骤。
- 能够根据不同场景进行高级 ACL 的设计和部署。

【项目背景】

阳光纸业公司总部有一台服务器，开启了 FTP 和 WWW 服务。允许行政部访问 FTP 和 WWW 服务，销售部仅能访问 WWW 服务，财务部仅能访问 FTP 服务，允许所有 ping 流量。

【项目内容】

实现北京总部 BJ_CR01、BJ_CR02 和 BJ-CR03 设备的互连互通。为了保障 Server2 服务器的安全，允许行政部访问 FTP 和 WWW 服务，销售部仅能访问 WWW 服务，财务部仅能访问 FTP 服务，允许所有 ping 流量通过。拓扑如图 11-1 所示。

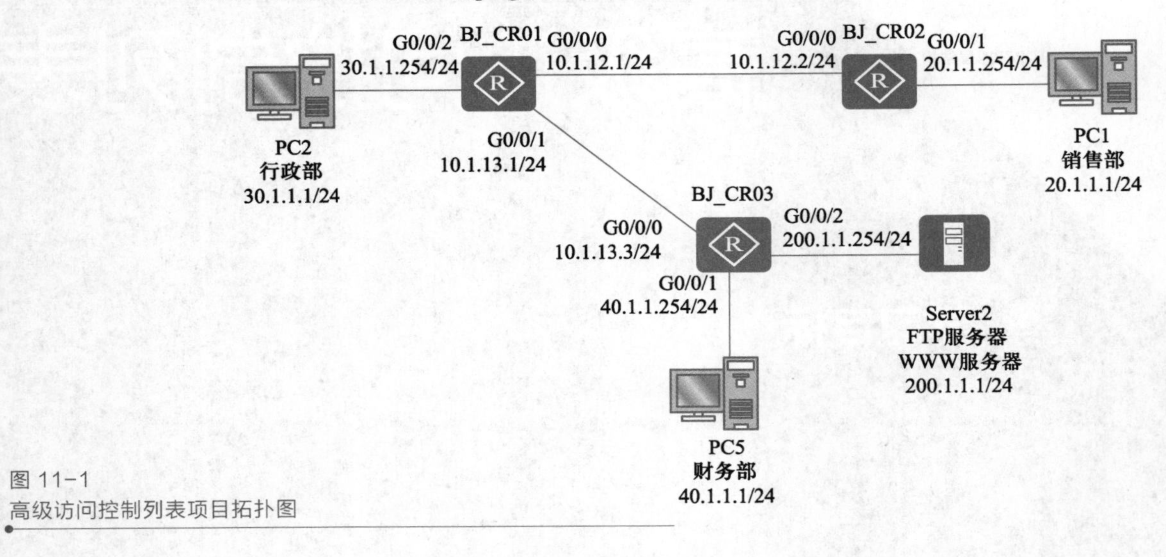

图 11-1
高级访问控制列表项目拓扑图

11.1　相关知识：高级访问控制列表

微课 11-1
高级 ACL 的概念

11.1.1　高级访问控制列表的概念

高级访问控制列表的编号范围为 3000～3999。高级 ACL 对数据包进行过滤时一般会用到源地址（包括源网段和子网掩码）、目的地址（包括目的网段和子网掩码）、协议等参数。

TCP/IP 四层模型中，可以针对上三层的不同协议进行过滤。网络层协议主要是 IP 和 ICMP（ping 包），传输层协议主要是 TCP 和 UDP，应用层协议主要有 FTP、WWW 协议等。协议对应关系如图 11-2 所示。

微课 11-2
高级 ACL 的配置

11.1.2　高级 ACL 的配置

高级访问控制列表的配置分为两步。

第 1 步：创建高级 ACL。

第 2 步：在接口或协议中应用高级 ACL。

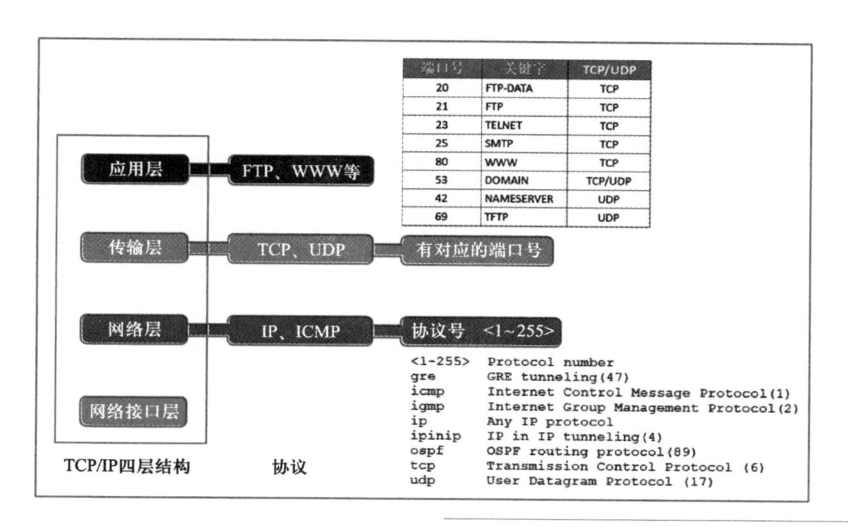

图 11-2 TCP/IP 四层模型与协议的对应关系

1．创建高级 ACL

在系统视图下，创建高级 ACL。

[Huawei]**acl** [***number***] *acl-number* [***match-order { auto / config }***]

【参数】

number：表示由数字标识的一个访问控制列表。

acl-number：表示访问控制列表的序号。整数形式，取值范围为 2000～5999。

- 2000～2999 是设置基本 ACL。
- 3000～3999 是设置高级 ACL。
- 4000～4999 是设置二层 ACL。

match-order { auto / config }：指定 ACL 规则的配置顺序。

- *auto*：匹配规则时系统自动排序（按“深度优先”的顺序）。若“深度优先”的顺序相同，则匹配规则时按用户的配置顺序。
- *config*：匹配规则时按用户的配置顺序。指定匹配该规则时按用户的配置顺序，是指在用户没有指定 rule-id 的前提下。若用户指定了 rule-id，则匹配规则时，按 rule-id 由小到大的顺序。

注意

若要删除 ACL，在系统视图下，使用 **undo acl** *acl-number* 命令完成

2．增加或修改高级 ACL 的规则

在高级 ACL 视图下，增加或修改高级 ACL 的规则。

[Huawei-acl-adv-3000]**rule** [*rule-id*] { *deny* | *permit* } { *protocol-number* | *tcp* } **source** { *source-address source-wildcard* | *any* } **destination** {*destination-address destination-wildcard* | *any* } {destination-port |source-port} [**operator** *port*] | **time-range** *time-name*

【参数】

rule-id：指定 ACL 的规则 ID。该参数只对匹配规则是 config 的 ACL 有效。整数形式，取值范围为 0～4294967294。

deny | ***permit***：permit 表示匹配条件时允许数据包通过。
deny 表示匹配条件时拒绝数据包通过。

protocol-number | ***tcp***：指定用名字或数字表示的协议类型。整数形式，取值范围为 1～255；用名字表示时可以选取 gre、icmp、igmp、ip、ipinip、ospf、tcp、udp。其中 icmp 为 1，tcp 为 6，udp 为 17。

source-address ***source-wildcard***：指定 ACL 规则的源地址信息。如果不配置，表示报文的任何源地址都匹配。其中，source-address 指定数据包的源地址，source-wildcard 指定源地址通配符。

any：表示任意源地址。

destination-address ***destination-wildcard***：指定 ACL 规则的目的地址信息。如果不配置，表示报文的任何目的地址都匹配。其中，destination-address 指定数据包的目的地址，destination-wildcard 指定目的地址通配符。

destination-port |source-port：指定 UDP 或 TCP 报文的目的/源端口，仅在报文协议是 TCP 或 UDP 时有效。

operator：操作符。operator 含义见表 11-1。

表 11-1　操作符与其意对应关系

操作符及语法	意　义
eq ***port***	指定源端口或目的端口比较的操作符，意义是等于
gt ***port***	指定源端口或目的端口比较的操作符，意义是大于
lt ***port***	指定源端口或目的端口比较的操作符，意义是小于
range ***port***	指定源端口或目的端口比较的操作符，意义是在范围内

port：指定用于比较的 TCP 或 UDP 端口号。常用的端口号和协议见表 11-2 所示。

表 11-2　端口号与协议的对应关系表

端口号	关键字	描　　述	TCP/UDP
20	FTP-DATA	文件传输协议（数据）	TCP
21	FTP	文件传输协议	TCP
23	TELNET	终端连接	TCP
25	SMTP	简单邮件传输协议	TCP
80	WWW	万维网	TCP
53	DOMAIN	域名服务器（DNS）	TCP/UDP
42	NAMESERVER	主机名字服务器	UDP
69	TFTP	普通文件传输协议	UDP

time-range ***time-name***：指定 ACL 生效的时间段。其中 time-name 表示 ACL 规则生效的时间段名称。time-name 为字符串形式，长度范围为 1～32。

注意

若要删除规则，在高级 ACL 系统视图下，使用 **undo rule** *rule-id* 命令完成。

【配置示例 11-1】

扩展 ACL 需要确认 8 个元素，即动作、协议、源地址、反掩码、目的地址、反掩码、操作符、端口号。配置要求“创建允许来自 172.16.1.0/24、去往 172.16.2.0/24、telnet 流量的 ACL”。

如图 11-3 所示，根据扩展 ACL 需要确认的 8 个元素。动作是允许；流量是 telnet 流量，telnet 属于 TCP，端口号是 23。因此协议是 TCP，端口号是 23；源地址是 172.16.1.0；源地址通配符，根据源地址网段的子网掩码长度为 24，计算出通配符为 0.0.0.255；同理目的地址是 172.16.2.0；通配符为 0.0.0.255；因为需要允许的就是 telnet 流量，因此操作符是等于（eq）。

创建允许来自172.16.1.0/24、去往172.16.2.0/24、telnet流量的ACL
动作： 允许
协议： TCP
源地址： 172.16.1.0
通配符： 0.0.0.255
目的地址： 172.16.2.0
通配符： 0.0.0.255
操作符： 等于
端口号： 23

图 11-3
高级 ACL 的 8 个元素

8 个元素确认完成后，把它们逐一放到扩展 ACL 的命令中，得到以下高级 ACL 的命令，如图 11-4 所示。

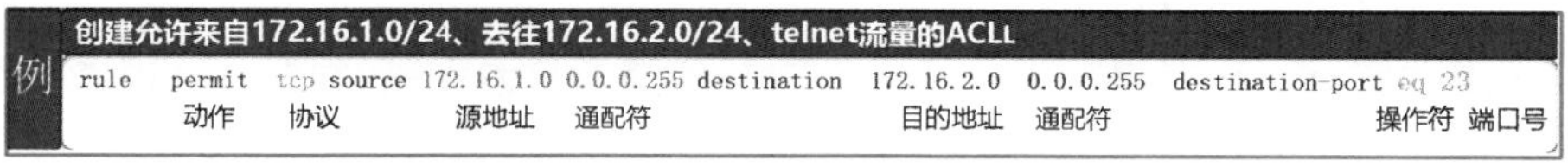

创建允许来自172.16.1.0/24、去往172.16.2.0/24、telnet流量的ACLL

例

```
rule  permit  tcp  source  172.16.1.0  0.0.0.255  destination  172.16.2.0  0.0.0.255  destination-port  eq  23
      动作    协议         源地址      通配符                    目的地址    通配符                        操作符 端口号
```

图 11-4
高级 ACL 的 8 个元素
与命令的对应关系

3．在接口上应用访问列表

在接口视图下，应用访问列表命令用来在接口上应用高级 ACL 对报文进行过滤。

[Huawei]**interface** *GigabitEthernet* *0/0/0*
[Huawei-GigabitEthernet 0/0/0]**traffic-filter** { *inbound* | *outbound* } **acl** *acl-number*

【参数】

{ *inbound* | *outbound* }：用来指示该 ACL 是被应用到流入接口（inbound），还是流出接口（outbound）。

acl-number：表示访问控制列表的序号。整数形式，取值范围为 2000～5999。

注意

高级 ACL 的设置尽量靠近源地址，入站 ACL 是首选，因为高级 ACL 中明确了源地址和目的地址，因此在靠近源地址的接口，设置高级 ACL，有助于减少网络中的不必要流量，增加安全性。

若要删除接口上应用的访问列表，在接口视图下，使用 **undo traffic-filter** ｛***inbound*** | ***outbound***｝命令完成。

微课 11-3
高级 ACL 应用讲解

【配置示例 11-2】

拒绝 PC1 所在网段访问服务器的 FTP 服务，如图 11-5 所示。

图 11-5
拒绝 PC1 所在网段访问服务器的 FTP 服务拓扑图示例

```
[R1]acl 3000
[R1-acl-adv-3000]rule deny tcp source 172.16.3.0 0.0.0.255 destination 172.16.4.13 0.0.0.0 destination-port eq 21
[R1-acl-adv-3000]quit
[R1]interface G0/0/0
[RTA-GigabitEthernet 0/0/0]traffic-filter inbound acl 3000
```

11.2　项目设计：规划高级 ACL

【引导问题 11-1】 根据图 11-1 高级访问控制列表项目拓扑图，在表 11-3 中填写 OSPF 路由规划表。

表 11-3　OSPF 路由规划表

配置路由协议的设备	路由协议	进程号	区域号	指定通告的网段	通配符反掩码	子网掩码
BJ_CR01	OSPF					
BJ_CR02	OSPF					
BJ_CR03	OSPF					

【引导问题 11-2】 根据拓扑图和项目要求，在表 11-4 中填写高级 ACL 规划表。

表 11–4　高级 ACL 规划表

设备	ACL 编号	规则编号	动作	协议	源网段通配符掩码	目的网段通配符掩码	操作符	端口/协议	实施接口	流量方向

【引导问题 11-3】 服务器规划。

FTP 服务器的规划：

FTP 服务器的路径：________________

FTP 服务器的端口：________________

WWW 服务器的规划：

WWW 服务器的路径：________________

WWW 服务器的端口：________________

【引导问题 11-4】 高级 ACL 配置命令（选择一台设备进行填写），见表 11-5。

表 11–5　高级 ACL 配置命令

设备	命令配置

11.3　项目实施：配置高级 ACL

1. 配置路由器 BJ_CR01

微课 11-4
项目实施：配置
高级 ACL

北京总公司路由器 BJ_CR01 上的配置步骤如下。

第 1 步：修改路由器设备名称。

第 2 步：配置接口的 IP 地址。

第 3 步：配置 OSPF 路由协议，运行 OSPF 的网段是 BJ_CR01 上的直连网段。

- 10.1.12.0 网段使能 OSPF 协议。
- 10.1.13.0 网段使能 OSPF 协议。
- 30.1.1.0 网段使能 OSPF 协议。

具体配置命令如下。

① 修改设备名称。

```
[Huawei]sysname BJ_CR01                                            //修改设备名称
```

② 配置接口的 IP 地址。

```
[BJ_CR01]interface GigabitEthernet0/0/0                            //进入接口
[BJ_CR01-GigabitEthernet0/0/0]ip address  10.1.12.1  24            //配置 IP 地址
[BJ_CR01-GigabitEthernet0/0/0]interface GigabitEthernet0/0/1       //进入接口
[BJ_CR01-GigabitEthernet0/0/1]ip  address 10.1.13.1  24            //配置 IP 地址
[BJ_CR01-GigabitEthernet0/0/1]interface GigabitEthernet0/0/2       //进入接口
[BJ_CR01-GigabitEthernet0/0/2]ip address 30.1.1.254 24             //配置 IP 地址
[BJ_CR01-GigabitEthernet0/0/2]quit                                 //退出接口视图
```

③ 配置 OSPF 路由。

```
[BJ_CR01]OSPF 1                                                    //指定 OSPF 进程
[BJ_CR01-ospf-1]area 0                                             //创建并进入区域 0
[BJ_CR01-ospf-1-area-0.0.0.0]network 10.1.12.0  0.0.0.255  //对 10.1.12.0 网段接口使能 OSPF
[BJ_CR01-ospf-1-area-0.0.0.0]network 10.1.13.0  0.0.0.255  //对 10.1.13.0 网段接口使能 OSPF
[BJ_CR01-ospf-1-area-0.0.0.0]network 30.1.1.0  0.0.0.255   //对 30.1.1.0 网段接口使能 OSPF
```

2．配置路由器 BJ_CR02

北京总公司路由器 BJ_CR02 上的配置步骤如下。

第 1 步：修改路由器设备名称。

第 2 步：配置接口的 IP 地址。

第 3 步：配置 OSPF 路由协议，运行 OSPF 的网段是 BJ_CR02 上的直连网段。

- 10.1.12.0 网段使能 OSPF 协议。
- 20.1.1.0 网段使能 OSPF 协议。

具体配置命令如下。

① 修改设备名称。

```
[Huawei]sysname BJ_CR02                                            //修改设备名称
```

② 配置接口的 IP 地址。

```
[BJ_CR02]interface GigabitEthernet0/0/0                            //进入接口
[BJ_CR02-GigabitEthernet0/0/0]ip address  10.1.12.2  24            //配置 IP 地址
[BJ_CR02-GigabitEthernet0/0/0]interface GigabitEthernet0/0/1       //进入接口
[BJ_CR02-GigabitEthernet0/0/1]ip address 20.1.1.254 24             //配置 IP 地址
[BJ_CR02-GigabitEthernet0/0/1]quit                                 //退出接口视图
```

③ 配置 OSPF 路由。

```
[BJ_CR02]OSPF 1                                                    //指定 OSPF 进程
[BJ_CR02-ospf-1]area 0                                             //创建并进入区域 0
```

```
[BJ_CR02-ospf-1-area-0.0.0.0]network 10.1.12.0  0.0.0.255    //对 10.1.12.0 网段接口使能 OSPF
[BJ_CR02-ospf-1-area-0.0.0.0]network 20.1.1.0  0.0.0.255     //对 20.1.1.0 网段接口使能 OSPF
```

3. 配置路由器 BJ_CR03

北京总公司路由器 BJ_CR03 上的配置步骤如下。

第 1 步：修改路由器设备名称。

第 2 步：配置接口的 IP 地址。

第 3 步：配置 OSPF 路由协议，运行 OSPF 的网段是 BJ_CR03 上的直连网段。

- 10.1.13.0 网段使能 OSPF 协议。
- 40.1.1.0 网段使能 OSPF 协议。
- 200.1.1.0 网段使能 OSPF 协议。

具体配置命令如下。

① 修改设备名称。

```
[Huawei]sysname BJ_CR03                                      //修改设备名称
```

② 配置接口的 IP 地址。

```
[BJ_CR03]interface GigabitEthernet0/0/0                            //进入接口
[BJ_CR03-GigabitEthernet0/0/0]ip address  10.1.13.3  24            //配置 IP 地址
[BJ_CR03-GigabitEthernet0/0/0]interface  GigabitEthernet0/0/1      //进入接口
[BJ_CR03-GigabitEthernet0/0/1]ip address 40.1.1.254  24            //配置 IP 地址
[BJ_CR03-GigabitEthernet0/0/1]interface  GigabitEthernet0/0/2      //进入接口
[BJ_CR03-GigabitEthernet0/0/2]ip address 200.1.1.254  24           //配置 IP 地址
[BJ_CR03-GigabitEthernet0/0/2]quit                                 //退出接口视图
```

③ 配置 OSPF 路由。

```
[BJ_CR03]OSPF 1                                                    //指定 OSPF 进程
[BJ_CR03-ospf-1]area 0                                             //创建并进入区域 0
[BJ_CR03-ospf-1-area-0.0.0.0]network 10.1.13.0  0.0.0.255    //对 10.1.13.0 网段接口使能 OSPF
[BJ_CR03-ospf-1-area-0.0.0.0]network 40.1.1.0  0.0.0.255     //对 40.1.1.0 网段接口使能 OSPF
[BJ_CR03-ospf-1-area-0.0.0.0]network 200.1.1.0  0.0.0.255    //对 200.1.1.0 网段接口使能 OSPF
```

4. 配置 PC 和服务器

注意 PC1、PC2、PC5 选择终端设备中的 Client，用来访问服务器，如图 11-6 所示。

PC 需要配置 IP 地址、子网掩码和网关。PC1 的配置如图 11-7 所示。PC2 和 PC5 的配置参考 PC1 进行配置。

配置 PC 时，必须要配置网关，否则不同网段无法 ping 通。

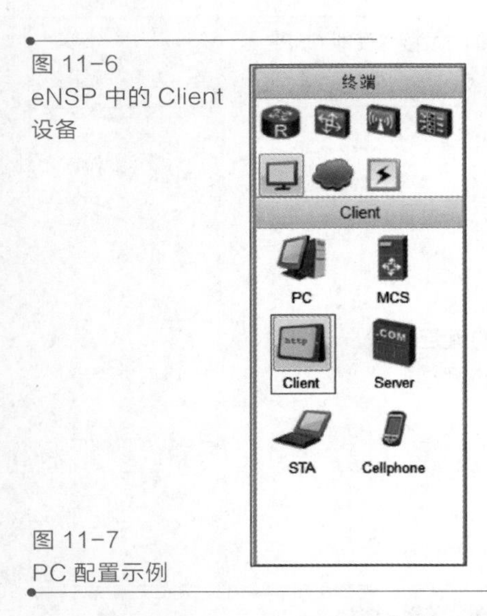

图 11-6
eNSP 中的 Client 设备

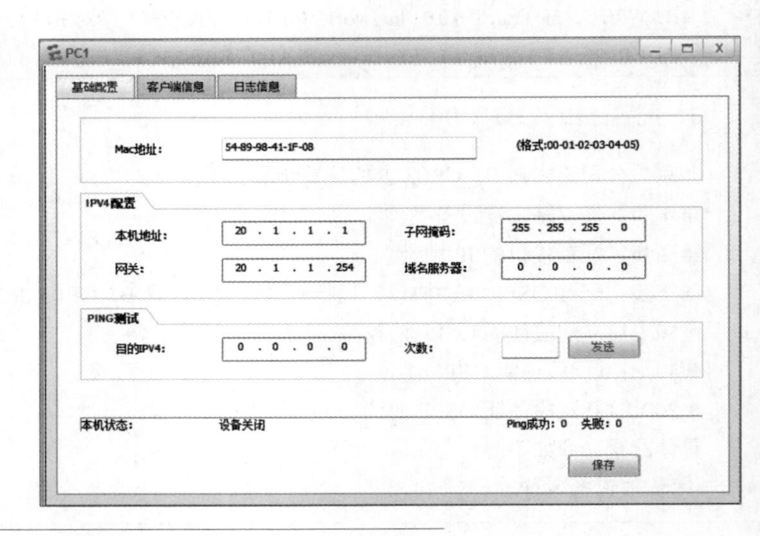

图 11-7
PC 配置示例

Server2 上的 IP 地址配置，如图 11-8 所示。

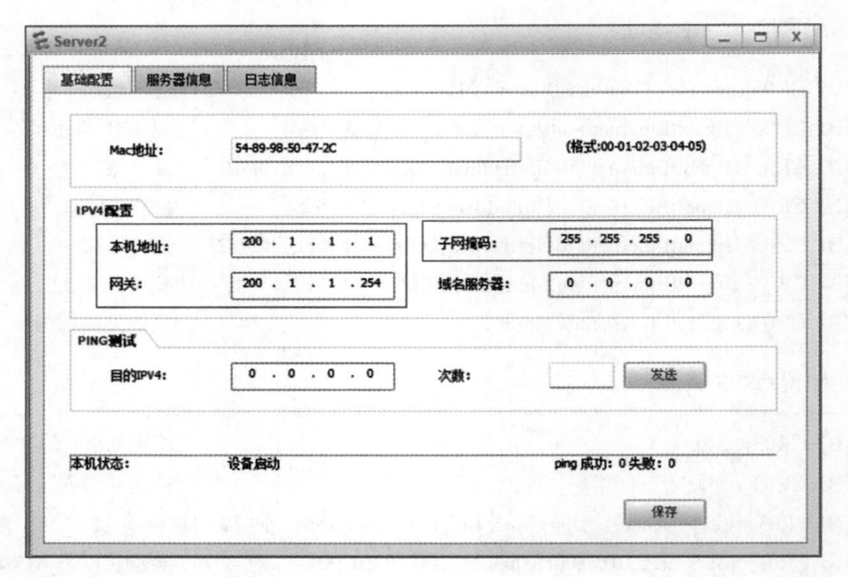

图 11-8
Server2 的 IP 地址配置

（1）Server2 上的 WWW 服务器配置

在 C 盘根目录下创建一个新文件夹，文件名为 www。该目录下创建一个文本文件，内容为“www 网站”，修改文件名为 index.htm。

在 eNSP 模拟器中，在服务器上右击，在弹出的快捷菜单中选择“设置”命令，在打开的窗口中选择“服务器信息”选项卡，选择“HttpServer”选项卡，单击框中的按钮，在打开的对话框中选择 WWW 服务器的目录。完成后单击“启动”按钮，如图 11-9 所示。

（2）Server2 上的 FTP 服务器配置

在 C 盘的根目录下创建一个新文件夹，文件名为 ftp。在该目录下创建一个文本文件 1.txt，内容为“ftp 服务器”。

在 eNSP 模拟器中，服务器上右击，在弹出的快捷菜单中选择“设置”命令，在打开的窗口中选择“服务器信息”选项卡，选择“FtpServer”选项卡，单击框中的按钮，在打开的对话框中选择 FTP 服务器的目录。完成后单击“启动”按钮，如图 11-10 所示。

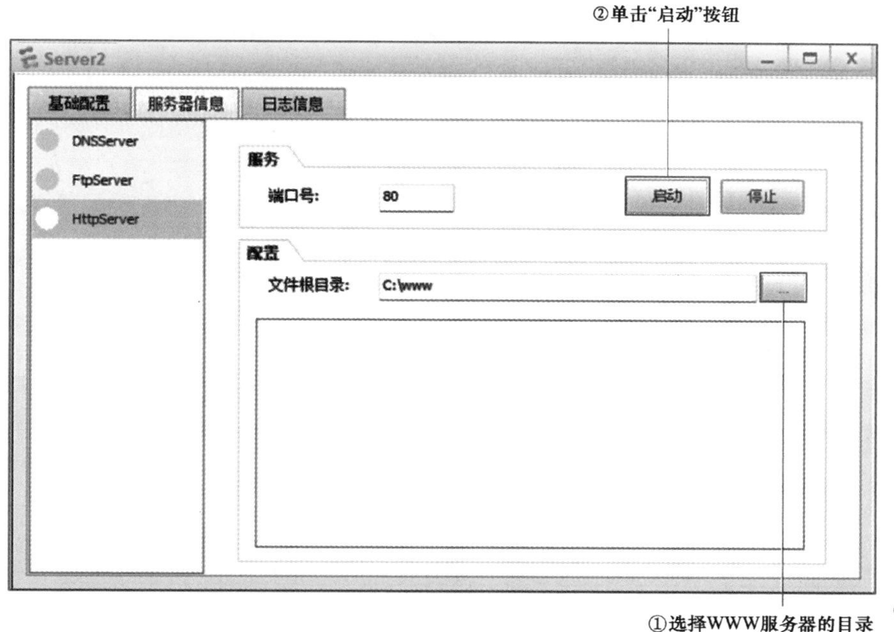

图 11-9 eNSP 模拟器中 WWW 服务器配置

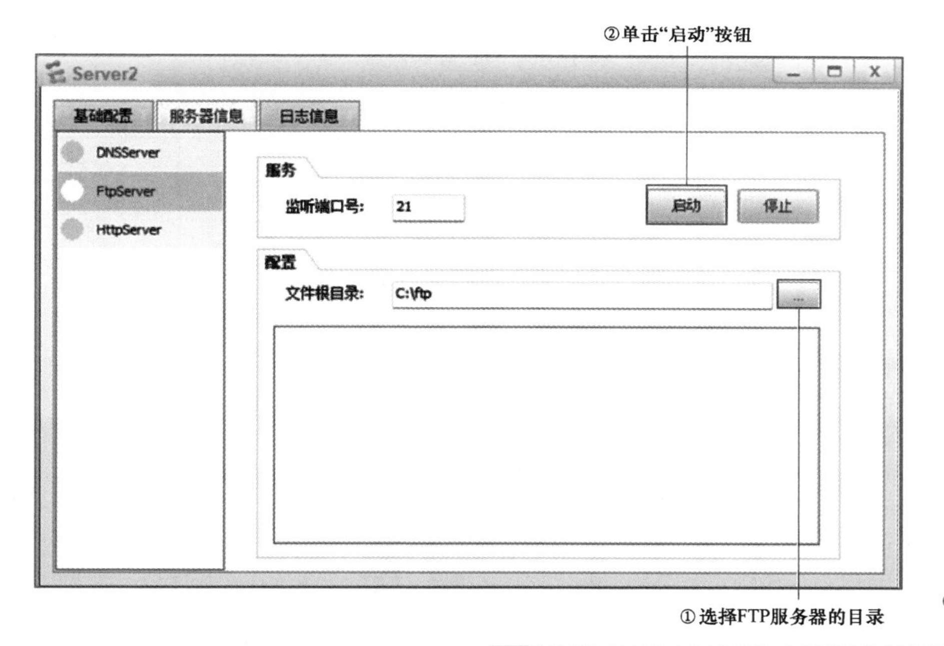

图 11-10 eNSP 模拟器中 FTP 服务器配置

5. 配置高级 ACL

（1）连通性测试

必须在保证网络连通的情况下进行 ACL 的配置。

使用 Ping 命令测试 PC 与服务器之间的连通情况

① PC5（财务部） ping Server2，能够 ping 通，如图 11-11 所示。

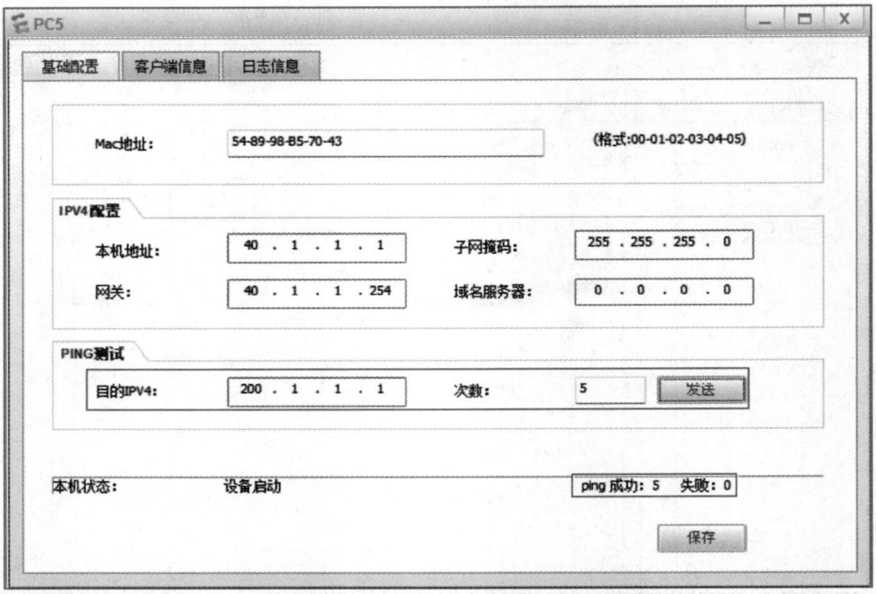

图 11-11
PC5 能够 ping 通 Server2

从 PC1 客户端访问 FTP 服务器。如图 11-12 所示，在 PC1 上，选择“客户端信息”选项卡，选择“FtpClient”选项卡，输入服务器地址 200.1.1.1，单击“登录”按钮，在服务器文件列表中能够看到 1.txt 文件，说明访问 FTP 服务器成功。

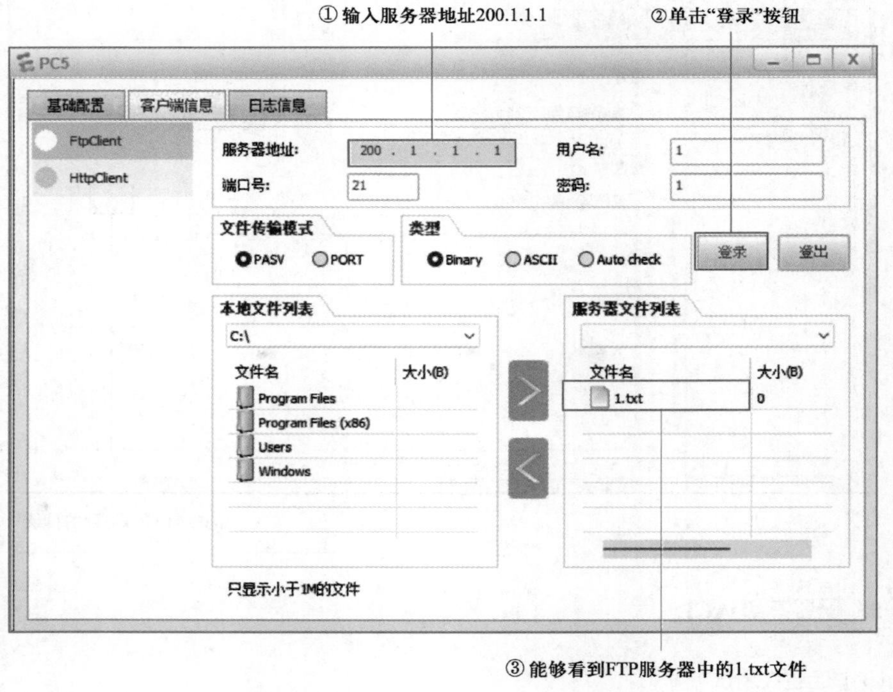

图 11-12
PC1 访问 FTP 服务器成功

从 PC1 客户端访问 WWW 服务器。如图 11-13 所示，在 PC1 上，选择“客户端信息”

选项卡，选择“HttpClient”选项卡，在“地址”文本框中输入“http://200.1.1.1/index.htm”，200.1.1.1 为 WWW 服务器的地址，index.htm 为网页首页的文件名，单击“获取”按钮，弹出下载界面，在下面的空白框中，看到“HTTP/1.1 200 OK”，说明访问 WWW 服务器成功。

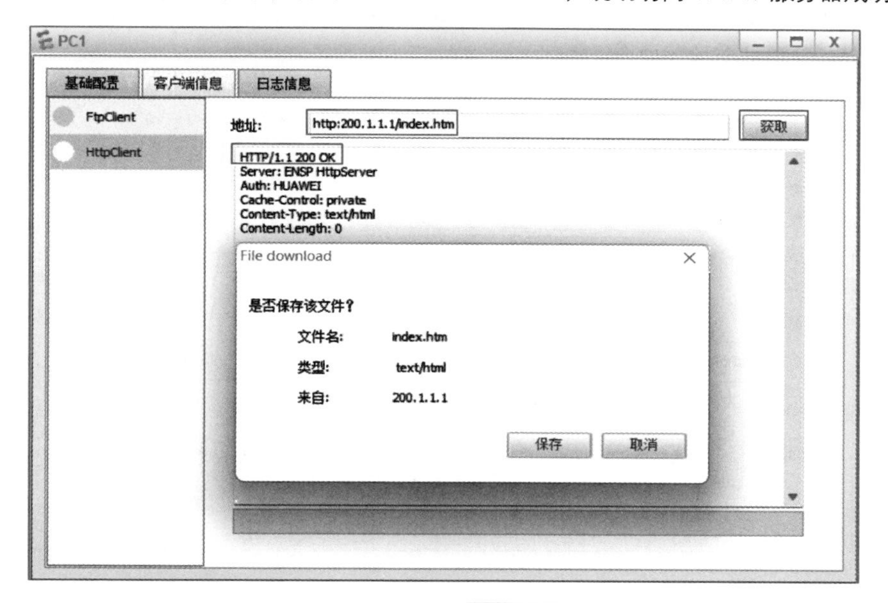

图 11-13
PC1 访问 WWW 服务器成功

② PC2（行政部） ping Server2，能够 ping 通，如图 11-14 所示。

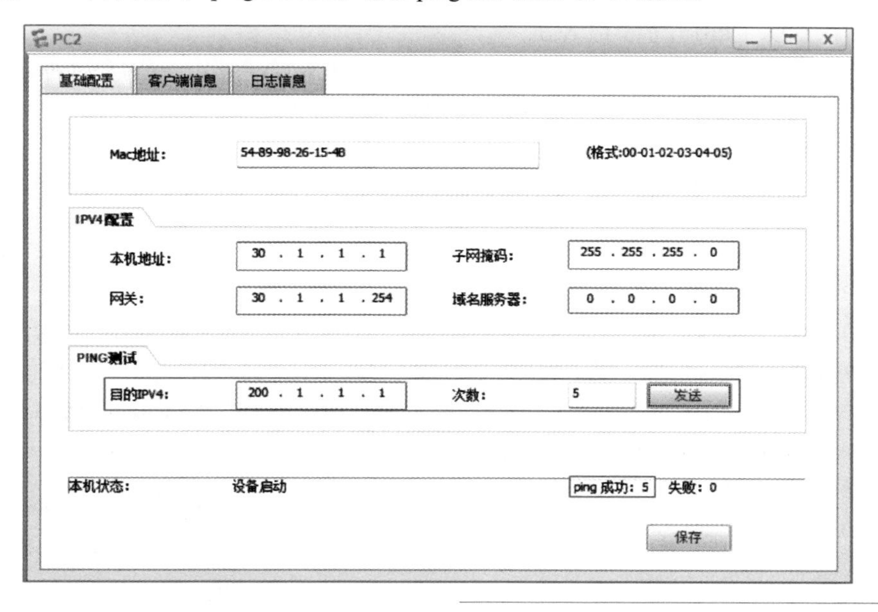

图 11-14
PC2 能够 ping 通 Server2

③ PC1（销售部） ping Server2，能够 ping 通，如图 11-15 所示。

（2）高级 ACL 的配置

高级 ACL 设置的原则是尽量靠近源地址，且选择入接口。根据项目要求有以下两种方案。

方案 1：配置相对简单。在 BJ_CR03 路由器上配置高级 ACL，应用在出接口上，这样只需要在一台路由器上配置和应用高级 ACL，但浪费了网络中的带宽，会有一些不必要的流量在网络中传输。

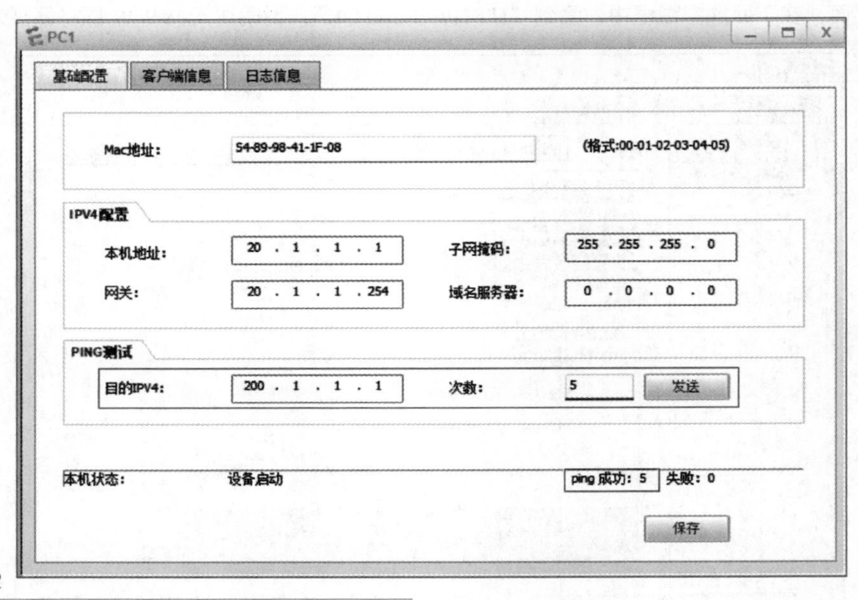

图 11-15
PC1 能够 ping 通 Server2

方案 2：在 BJ_CR01、BJ_CR02 和 BJ_CR03 路由器上配置高级 ACL，应用在入接口上，这种方案能够减少网络中的不必要流量，减少带宽消耗。本案例中选择方案 2。

1）配置 BJ_CR01 上的高级 ACL

BJ_CR01 连接的是行政部，允许行政部访问 FTP 和 WWW 服务，允许所有 ping 流量。因为行政部是不受限制的，所以 BJ_CR01 上不用配置高级 ACL。

2）配置 BJ_CR02 上的高级 ACL

BJ_CR02 连接的是销售部，销售部仅能访问 WWW 服务，允许所有 ping 流量。

① 创建 ACL。

```
[BJ_CR02]acl 3000                                    //创建高级 ACL 3000
[BJ_CR02-acl-adv-3000]rule permit tcp source 20.1.1.0 0.0.0.255  destination 200.1.1.1 0
destination-port eq 80  //允许销售部访问 WWW 服务
[BJ_CR02-acl-adv-3000]rule deny tcp source 20.1.1.0 0.0.0.255  destination 200.1.1.1 0
destination-port eq 21   //禁止销售部访问 FTP 服务
[BJ_CR02-acl-adv-3000]rule permit icmp          //允许销售部的 ping 流量通过
[BJ_CR02-acl-adv-3000]quit                       //退出高级 ACL 视图
```

② 在 G0/0/1 接口应用 ACL。

```
[BJ_CR02]interface GigabitEthernet 0/0/1     //进入应用 ACL 的接口
[BJ_CR02-GigabitEthernet 0/0/1]traffic-filter inbound acl 3000    //在出方向应用 ACL 3000
```

③ 配置 BJ_CR03 上的高级 ACL。

BJ_CR03 连接的是财务部，财务部仅能访问 FTP 服务，允许所有 ping 流量。

不同设备上，可以设置相同的 ACL 编号，可以继续使用 ACL 3000。

① 创建 ACL。

```
[BJ_CR03]acl 3000                                    //创建高级 ACL 3000
[BJ_CR03-acl-adv-3000]rule permit tcp source 40.1.1.0 0.0.0.255  destination 200.1.1.1 0
destination-port eq 21                               //允许销售部访问 FTP 服务
[BJ_CR03-acl-adv-3000]rule deny tcp source 40.1.1.0 0.0.0.255  destination 200.1.1.1 0
destination-port eq 80                               //禁止财务部访问 WWW 服务
[BJ_CR03-acl-adv-3000]rule permit icmp               //允许销售部的 ping 流量通过
[BJ_CR03-acl-adv-3000]quit                           //退出高级 ACL 视图
```

② 在 G0/0/1 接口应用 ACL。

```
[BJ_CR03]interface GigabitEthernet 0/0/1        //进入应用 ACL 的接口
[BJ_CR03-GigabitEthernet 0/0/1]traffic-filter inbound acl 3000     //在出方向应用 ACL 3000
```

6. 测试

（1）查看 BJ_CR02 上的访问控制列表设置后的连通性

进行测试前，ACL 3000 的所有规则都没有数据包通过，如所图 11-16 所示。

```
BJ_CR02
<BJ_CR02>display acl 3000
Advanced ACL 3000, 3 rules
Acl's step is 5
 rule 5 permit tcp source 20.1.1.0 0.0.0.255 destination 200.1.1.1 0 destination
-port eq www
 rule 10 deny tcp source 20.1.1.0 0.0.0.255 destination 200.1.1.1 0 destination-
port eq ftp
 rule 15 permit icmp
```

图 11-16
测试前在路由器 BJ_CR02 上查看 ACL 3000

① PC1（销售部） ping Server2，能够 ping 通，如图 11-17 所示。

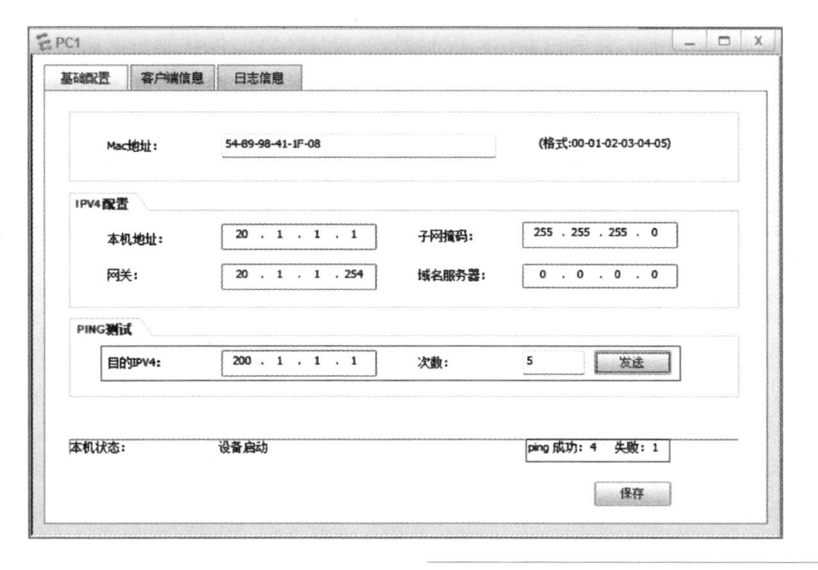

图 11-17
PC1 能够 ping 通 Server2

通过 display acl 3000 命令查看访问控制列表的配置信息，发现销售部 ping 服务器的是 5 个包，有 4 个包 ping 通，1 个包没有 ping 通，第 1 个包丢包，是因为 ARP 寻找网关的 MAC

地址。查看 ACL 信息时，规则 rule 15 后面出现了 5 个包匹配，如图 11-18 所示。可见是 ACL 生效，ping 包允许通过。

```
<BJ_CR02>display acl 3000
Advanced ACL 3000, 3 rules
Acl's step is 5
 rule 5 permit tcp source 20.1.1.0 0.0.0.255 destination 200.1.1.1 0 destination
-port eq www
 rule 10 deny tcp source 20.1.1.0 0.0.0.255 destination 200.1.1.1 0 destination-
port eq ftp
 rule 15 permit icmp (5 matches)
```

图 11-18
在路由器 BJ_CR02 上查看 ACL 3000-销售部数据允许通过

② PC1（销售部） 访问服务器 Server2 的 WWW 服务，能够成功访问，如图 11-19 所示。

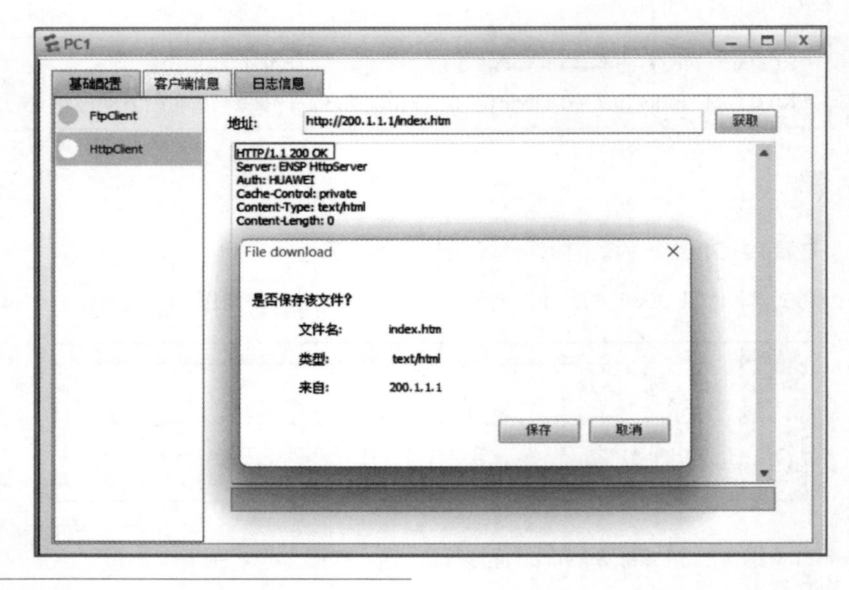

图 11-19
PC1 能够成功访问服务器 Server2 的 WWW 服务

通过 display acl 3000 命令查看访问控制列表的配置信息，发现销售部能够访问服务器的 WWW 服务。在查看 ACL 信息时，规则 rule 5 后面出现了 11 个包匹配，如图 11-20 所示。可见是 ACL 生效，允许访问 WWW 服务的流量通过。

```
<BJ_CR02>display acl 3000
Advanced ACL 3000, 3 rules
Acl's step is 5
 rule 5 permit tcp source 20.1.1.0 0.0.0.255 destination 200.1.1.1 0 destination
-port eq www (11 matches)
 rule 10 deny tcp source 20.1.1.0 0.0.0.255 destination 200.1.1.1 0 destination-
port eq ftp
 rule 15 permit icmp (10 matches)
```

图 11-20
在路由器 BJ_CR02 上查看 ACL 3000-销售部访问 WWW 服务的数据允许通过

③ PC1（销售部） 访问服务器 Server2 的 FTP 服务，显示连接服务器失败，不能访问，如图 11-21 所示。

通过 display acl 3000 命令查看访问控制列表的配置信息，发现销售部不能够访问服务器的 FTP 服务。在查看 ACL 信息时，规则 rule 10 后面出现了 5 个包匹配，如图 11-22 所示。可见是 ACL 生效，拒绝访问 FTP 服务的流量通过。

（2）查看 BJ_CR03 上的访问控制列表设置后的连通性

进行测试前，ACL 3000 的所有规则都没有数据包通过，如图 11-23 所示。

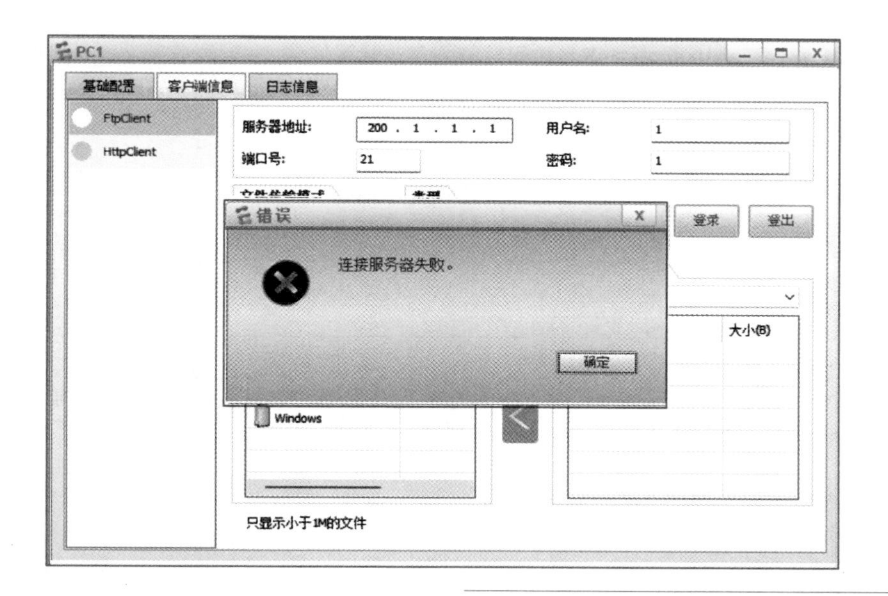

图 11-21
PC1 不能访问服务器 Server2 的 FTP 服务

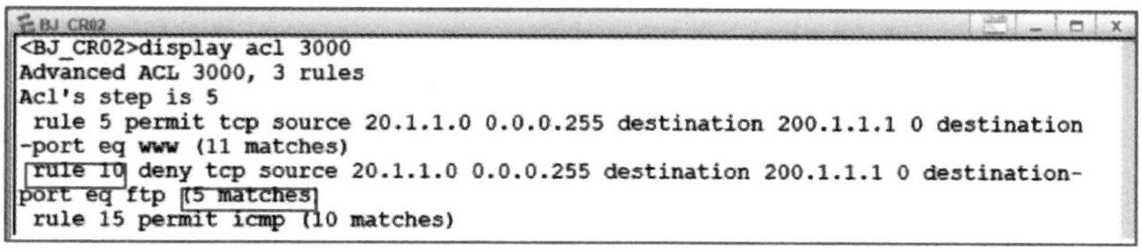

```
<BJ_CR02>display acl 3000
Advanced ACL 3000, 3 rules
Acl's step is 5
 rule 5 permit tcp source 20.1.1.0 0.0.0.255 destination 200.1.1.1 0 destination
-port eq www (11 matches)
 rule 10 deny tcp source 20.1.1.0 0.0.0.255 destination 200.1.1.1 0 destination-
port eq ftp (5 matches)
 rule 15 permit icmp (10 matches)
```

图 11-22
在路由器 BJ_CR02 上查看 ACL 3000-销售部访问 FTP 服务的数据不允许通过

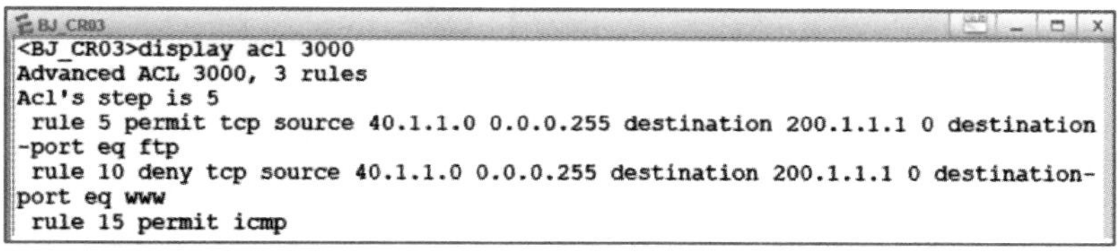

```
<BJ_CR03>display acl 3000
Advanced ACL 3000, 3 rules
Acl's step is 5
 rule 5 permit tcp source 40.1.1.0 0.0.0.255 destination 200.1.1.1 0 destination
-port eq ftp
 rule 10 deny tcp source 40.1.1.0 0.0.0.255 destination 200.1.1.1 0 destination-
port eq www
 rule 15 permit icmp
```

图 11-23
测试前在路由器 BJ_CR03 上查看 ACL 3000

① PC5（财务部） ping Server2，能够 ping 通，如图 11-24 所示。

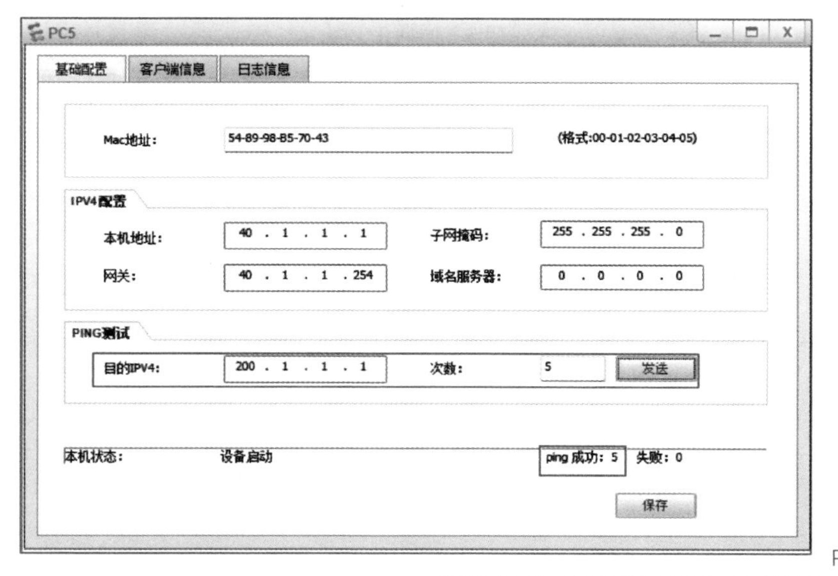

图 11-24
PC5 能够 ping 通 Server2

通过 display acl 3000 命令查看访问控制列表的配置信息，发现财务部 ping 通服务器有 5 个包。在查看 ACL 信息时，规则 rule 15 后面出现了 5 个包匹配，如图 11-25 所示。可见是 ACL 生效，ping 包允许通过。

```
BJ_CR03
<BJ_CR03>display acl 3000
Advanced ACL 3000, 3 rules
Acl's step is 5
 rule 5 permit tcp source 40.1.1.0 0.0.0.255 destination 200.1.1.1 0 destination
-port eq ftp
 rule 10 deny tcp source 40.1.1.0 0.0.0.255 destination 200.1.1.1 0 destination-
port eq www
 rule 15 permit icmp (5 matches)
```

图 11-25
在路由器 BJ_CR03 上查看 ACL 3000-财务部 ping 包允许通过

② PC5（财务部）访问服务器 Server2 的 FTP 服务，连接服务器成功，能够看到 FTP 服务器上的 1.txt 文件，如图 11-26 所示。

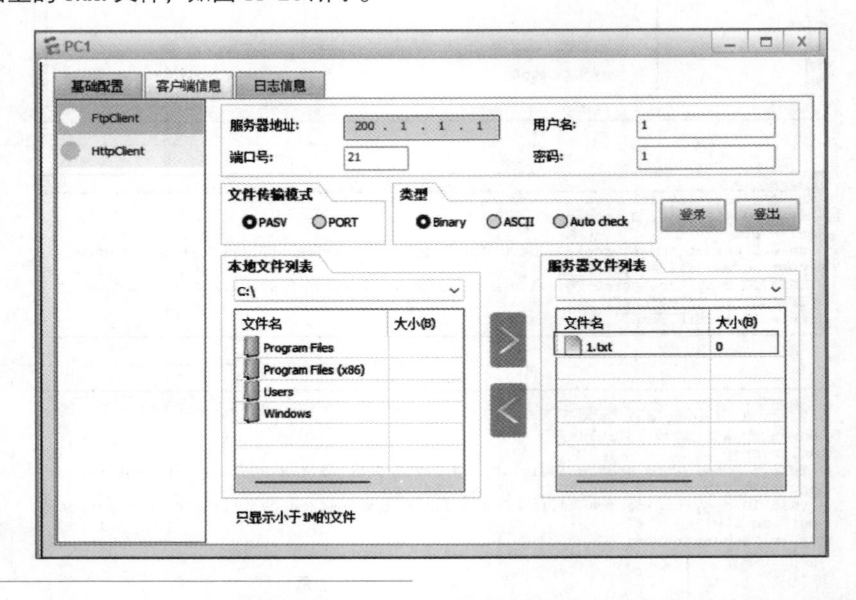

图 11-26
PC5 能够成功访问服务器 Server2 的 FTP 服务

通过 display acl 3000 命令查看访问控制列表的配置信息，发现销售部能够访问服务器的 FTP 服务。在查看 ACL 信息时，规则 rule 5 后面出现了 23 个包匹配，如图 11-27 所示。可见是 ACL 生效，访问 FTP 服务的流量允许通过。

```
BJ_CR03
<BJ_CR03>display acl 3000
Advanced ACL 3000, 3 rules
Acl's step is 5
 rule 5 permit tcp source 40.1.1.0 0.0.0.255 destination 200.1.1.1 0 destination
-port eq ftp (23 matches)
 rule 10 deny tcp source 40.1.1.0 0.0.0.255 destination 200.1.1.1 0 destination-
port eq www
 rule 15 permit icmp (5 matches)
```

图 11-27
在路由器 BJ_CR03 上查看 ACL 3000-销售部访问 FTP 服务的数据允许通过

③ PC5（财务部）访问服务器 Server2 的 WWW 服务，不能成功访问，如图 11-28 所示。

通过 display acl 3000 命令查看访问控制列表的配置信息，发现销售部不能够访问服务器的 WWW 服务。在查看 ACL 信息时，规则 rule 10 后面出现了 5 个包匹配，如图 11-29 所示。可见是 ACL 生效，拒绝访问 WWW 服务的流量通过。

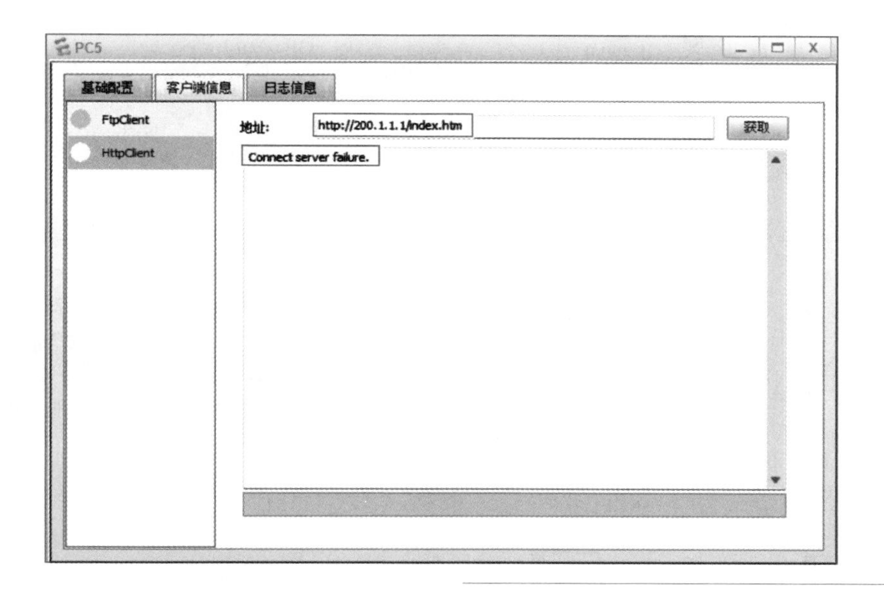

图 11-28
PC5 不能访问服务器 Server2 的 WWW 服务

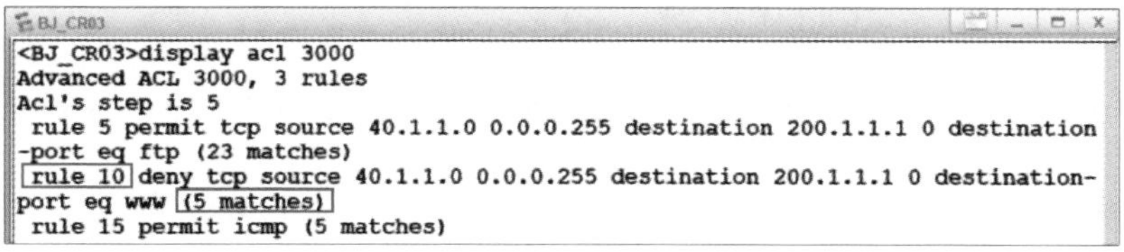

```
<BJ_CR03>display acl 3000
Advanced ACL 3000, 3 rules
Acl's step is 5
 rule 5 permit tcp source 40.1.1.0 0.0.0.255 destination 200.1.1.1 0 destination
-port eq ftp (23 matches)
 rule 10 deny tcp source 40.1.1.0 0.0.0.255 destination 200.1.1.1 0 destination-
port eq www (5 matches)
 rule 15 permit icmp (5 matches)
```

图 11-29
在路由器 BJ_CR03 上查看 ACL 3000-销售部访问 WWW 服务的数据不允许通过

巩固训练：向阳印制公司高级 ACL 的配置

1. 实训目的

- 理解网络访问控制列表的作用。
- 掌握高级访问控制列表的工作原则。
- 掌握高级访问控制列表的配置方法。
- 掌握将高级访问控制列表绑定到路由器端口的方法。

2. 实训拓扑

实训拓扑如图 11-30 所示。

3. 实训内容

① 按照拓扑，完成路由器 IP 地址的设置。
② 修改设备名称。
③ 分别在 R1、R2、R3 和 R4 上配置接口 IP 地址。
④ 分别在 R1、R2、R3 和 R4 上配置 OSPF 路由协议，实现所有接口之间连通。

- 在 R1、R2、R3 和 R4 上配置 OSPF。
- OSPF 的进程 ID 为 10。

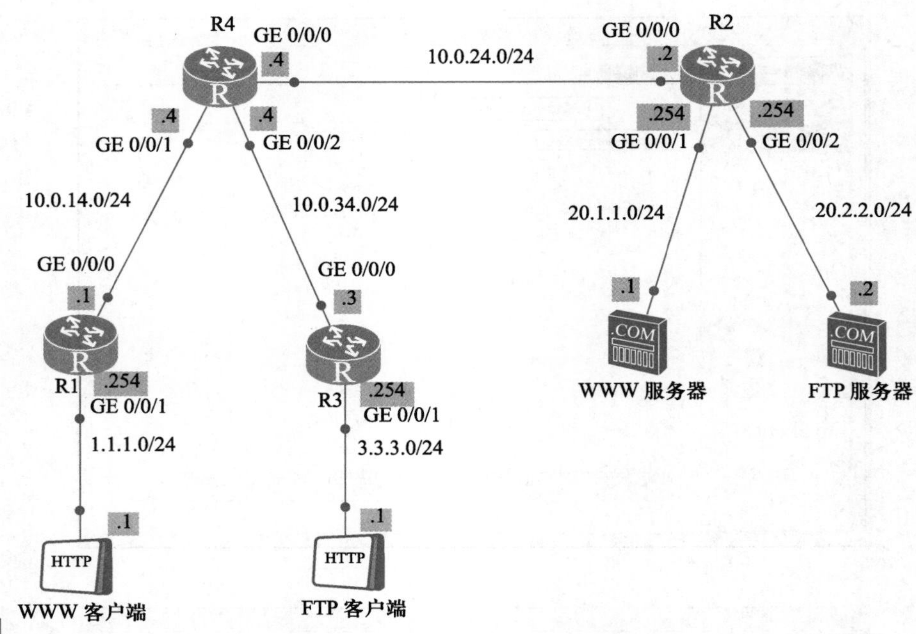

图 11-30
高级 ACL 实训拓扑图

- 每台路由器的路由器 ID：R1 = 1.1.1.1；R2 = 2.2.2.2；R3 = 3.3.3.3；R4 = 4.4.4.4。
- 宣告每个接口的网络地址。

⑤ 测试。

- 分别在“WWW 客户端”和“FTP 客户端”上 ping 20.1.1.1 和 20.2.2.2，均能 ping 通。
- 在“WWW 客户端”上：

✧ 在 HttpClient 中输入网址 http://20.1.1.1/default.htm，能够访问到网页。

✧ 在 FtpClient 中输入 IP 地址 20.2.2.2，可以登录到服务器。

- 在“FTP 客户端”上：

✧ 在 HttpClient 中输入网址 http://20.1.1.1/default.htm，能够访问到网页。

✧ 在 FtpClient 中输入 IP 地址 20.2.2.2，可以登录到服务器。

⑥ 设置规划高级 ACL，在 R4 的入接口上实施以下网络策略。

- 定义时间段工作日 8:00—20:00 执行以下高级 ACL 策略，时间段的名称为 tname。
- 使“WWW 客户端”所在网段在工作日 8:00—20:00 不能访问到 FTP 服务器的 FTP 服务（21 端口），能够访问到 WWW 服务器的 HTTP 服务。任何时间所有 ping 包都允许通过。

ACL 编号为 3000。

- 使“FTP 客户端”在工作日 8:00—20:00 不能访问到 WWW 服务器的 HTTP 服务，能访问到 FTP 服务器的 FTP 服务（21 端口）。任何时间所有 ping 包都不允许通过。

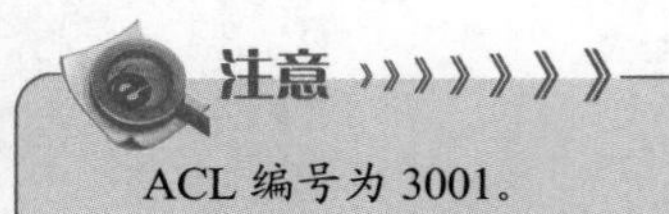

ACL 编号为 3001。

⑦ 测试。

a. 使用 display acl 3000、display acl 3001 命令在 R4 上查看访问控制列表的配置信息。

b. 测试连通性和 ACL 的包过滤情况。

- 在“WWW 客户端”上 20.1.1.1 和 20.2.2.2，均能 ping 通。
- 在“FTP 客户端”上 20.1.1.1 和 20.2.2.2，均不能 ping 通。
- 在“WWW 客户端”上：

✧ 在 HttpClient 中输入网址 http://20.1.1.1/default.htm，能够访问到网页。

✧ 在 FtpClient 中输入 IP 地址 20.2.2.2，无法登录。

- 在“FTP 客户端”上：

✧ 在 HttpClient 中输入网址 http://20.1.1.1/default.htm，不能访问到网页。

✧ 在 FtpClient 中输入 IP 地址 20.2.2.2，可以登录到服务器。

- 在 R4 上输入命令 display acl 3000 和 display acl 3001，查看 ACL 的包过滤情况。

⑧ 保存配置。

项目 12

静态 NAT 技术

学习目标

- 理解 NAT 的作用及工作原理。
- 理解 NAT 的分类。
- 应用静态 NAT 的基本配置。
- 根据不同场景进行静态 NAT 的设计和部署。

【项目背景】

阳光纸业公司为了节省 IP 地址，决定在企业内部采用私有地址。但私有地址不能在公网上使用。公司内部的 FTP 和 WWW 服务器需要让外网用户访问，因此需要在边界路由器上启用静态 NAT，为内部服务器提供一对一的外网地址，既保证了服务器的安全，又为外网员工提供服务。

【项目内容】

实现外网用户 PC10，能够访问内部服务器 Server2 上的 WWW 服务，PC2 能够访问外网的 PC10 用户。在边界路由器 BJ_CR01 上启用静态 NAT。

公司购买的公网地址有 61.159.62.130/29～61.159.62.133/29。拓扑如图 12-1 所示。

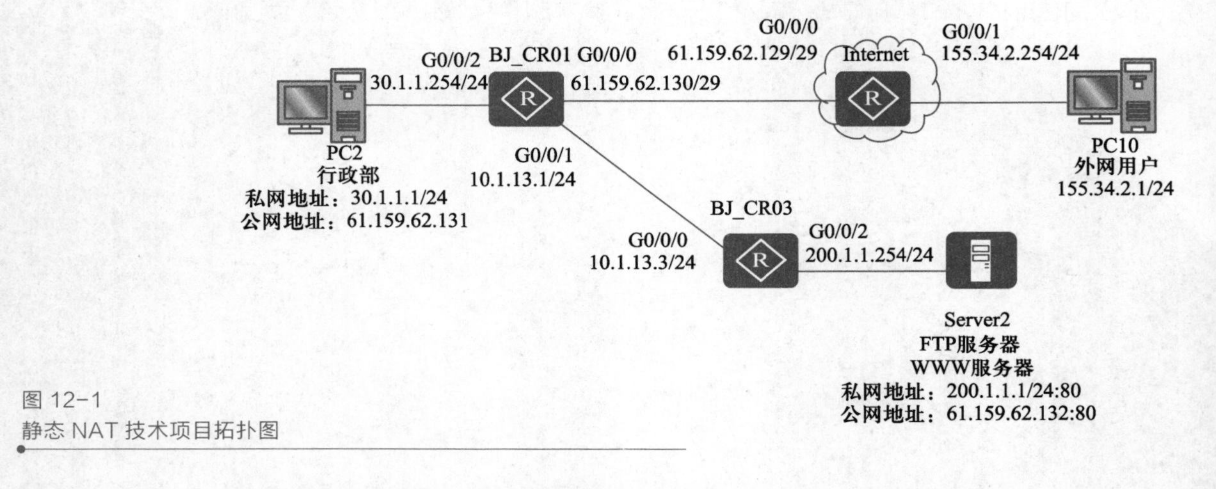

图 12-1
静态 NAT 技术项目拓扑图

12.1　相关知识：静态 NAT 技术基础

12.1.1　NAT 技术的概述

微课 12-1
NAT 的概念

1. NAT 技术的概念和用途

网络地址转换（Network Address Translation，NAT），其设计思想就是把一个内部网络的私有 IP 地址转换成外部网络 Internet 上能够识别的公有 IP 地址（公有地址）。NAT 的设计思想就是在私有地址和公有地址之间形成一种映射关系，在经过 NAT 路由器时进行转换。如图 12-2 所示，NAT 路由器就像公司的前台接线员，当客户拨打公司总机时，外网电话 60491010 是客户知道的唯一号码。接线员接到客户电话后，会将电话转接到相应的分机上，从而实现从外部拨通电话到公司内部某台分机。

在图 12-2 中，209.165.100.224 这个 IP 地址是对外的一个 IP 地址段，相当于公司的外部号码。内部的 PC 就相当于分机号。外网用户访问内部 PC 的方式，与接线员转分机的工作原理是相似的，需要将外部地址转换成内部地址才能访问，这就是 NAT 的工作方式。

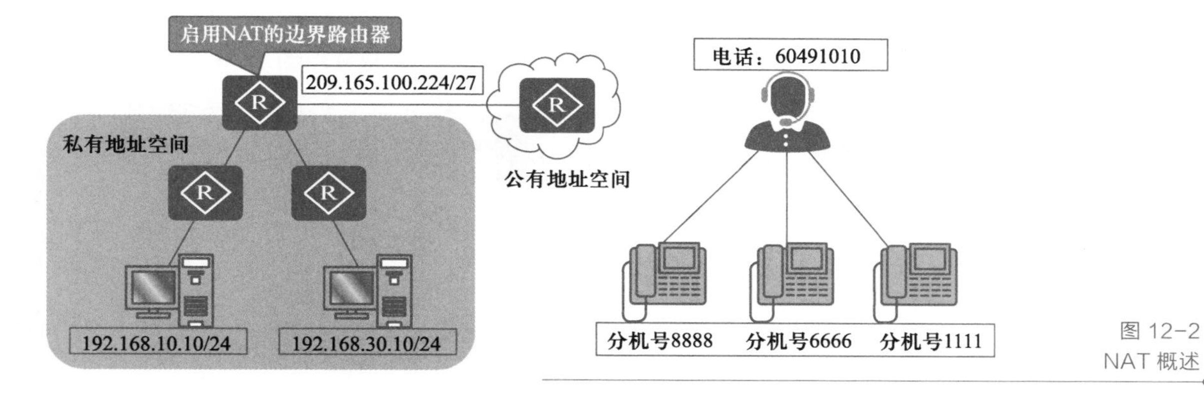

图 12-2
NAT 概述

NAT 的用途主要有以下两个方面。

① 公司使用私有 IP 地址，节省公网 IP 地址。NAT 将不可路由的私有内部地址转换成可以路由的公有地址。NAT 能够把内部多台主机的私有地址转换成一个公有地址。

② NAT 能在一定程度上增加网络的私密性和安全性。因为对外部网络而言，企业只有一个公有地址，内部的私有 IP 地址对外部而言就是隐藏的，所以 NAT 也能提高内部网络的安全性。

2．NAT 的相关概念

微课 12-2
NAT 的相关概念

在 NAT 路由器上，也就是连接 Internet 的边界路由器上，会将网络分成内部网络和外部网络，如图 12-3 所示。

- 内部网络：NAT 路由器连接内部 PC 的网络称为内部网络，内部网络是指边缘局域网使用内部网络 IP 地址的网络，在内部网络使用的 IP 地址是私有 IP 地址。通常把 NAT 路由器上连接内部网络的接口称为内部接口。
- 外部网络：连接 Internet 的网络称为外部网络，外部网络是指除本地私有网络之外的网络，通常指互联网。在外部网络中，使用的是公有 IP 地址。通常把 NAT 路由器上连接外部网络的接口称为外部接口。

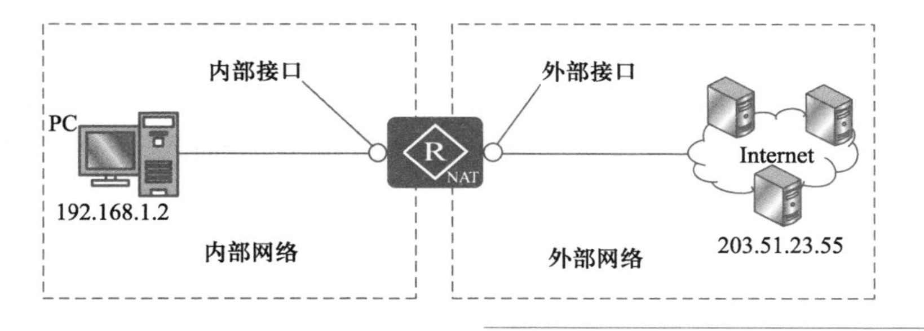

图 12-3
内部网络和外部网络示意图

- 转换表：NAT 中内部网络的地址和外部网络地址之间通过转换表进行转换。在转换表中，会保存私有地址和公有地址的一个对应关系，如图 12-4 所示为私有地址 192.168.1.2 和公有地址 125.25.65.3 的对应表。当 IP 地址为 192.168.1.2 的 PC 通过 NAT 路由器时，会根据转换表的内容，转换成公有地址 125.25.65.3。这样，这个数据包在公网上就能够成功传送。

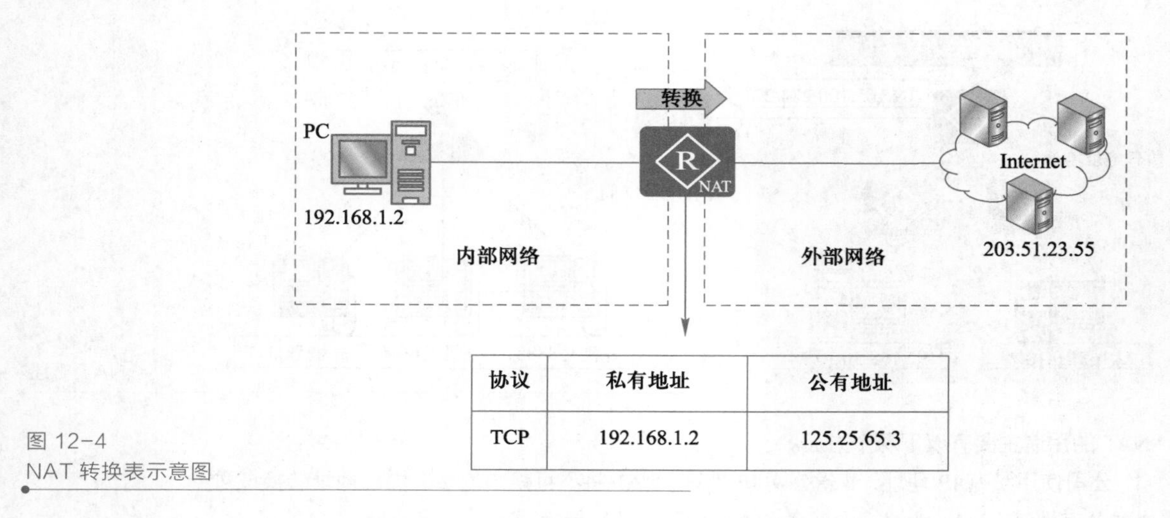

协议	私有地址	公有地址
TCP	192.168.1.2	125.25.65.3

图 12-4
NAT 转换表示意图

3．NAT 的分类

NAT 的分类比较简单，NAT 实际上就是私有地址和公有地址的映射关系。在数学中有一对一的映射、一对多的映射、多对多的映射、多对一的映射。NAT 也可以看成根据这几种映射方式进行分类。在华为设备中，把 NAT 分为以下 4 类。

① 静态 NAT：把一个私有地址一对一地静态映射到注册的公有地址。

② 动态 NAT：把一个私有地址动态映射到注册 IP 地址池中的一个地址。

③ NAPT：允许多个内部地址映射到同一个公有地址的不同端口。

④ Easy IP：允许将多个内部地址映射到网关出接口地址上的不同端口。出接口是一个临时公网 IP 地址。

微课 12-3
静态 NAT 转换的工作原理

12.1.2　静态 NAT 转换的工作原理

静态 NAT 转换实现了私有地址和公有地址的一对一映射，一个公有 IP 只会分配给唯一且固定的内网主机。

静态 NAT 可以应用在以下两种情况。

① 私有网络访问外部服务器。

② 外网用户访问内网设备（各种服务器）。

静态 NAT 通过将内部地址转换成公有地址，实现内外网的访问，如图 12-5 所示。

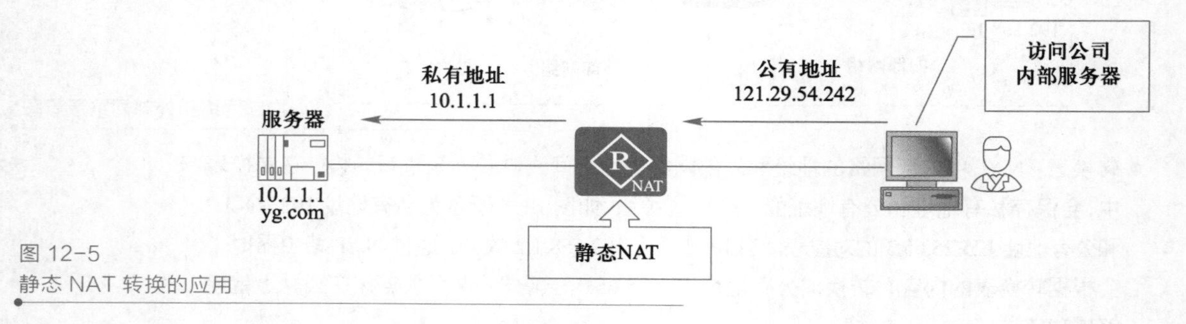

图 12-5
静态 NAT 转换的应用

（1）私有网络访问外部服务器

当内部主机 PC1（IP 地址为 10.1.1.1），想访问外部主机 203.51.23.55。发送的数据包的源 IP 地址为 10.1.1.1，目的 IP 地址为 203.51.23.55，如图 12-6 所示。

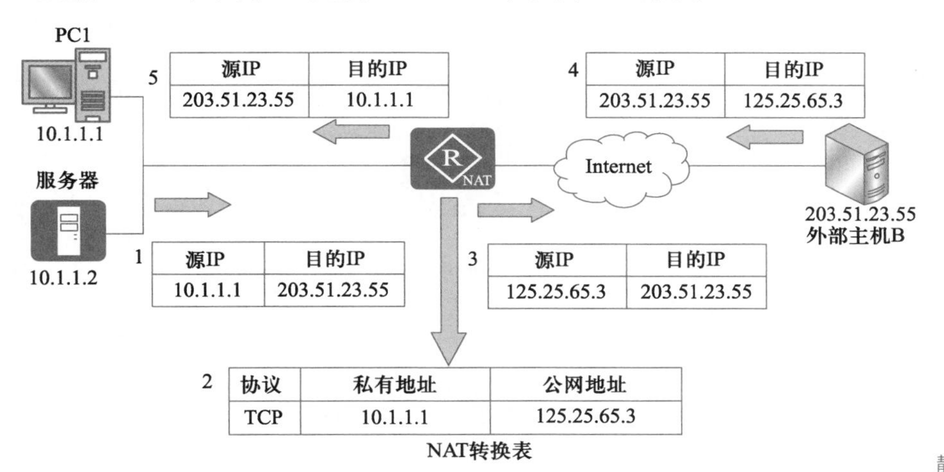

图 12-6
静态 NAT 转换的应用

当数据包到达边界路由器，路由器上启用了静态 NAT，通过查看 NAT 转换表，发现私有地址 10.1.1.1 需要转换成公有地址 125.25.65.3 发送出去。于是路由器重新封装数据包，将数据包的源 IP 地址转换成 125.25.65.3，并将数据包发送出去。

数据包成功到达外部主机 B，外部主机需要给该数据包回复数据，因为收到的数据包的源地址为 125.25.65.3，因此，外部主机 B 会发送数据包，源 IP 地址为 203.51.23.55，目的 IP 地址为 125.25.65.3。

注意

此处外部主机 B 发送数据包的目的 IP，一定是公网 IP 地址。在测试时，也应该使用公网 IP 地址作为测试地址。

数据包达到边界路由器，路由器查看 NAT 转换表，发现需要将 125.25.65.3 的地址转换成 10.1.1.1。

于是重新封装数据包，将数据包的目的 IP 地址转换成 10.1.1.1。最后，数据包成功传送到 PC1。

（2）外网用户访问内网服务器-NAT Server

NAT Server 用于外网用户访问内网服务器的情况，内网服务器需要使用固定公有 IP 地址。通过将服务器的“公有 IP 地址+端口号”与“私有 IP 地址+端口号”间形成一对一的映射关系，来实现 NAT Server。

当外部主机 B（IP 地址为 203.51.23.55），想访问内部服务器 125.25.65.4。发送的数据包的源 IP 地址为 203.51.23.55，目的 IP 地址为 125.25.65.4，如图 12-7 所示。

注意

内部服务器对外网用户的 IP 地址一定是公有 IP 地址，在后面做测试时，也应该使用公有 IP 地址作为测试地址。

当数据包到达边界路由器，路由器上启用了 NAT Server，通过查看 NAT 转换表，需要将公有地址 125.25.65.4，端口号为 80，转换为私有地址 10.1.1.2，端口号为 80。于是路由器重新封装数据包，将数据包的源 IP 地址转换成 10.1.1.2，端口号为 80，并将数据包发送出去。

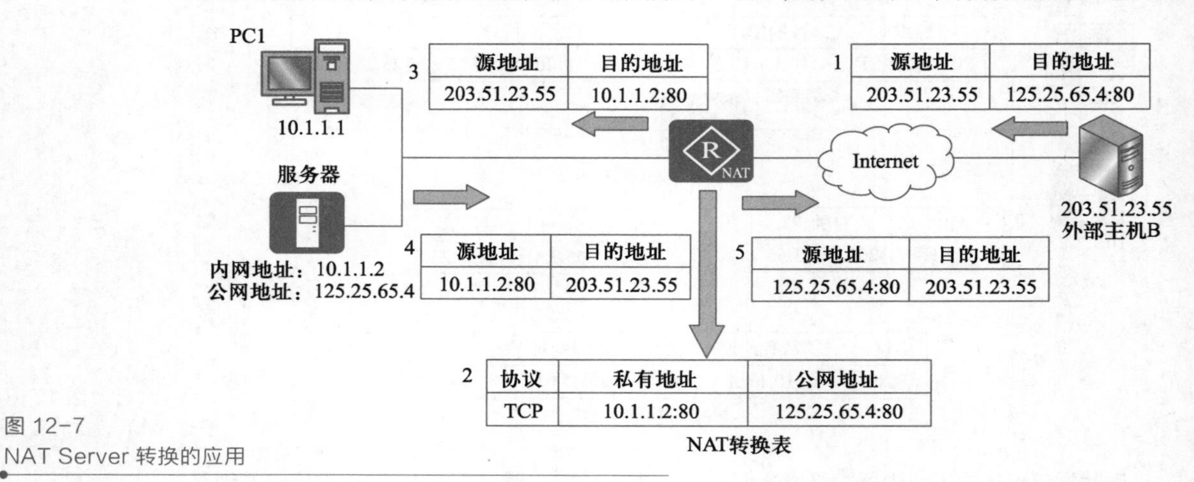

图 12-7
NAT Server 转换的应用

数据包成功到达内部服务器，服务器需要给该数据包回复数据，因为收到数据包的源地址为 203.51.23.55。因此，内部服务器会发送数据包，源 IP 地址为 10.1.1.2，目的 IP 地址为 203.51.23.55。

数据包达到边界路由器，路由器查看 NAT 转换表，需要将私有地址 10.1.1.2、端口号为 80，转换为公有地址 125.25.65.4、端口号为 80。

于是重新封装数据包，将数据包的目的 IP 地址转换成 125.25.65.4，端口号为 80。最后，数据包成功传送到外部主机 B，外部主机 B 成功访问内部服务器。

微课 12-4
静态 NAT 的配置

12.1.3　静态 NAT 的配置

1. 配置静态 NAT

在系统视图下或接口视图下，配置从私有 IP 地址到公有 IP 地址的一对一映射。

[Huawei]**nat static** [*protocol* {*protocol-number* | *icmp* | *tcp* | *udp*}] **global** {*global-address* | interface loopback *interface-number*} **inside** *host-address*

【参数】

protocol-number：指定地址映射所作用的通信协议的协议号，取值范围为 1～255 的整数。

icmp | *tcp* | *udp*：指定所配置的 NAT 地址映射所作用的通信协议分别为 ICMP、TCP 或 UDP。

global-address：指定 NAT 地址映射表项中的公有 IP 地址。

host-address：指定 NAT 地址映射表项中的私有 IP 地址。

interface loopback *interface-number*：指定公有 IP 地址对应编号的 Loopback 接口的 IP 地址，取值范围为 0～1023。

2. 在 NAT 出接口下使能 NAT 静态地址映射功能

在接口视图下，在 NAT 出接口下使能 NAT 静态地址映射功能。

```
[Huawei-GigabitEthernet0/0/0]nat static enable
```

注意

如果在接口视图下，配置从私有 IP 地址到公有 IP 地址的一对一映射，不需要在 NAT 出接口下使能 NAT 静态地址映射功能。

【配置示例 12-1】

将内网地址 10.1.1.1 静态转换为合法的外部地址 200.10.10.1，以便访问外网或被外网访问，如图 12-8 所示。

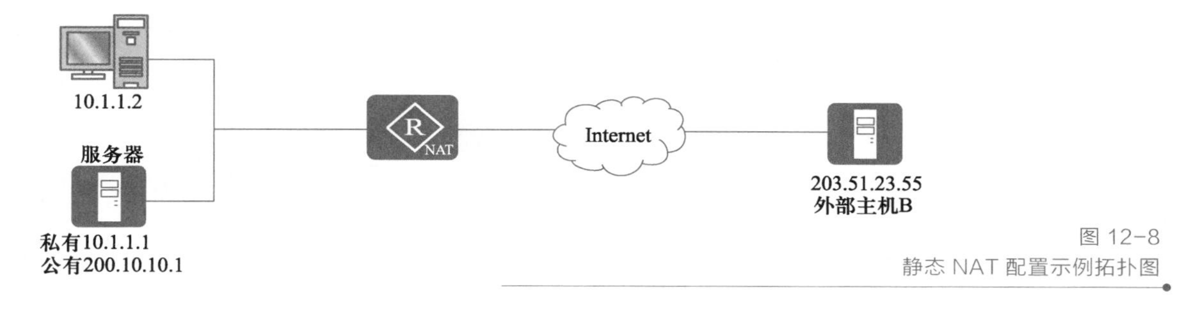

图 12-8
静态 NAT 配置示例拓扑图

```
[Huawei]nat static global 200.10.10.1 inside 10.1.1.1
[Huawei]interface GigabitEthernet0/0/1
[Huawei-GigabitEthernet0/0/1]nat static enable
```

或进行如下配置，也可实现静态转换。

```
[Huawei]interface GigabitEthernet0/0/1
[Huawei-GigabitEthernet0/0/1] nat static global 200.10.10.1 inside 10.1.1.1
```

3. 配置 NAT Server

在接口视图下，配置内部服务器地址映射。

```
[Huawei]nat server [protocol {protocol-number|icmp | tcp | udp }] global {global-address |interface loopback interface-number } global-port inside host-address host-port
```

【参数】

protocol-number：指定地址映射所作用的通信协议的协议号，取值范围为 1～255。

icmp | *tcp* | *udp*：指定所配置的 NAT 地址映射所作用的通信协议分别为 ICMP、TCP 或 UDP。

global-address：指定 NAT 地址映射表项中的公有 IP 地址。

interface loopback *interface-number*：指定公有 IP 地址对应编号的 Loopback 接口的 IP 地址，取值范围为 0～1023。

global-port：指定 NAT 公网端口号。

host-address：指定 NAT 地址映射表项中的私有 IP 地址。

host-port：指定 NAT 私网端口号。

注意

① 在接口下执行 undo nat server 命令，设备上的映射表项不会立刻消失，需要手动执行 reset nat session 命令来清除表项信息。

② NAT Server 和静态 NAT 的区别就是 NAT Server 对于内网主动访问外网的情况不做端口替换，仅作地址替换。

12.2　项目设计：规划静态 NAT

【引导问题 12-1】 根据图 12-1 静态 NAT 技术项目拓扑图，在表 12-1 中填写静态 NAT 规划表。

表 12-1　静态 NAT 规划表

设　备	NAT 类型	私有地址	公有地址	应用 NAT 的接口

【引导问题 12-2】 填写静态 NAT 的配置命令，见表 12-2。

表 12-2　静态 NAT 的配置命令

设　备	命令配置

【引导问题 12-3】 根据图 12-1 静态 NAT 技术项目拓扑图，在表 12-3 中填写下列 NAT Server 规划表。

表 12-3　NAT Server 规划表

设　备	NAT 类型	私有地址	私网端口号	公有地址	公网端口号	应用 NAT 的接口

【引导问题 12-4】 填写 NAT Server 的配置命令，见表 12-4。

表 12-4　NAT Server 的配置命令

设　备	命令配置

12.3　项目实施：配置静态 NAT

微课 12-5
项目实施：配置
静态 NAT

1. 配置路由器 BJ_CR01

北京总公司路由器 BJ_CR01 上的配置步骤如下。

第 1 步：修改路由器设备名称。

第 2 步：配置接口的 IP 地址。

第 3 步：配置缺省路由。

第 4 步：配置 OSPF 路由协议，运行 OSPF 的网段是 BJ_CR01 上的直连网段。

- 10.1.13.0 网段使能 OSPF 协议。
- 30.1.1.0 网段使能 OSPF 协议。

具体配置命令如下。

① 修改设备名称。

```
[Huawei]sysname BJ_CR01                                    //修改设备名称
```

② 配置接口的 IP 地址。

```
[BJ_CR01]interface GigabitEthernet0/0/0                            //进入接口
[BJ_CR01-GigabitEthernet0/0/0] ip address 61.159.62.130   29       //配置 IP 地址
[BJ_CR01-GigabitEthernet0/0/0]interface GigabitEthernet0/0/1       //进入接口
[BJ_CR01-GigabitEthernet0/0/1] ip   address 10.1.13.1   24         //配置 IP 地址
[BJ_CR01-GigabitEthernet0/0/1]interface GigabitEthernet0/0/2       //进入接口
[BJ_CR01-GigabitEthernet0/0/2] ip   address 30.1.1.254   24        //配置 IP 地址
[BJ_CR01-GigabitEthernet0/0/2] quit                                //退出接口视图
```

③ 配置缺省路由。

```
[BJ_CR01]ip route-static 0.0.0.0 0.0.0.0 61.159.62.129      //配置到 Internet 的缺省路由
```

④ 配置 OSPF 路由

```
[BJ_CR01]OSPF 1                                              //指定 OSPF 进程
[BJ_CR01-ospf-1]area 0                                       //创建并进入区域 0
[BJ_CR01-ospf-1-area-0.0.0.0]network 10.1.13.0   0.0.0.255  //对10.1.13.0网段接口使能OSPF
[BJ_CR01-ospf-1-area-0.0.0.0]network 30.1.1.0   0.0.0.255   //对30.1.1.0网段接口使能OSPF
```

2. 配置路由器 BJ_CR03

北京总公司路由器 BJ_CR03 上的配置步骤如下。

第 1 步：修改路由器设备名称。

第 2 步：配置接口的 IP 地址。

第 3 步：配置缺省路由。

第 4 步：配置 OSPF 路由协议，运行 OSPF 的网段是 BJ_CR03 上的直连网段。

- 10.1.13.0 网段使能 OSPF 协议。
- 200.1.1.0 网段使能 OSPF 协议。

具体配置命令如下。

① 修改设备名称。

```
[Huawei]sysname BJ_CR03                                        //修改设备名称
```

② 配置接口的 IP 地址。

```
[BJ_CR03]interface GigabitEthernet0/0/0                                   //进入接口
[BJ_CR03-GigabitEthernet0/0/0] ip address   10.1.13.3 24                   //配置 IP 地址
[BJ_CR03-GigabitEthernet0/0/0]interface GigabitEthernet0/0/2               //进入接口
[BJ_CR03-GigabitEthernet0/0/2] ip   address 200.1.1.254 24                 //配置 IP 地址
[BJ_CR03-GigabitEthernet0/0/2] quit                                        //退出接口视图
```

③ 配置缺省路由。

```
[BJ_CR03]ip route-static 0.0.0.0 0.0.0.0   10.1.13.1       //配置到 Internet 的缺省路由
```

④ 配置 OSPF 路由。

```
[BJ_CR03]OSPF 1                                                 //指定 OSPF 进程
[BJ_CR03-ospf-1]area 0                                          //创建并进入区域 0
[BJ_CR03-ospf-1-area-0.0.0.0]network 10.1.13.0   0.0.0.255          //对 10.1.13.0 网段接口
                                                                      使能 OSPF
[BJ_CR03-ospf-1-area-0.0.0.0]network   200.1.1.0    0.0.0.255       //对 200.1.1.0 网段接口
                                                                      使能 OSPF
```

3．配置路由器 Internet

网络服务提供商 Internet 路由器上的配置步骤如下。

第 1 步：修改路由器设备名称。

第 2 步：配置接口的 IP 地址。

具体配置命令如下。

① 修改设备名称。

```
[Huawei]sysname Internet                                       //修改设备名称
```

② 配置接口的 IP 地址。

```
[Internet]interface GigabitEthernet0/0/0                                   //进入接口
[Internet-GigabitEthernet0/0/0] ip address   61.159.62.129 29              //配置 IP 地址
[Internet-GigabitEthernet0/0/0]interface GigabitEthernet0/0/1              //进入接口
[Internet-GigabitEthernet0/0/1] ip   address 155.34.2.254 24               //配置 IP 地址
[Internet-GigabitEthernet0/0/1] quit                                       //退出接口视图
```

4．配置 PC 和服务器

PC 需要配置 IP 地址、子网掩码和网关。PC10 的配置如图 12-9 所示。

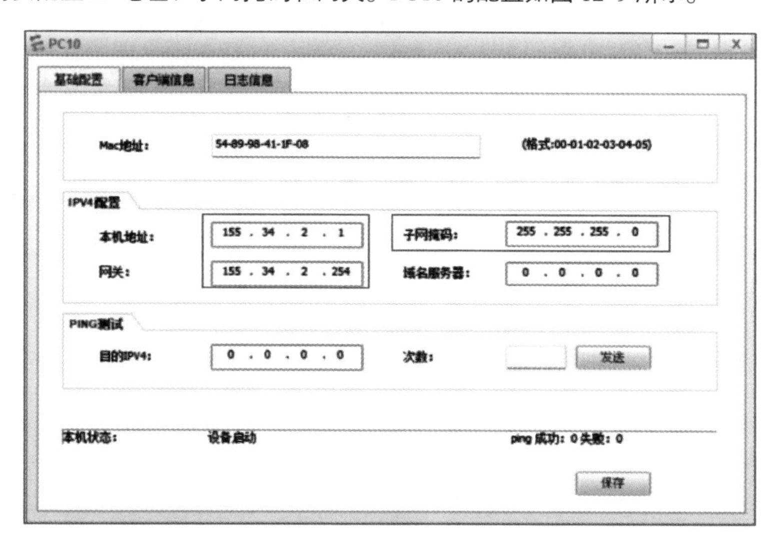

图 12-9
PC 配置示例 2

注意

配置 PC 时，必须要配置网关，否则不同网段无法 ping 通。

Server2 上的 IP 地址配置，如图 12-10 所示。

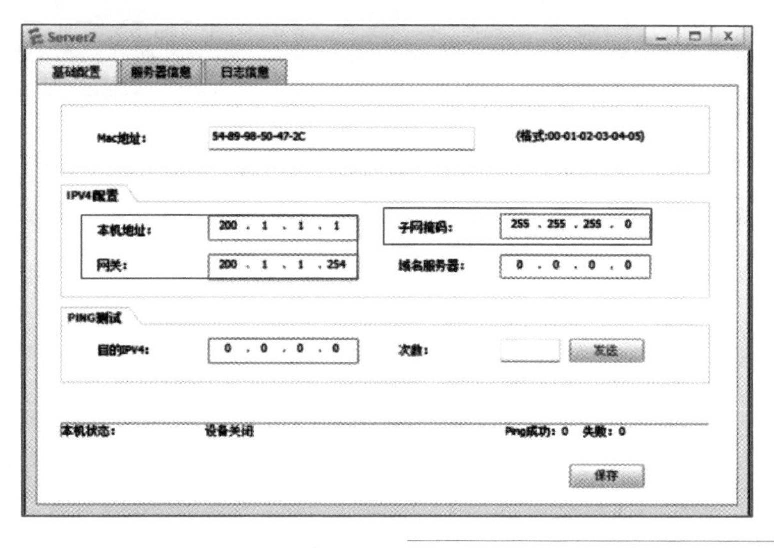

图 12-10
Server2 的 IP 地址配置

Server2 上的 WWW 服务器配置，如图 12-11 所示。

5．配置静态 NAT

（1）连通性测试

在配置静态 NAT 前，内外网之间不能 ping 通。

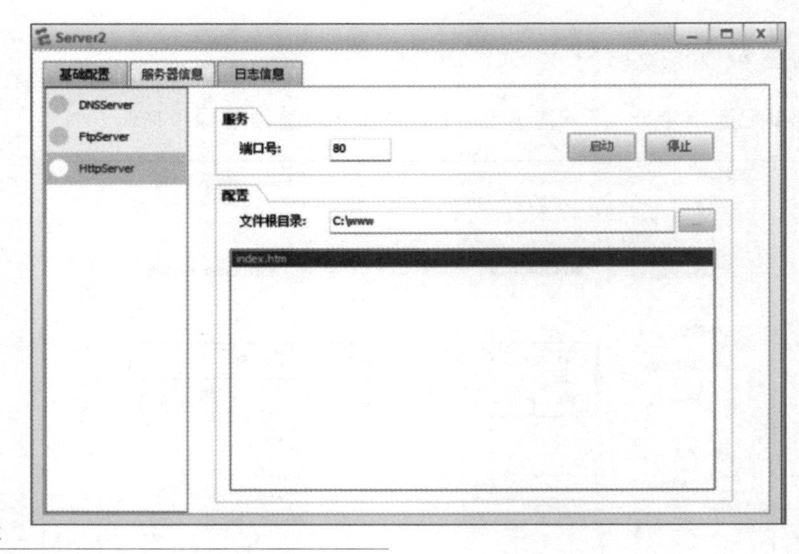

图 12-11
Server2 中 WWW 服务器配置

① 内网 PC2　ping 外网 PC 10，不能 ping 通，如图 12-12 所示。

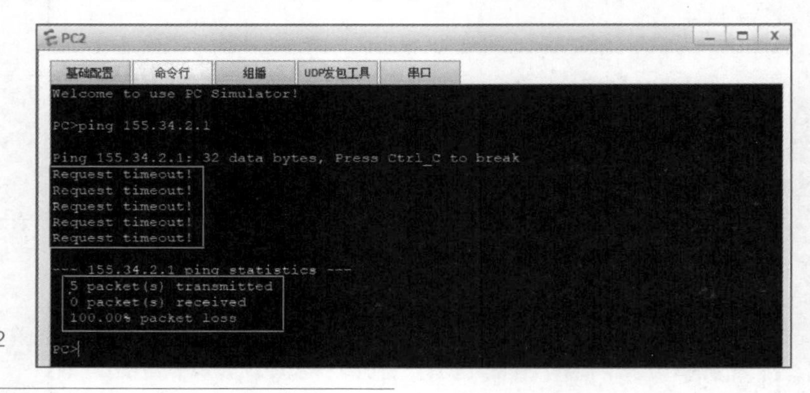

图 12-12
静态 NAT 配置前，Server2 不能 ping 通外网 PC 10

② 外网 PC 10　ping　内网 Server2，不能 ping 通，如图 12-13 所示。

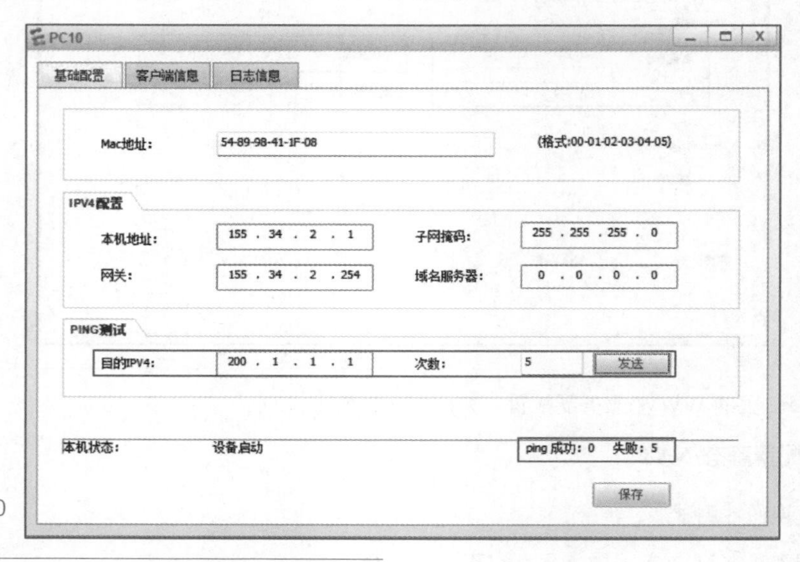

图 12-13
静态 NAT 配置前，外网 PC 10 不能 ping 通内网 Server2

（2）配置静态 NAT

因为 BJ_CR01 是连接 Internet 的路由器，因此 BJ_CR01 就是边界路由器，需要在 BJ_CR01 上配置静态 NAT 转换。出接口就是 BJ_CR01 上的 G0/0/0 接口。

```
[BJ_CR01]interface GigabitEthernet0/0/0                //进入出接口
[BJ_CR01-GigabitEthernet0/0/1]nat static  global  61.159.62.131  inside  30.1.1.1
                                                       //配置静态 NAT，一对一的转换
```

6. 配置 NAT Server

为了使外网 PC 能够访问内网的 WWW 服务器，需要在 BJ_CR01 的 G0/0/0 出接口上配置 NAT Server。

```
[BJ_CR01]interface GigabitEthernet0/0/0                //进入出接口
[BJ_CR01-GigabitEthernet0/0/1nat server protocol tcp global 61.159.62.132 80 inside
200.1.1.1 80
//配置 NAT Server，外网 61.159.62.132，端口 80，转换为内网 200.1.1.1，端口 80
```

7. 测试

（1）连通性测试

配置静态 NAT 后，内外网之间能够 ping 通。

① 内网 PC2 ping 外网 PC 10，能够 ping 通，如图 12-14 所示。

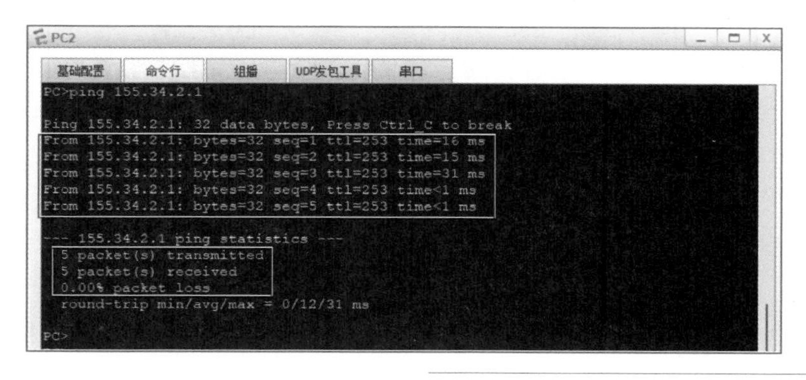

图 12-14
NAT 配置后，Server2 能 ping 通外网 PC 10

② 外网 PC 10 ping 内网 Server2，不能 ping 通，如图 12-15 所示。注意，ping 的 IP 地址是公有地址 61.159.62.132。因为启用的是 NAT Server，因此只能使用网页进行访问，不能 ping 通。

③ 从外网 PC10 客户端访问内网 WWW 服务器，能够成功访问，如图 12-16 所示。注意，输入的网址必须是公有地址 61.159.62.132。

（2）查看 NAT 统计信息

通过 display nat static 命令查看静态 NAT 的统计信息，能够看到公有地址和私有地址的映射关系，如图 12-17 所示。

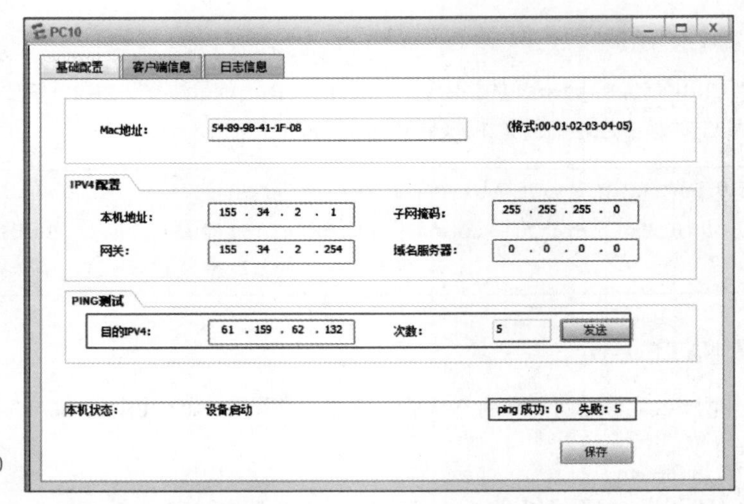

图 12-15
静态 NAT 配置后，外网 PC 10 不能 ping 通内网 Server2

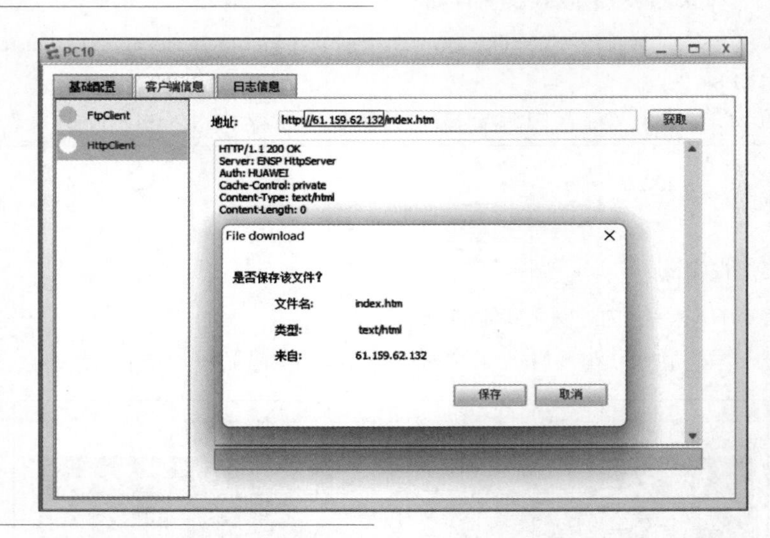

图 12-16
外网 PC10 访问内网 WWW 服务器成功

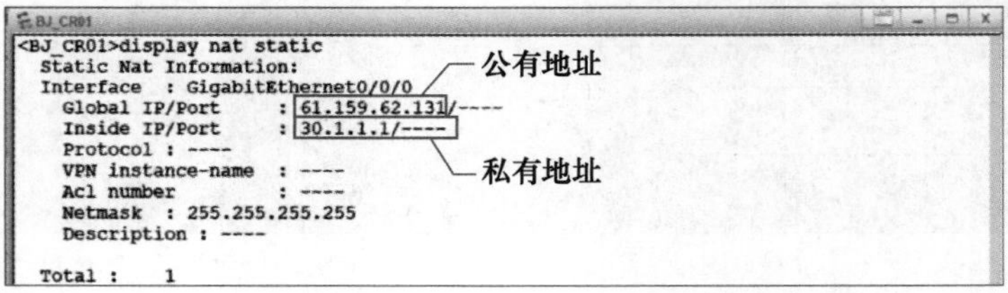

```
<BJ_CR01>display nat static
  Static Nat Information:
  Interface  : GigabitEthernet0/0/0
    Global IP/Port     : 61.159.62.131/----
    Inside IP/Port     : 30.1.1.1/----
    Protocol : ----
    VPN instance-name  : ----
    Acl number         : ----
    Netmask  : 255.255.255.255
    Description : ----

  Total :    1
```

公有地址
私有地址

图 12-17
路由器 BJ_CR01 上查看静态 NAT 的统计信息

通过 display nat server 命令查看 NAT Server 的统计信息，能够看到公有地址 61.159.62.132:80 和私网地址 200.1.1.1:80 的映射关系，如图 12-18 所示。

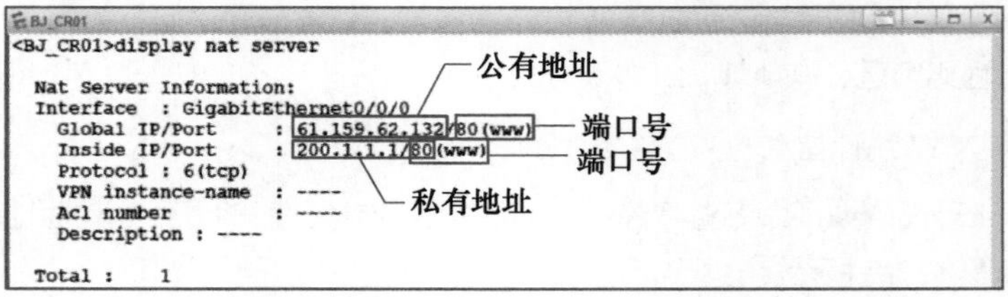

```
<BJ_CR01>display nat server

  Nat Server Information:
  Interface  : GigabitEthernet0/0/0
    Global IP/Port     : 61.159.62.132/80(www)
    Inside IP/Port     : 200.1.1.1/80(www)
    Protocol : 6(tcp)
    VPN instance-name  : ----
    Acl number         : ----
    Description : ----

  Total :    1
```

公有地址
端口号
端口号
私有地址

图 12-18
路由器 BJ_CR01 上查看 NAT Server 的统计信息

（3）查看所有 NAT 映射表项的信息

通过 display nat session all 命令从内网 PC2　ping　外网 PC 10 查看所有 NAT 映射表项的信息，能够看到 NAT 会话中，数据包的协议是 ICMP（ping 包），源地址为 30.1.1.1，目的地址为 155.34.2.1。该数据包转换后的源地址为 61.159.62.131，如图 12-19 所示。

```
<BJ_CR01>display nat session all
  NAT Session Table Information:

     Protocol          : ICMP(1)
     SrcAddr   Vpn     : 30.1.1.1        源地址
     DestAddr  Vpn     : 155.34.2.1      目的地址
     Type Code IcmpId  : 0   8   47499
     NAT-Info
       New SrcAddr     : 61.159.62.131 转换后的源地址
       New DestAddr    : ----
       New IcmpId      : ----

     Protocol          : ICMP(1)
     SrcAddr   Vpn     : 30.1.1.1
     DestAddr  Vpn     : 155.34.2.1
     Type Code IcmpId  : 0   8   47498
     NAT-Info
       New SrcAddr     : 61.159.62.131
       New DestAddr    : ----
       New IcmpId      : ----
```

图 12-19
内网访问外网后，路由器 BJ_CR01 上查看所有 NAT 映射表项的信息

注意

测试时，需要先进行 ping 操作，再通过 display nat session all 命令在路由器上查看。由于 ICMP 会话的生存周期只有 20 s，所以如果 NAT 会话的显示结果中没有 ICMP 会话的信息，可以执行命令 firewall-nat session icmp aging-time 100，延长 ICMP 会话的生存周期，然后再执行 ping 命令，可查看到 ICMP 会话的信息。

通过 display nat session all 命令从外网 PC 10 访问内网 Server2 的网页，查看所有 NAT 映射表项的信息。在 NAT 会话中，数据包的协议是 HTTP，源地址为 155.34.2.1，目的地址为 61.159.62.132。该数据包转换后目的地址为 200.1.1.1，如图 12-20 所示。

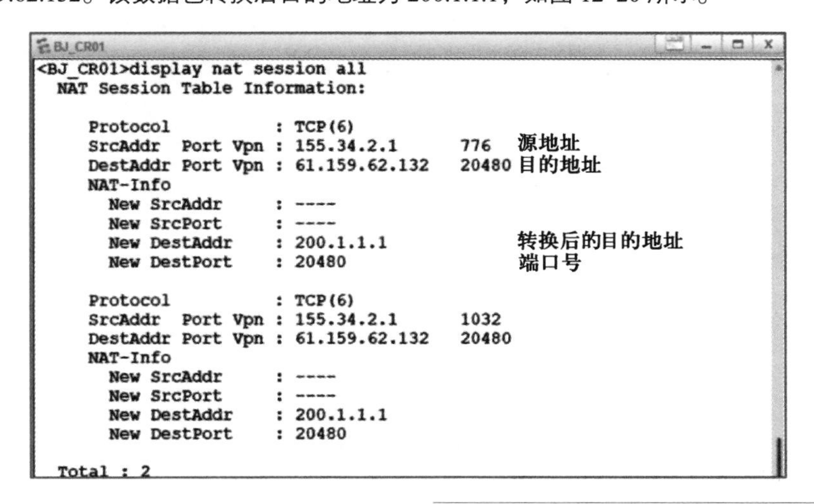

```
<BJ_CR01>display nat session all
  NAT Session Table Information:

     Protocol          : TCP(6)
     SrcAddr  Port Vpn : 155.34.2.1      776   源地址
     DestAddr Port Vpn : 61.159.62.132   20480 目的地址
     NAT-Info
       New SrcAddr     : ----
       New SrcPort     : ----
       New DestAddr    : 200.1.1.1             转换后的目的地址
       New DestPort    : 20480                 端口号

     Protocol          : TCP(6)
     SrcAddr  Port Vpn : 155.34.2.1      1032
     DestAddr Port Vpn : 61.159.62.132   20480
     NAT-Info
       New SrcAddr     : ----
       New SrcPort     : ----
       New DestAddr    : 200.1.1.1
       New DestPort    : 20480

  Total : 2
```

图 12-20
外网访问内网后，路由器 BJ_CR01 上查看所有 NAT 映射表项的信息

（4）查看转换后的数据包

在 BJ_CR01 的 G0/0/0 接口，打开数据抓包。

如图 12-21 所示，从抓包结果看，HTTP 访问的数据包从 PC10（155.34.2.1）发出，到达 BJ_CR01 的 G0/0/0 接口时，源地址为 155.34.2.1，目的地址为 61.159.62.132，端口号为 80。

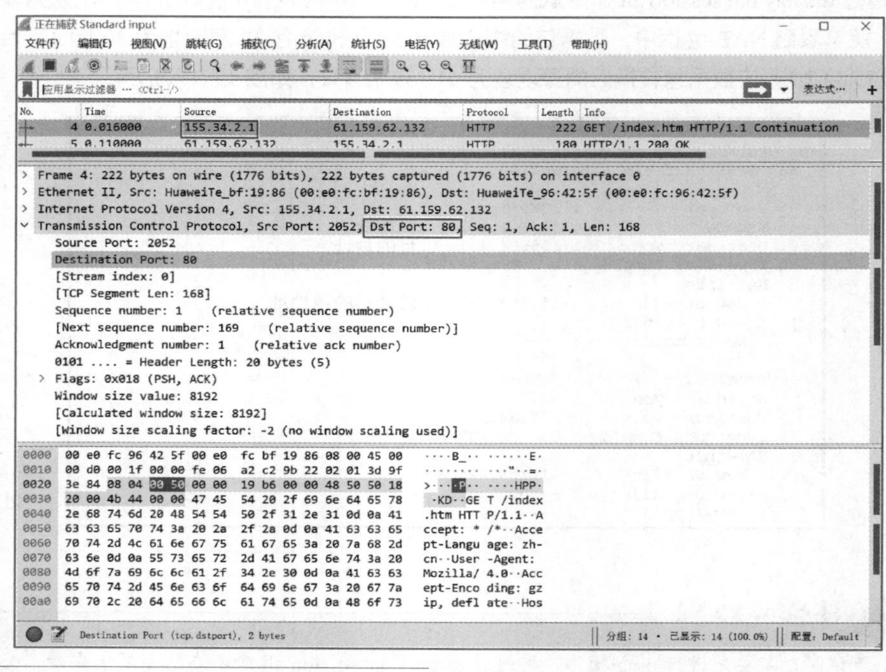

图 12-21
查看 BJ_CR01 的 G0/0/0 接口数据包转换的情况

HTTP 访问的数据包，经过 BJ_CR01 路由器，从 BJ_CR01 的 G0/0/1 接口发出时，源地址还是 155.34.2.1，目的地址转换成 200.1.1.1，端口号为 80，如图 12-22 所示，说明经过 BJ_CR01 路由器，数据经过了 NAT Server 的转换。

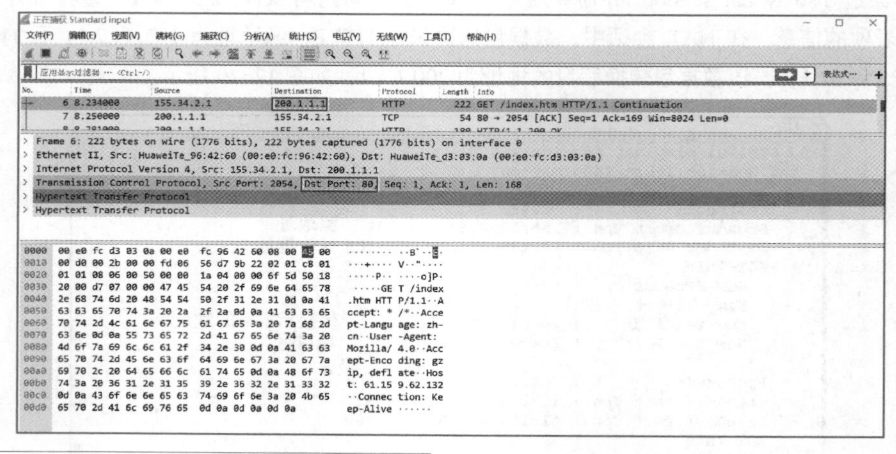

图 12-22
查看 BJ_CR01 的 G0/0/1 接口数据包转换的情况

巩固训练：向阳印制公司静态 NAT 技术配置

1．实训目的

- 理解 NAT 的分类工作原理。

- 应用静态 NAT 的配置。
- 检验静态 NAT 的方法。

2. 实训拓扑

实训拓扑如图 12-23 所示。

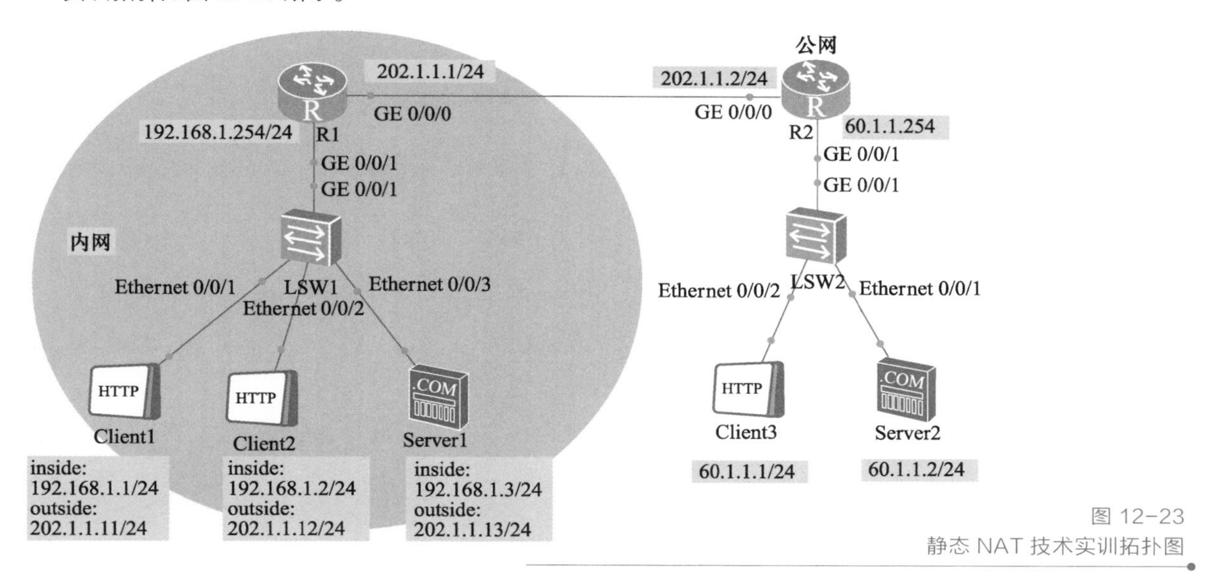

图 12-23
静态 NAT 技术实训拓扑图

3. 实训内容

① 按照拓扑，完成路由器 IP 地址的设置。

② 修改设备名称。

③ 分别在 R1 和 R2 上配置接口 IP 地址。

④ 配置 R1 到公网的缺省路由，以 IP 地址作为下一跳。

⑤ 根据图 12-23 配置静态 NAT，相关设置见表 12-5。

表 12-5　静态 NAT 私网地址与公有地址对应表

NAT 路由器	私网地址（inside）	公有地址（outside）
R1	192.168.1.1	202.1.1.11
	192.168.1.2	202.1.1.12
	192.168.1.3	202.1.1.13

⑥ 测试。

- 外网 Client3 能够访问内网的服务器 Server1 的 FTP 服务。
- 内网主机能够 ping 通外网的服务器 Server2。
- 在 R1 上输入命令：

✧ 使用 display nat static 命令查看静态 NAT 统计信息。

✧ 使用 display nat session all 命令查看所有 NAT 映射表项的信息。

⑦ 保存路由器的配置。

项目 13 动态 NAT 技术

- 理解动态 NAT 的工作原理。
- 应用动态 NAT 的基本配置。
- 根据不同场景进行动态 NAT 的设计和部署。

【项目背景】

阳光纸业公司为了节省 IP 地址，决定在企业内部采用私有地址，但是私有地址不能在公网上使用。为了使内部员工能够访问外网，需要在边界路由器上启用动态 NAT，为内部主机提供多对多的外网地址，保证内部私网员工访问公网。

【项目内容】

实现内网用户 PC2 和 PC5，能够访问外部服务器 Server10。在边界路由器 BJ_CR01 上启用动态 NAT。

公司购买的公有地址有 61.159.62.130/29～61.159.62.133/29，拓扑如图 13-1 所示。

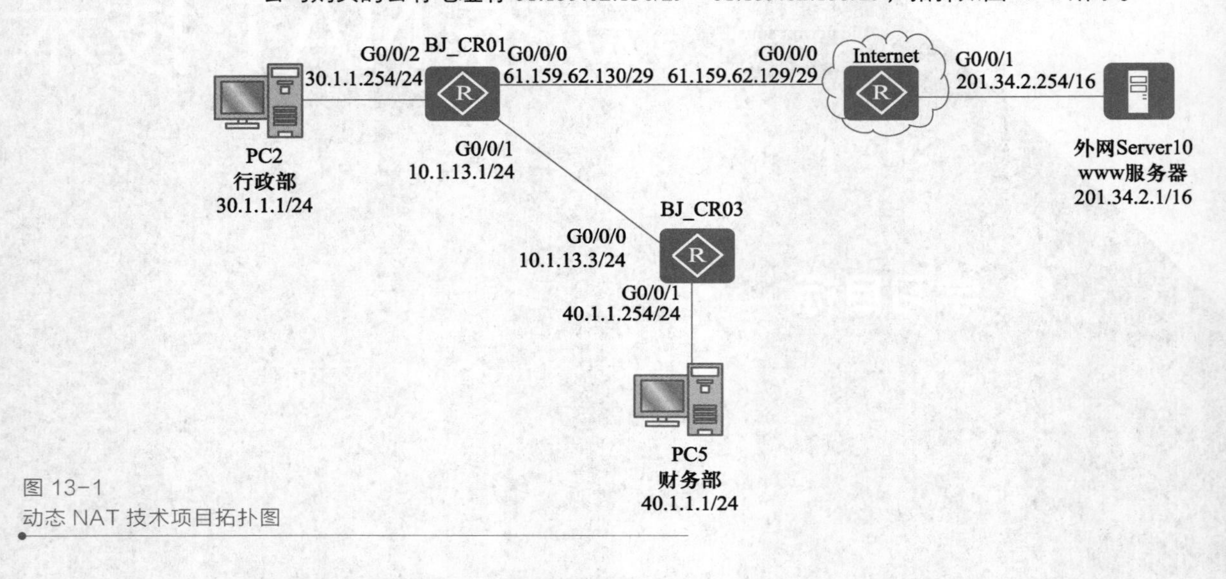

图 13-1
动态 NAT 技术项目拓扑图

13.1　相关知识：动态 NAT 基础

13.1.1　动态 NAT 转换的工作原理

微课 13-1
动态 NAT 的工作原理

动态 NAT 转换实现了私有地址和公有地址的多对多映射。动态 NAT 基于地址池来实现私有地址和公有地址的转换，一般用于内网用户访问外网，如图 13-2 所示。

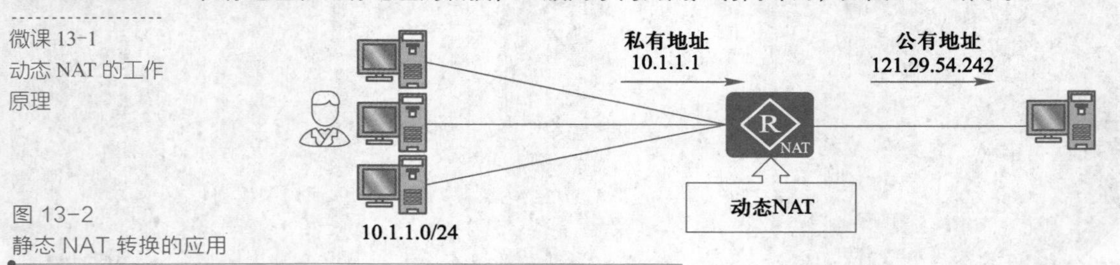

图 13-2
静态 NAT 转换的应用

动态 NAT 通过将私有地址转换成公有地址，实现内外网的访问。如图 13-3 所示。内部主机 10.1.1.1，想访问外部主机 203.51.23.55，发送数据包的源 IP 地址为 10.1.1.1，目的 IP 地址为 203.51.23.55。

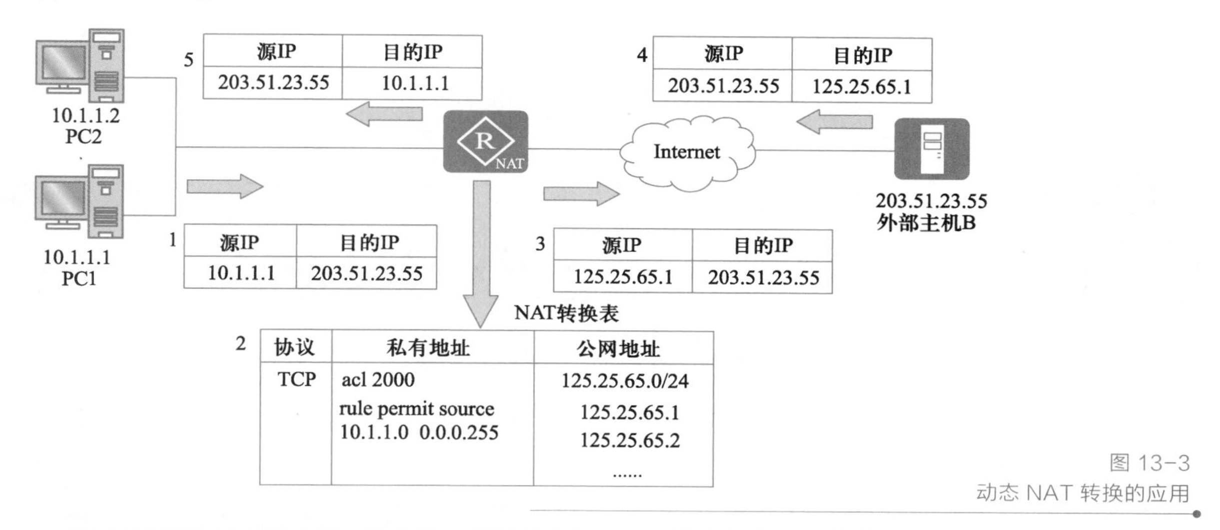

图 13-3
动态 NAT 转换的应用

当数据包到达边界路由器，路由器上启用了动态 NAT，通过查看 NAT 转换表，10.1.1.1 的源地址与 ACL 的规则相匹配，允许转换成公有地址，于是从公有地址池中选择一个有效地址 125.25.65.1 分配给 10.1.1.1。

路由器重新封装数据包，将数据包的源 IP 地址转换成 125.25.65.1，并将数据包发送出去。

数据包成功到达外部主机 B，外部主机需要进行回复，因为收到的数据包的源地址为 125.25.65.1，因此，外部主机 B 发送数据包，源 IP 地址为 203.51.23.55，目的 IP 地址为 125.25.65.1。

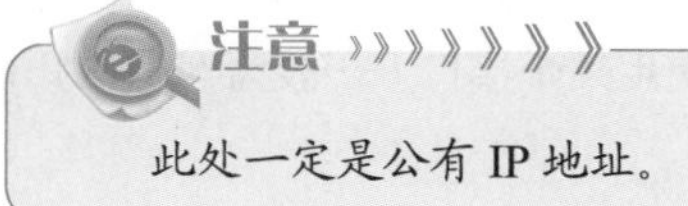

此处一定是公有 IP 地址。

数据包达到边界路由器，路由器查看 NAT 转换表，发现需要将 125.25.65.1 的地址转换成 10.1.1.1。

于是重新封装数据包，将数据包的目的 IP 地址转换成 10.1.1.1。最后，数据包成功传送到 PC1。

13.1.2 动态 NAT 的配置

微课 13-2
动态 NAT 的配置

动态 NAT 的配置分为以下 3 步。

第 1 步：配置地址转换的 ACL 规则。

第 2 步：配置 NAT 公有地址池。

第 3 步：配置出接口的地址关联。

1. 配置 NAT 公网地址池

在系统视图下，配置 NAT 公网地址池。

```
[Huawei]nat address-group group-index start-address end-address
```

【参数】

group-index：指定 NAT 地址池的索引号，范围为 0～7。

start-address：指定地址池中的起始 IP 地址。

end-address：指定地址池中的结束 IP 地址。

注意

① 地址池的起始地址必须小于等于结束地址，且两者之间的地址数不能大于 255。

② 若要删除地址池，在系统视图下，使用 **undo nat　address-group** *group-index* 命令。

2. NAT 出接口下使能 NAT 动态地址映射功能

在接口视图下，在 NAT 出接口下使能 NAT 动态地址映射功能，将访问控制列表 ACL 和地址池关联起来。

```
[Huawei-Serial1/0/0] nat outbound acl-number {address-group group-index [no-pat] | interface interface-type interface-number}
```

【参数】

acl-number：指创建好的用于控制 NAT 应用的 ACL 编号。

group-index：指定 NAT 地址池的索引号。

address-group　*group-index*：二选一参数，表示使用地址池的方式配置地址转换，指定要与 ACL 关联的地址池索引号。

no-pat：可选项，表示使用一对一的地址转换，只转换数据报文的地址而不转换端口信息。

interface-type　interface-number：二选一参数，指定使用某个接口（一般为 NAT 的出接口）的 IP 地址作为转换后的公有 IP 地址。

【配置示例 13-1】

将私网地址 192.168.100.2～192.168.100.254 转换为公有地址 61.159.62.131～61.159.62.190，以便访问 Internet，如图 13-4 所示。

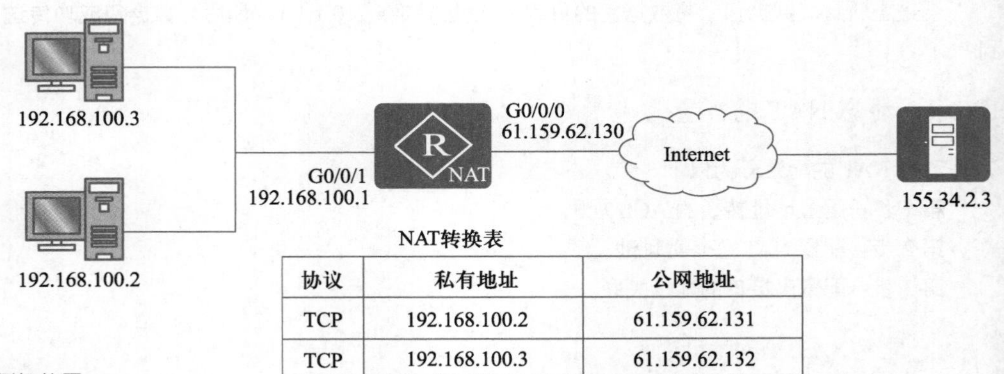

协议	私有地址	公网地址
TCP	192.168.100.2	61.159.62.131
TCP	192.168.100.3	61.159.62.132

图 13-4
动态 NAT 配置示例拓扑图

① 配置地址转换的 ACL 规则。

```
[Huawei]acl 2000
[Huawei-acl-basic-2000]rule permit source 192.168.100.0 0.0.0.255
```

② 配置 NAT 公网地址池。

```
[Huawei]nat address-group 1 61.159.62.131 61.159.62.190
```

③ 配置出接口的地址关联。

```
[Huawei]interface GigabitEthernet0/0/0
[Huawei-GigabitEthernet0/0/0]nat outbound 2000 address-group 1 no-pat
```

13.2　项目设计：规划动态 NAT

【引导问题 13-1】 根据图 13-1 动态 NAT 技术项目拓扑图，在表 13-1 中填写动态 NAT 规划表。

表 13-1　动态 NAT 规划表

设　备	NAT 类型	ACL 编号	私有地址范围	NAT 地址池的索引号	公网地址池起始 IP 地址	公网地址池结束 IP 地址	外部接口

【引导问题 13-2】 填写动态 NAT 公网地址池的配置命令，见表 13-2。

表 13-2　动态 NAT 公网地址池的配置命令

设　备	命令配置

【引导问题 13-3】 填写动态 NAT 出接口地址关联的配置命令，见表 13-3。

表 13-3　动态 NAT 出接口地址关联的配置命令

设　备	接　口	命令配置

13.3　项目实施：配置动态 NAT

微课 13-3
项目实施：配置动态 NAT

1. 配置路由器 BJ_CR01

北京总公司路由器 BJ_CR01 上的配置步骤如下。

第 1 步：修改路由器设备名称。

第 2 步：配置接口的 IP 地址。

第 3 步：配置缺省路由。

第 4 步：配置 OSPF 路由协议，运行 OSPF 的网段是 BJ_CR01 上的直连网段。

- 10.1.13.0 网段使能 OSPF 协议。
- 30.1.1.0 网段使能 OSPF 协议。

具体配置命令如下。

① 修改设备名称。

```
[Huawei]sysname BJ_CR01                                    //修改设备名称
```

② 配置接口的 IP 地址。

```
[BJ_CR01]interface GigabitEthernet0/0/0                              //进入接口
[BJ_CR01-GigabitEthernet0/0/0] ip address 61.159.62.130   29         //配置 IP 地址
[BJ_CR01-GigabitEthernet0/0/0]interface GigabitEthernet0/0/1         //进入接口
[BJ_CR01-GigabitEthernet0/0/1] ip   address 10.1.13.1   24           //配置 IP 地址
[BJ_CR01-GigabitEthernet0/0/1]interface GigabitEthernet0/0/2         //进入接口
[BJ_CR01-GigabitEthernet0/0/2] ip   address 30.1.1.254   24          //配置 IP 地址
[BJ_CR01-GigabitEthernet0/0/2] quit                                  //退出接口视图
```

③ 配置缺省路由。

```
[BJ_CR01]ip route-static 0.0.0.0 0.0.0.0 61.159.62.129   //配置到 Internet 的缺省路由
```

④ 配置 OSPF 路由。

```
[BJ_CR01]OSPF 1                                              //指定 OSPF 进程
[BJ_CR01-ospf-1]area 0                                       //创建并进入区域 0
[BJ_CR01-ospf-1-area-0.0.0.0]network 10.1.13.0   0.0.0.255  //对 10.1.13.0 网段接口使能
                                                               OSPF
[BJ_CR01-ospf-1-area-0.0.0.0]network 30.1.1.0   0.0.0.255   //对 30.1.1.0 网段接口使能
                                                               OSPF
```

2. 配置路由器 BJ_CR03

北京总公司路由器 BJ_CR03 上的配置步骤如下。

第 1 步：修改路由器设备名称。

第 2 步：配置接口的 IP 地址。

第 3 步：配置缺省路由。

第 4 步：配置 OSPF 路由协议，运行 OSPF 的网段是 BJ_CR03 上的直连网段。

- 10.1.13.0 网段使能 OSPF 协议。
- 40.1.1.0 网段使能 OSPF 协议。

具体配置命令如下。

① 修改设备名称。

```
[Huawei]sysname BJ_CR03                                    //修改设备名称
```

② 配置接口的 IP 地址。

```
[BJ_CR03]interface GigabitEthernet0/0/0                    //进入接口
[BJ_CR03-GigabitEthernet0/0/0] ip address  10.1.13.3 24    //配置 IP 地址
[BJ_CR03-GigabitEthernet0/0/0]interface GigabitEthernet0/0/1  //进入接口
[BJ_CR03-GigabitEthernet0/0/1] ip  address 40.1.1.254 24   //配置 IP 地址
[BJ_CR03-GigabitEthernet0/0/1] quit                        //退出接口视图
```

③ 配置缺省路由。

```
[BJ_CR03]ip route-static 0.0.0.0 0.0.0.0  10.1.13.1        //配置到 Internet 的缺省路由
```

④ 配置 OSPF 路由。

```
[BJ_CR03]OSPF 1                                            //指定 OSPF 进程
[BJ_CR03-ospf-1]area 0                                     //创建并进入区域 0
[BJ_CR03-ospf-1-area-0.0.0.0]network 10.1.13.0  0.0.0.255  //对 10.1.13.0 网段接口
                                                            使能 OSPF
[BJ_CR03-ospf-1-area-0.0.0.0]network  40.1.1.0  0.0.0.255  //对 40.1.1.0 网段接口使
                                                            能 OSPF
```

3．配置路由器 Internet

网络服务提供商 Internet 路由器上的配置步骤如下。
第 1 步：修改路由器设备名称。
第 2 步：配置接口的 IP 地址。
具体配置命令如下。
① 修改设备名称。

```
[Huawei]sysname Internet                                   //修改设备名称
```

② 配置接口的 IP 地址。

```
[Internet]interface GigabitEthernet0/0/0                   //进入接口
[Internet-GigabitEthernet0/0/0] ip address  61.159.62.129 29   //配置 IP 地址
[Internet-GigabitEthernet0/0/0]interface GigabitEthernet0/0/1  //进入接口
[Internet-GigabitEthernet0/0/1] ip  address 201.34.2.254 16    //配置 IP 地址
[Internet-GigabitEthernet0/0/1] quit                       //退出接口视图
```

4．配置 PC 和服务器

PC 需要配置 IP 地址、子网掩码和网关。PC2 的配置如图 13-5 所示，PC5 的配置参考 PC2。

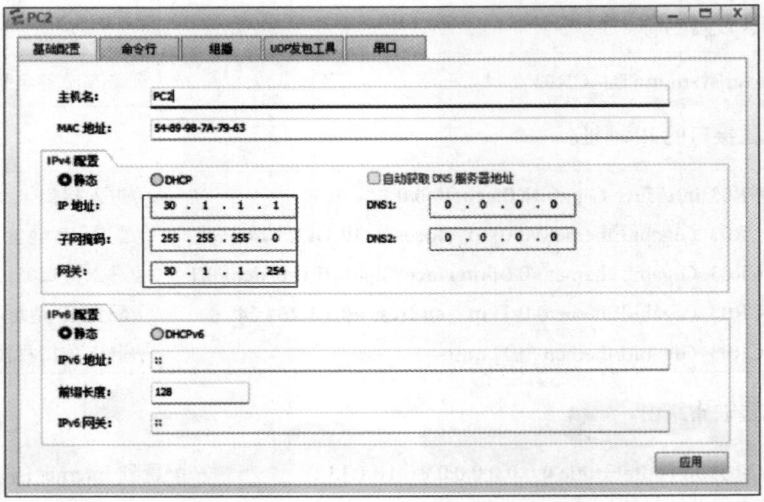

PC2

基础配置　命令行　组播　UDP发包工具　串口

主机名：PC2

MAC 地址：54-89-98-7A-79-63

IPv4 配置

静态　DHCP　自动获取 DNS 服务器地址

IP 地址：30 . 1 . 1 . 1　DNS1：0 . 0 . 0 . 0

子网掩码：255 . 255 . 255 . 0　DNS2：0 . 0 . 0 . 0

网关：30 . 1 . 1 . 254

IPv6 配置

静态　DHCPv6

IPv6 地址：::

前缀长度：128

IPv6 网关：::

应用

图 13-5
PC2 的配置示例

注意

配置 PC 时，必须要配置网关，否则不同网段无法 ping 通。

Server10 上的 IP 地址配置，如图 13-6 所示。

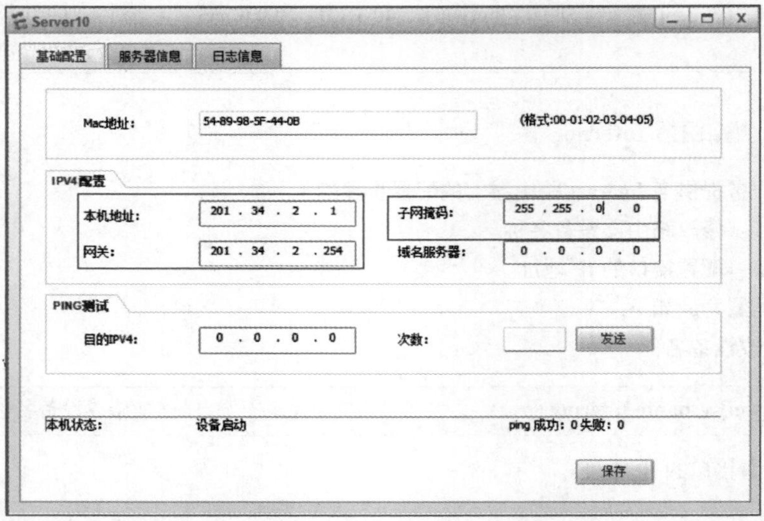

Server10

基础配置　服务器信息　日志信息

Mac地址：54-89-98-5F-44-0B　(格式:00-01-02-03-04-05)

IPV4配置

本机地址：201 . 34 . 2 . 1　子网掩码：255 . 255 . 0 . 0

网关：201 . 34 . 2 . 254　域名服务器：0 . 0 . 0 . 0

PING测试

目的IPV4：0 . 0 . 0 . 0　次数：　发送

本机状态：设备启动　ping 成功：0 失败：0

保存

图 13-6
Server10 的配置示例

5. 配置动态 NAT

（1）连通性测试

在配置动态 NAT 前，内、外网之间不能 ping 通。

① 内网 PC2 ping 外网 Server 10，不能 ping 通，如图 13-7 所示。

② 内网 PC5 ping 外网 Server10，不能 ping 通，如图 13-8 所示。

③ 外网 Server10 ping 内网 PC2，不能 ping 通，如图 13-9 所示。

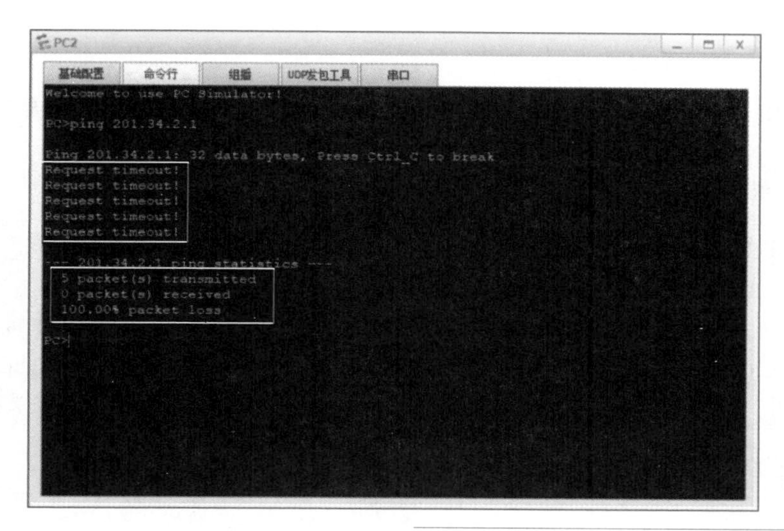

图 13-7
动态 NAT 配置前，内网 PC2
不能 ping 通外网 PC10

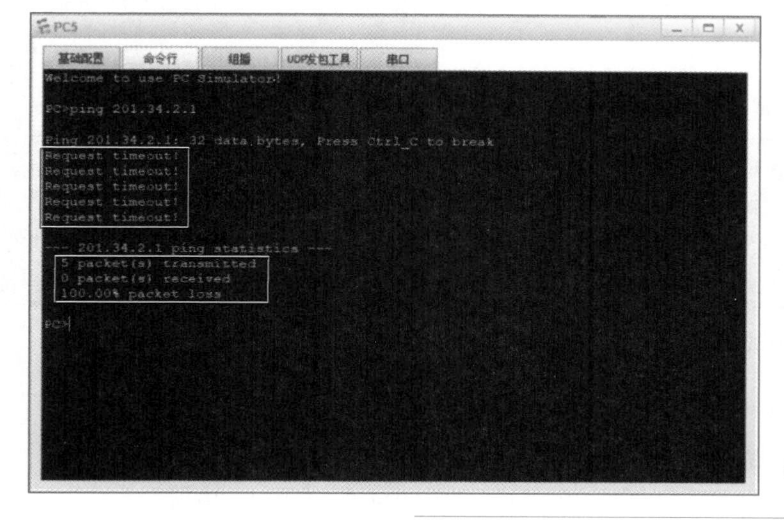

图 13-8
动态 NAT 配置前，内网 PC5
不能 ping 通外网 PC10

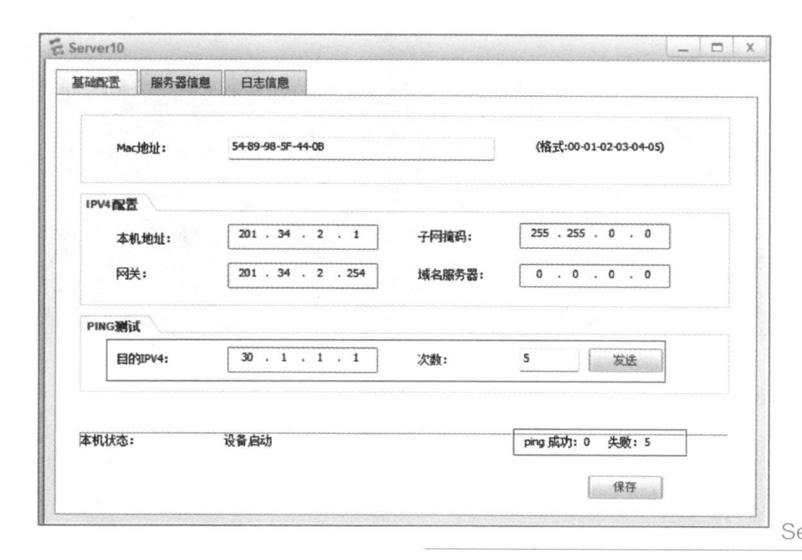

图 13-9
动态 NAT 配置前，外网
Server10 不能 ping 通内网 PC2

（2）动态 NAT 的配置

因为 BJ_CR01 是连接 Internet 的路由器，因此 BJ_CR01 就是边界路由器，需要在 BJ_CR01 上配置动态 NAT 转换。出接口就是 BJ_CR01 上的 G0/0/0 接口。

① 配置地址转换的 ACL 规则。

```
[BJ_CR01]acl 2000                                          //进入基本 ACL 视图
[BJ_CR01-acl-basic-2000]rule permit source 30.1.1.0 0.0.0.255  //允许行政部 30.1.1.0/24 网
                                                                段进行动态 NAT 转换
[BJ_CR01-acl-basic-2000]rule permit source 40.1.1.0 0.0.0.255  //允许财务部 40.1.1.0/24 网
                                                                段进行动态 NAT 转换
```

② 配置 NAT 公网地址池。

```
[BJ_CR01]nat address-group 1   61.159.62.131    61.159.62.133 //配置公网地址池的起始地
址为 61.159.62.131，结束地址为 61.159.62.133，注意 61.159.62.130 为接口的 IP 地址，这里不能
使用，以免冲突
```

③ 配置出接口的地址关联。

```
[BJ_CR01]interface G0/0/0                                  //进入出接口
[BJ_CR01-GigabitEthernet0/0/0]nat outbound 2000 address-group 1
//将一个访问控制列表 ACL 2000 和索引号为 1 的地址池关联起来，因为地址池的地址只有
 3 个，不够公司内部员工使用，所以使用基于端口的映射，不加 no-pat 参数
```

6. 测试

（1）连通性测试

配置动态 NAT 后，内网能够 ping 通外网。

① 内网 PC2 ping 外网 Server 10，能够 ping 通，如图 13-10 所示。

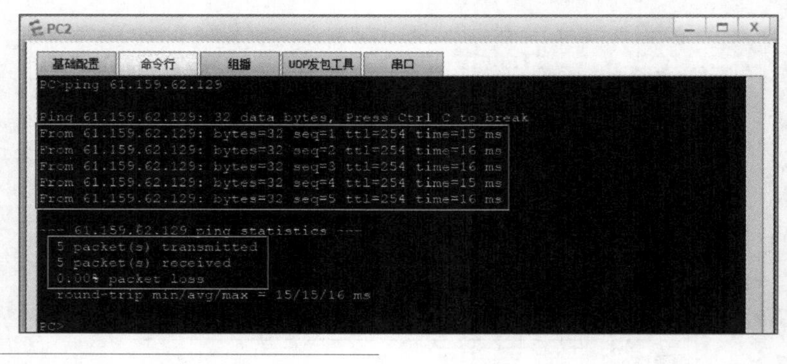

图 13-10
动态 NAT 配置后，内网 PC2 能 ping 通外网 Server10

② 内网 PC5 ping 外网 Server10，能够 ping 通，如图 13-11 所示。

（2）查看 NAT 地址池配置信息

通过 display nat address-group 命令查看 NAT 地址池配置信息，能够看到地址池的索引号为 1，起始地址为 61.159.62.131，结束地址为 61.159.62.133，如图 13-12 所示。

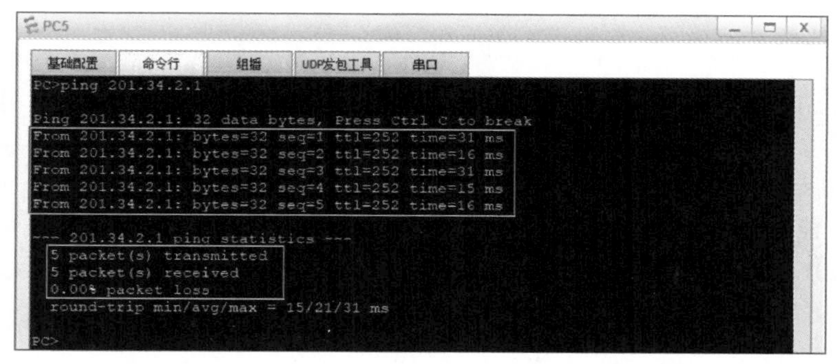

图 13-11
动态 NAT 配置后，内网 PC5 能够 ping 通外网 Server 10

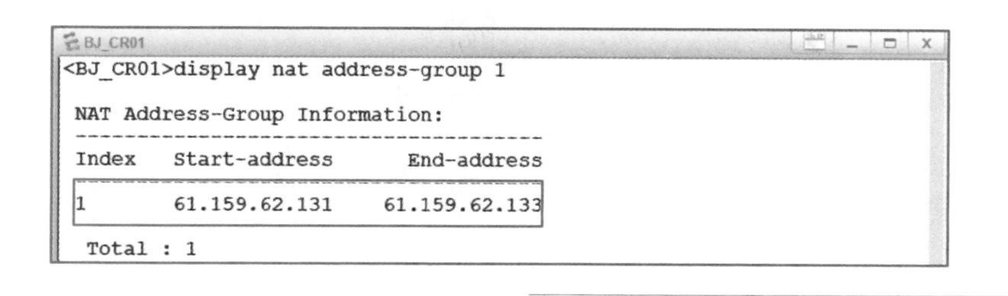

图 13-12
路由器 BJ_CR01 上查看 NAT 地址池配置信息

（3）查看动态 NAT 配置信息

通过 display nat outbound 命令查看动态 NAT 配置信息，能够看到动态 NAT 的应用接口是 G0/0/0，ACL2000 与索引号为 1 的地址池进行映射。类型为 pat，也就是基于端口号进行转换，如图 13-13 所示。

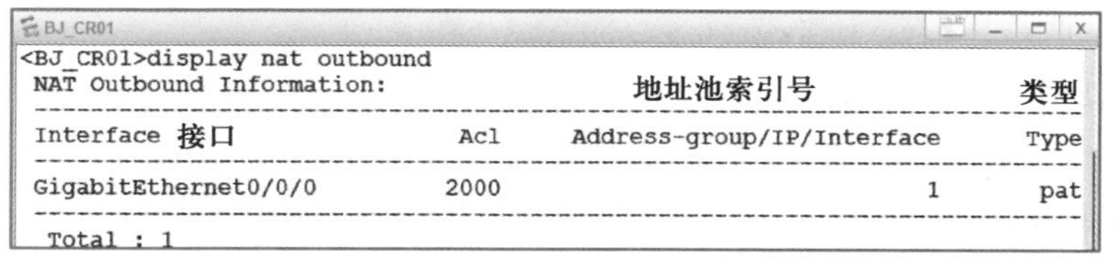

图 13-13
路由器 BJ_CR01 上查看动态 NAT 配置信息

（4）查看所有 NAT 映射表项的信息

通过 display nat session all 命令从内网 PC2 ping 外网 Server10，查看所有 NAT 映射表项的信息。能够看到 NAT 会话中，数据包的协议是 ICMP（ping 包），源地址为 30.1.1.1，目的地址为 201.34.2.1。该数据包转换后的源地址为 61.159.62.131，其中 ICMPID 是公有地址的端口，NAPT 表项指定了报文的私有 IP 地址和端口号与公有 IP 地址和端口号的映射关系，如图 13-14 所示。

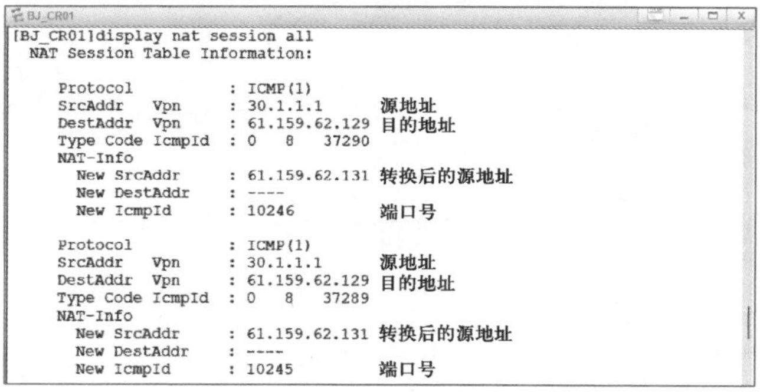

```
[BJ_CR01]display nat session all
  NAT Session Table Information:

     Protocol          : ICMP(1)
     SrcAddr   Vpn     : 30.1.1.1        源地址
     DestAddr  Vpn     : 61.159.62.129   目的地址
     Type Code IcmpId  : 0    8    37290
     NAT-Info
       New SrcAddr     : 61.159.62.131   转换后的源地址
       New DestAddr    : ----
       New IcmpId      : 10246           端口号

     Protocol          : ICMP(1)
     SrcAddr   Vpn     : 30.1.1.1        源地址
     DestAddr  Vpn     : 61.159.62.129   目的地址
     Type Code IcmpId  : 0    8    37289
     NAT-Info
       New SrcAddr     : 61.159.62.131   转换后的源地址
       New DestAddr    : ----
       New IcmpId      : 10245           端口号
```

图 13-14
内网 PC 2 访问外网后，路由器 BJ_CR01 上查看所有 NAT 映射表项的信息

注意

测试时，需要先进行 ping 操作，再通过 display nat session all 命令在路由器上查看。

通过 display nat session all 命令，从内网 PC 5 ping 外网 Server10，查看所有 NAT 映射表项的信息。能够看到 NAT 会话中，数据包的协议是 ICMP（ping 包），源地址为 40.1.1.1，目的地址为 201.34.2.1。该数据包转换后目的地址为 61.159.62.132，如图 13-15 所示。

```
BJ_CR01
[BJ_CR01]display nat session all
  NAT Session Table Information:

     Protocol          : ICMP(1)
     SrcAddr   Vpn     : 40.1.1.1         源地址
     DestAddr  Vpn     : 201.34.2.1       目的地址
     Type Code IcmpId  : 0    8    37460
     NAT-Info
       New SrcAddr     : 61.159.62.132 转换后的源地址
       New DestAddr    : ----
       New IcmpId      : 10248            端口号

     Protocol          : ICMP(1)
     SrcAddr   Vpn     : 40.1.1.1         源地址
     DestAddr  Vpn     : 201.34.2.1       目的地址
     Type Code IcmpId  : 0    8    37461
     NAT-Info
       New SrcAddr     : 61.159.62.132 转换后的源地址
       New DestAddr    : ----
       New IcmpId      : 10249            端口号
```

图 13-15
内网 PC 5 访问外网后，路由器 BJ_CR01 上查看所有 NAT 映射表项的信息

巩固训练：向阳印制公司动态 NAT 技术配置

1．实训目的

- 理解 NAT 的工作原理。
- 应用动态 NAT 的配置，熟悉配置步骤。

2．实训拓扑

实训拓扑如图 13-16 所示。

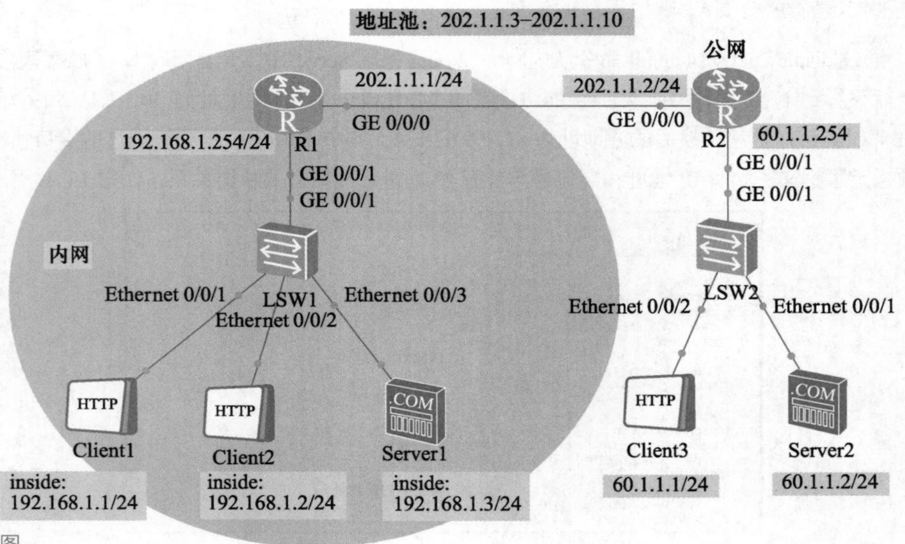

图 13-16
动态 NAT 技术实训拓扑图

3. 实训内容

① 按照拓扑，完成路由器 IP 地址的设置。
② 修改设备名称。
③ 分别在 R1 和 R2 上配置接口 IP 地址。
④ 配置 R1 到公网的缺省路由，以 IP 地址作为下一跳。
⑤ 根据图 13-16 配置动态 NAT，见表 13-4。

表 13–4 动态 NAT 私有地址与公网地址池对应表

NAT 路由器	私有地址（inside）	公网地址池（outside）
R1	ACL 2000 192.168.1.0/24	address-group 1 202.1.1.3-202.1.1.10

⑥ 测试。
- 内网的 3 台主机 ping 通外网的主机 Client3 和服务器 Server2。
- 在 R1 上输入命令：

✧ 使用 display nat address-group 1 命令查看 NAT 地址池配置信息。
✧ 使用 display nat outbound 命令查看动态 NAT 配置信息。
✧ 使用 display nat session all 命令查看所有 NAT 映射表项的信息。

⑦ 保存路由器的配置。

参考文献

[1] 华为技术有限公司. 网络系统建设与运维（初级）[M]. 北京：人民邮电出版社，2020.

[2] 齐虹. 网络设备管理与维护[M]. 北京：机械工业出版社，2018.

[3] 王达. 华为交换机学习指南[M]. 2 版. 北京：人民邮电出版社，2019.

[4] 王达. 华为路由器学习指南[M]. 2 版. 北京：人民邮电出版社，2020.

[5] 王达. 华为 HCIA-Datacom 学习指南. 北京：人民邮电出版社，2021.